합동성 강화

합동성 강화

전시작전통제권 전환의 본질

권영근 편저

연경문화사

편저자 : 권영근

- 공군사관학교 졸업 공군대령(공사26기)
- 서울대학교 계산통계학과 졸업
- 연세대학교 전자공학과 대학원 졸업(전자공학 석사)
- 미국 오리건주립대학 전산학과 졸업(전산학 박사)
- 공군사관학교 전산학과 교수
- 국방과학연구소 데이터통신 실장
- 국방개혁위원회(군사혁신기획단)
- 국방대학 합동참모대학 교리발전부 책임연구원(2000년 2월 이후)

[번역 및 저술활동]

- 『전승의 필수조건 : 효과기반작전』(한국국방연구원 출판부, 2006년) 외 32권의 군사서적 번역
- 「한국전쟁에서의 작전적 수준의 항공전」(공군 군사발전 연구지, 2006년) 외 40여 편 논문 발표
- 합동정보작전(교리, 2003년), 합동정보(교리, 2005년) 교리 책임
- 「미래 합동작전 수행개념 고찰」(합참, 2004년) 외 5편의 연구보고서 책임

합동성 강화 전시작전통제권 전환의 본질

초판 1쇄 발행 | 2006년 12월 8일

편저자 | 권영근
펴낸이 | 이정수
펴낸곳 | 연경문화사

출판등록 제1-995호
121-840 서울시 마포구 서교동 394-25 동양한강트레벨 1403호
전화 : (02)332-3923/4 팩스 : (02)332-3928

정가 25,000원
ISBN 89-8298-088-1 93390
ISBN 978-89-8298-088-6 93390

추천사

프로이센의 유명한 군사전략가인 클라우제비츠(Karl von Clausewitz)는 "전쟁을 또 다른 수단을 이용한 정치적 활동의 연장(延長)이다"라고 기술한 바 있습니다. 전쟁은 국익의 문제를 놓고 국가와 국가가 대립하는 과정에서 일어나게 됩니다. 이 같은 국익을 놓고 벌어지는 국가 간의 갈등을 해소할 목적에서 국가가 사용할 수 있는 수단을 우리는 '국력의 수단'으로 지칭하고 있습니다. 국력의 수단에는 정치(외교) · 경제 · 군사 및 정보(情報 : Information)가 있습니다. 군사력은 국력의 여타 수단을 이용해 갈등을 해소하지 못하는 경우 사용되는 '최후 수단'입니다. 국력의 여타 수단과 비교해 투박하고 거친 측면이 없지 않지만 향후에도 군사력은 국익을 수호해주는 '최후 수단'으로서의 중요성을 유지할 것입니다.

제2차 세계대전이 종료된 직후 아이젠하워 장군이 언급한 바처럼 오늘날의 전쟁은 육군, 해군 및 공군의 전력을 적절히 결합해 대응하는 형태로, 즉 합동의 형태로 수행됩니다. 한편 전시 군의 모든 활동은 국가통수기구에서 결정한 정치적 목표에 초점이 맞춰져야 할 것입니다. 즉 모든 육군, 해군 및 공군 요원들의 행위를 정치적 목표의 달성에 최상의 방식으로 기여하도록 조직해야 할 것입니다. 이처럼 합동 차원에서 군사력을 조직하는 행위를 우리는 합동작전 계획 수립의 문제로 인식하고 있습니다.

한편 예전과 비교해 오늘날의 전쟁은 매우 단기간에 종료되는 반면 평시의 국방력 건설은 많은 노력이 소요되는 가운데 장기간 동안 진행되고 있습니다. 이 같은 측면에서 오늘날에는 전시 군사력 운용 이상으로 평시 국방력 건설이 중요한 의미가 있게 되었습니다. 버나드 브로디(Bernard Brodie) 같은 사람은 평시의 군사전략은 무기체계 선정의 형태로 표현된다고 말한 바 있는데, 이는 국방력 건설의 중요성을 암시한 것으로 생각됩니다.

특히도 정보화시대인 오늘날에는 항공기, 탱크 및 함정과 같은 무기체계와 비교해 컴퓨터 및 데이터통신에 기반을 둔 지휘통제체계의 중요성이 보다 더 강조되고 있습니다. 문제는 이 같은 첨단 지휘통제체계를 건설하는 과정에서 교리, 군 구조, 군사전략 등 군의 소프트웨어에 해당하는 부분이 필수적이란 점입니다. 지금까지 한국군은 전쟁의 작전적 수준 이상에서의 계획수립, 즉 합동작전 계획수립의 많은 부분을 미군에 의존해왔습니다. 이는 항공기, 탱크 및 함정이 군에서 주도적인 역할을 수행하던 산업화시대에는 별다른 문제가 없었습니다. 이들 무기는 항속거리, 발사속도 등 군에서 제기한 몇몇 요구사항을 충족시키는 가운데 민간 중심으로 건설되었습니다. 그러나 군의 지휘통제체계를 건설하는 과정에서는 군의 교리, 각 군 부서와 합동 부서의 관계 등 민간이 해결해줄 수 없는 본질적인 문제가 깊숙이 개입하게 됩니다. 더욱이 오늘날에는 군의 모든 무기체계와 지휘통제체계가 네트워크로 상호 연결되고 있습니다. 결과적으로 군의 교리 등과 같은 소프트웨어의 문제를 놓고 직접 고민하지 않는 경우 정보화시대의 국방력을 제대로 건설할 수 없게 됩니다.

이 같은 관점에서 보면, 합동 차원에서의 제반 문제를 다루고 있는 이 책이 발간되었다는 점은 한국군에 대단한 의미가 있다고 생각됩니다. 권영근 대령은 근 20년 동안 국방 지휘통제체계 건설의 문제를 놓고 고민해온 정보통신 박사입니다. 지난 십여 년 동안 권 대령이 합동의 문제를 놓고 많은 고민을 해온 것으로 알고 있습니다. 국방력 건설의 현장뿐만 아니라 군사이론을 경험한 권 대령의 고뇌의 산물인 이 책이 우리 국방의 발전에 크게 기여할 것으로 기대됩니다. 이 책을 기점으로 합동성 강화를 염두에 둔 격렬한 논쟁이 벌어지기를 기원하며 그리고 합동의 문제를 다룬 보다 많은 책이 발간될 수 있기를 기대하는 바입니다.

2006년 11월

국회 국방위원

유재건

서 문

미 합참의장을 역임한 파월(Colin Powell)은 합동성(Jointness)을 합동군사령관(Joint Forces Commander) 수준에서의 노력통일(Unity of effort)로 정의하였다. 미 합참차장을 역임한 오웬스(William Owens)는 합동성을 군의 강점들의 적정 배합에 따른 승수효과를 통해 보다 높은 수준의 합동 전투력을 창출하는 행위로 정의하였다. 합동성의 정의와 관련해서는 다양한 시각이 있다. 그러나 이들 모든 정의는 합동군사령관 수준에서의 각 군 능력들의 효율적인 통합에 초점을 맞추고 있다.

일본군에 대항한 태평양전쟁 당시 미군은 태평양을 양분해 한쪽은 니미츠가 그리고 다른 한쪽은 맥아더가 지휘하도록 하였다. 전후(戰後) 맥아더는 제2차 세계대전에서의 가장 큰 문제는 태평양에서의 지휘가 양분되었다는 점이라고 언급하였다. 맥아더의 의견에 따라 아이젠하워는 전 세계를 다수의 전구(戰區 : Theater)[1]로 나누고는 개개 전구에 지상 전력, 해상전력 및 공중 전력으로 구성되는 합동군을 설치하였다. 그는 이들 개개 합동군을 단일

1) 전구는 미국과 같은 큰 나라에나 적용되는 개념이라고 말하는 사람도 없지 않다. 그러나 이스라엘은 비좁은 영토에도 불구하고 다섯 개의 전구를 운영하고 있다.

지휘관이 지휘토록 하였으며, 합동군 내부의 지상 전력, 해상전력 및 공중 전력 또한 각각 단일 지휘관이 지휘토록 하였다. 지상, 해상 및 공중 전력으로 구성되어 있는 군을 단일 지휘관이 지휘하고, 지상, 해상 및 공중에서 진행되는 전쟁을 지상 구성군사령관, 해상 구성군사령관 및 공중 구성군사령관이 지휘토록 한다는 개념은 지휘통일(Unity of Command)이란 전쟁원칙에 근거하고 있다.

한미연합사 구조는 전형적인 합동군 구조다. 한미연합군은 연합사령관이란 단일 지휘관이 지휘하며, 공중, 지상 및 해상에서 벌어지는 전쟁을 공군 구성군사령관, 지상군 구성군사령관 그리고 해상 구성군사령관이 각각 지휘하고 있다. 전쟁 수행 측면에서 보면 지휘통일이란 전쟁원칙에 근거하고 있는 한미연합사 구조는 인류가 만들어놓은 가장 이상적인 구조다.

이들 합동군의 전력 운용은 공중에서는 독수리, 지상에서는 사자 그리고 해상에서는 돌고래처럼 행동하는 '환상의 동물'이란 개념에 비유될 수 있다.

오늘날의 전쟁은 공중, 지상 및 해상에서 동시통합(Synchronized)적으로 진행된다. 그 과정에서 우리는 공중에서는 독수리처럼, 지상에서는 사자처럼 그리고 바다에서는 돌고래처럼 싸워야 할 것이다. 군사학적으로 표현하면 이는 공중에서는 듀헤(Giulio Douhet) 및 미첼(Billy Mitchell)과 같은 항공력 이론가들이 말하는 방식으로, 지상에서는 클라우제비츠(Karl von Clausewitz) 및 손자(孫子)와 같은 지상군이론가들이 말하는 방식으로 그리고 해상에서는 마한(Alfred Thayer Mahan) 및 코르베(Julian Corbett)와 같은 해양력 이론가들이 말하는 방식으로 싸워야 함을 의미한다. 한편 이들 독수리, 돌고래 및 사자는 동일한 목표를 겨냥해 조정(調整)된 형태로 능력을 발휘해야 하는데, 이는 이들 개개 동물이 동시통합되어 있어야 함을 의미한다. 오늘날의 전쟁을 '다차원 동시통합 전투'로 표현하고 있는 것은 이 같은 이유 때문이다.

국가가 직면할 수 있는 위기는 평화유지활동에서 고강도 분쟁에 이르기까지 매우 다양하다. 빨강, 노랑 및 파랑이란 3원색을 이용해 무수히 많은 색을 표현할 수 있는 바처럼 우리는 이 같은 위기에 육군, 해군 및 공군의 전력을 적절히 혼합해 대처해야 할 것이다. 또한 모든 색을 표현하기 위한 색이 3원색인 것처럼 우리는 공중, 지상 및 해상에서 항공력 이론, 지상군 이론 및 해양력 이론에 의해 움직이는 군을 유지해야 한다.

한편 오늘날의 전쟁에서는 공중전에서 공군의 무기만이 아니고 육군 및 해군의 무기가 통합적으로 운용될 수 있는데, 이는 지상전과 해전의 경우도 마찬가지다. 합동교리는 각 군의 무기들이 공중, 지상 및 해상에서 각각 항공력이론가, 지상군 이론가 및 해양력 이론가들이 말하는 개념에 근거해 통합적으로 운용되도록 해줄 뿐만 아니라 이들 이론가의 개념에 의해 운용되는 지상작전, 해상작전 및 항공작전이 상호 조정된 방식으로 진행되도록 해주는 요소다.

공중, 지상 및 해상이란 작전 매체(Medium)에서 군의 전력이 독수리, 사자 및 돌고래처럼 운용되도록 할 뿐만 아니라 이들 독수리, 사자 및 돌고래의 행위가 동시통합되도록 하는 문제는 합동군사령관 내지는 구성군사령관의 책임이다. 따라서 합동교리는 합동군사령관 내지는 구성군사령관의 임무에 관한 것이다.

오늘날의 군 교리에서는 전쟁 활동을 전략·작전 및 전술이란 3개 수준으로 구분해 설명하고 있다. 전쟁의 전략적 수준은 또한 대전략과 군사전략으로 구분된다. 한미연합사 체계에서 보면 일반적으로 전쟁의 전략적 수준은 한국과 미국의 대통령 및 국방장관이 담당하게 된다. 반면에 전쟁의 작전적 수준은 한미연합사령관과 각 군 구성군사령관 그리고 이들의 참모가 담당하게 된다. 한미연합사가 창설된 1978년 이전까지만 해도 한반도 전쟁계획의 수립에 참여하는 한국군은 단 한 명도 있지 않았다. 그 후 연합사 작계를 수립하는 과정에 한국군이 일부 관여하고 있는 것은 사실이지만 아직도 그 과정을 미군이 주도하고 있다.

한반도 전쟁과 관련해 말하면 한국군은 주로 전쟁의 전술 수준을 담당하고 있다고 생각된다. 이미 언급한 바처럼 전쟁의 개개 수준에서 요구되는 지식은 상이한데, 한국군의 주요 문제는 전쟁의 작전 및 전략 수준에서 충분한 경험을 쌓을 기회가 부족하다는 점이라고 생각된다.

한반도 전쟁에서의 전시 군사력 운용은 한미연합사령관을 중심으로 진행되는 반면 평시 국방력 건설은 합동참모본부와 국방부 그리고 각 군 본부를 중심으로 한국군 독자적으로 이루어지고 있다. 항공기, 탱크 및 함정과 같은 산업화시대의 무기가 아니고 컴퓨터 및 데이터통신과 같은 오늘날의 첨단 정보기술에 기반을 둔 지휘통제체계를 건설하는 과정에서는 전쟁의 작전 및 전략 수준에 관한 해박한 지식이 요구되는데, 오늘날 한국군이 직면하고 있는 주요 난제 중 하나는 이 점으로 생각된다.

『전쟁에서의 지휘(*Command in War*)』란 제목의 자신의 저서에서 이스라엘의 저명한 군사학자인 반 크레벨트(Martin Van Creveld)는 "오늘날 군의 지휘통제는 지휘통제를 실제 구사하는 인간 조직(정부, 군대)뿐만 아니라 그 사회의 기술 역량과 밀접한 관계가 있다. 현대 경제이론이 그러하듯이 군의 지휘통제는 많은 것이 상호 영향력을 구사하는 가운데 이루어지고 있다. 예를 들면, 가용한 정보기술, 해당 군에서 운용 중인 무기의 유형, 전술과 전략, 군 구조, 인력체계, 훈련 및 교육체계뿐 아니라, 국가의 정치적 형태 등 모든 것들이 군의 지휘통제 과정에 영향을 미치고, 지휘통제 유형에 따라 이들 모두가 영향을 받는다"라고 주장하였다.

교리는 군 구조, 무기의 유형 등을 결정해주는 핵심 요소다. 군 구조가 제대로 정립되어 있지 않은 상태에서 지휘통제체계가 건설될 수 있을까? 군사력 운용을 위한 기획을 미군이 전담하고 있는 상황에서, 다시 말해 이 같은 일을 한국군이 수행하지 않으면서 이들 일을 하기 위한 지휘통제체계의 건설이 가능할까? 이 같은 근본적인 문제 외에 오늘날 국방 지휘통제체계를 건설하는 과정에서는 국방부에서 육·해·공군의 체계를 일괄 설계 및 개발해야 할 것인가? 아니면 국방부 및 합참의 기획에 의거해 각 군이 독자적으로 체계를 건설하고, 이들 체계를 통신 및 소프트웨어 측면에서 통합하는 방식으로 지휘통제체계를 건설해야 할 것인지의 문제가 중요한 사안으로 부상하고 있다. 이들은 '합동이란 무엇인가?', '육·해·공군 전력을 이용해 승수효과를 유발하기 위한 방안은 무엇인가?'라는 교리적 측면의 문제다. 지난 몇 년 간 한국군은 메가센터(Mega-Center)란 개념을 놓고 고민한 바 있는데, 이것 또한 지상군에게 친숙한 개념인 지역 중심으로 전력을 통합하는 것이 옳은가, 아니면 공군이 주장하는 목표 및 노력 중심으로 전력을 통합하는 것이 옳은가의 논쟁에 관한 것이다.

이처럼 지휘통제체계와 같은 정보화시대의 국방력이 건설되려면 건설하고자 하는 시스템(일)을 한국군이 수행하고 있어야 할 것인데, 이들 군사력 운용에 관한 절차와 개념을 제시해주는 것은 교리다. 따라서 교리가 제대로 정립되어 있지 않은 경우, 그리고 이들 교리에 따라 업무를 수행하고 있지 않은 경우 지휘통제체계와 같은 정보화시대의 핵심 체계의 건설은 매우 어려운 일이다.

이 같은 이유로 필자는 한국군이 미군과 무관하게 독자적인 전쟁 수행 능력, 특히 계획수립 능력을 구비해야 한다고 주장하였다. 즉 한국군과 미군이 단일 지휘체계가 아니고 병행적인 지휘체계를 유지해 위기에 대응해야 할 것이라고 수차례에 걸쳐 글을 통해 주장하였다.

그러나 전쟁의 작전 및 전략적 수준에 관해 충분한 경험 내지는 지식이 있는 군인이 많지 않은 한국군이 미군과 무관하게 독자적인 지휘구조를 유지해 운영할 수 있는지가 문제다. 사실 이는 닭과 계란의 관계에 비유될 수 있는 사안으로 생각된다. 독자적인 지휘구조 아래 계획을 수립하는 등 전쟁의 작전 및 전략 수준의 문제를 놓고 고민할 때만이 이들 능력이 함양될 수 있으며, 이들 능력이 있을 때만이 한국군이 독자적인 지휘구조 아래 전쟁계획을 수립할 수 있을 것이다.

그 과정에서 적지 않은 문제점과 어려움이 노출될 것이 분명하지만 한국군이 전쟁의 작전 및 전략 수준에 보다 많은 관심을 기울여야 한다는 점은 주권국가로서의 자존심의 문제를 고려하지 않더라도 평시 국방력 건설 측면에서 필수적인 사항으로 생각된다. 그러나 이는 한국군 내부에서 일대 변혁이 요구되는 개념이다. 예를 들면, 이는 군을 이끌어가는 최고 엘리트들의 성장 과정에 일대 변화가 요구되는 개념이다. 각 군 대학 및 합동참모대학과 같은 전문군사교육(Professional military education) 기관에 한국군의 석학들이 포진해 있어야만 하는 개념이다. 기타 등등 독자적인 전쟁 수행 능력 확보 내지는 지휘구조 운영은 한국군에 일대 변화가 요구되는 개념이다. 그러나 이미 언급한 바처럼 이는 또한 국방력 건설 측면에서 우리가 수용할 수 밖에 없는 개념이다.

이 책의 제목이 암시하고 있는 바처럼 한국군은 합참의장과 각 군 작전사령관을 중심으로 군의 전력을 최대한 통합적으로 운용해야 하며, 전쟁의 작전 및 전략 수준의 문제를 놓고 고민해야 할 것이다. 이처럼 할 때만이 정보화시대의 국방력을 건설할 수 있게 될 것이다. 다시 말해, 한국군 국방개혁의 본질은 지금까지 거의 전적으로 미군에 의존해 왔던 전쟁의 작전적 수준에서의 계획수립의 문제를 우리가 할 수 있도록 체제를 정립하는 것으로 생각된다.

합동성의 정도에 영향을 주는 요인에는 교리, 훈련 및 연습, 군사교육, 작전계획, 전력구조, 준비태세, 평가 및 소요(所要)가 있다. 본 책은 지난 수년간 필자가 전쟁의 작전적 수준에 관해, 즉 합동성 강화를 목적으로 발표한 원고에 근거하고 있다. 필자의 글은 합동성 강화 측면에서 우리군 내부에서 개선의 여지가 있다고 생각되던 부분에 관한 필자의 사고(思考)를 반영해주고 있다. 이 같은 점에서 보면 필자의 글은 당대의 사회상(社會相)을 글로 표현하고 있는 도스토예프스키의 『죄와 벌』과 같은 18-19세기 당시의 러시아의 문학작품과 일맥상통하는 측면이 있다고 생각된다.

필자의 생각이 100퍼센트 옳은 것은 아니다. 그러나 필자는 권위 있는 자료에 근거해 논리를 전개하고자 노력하였다. 다수 사안에 관한 필자의 사고와 관련해 우리군 내부에서 많은 이견이 도출되고, 이 같은 이견이 글로 표현될 수 있다면 이 책을 출간하며 필자가 추구했던 목표가 100퍼센트 달성되었다고 할 것이다.

이 책은 전적으로 필자의 관점을 반영하고 있다. 따라서 내용에 문제가 있다면 이는 전적으로 필자의 책임이다. 이 책이 출간되는 과정에서 내용감수 등 많은 도움을 준 국방대학교의 예비역 육군대령 김덕현 님, 육군대령 이상영, 김설환, 정경영 님, 공군작전사령부의 공군대령 안재봉과 합참의 공군중령 윤기철에게 그리고 본 책자의 출간에 기꺼이 동의해준 연경문화사의 이정수 사장님께 심심한 감사를 드린다.

2006년 11월

권영근

| 차 례 |

제3부 교리

제4부 지휘통제

제1부 비전, 전략 및 작전

제 1 장

개 요

'비전, 전략 및 작전'에 관한 첫 번째 논문에서는 비전, 전략 및 전역계획(戰役計劃 : Campaign plan)의 관계를 규명하고 있다.

오늘날 우리는 미래의 불특정 위협에 대비해 국방력을 건설해야 하는 입장이다. 비전은 이 같은 위협에 대비해 국방력을 건설함과 관련된 것이다. 즉 이는 국방의 장기기획에 해당한다.

군사전략은 군사력의 적용 또는 위협의 형태로 국가정책 목표를 달성할 목적에서의 군사력 운용에 관한 술(術 : Art)과 과학을 의미한다. 군사전략은 추구하는 군사적 목표(Objectives), 방책(Ways)[1] 및 수단(Means)으로 구성된다.

전역(戰役 : Campaign)은 전략 및 작전 목표들을 달성할 목적에서 전술・작전 및 전략 활동들을 배열해주는 일련의 '주요 작전(Major operations)'들을 의미한다.

추구하는 전략 및 작전 목표들을 달성할 목적에서 한미연합사령관과 같

1) 일반적으로 한국군은 Course of action을 방책으로 번역해 사용하고 있다. 그러나 Ways와 Course of action은 동일한 의미다. 참조 : United States Army War College, *Military Strategy: Theory and Application*, 1982-83, p. 3-1.

은 전구(戰區 : Theater) 차원의 사령관은 전역을 계획하게 되는데, 오늘날의 전역은 육·해·공군의 일련의 '주요 작전'으로 구성된다. 즉 오늘날의 전역은 합동의 성격을 띠게 된다.

지난 10여 년간 한국군은 비전과 교리뿐만 아니라 How to fight의 문제를 놓고 고민해오고 있다. 그 과정에서 미래 국방 비전을 작계-5027과 같은 특정 전역계획과 동일시하는 경우도 없지 않았다. 한반도 전역계획인 작계-5027의 명칭에 작계란 용어가 들어간다는 점을 거론[2]하며 전역계획과 작전계획이 동일하다는 논리를 전개하는 경우도 있었다. 더욱이 한반도에서는 전역계획 자체가 필요 없다고 주장하는 사람도 없지 않다. 그러나 18세기 당시 나폴레옹이 수행한 모든 전쟁에서는 전역계획이 목격된다.[3] 당시의 전역은 지상군 작전들로 구성되어 있었다. 예를 들면, 1군이 '모루'의 역할을 하는 반면 2군이 '망치'의 역할을 하는 형태로 전역이 수행되었다. 이 같은 지상군 중심의 전역이 20세기에 들어와 육군, 해군 및 공군의 작전들, 특히 육군과 공군의 작전들로 구성된다는 점이 다를 뿐이다. 실제로 작계-5027에서는 이것이 한반도 전역계획임을 명시하고 있다. 마찬가지로 군사전략, How to fight 또는 합동교리를 작계-5027과 동일시하는 경우도 없지 않다. 따라서 이들 간의 관계에 관한 이론적 고찰은 한국군에 대단한 의미가 있다고 생각된다.

'비전, 전략 및 작전'에 관한 두 번째 논문에서는 '합동작전술'의 문제를 언급하고 있다. 작전술은 전략·전역·주요작전 및 전투의 구상·조직·통합 및 수행이란 방식으로의 전략 및 작전 목표 달성을 위한 군사력 운용에

---

2) 작계-5027에서 말하는 작계는 OP PLAN이란 대문자로 표기되는 반면 작전계획은 Operation Plan이다. 즉 OP PLAN은 우리가 알고 있는 작전계획과는 전혀 다른 것이다.

3) 나폴레옹의 전역(戰役)에 관해 알고자 하는 경우는 다음을 참조하시오. 육군사관학교, 『전역 요강 부도』, 1964년 11월 15일.

관한 것이다. 전략 · 작전 및 전술이란 전쟁의 모든 수준에서의 주요 활동들을 통합하는 방식으로 작전술의 경우 합참의장(한미연합사의 경우 연합사령관)의 전략을 작전구상으로 그리고 궁극적으로 전술 행위로 전환해준다. 육군, 해군 및 공군은 지상, 해상 및 공중에서 사자, 돌고래 및 독수리처럼 싸워야 할 것이다. 이처럼 각 군의 작전 매체(지상, 해상 및 공중)에서 특정 군의 전력이 최상의 방식으로 운용되도록 해주는 요소는 각 군의 작전술이다. 작전술은 해당 작전환경에서의 최상의 군사력 운용 방법에 관한 이론가들의 이론에 근거하고 있다. 예를 들면, 지상에서의 최상의 전력 운용 방법은 클라우제비츠(Karl von Clausewitz) 및 조미니(Antoine-Henry Jomini)와 같은 지상군 이론가들의 이론에 근거하고 있다. 공중 및 해상 작전술 또한 해당 작전환경에서의 최상의 군사력 운용 방법에 관한 군사이론가들의 이론에 근거하고 있다. 한편 공중, 지상 및 해상에서 활동하는 독수리, 사자 및 돌고래가 상호 연계되도록 하는 요소는 전역(戰役)과 합동작전술이다.

오늘날의 전쟁이 본질적으로 합동이란 점을 언급하며, 오늘날에는 각군 작전술은 존재하지 않는다고 말하는 사람도 없지 않다. 또한 육군만이 작전술을 갖고 있으며, 이것이 바로 합동작전술이라고 말하는 사람도 없지 않다. 이는 군의 모든 무기를 사자처럼 운용하겠다는 생각과 다름이 없다. 한국군의 경우는 작전술에 대한 올바른 이해가 중요한 의미가 있다.

'비전, 전략 및 작전'에 관한 세 번째 논문에서는 통합(Integration)의 문제를 언급하고 있다. 오늘날의 합동전에서 통합은 본질적인 부분이다. 그러나 통합에 관한 시각이 각 군 간에 다르다는 점으로 인해 적지 않은 혼란이 있을 수 있다. 전통적으로 지상군은 작전지역을 중심으로 통합되고 있다. 지상작전을 지원해주는 근접항공지원의 경우는 특정 작전지역 안에서 공군의 항공기가 육군의 작전들과 통합된다. 더욱이 지상군들은 자신의 작전지역 내부에 있는 모든 자산을 직접 관장하고자 하는 속성이 있다. 예를 들면, 특정 지역에 있는 공군 자산을 군단장이 직접 통제하고 싶어 하는데, 이는 모든 국가의 육군 지휘관들에게서 목격되는 현상이다. 그러나 공중에서 항공력은 지역이 아니고 기능(Function) 중심으로 통합된다. 예를 들면, 육군 및 해군의 무기가 공군의 전략공격 작전에 통합되는 경우는 지역 중심이 아니고 기능 중심이다. 극단적으로 공중에서 임무를 수행하는 항공기는 이륙에서 착륙에 이르기까지, 즉 체공 시간 동안 전략공격, 후방차단 등 다수의 임무를 수행할 수 있는데, 이는 해당 항공기가 개개 기능 측면에서 통합되었음을 의미한다.

군사력 운용 측면에서의 통합에 관한 상이한 개념이 국방력 건설 측면에서도 혼란을 유발할 수도 있는데, 한때 한국군이 추진하고자 하였던 국방메가센터 개념은 대표적인 경우다.

'비전, 전략 및 작전'에 관한 네 번째 논문에서는 한국전쟁에서의 작전적 수준의 항공전의 문제를 다루고 있다.

작전적 수준의 항공전이란 전략공격(戰略攻擊 : Strategic Attack), 근접항공지원(近接航空支援), 후방차단(後方遮斷 : Interdiction), 제공(Counter Air), 공중우세(空中優勢 : Air Superiority) 확보를 위한 노력 등 항공력이 수행하는 '주요 작전'에 보유 항공력을 어떠한 비중으로 배분해야 할 것인가의 문제, 이들 임무의 우선순위, 보다 구체적으로 말하면 항공력을 이용해 무엇을 공격해야 할 것인가의 문제로 생각할 수 있다.[4)]

---

4) 작전적 수준의 항공전을 다룬 책은 많지 않다. John A. Warden III, *The Air Campaign*, toExcel, 2000년, 또는 이것을 번역한 박덕희 번역, 『항공전역』, 연경문화사, 2001년 5월, 또는 권영근 번역, 『항공전역』, 미발간 또는 James S. Corum & Richard R. Muller, *The Luftwaffe's Way of War: German Air Force Doctrine(1911-1945)*, The Nautical and Aviation Company of America, 1998년 또는 James S. Corum, *The Luftwaffe: Creating the Operational Airwar(1918-1940)*, University Press of Kansas, 1999년 8월은 대표적인 서적이다.

지상군과 달리 그 숫자가 제한적이란 점(예를 들면, 대부분 국가가 보유하고 있는 전투기는 1,000대 미만임), 매우 귀중한 자산이란 점으로 인해 항공무기의 운용은 '중앙집권적으로 계획(Centralized Planning)'하고 '분권적으로 임무를 시행(Decentralized Execution)'한다는 특성이 있다.[5] 즉 전구(戰區)의 항공자산을 이용해 공격하게 될 표적들을 중앙집권적으로 계획하게 되는데, 이 같은 계획은 통합임무명령서(ITO)로 표현된다. 이들 임무의 시행은 융통성 보장을 위해 분권적으로 이루어진다. 즉 통합임무명령서를 받은 임무 편대장(Flight Leader) 중심의 임무 Package 소속 조종사들이 자신의 임무를 완수하기 위한 상세 계획을 작성하고는 이들 계획을 이행하게 된다. 한국전쟁 당시 한국공군의 조종사들이 목숨을 걸고 수행한 것은 통합임무명령서의 이행이란 문제였다.

작전적 수준의 항공전 수행, 즉 항공작전술은 중앙집권적 계획을 통해 통합임무명령서가 만들어지는 과정을, 전술 수준의 항공전은 분권적 임무 수행과 관련된 노력으로 생각할 수 있다. 한국전쟁 당시 연합군 내부의 항공력에 대한 작전술 구사는 미군을 중심으로 이루어졌다. 즉 연합군 내부의 모든 항공기의 운용 계획이 미군에 의해 중앙집권적으로 이루어졌는데, 한국전쟁에서의 항공력의 기여 정도를 파악하고자 하는 경우는 이 같은 작전적 수준에서의 항공전을 살펴보아야 한다.

한편 본질적으로 오늘날의 모든 항공작전은 합동작전이며, 각 군 구성군 사령관 차원에서의 무기의 통합과 관련해 말하면, 항공무기들의 통합이 절대 다수를 차지하고 있다. 미 합동교리문헌체계에서 화력 관련 교리의 대부분이 항공교리 중심으로 되어 있는 것은 이 같은 이유 때문이다. 합동교리

---

5) 권영근 번역, 『미래전 어떻게 싸울 것인가』, 연경문화사, 1999, pp. 277-280; 김동기, 권영근 번역, 『합동성 강화 : 미 국방개혁의 역사』, 연경문화사, 2002년 10월, pp. 21-30.

가 전쟁의 작전적 수준의 것이란 점, 합동 차원의 전역계획에서 항공작전의 비중이 절대적이란 점을 고려해볼 때, 작전적 수준의 항공전의 문제에 대한 이해는 합참 및 각 군 작전사령부와 같은 작전술 제대(梯隊)에 근무하는 모든 장교들이 숙지해야 할 사항으로 생각된다.

제 2 장

미래 합동작전 수행 개념 : 비전·전략 및 전역계획의 관계 *

1. 서론

분쟁은 국가와 국가 간에 발생하는 문제를 정치·경제 및 정보와 같은 국력의 여타 수단을 이용해 해결하지 못하는 경우 발발하게 된다. 분쟁은 평화유지활동에서 핵전쟁에 이르기까지 다양한 형태를 띠게 된다. 오늘날 우리는 이 같은 분쟁의 범주를 '분쟁의 스펙트럼(Spectrum of Conflict)'으로 표현하고 있다. 이는 일직선상에 무수히 많은 점이 있는 바처럼 무수히 많은 형태의 분쟁이 있음을 의미한다.

오늘날 우리는 우리의 적이 누구인지[1], 적을 아는 경우에도 피아의 강점과 약점, 분쟁 발발 시점, 분쟁에서 추구하게 될 정치적 목표 그리고 상대방의 의도를 전혀 예측할 수 없는 미래 분쟁에 대비해 국방력을 건설해야 하는 입장이다. 비전은 이 같은 불특정 위협에 대비해 미래 국방력을 건설함

---

* 권영근, "미래 합동작전 수행 개념 : 비전, 전략 및 전역계획의 관계", 한국군사학회, 『군사논단』 2005년 12월, pp. 125-148에 이미 발표된 자료이다.

1) 20년 후에 우리와 대적하게 될 상대가 누구인지 단정적으로 말할 수 있는가?

과 관련된 것이다. 즉 이는 국방의 장기기획에 해당한다.[2]

군사전략은 군사력의 적용 또는 위협의 형태로 국가 정책 목표를 달성할 목적에서의 군사력 운용에 관한 술(術 : Art)과 과학을 의미한다.[3] 군사전략은 추구하는 군사적 목표(Objectives), 방책(Ways) 및 수단(Means)으로 구성된다.[4] 군사전략은 현존 능력에 근거하는 작전전략(Operational Strategy)과 미래 국방력 건설을 고려한 군사력발전전략(Force Developmental Strategy)으로 구분된다.[5] 작전전략은 현존 군사력에 근거하고 있는데, 단기적 행위를 위한 구체적인 계획을 구상하기 위한 근간에 해당한다. 보다 장기적 성격의 전략은 미래 위협과 목표에 관한 판단에 의존할 수 있다. 따라서 이것의 경우 현재의 군사력 태세(Posture)에 의해 제약받지 않는다.

전역(戰役 : Campaign)은 전략 및 작전 목표들을 달성할 목적에서 전술・작전 및 전략 활동들을 배열해주는 일련의 '주요 작전'들을 의미한다.[6] 작전술은 전략・전역・주요작전 및 전투의 구상・조직・통합 및 수행이란 방식으로의 전략 및 작전 목표 달성을 위한 군사력 운용을 의미한다. 전략・작전 및 전술이란 전쟁의 모든 수준에서의 주요 활동들을 통합하는 방식으로 작전술의 경우 합참의장의 전략을 작전구상으로 그리고 궁극적으로 전술 행위로 전환하게 된다.[7] 추구하는 전략 및 작전 목표들을 달성할 목적에서 합참의장은 전역을 계획하는데, 오늘날의 전역은 육・해・공군의 '주요 작전'

---

2) 최근 들어 미군은 합동개념(Joint Operating Concept)를 발전시키고 있는데, 이는 비전과 별도의 것이다. 미군은 아직도 비전을 유지하고 있다.

3) Colonel John P. Stewart, *Military Strategy: Theory and Application*, US Army War College, 1985년, 3-1. 지금부터 Stewart, *Military Strategy: Theory and Application*로 표기

4) *Ibid.*

5) *Ibid.*, pp. 3-2

6) Joint Publication 1-02, "Department of Defense Dictionary of Military and Associated Terms", 2001년 4월 11일, p. 59. 지금부터 Joint Publication 1-02로 표기.

7) *Ibid.*, p. 309.

으로 구성된다. 즉 오늘날의 전역은 합동의 성격을 띠게 된다.[8)]

불특정 적과의 분쟁을 고려한 비전에서의 작전개념(Operational Concept)[9)]은 가능한 모든 유형의 분쟁에, 개개 분쟁에 대응하기 위한 다양한 형태의 방책에, 그리고 전시와 평시 모두에 적용 가능한 형태가 되어야 한다. 왜냐하면 특정 유형의 분쟁과 방책에 초점을 맞춘 작전개념에 근거해 국방력을 건설하는 경우 기타 경우에 제대로 대비할 수 없게 될 가능성이 다분하기 때문이다.

그런데 오늘날 우리 주변에는 미래 국방력 건설을 위한 합동 작전개념, 즉 비전 차원의 개념을 구체적인 위기에 대응할 목적의 특정 방책의 측면에서 생각하는 사람도 없지 않다. 이들 특정 방책 수준의 개념에는 고속기동전, 미 육군의 공지전투(Airland Battle) 이론[10)], 퇴역 미 공군대령 와든(John Warden)에 의한 '5개 동심원 이론(Five Ring Model)' 등이 있다. 또한 미래 국방력 건설을 위한 합동 작전개념을 합동교리, 예를 들면 합동작전술의 측면에서 생각하는 사람도 없지 않다.[11)]

본 논문은 미래 국방력 건설을 위한 개념, 즉 비전에서 시작해 군사전략 그리고 이들 개념과 특정 우발계획 또는 작전계획의 관계에 이르는 이론적 골격을 정립함을 그 목적으로 하고 있다.

이 같은 목적에서 2절에서는 전략 · 작전 및 전술이란 전쟁의 수준, 전역

---

8) 전시작통권 전환과 관련해 한국군 일각에서는 합동참모본부와 별도로 합동군사령부의 설치를 염두에 두고 있는 듯 보이는데, 이는 바람직한 방향으로 생각된다. 이 경우는 합동군사령관이 한반도 전역을 계획하게 된다.

9) 엄밀한 의미에서 이는 전쟁의 작전적 수준에서의 개념이다.

10) 오늘날의 전쟁이 항공력과 지상 전력이 결합된 형태로 수행된다는 의미에서의 Air-Land Battle과 공지전투를 구분하기 바란다. 오늘날의 미국의 전쟁 개념이 Air-Land Battle이라고 말하면 어느 정도 타당성이 있지만 Airland Battle 이론이라고 함은 전혀 사실이 아니다. 권영근 외 2명, "미래 합동작전 수행개념 고찰", 국방대학교, 2004년 8월 31일, pp. 29-35.

11) 권영근, "합동전 수행개념", 육군대학 심포지엄, 2002년 12월 23일.

계획, 작전술 개념을 설명하고, 군사전략과 전역계획의 관계를 살펴볼 것이다. 3절에서는 미래 합동작전 개념이 구비해야 할 요건에 관한 군사이론가들의 이론을 소개하고 있다. 또한 3절에서는 비전에서 말하는 합동 작전개념, 군사전략 그리고 작전계획의 관계를 보여주는 사례로 미 합동비전의 경우를 설명하고 있다.

2. 이론적 배경

아이젠하워 장군이 이미 언급한 바처럼 그리고 1991년의 걸프전에서 목격된 바처럼 향후의 전쟁은 육・해・공군에 의한 합동전(Joint Warfare)[12]의 형태로 수행될 것이다. 오늘날의 합동전은 몇몇 사항에 근거하고 있는데, 전쟁양상은 예측이 불가능하기 때문에 빨강・노랑 및 파랑이란 3원색을 적절히 결합해 의도하는 색을 표현하듯이 육・해・공군의 전력을 적절히 결합해 위기에 대처해야 할 것이란 점[13], 지상・해상 및 공중에서 군사력을 운용하기 위한 최선의 방법은 육・해・공군에 의한 군사력 운용 방안, 즉 지상의 경

12) 합동전은 합동과 전쟁(Warfare)의 합성어다. 따라서 미군의 경우도 합동과 전쟁(Warfare)은 정의하지만 합동전이란 용어는 정의하지 않은 채 사용하고 있다. 기갑전(Armored Warfare), 항공전(Air Warfare), 상륙전(Amphibious Warfare), 참호전(Trench Warfare), 정보전(Information Warfare), 기동전(Maneuver Warfare), 전자전(Electronic Warfare), 심리전 등에서 보듯이 Warfare는 특정 작전 매체(공중・지상・해상 및 정보 공간)에서 분쟁 및 위기 시에 수행되는 특정 기능 활동을 의미. AFDD1, Air Force Basic Doctrine, September 1997, p. 6.

13) Maj Alexander P. de Seversky, *Victory Through Air Power* (New York: Simon and Schutter, 1942), pp. 254-261; 전구(戰區) 차원의 위협에 대처할 목적의 전역(戰役 : Campaign) 계획은 육・해・공군의 '주요 작전' 및 보조 작전을 상호 연계시킨 것이다. 위협의 성격에 따라 전역계획에 들어가는 작전 형태뿐만 아니라 개개 작전이 전역계획에서 차지하는 비중은 달라진다.

우 클라우제비츠(Karl von Clausewitz) 및 조미니(Antoine-Henry Jomini)와 같은 지상군 이론가들이 정립한 개념이란 점[14], 무기체계의 발달로 인해 육・해・공군의 무기를 특정 작전환경, 즉 지상・해상 및 공중에서 통합(統合 : Integration)적으로 운용해야 할 것이란 점[15]이 바로 그것이다.

따라서 합참과 같은 전구(戰區 : Theater) 차원의 조직에서는 육・해・공군이 보유하고 있는 몇몇 작전 능력을 결합해 위기에 대처해야 할 것이다. 소위 말해, 합참은 위기에 대처할 목적에서 전역(戰役)을 계획하게 되는데, 이는 위기 대처와 관련된 단일 목표를 여러 단위 목표로 나눈 후 이들 개개 목표를 적정 구성군[16]에 부여하고, 각 군 구성군에 의한 노력을 통일하는 과정으로 생각할 수 있다. 각 군 구성군에서는 부여된 목표(보통 작전으로 표현됨)의 수행을 위해 나름의 계획을 작성하게 되는데, 그 과정에서도 여타 군의 전력이 통합될 수 있다. 이들 전역계획은 현존 능력과 추구하는 군사 및 정치적 목표에 근거해 작성된다.

여기서는 오늘날의 합동전 개념과 관련된 근본 사항인 전략・작전 및 전

14) 권영근 번역, 『미래전 어떻게 싸울 것인가』, 연경문화사, 1999년 4월, pp. 449-457. 지금부터 권영근, 『미래전 어떻게 싸울 것인가』로 표기; 전역계획에 포함되어 있는 육・해・공군의 작전은 해당군의 군사력 운용 개념에 의해 수행된다.

15) 권영근 편저, 『미래전과 군사혁신』, 연경문화사, 1999년 7월, p. 354. 지금부터 권영근, 『미래전과 군사혁신』으로 표기; 전역계획에 포함되어 있는 육・해・공군 작전이 단일군의 전력만으로 수행되는 것은 아니다. 오늘날에는 무기의 성능이 향상되면서 특정 군의 임무 수행을 위해 확보한 무기가 여타 군의 작전에 함께 사용될 수 있다. 다시 말해, 공군의 무기가 육군 또는 해군의 작전술(Operational Art)에 의해 운용될 수도 있다.

16) 한미연합사의 관점에서는 육・해・공군 구성군사령부를 생각할 수 있는 반면, 한국군만을 고려하는 경우는 구성군사령부란 개념보다는 작전사령부가 보다 더 현실에 가까울 것이다. 그러나 편의상 구성군이란 용어를 사용하도록 하자. 동일한 정치 및 군사적 목표를 고려해 단일 지휘관을 설정하고, 공중・지상 및 해상을 책임지는 단일 지휘관을 설정한다는 개념, 즉 구성군이란 개념은 지휘통일(Unity of Command)이란 전쟁원칙에 기반을 두고 있다.

술이란 전쟁의 수준, 전역계획, 합동작전술 그리고 군사전략의 문제를 상세 기술해보자.

가. 전쟁의 수준[17)]

오늘날의 군 교리에서는 전쟁 활동을 전략·작전 및 전술이란 3개 수준으로 구분해 설명하고 있다. 전쟁의 전략적 수준은 또한 대전략과 군사전략으로 구분된다.

(1) 전략적 수준

(가) 대전략 수준

전쟁의 대전략이란 국가에서 가장 높은 수준의 지휘를 대변하는데, 전쟁에 돌입할 것인지의 여부, 전쟁에서 추구하는 정치적 목표, 군사력 운용을 통해 조성해야 할 군사적 상황, 정치 및 군사적 측면에서 준수해야 할 제한사항, 동맹국/적국 관계, 그리고 전쟁에 투입하게 될 군사력과 여타 국가 자원을 결정하는 문제들이 여기에 해당한다.

대전략 수준에서의 지휘책임은 정치지도자들에게 있다. 그러나 이 같은 지휘의 행사를 위해서는 군사전략 수준에서의 자료제공이 필요하다. 군이 정치지도자들에게 제공하는 자료에는 군사적으로 가능한 대안들, 이들 대안의 상대적 이점과 성공 가능성, 적의 예상 반응 그리고 동맹국의 반응이 포함된다.

---

17) 박덕희 번역, 『항공전역』, 연경문화사, 2001년 5월, pp. 19-26; 권영근 외 3명 번역, 『미 합동작전 교리』, 합동참모본부, 2002년 12월, pp. 49-56. 지금부터 권영근 외 3명, 『미 합동작전 교리』으로 표기.

더욱이 정치 지도자들에게 제공되는 군사적 조언에는 적의 군사력에 관한 평가, 아측 전력의 준비 정도 그리고 분쟁 기간 중 요구되는 군 및 민간의 노력을 수치(數値)와 비중의 측면에서 표시한 내용들이 포함된다. 또한 군은 대전략 수준의 의사결정을 위해 교전규칙과 군사적 분쟁이 갖는 법적 의미에 관해 정치 지도자들에게 자료를 제공하게 된다. 전쟁 중에도 이 같은 조언은 지속된다. 대전략 수준의 전쟁을 수행하는 정치 지도자들과 군사전략 수준의 전쟁을 수행하는 고위급 군사지도자들 간에 긴밀한 실무 관계가 요구되는 것은 이 같은 이유 때문이다.

(나) 군사전략 수준

군 지휘 측면에서 가장 높은 수준은 군사전략 수준이다. 여기서는 대전략을 군사전략 지침으로 전환하고 있다. 군사전략 수준에서는 대전략 수준에서 결정된 제한사항을 준수하며, 어디서 어떻게 싸울 것인지, 전쟁에 투입되는 노력의 정도 그리고 하나 이상의 전구(戰區 : Theater)[18]에서 전쟁이 진행되는 경우 개개 전구에 배정되는 노력의 정도 등에 관해 의사를 결정하게 된다. 여기서는 대전략 수준의 지침에 근거해 정치지도자가 마련해준 국력

---

18) 전구는 합동군사령관 및 공군구성군사령관 수준에서 매우 중요한 개념이다. 지상 및 해상과 같은 지면군(Surface force)의 경우는 작전지역(Area of Operation)의 시각에서 전쟁을 바라보지만, 한반도에서 연합사령관과 공군구성군사령관은 전구 차원에서 전쟁을 바라보게 된다. "전구의 모든 항공력은 단일표적에 집중될 수 있다"라는 표현에서 보듯이 항공력과 관련된 내용을 기술하고자 하는 경우 전구란 개념은 필수적이다. Air Force Doctrine Document 2, *Organization and Employment of Aerospace Power*, USAF, 2000년 2월 p. 1.

합동작전에서는 육·해·공군의 전력이 특정 지역을 중심으로 끊임없이 통합되는데, 해군과 공군의 무기가 육군을 지원하는 경우는 작전지역, 공군과 육군의 무기가 해군을 지원하는 경우 작전해역에서 통합되고 있다. 그런데 공군의 입장에서 육·해·공군의 무기가 통합되는 장소는 어디인가? 이는 전구이다. 따라서 합동 및 공군 교리에서 전구는 매우 중요한 개념이다. 한반도는 단일의 전구를 형성하고 있다.

의 수단인 외교・경제・정보 및 군사적 자산들의 운용에 관한 조건을 부여하게 된다.

또한 군사전략 수준의 지휘관들은 정치적 목표를 군사적 목표들로 전환시킬 책임이 있다. 이들은 또한 분쟁의 '최종 상태(End state)', 즉 국가 전략목표들을 지원하고자 할 때 달성되어야 할 군사적 조건들을 정의하게 된다.

(2) 작전적 수준

전쟁의 작전적 수준에서는 전략 지침에 명시된 제한사항들을 준수하며 작전을 수행하게 되는데, 이는 배당된 군사력으로 전쟁의 전략목표를 달성하기 위한 방안에 관한 것이다. 전략지침이 전술목표로 전환되고, 작전 수행을 고려한 군사력 운용 계획이 작성되는 곳은 전쟁의 작전적 수준에서다. 이 같은 계획 과정의 결과로 인해 전술 수준의 지휘관들에게 부여되는 임무뿐만 아니라 전술목표들이 만들어진다. 전역계획과 개별 임무를 생성해내는 과정에서 작전적 수준에서는 전술 및 군사전략 수준과 긴밀한 관계를 유지하게 된다.

(3) 전술적 수준

전쟁의 작전적 수준에서 발전된 전역계획이 구체적으로 수행되는 수준은 전쟁의 전술 수준이다. 여기에는 작전적 수준의 지휘관이 명시한 임무목표를 달성할 목적에서 전투를 계획 및 수행하는 일이 포함된다.[19] 전술지휘관

19) 비행단의 조종사들이 수행하는 전쟁은 전술적 수준이다. 월남전 당시만 해도 무기의 정밀성 때문에 전투기 1대를 이용해 얻을 수 있는 효과는 지극히 미미하였다. 그 결과 전투기는 주로 전선의 육군을 전술 지원하는 반면, 적의 심장부를 공격하는 전략

들은 부여된 임무뿐만 아니라 시간·공간 및 군사력 그리고 전투 및 지원 자원 측면에서의 제한사항들을 검토하게 된다. 문제 또는 결함이 예견되는 경우 전술지휘관들은 그 해결을 위해 작전 지휘관들에게 이들 문제와 결함을 제기할 수 있다. 필요한 경우 이들 사안은 지휘계통을 통해 군사전략 및 대전략 수준으로까지 보고된다.

나. 전쟁의 수준과 목표[20)]

군이 전력을 배치 및 운용하는 것은 군사적 목표를 달성할 목적에서다. 군사적 성격의 전역 및 작전의 계획과 시행은 이들 목표를 고려해 이루어진다. 전쟁의 개개 수준에서는 바로 위의 수준에서 설정된 목표들을 고려해 행동하게 된다. 따라서 전쟁의 개개 수준에서 추구하는 목표들은 계층적 성격을 띠게 된다.

공격은 폭격기들이 담당하였다. 정밀유도무기의 등장으로 인해 "제2차 세계대전 당시 수백 대의 폭격기가 수행하던 일을 걸프전에서는 단 한 대의 전투기가 수행할 수 있게 되었다." Donald M. Snow, Dennis M. Drew, *From Lexington to Desert Storm and Beyond: The American Experience at War*, M. E. Sharpe, Inc. 2000년, p. 251 지금부터 Donald M. Snow and Dennis M. Drew, *From Lexington to Desert Storm*로 표기; 권영근, 『미국은 왜 전쟁을 하는가 : 전쟁과 정치의 관계』, 연경문화사, 2003년 10월, p. 352. 지금부터 권영근, 『미국은 왜 전쟁을 하는가』로 표기.

그 결과 전투기가 전략·작전 및 전술표적 모두를 공격할 수 있게 되었다. 다시 말해 한반도 내부의 모든 표적을 공격해 전투기가 나름의 효과를 유발할 수 있게 되었다. 공군의 '전술항공통제본부(TACC : Tactical Air Control Center)'가 '전구항공통제본부(TACC : Theater Air Control Center)'로 명칭이 바뀌게 된 것은 이 같은 이유 때문이다. 이 같은 현상을 보면서 몇몇 사람들은 공군의 경우 전쟁의 전략·작전 및 전술 수준이란 구분이 의미가 없게 되었다고 주장한 바 있는데, 이는 전쟁의 효과와 전쟁의 수준을 혼돈함에 따른 현상이다. 공군대학, "제6회 항공전략 국제학술 심포지엄", 2001년 2월 1일, p. 62.

20) 권영근 외 3명 번역, 『미 합동전 교리』, 합동참모본부, 2002년 12월. 지금부터 권영근 외 3명, 『미 합동전 교리』로 표기.

전쟁의 대전략 수준을 놓고 고민하는 사람은 주로 대통령과 관계 부처의 장관들이다. 여기서 정의되는 전략목표에는 국익을 증진시킬 목적의 국가안보 목표와 정치 및 군사적 측면에서의 제한사항이 포함된다. 전쟁의 군사전략 수준을 놓고 고민하는 사람은 주로 국방장관과 합참의장이다. 여기서 정립된 군사적 목표의 경우는 군사적 측면에서의 최종상태(End State)를 정의하고, 군사력 적용과 관련된 지침을 제공하게 된다. 전쟁의 작전적 수준을 놓고 고민하는 사람은 주로 한국군의 합참의장 또는 연합사령관과 같은 사람이다.[21] 여기서 정립되는 전역 목표에는 전역 전반의 일부로서 개개 작전사령관이 계획 및 수행하게 될 작전들에서 추구해야 할 목표와 정도가 개관(槪觀)된다. 공군 작전사령관의 경우 항공임무를 지시하게 되는데, 여기에는 개개 항공작전에서 추구해야 할 목표들이 상세 열거되어 있으며, 단위 지휘관들, 예를 들면 임무 편대장(Flight Leader)에 대한 책임 부여와 권한위임 내용이 포함되어 있다. 전술 수준의 지휘관인 임무 편대장들에게는 통합임무명령서(Integrated Tasking Order)가 하달되는데, 여기에는 개개 항공임무에서 추구해야 할 목표와 세부 요구사항들이 명시되어 있다.

다. 전역계획[22]

전역은 전략 및 작전 목표를 달성할 목적의 전술·작전 및 전략 행위를

---

21) 한국군 합참의장은 전쟁의 군사전략 수준과 작전적 수준 모두를 담당하고 있다. 다시 말해 미국의 합참의장과 합동군사령관의 역할을 모두 수행하고 있다. 1990년대의 코소보 전쟁에서 보듯이 국가 전략목표를 달성할 목적의 임무를 특정의 단일군이 수행할 수도 있다. 이 경우 육·해·공군의 작전사령관 또는 군사령관이 전략목표 달성을 위한 계획을 작성할 수 있다. 즉 이들이 작전적 수준의 지휘관일 수 있다. 오늘날에는 무기체계의 발달로 인해 작전적 수준의 지휘관이 보다 낮은 제대의 지휘관일 수도 있다.

담고 있는 일련의 '주요 작전(Major operations)'이 연속적으로 진행되는 과정으로 생각할 수 있다. 전역은 육·해·공군에 의한 합동 형태로 수행된다. 한국군의 합참의장 또는 연합사령관은 전역(戰役 : Campaign)과 '주요 작전'을 수행하게 된다. 이는 전역에서 추구하는 전략목표와 '주요 작전'에서 추구하는 작전목표의 달성에 이들이 노력을 집중시킨다는 의미다.

현 시점에서 보면 전시 한반도에서 작전적 수준의 최고지휘관은 한미연합사령관이다. 한미연합사령관은 한반도의 한국군과 미군의 운용을 위한 전역계획을 책임지고 있는데, 작계-5027은 몇몇 상황을 가정한 가운데 작성된 정밀기획(Deliberate Planning) 성격의 전역계획이다. 몇몇 상황을 가정하고 있다는 점에서 가정이 바뀌면 작계-5027 또한 변하게 될 것이다. 전역계획과 관련된 연합사령관의 책임에는 전역에서 추구해야 할 목표들, 이들 목표의 상대적 우선순위뿐만 아니라 이들 목표의 달성에 투입될 노력의 경중(輕重)을 결정하는 일이 포함된다. 일반적으로 한미연합사령관은 항공력의 배당(Apportionment)과 할당(Allocation)[23] 비율, 지상군의 기동계획 그리고 적정 해군작전을 인가하게 된다.

전쟁의 작전적 수준을 담당하는 지휘관은 군사적 목표의 달성을 위한 상세 방안을 열거하고 있는 개략적 성격의 전역계획을 발전시킬 책임이 있다. 또한 이 같은 성격의 전역계획을 통해 한미연합사령관은 적의 능력과 배치, 아측 전력의 가용 정도 그리고 작전 측면에서의 제한사항을 포함한 일부 가정들을 언급하는 한편, 육·해·공군 작전(구성군)사령관에게 전역 목표와

22) 권영근 번역, 『합동전역계획』, 국방대학교 합동참모대학, 2003년 12월 또는 Joint Pub 5-00.1, "Joint Doctrine for Campaign Planning", 2002. 1. 25.

23) 할당이란 전쟁의 작전적 수준 지휘관이 배당한 항공 노력을 개개 임무 측면에서 가용한 항공기별 총 쏘티 숫자로 전환함을 의미한다. 예를 들면, 항공자산의 30%를 근접항공지원에 배당한다고 할 때, 이것이 F-4 팬텀 50쏘티 그리고 F-5 70쏘티에 해당할 수 있을 것이다. Joint Pub 3-03, "Doctrine for Joint Interdiction Operations", 1997. 4. 10., p. GI-2.(권영근 외 2명이 번역)

군사력을 배정하게 된다.

이 같은 개략 성격의 전역계획에 근거해 각 군 작전사령관이 전역계획에 포함되는 작전들에 대한 상세 계획을 작성하게 된다. 작전계획에서 작전사령관은 작전목표(전역목표를 고려해 식별)와 적의 중심(重心 : Center of Gravity)을 식별하고, 임무에 투입되는 군사력을 대응시키며, 이들 군사력의 배치와 운용에 관한 시간별 계획을 발전시키게 된다. 전쟁 수행 결과에 따라 작전계획과 전역계획이 수정 또는 변경된다.

전역계획은 전략목표와 전략지침의 준비에서 시작해 전술작전의 수행과 함께 종료되는 계층적 성격의 과정이다. 정책 및 전략 지침이 변하면 전술결과들을 관찰한 이후의 갱신된 정보와 지휘관 평가 및 조언을 고위급 사령부에 전달하게 된다. 그 결과 전역계획의 변경 또는 수정이 요구될 수 있다. 전역계획이 수정되면 갱신된 전역계획을 반영해 예하 계획이 수정 또는 갱신된다.

라. 작전술[24)]

(1) 개요[25)]

군의 모든 제대(梯隊)에 있는 사람들은 나름의 시각을 견지하고 있는데, 이들 시각은 일반적으로 전략 · 작전 및 전술적 수준으로 분류된다. 전략적 수준의 시각은 국력의 제반 수단들을 조정하는 문제에 관한 것인데, 여기서

---

24) 권영근, 『미래전 어떻게 싸울 것인가』, pp. 449-457.

25) Lieutenant Colonel Clayton R. Newell, US Army, "What is Operational Art", *Military Review*, 1990년 September, pp. 3-16. 지금부터 Newell, "What is Operational Art"로 표기.

군사력은 이들 수단 중 하나에 불과하다.

전략적 수준의 시각에서 국력의 군사적 수단으로 시각을 좁히는 경우 전쟁의 작전적 시각이 부각된다. 작전적 시각에서 군의 지휘관들은 국가 목표를 지원할 목적의 군사적 목표들을 달성할 목적에서 공중 · 지상 및 해상 전력을 조정하게 된다. 작전술은 작전적 시각에서의 군의 행위들의 수행에 관한 것이다.

전략목표의 경우 국가목표를 발전시킨 형태의 것인 반면, 전술목표는 전략목표를 달성하고자 할 때 필요한 단계들을 의미한다. 작전적 시각에서 보면, 전역(戰役)은 전략목표의 달성에 필요한 단계에 해당한다. 분쟁의 강도에 무관하게 전역의 구성과 시행은 작전술의 근본 특성에 속한다.

전략목표를 구체적인 전술목표로 전환하는 과정에서의 관건은 작전적 시각에서 전쟁을 바라보는 작전 지휘관이다. 작전적 시각은 군의 지휘관들이 전략목표들을 달성하도록 해주는 부분이다. 이들 지휘관은 전술 수준의 전투력이 달성해야 할 전술 목표들을 할당하는 방식으로 이들 전략목표를 달성하게 된다.

(2) 작전수행지역과 작전적 시각[26)]

작전수행지역(Operational Area)에는 전구(Theater), 전쟁전구(Theater of War), 작전전구(Theater of Operation), 작전지역(Area of Operation) 등이 있다. 미국은 전 세계를 몇몇 전구로 나누고는 이들 전구 내부에 전쟁전구와 작전전구를 두고 있다.[27)] 미국의 입장에서 보면 한반도는 작전전구에 해당한다.

---

26) Newell, "What is Operational Art", pp. 3-16.

27) 이들 구분은 지역의 크기에 기인하고 있다. 그러나 한국의 입장에서 보면 한반도는 단일의 전구를 구성하는 것으로 생각할 수 있다. 이스라엘의 경우는 좁은 영토에도

작전전구를 책임지는 지휘관은 일반적으로 육·해·공군으로 구성된 합동군을 지휘하는 가장 낮은 제대(梯隊)의 지휘관인데, 전쟁을 작전적 시각에서 바라보게 된다. 작전전구 수준 이하의 제대에는 특정 군 내부의 장교가 지휘하는 전술 전력이 위치해 있다. 그러나 대부분 활동의 경우와 마찬가지로 여기에도 예외는 있다. 즉 작전전구를 담당하는 지휘관 예하의 지휘관들이 작전적 시각을 견지하는 경우가 있는데, 이는 오늘날의 무기체계가 발전을 거듭하고 있다는 점에 기인하고 있다.[28] 일반적으로 작전전구를 담당하는 지휘관은 작전술에 전념하게 된다.

(3) 각군 작전술과 합동 작전술[29]

작전술은 전략·전역·주요작전 및 전투의 구상·조직·통합 및 수행이란 방식으로 전략 및 작전 목표 달성을 위한 군사력의 운용을 의미한다. 전략·작전 및 전술이란 전쟁의 모든 수준에서의 주요 활동들을 통합하는 방식으로 작전술의 경우는 한국군의 합참의장(또는 한미 연합사령관)의 전략을 작전구상으로 그리고 궁극적으로 전술 행위로 전환하게 된다.

1990년대의 코소보 전쟁 당시 미국은 항공력만으로 위기에 대응하였다. 다시 말해, 미군은 국가 전략목표를 달성할 목적의 전역을 항공전역(Air Campaign)의 방식으로 수행하였다. 이는 당시의 전쟁에서 항공 작전술이 사용되었음을 의미한다. 이는 앞에서 언급한 바, 즉 작전전구를 책임지는 지휘관

불구하고 자국을 몇몇 전구로 나누고 있다.

28) 19세기 당시에는 전쟁에서 전략적 효과를 유발하려면 적어도 군사령부 수준의 전력이 요구되었다. 그러나 오늘날에는 무기체계의 발달로 인해 이 같은 전략적 효과를 육군의 특수부대, 공군의 항공기 등이 유발할 수 있게 되었다. 즉 전략목표를 달성할 목적에서 고민하게 되는 제대(梯隊)의 수준이 점차 낮아지고 있다. 즉 전쟁을 작전적 시각에서 바라볼 수 있는 제대의 수준이 점차 낮아지고 있다.

29) Newell, “What is Operational Art”, pp. 3–16.

예하의 지휘관들 또한 작전술을 견지할 수 있다는 점과 일맥상통한다. 다시 말해, 육·해·공군을 이용해 전략목표를 달성할 목적에서 전역(戰役)을 계획하는 과정을 합동작전술이라고 말한다면[30], 특정 군을 이용해 전략목표를 달성할 목적에서 전역을 계획하는 과정을 각군 작전술이라고 말할 수 있다.

육·해·공군의 '주요 작전'들을 중심으로 합동 차원에서 전역을 계획하는 과정에서 작전술, 즉 합동작전술이 요구되는 바와 마찬가지로, 지상·해상 및 공중 작전을 계획하는 과정에서는 각군 작전술이 개입된다.

이미 언급한 바처럼, 작전술에는 육·해·공군을 묶어 합동전역을 구상할 목적의 합동작전술뿐만 아니라 육·해·공군 작전술이 있다.[31] '작전(Operation)'이란 명칭의 미 육군교범 FM 100-5는 미 육군의 작전술에 관한 것이다.[32] 육군 작전술의 근간은 1870년대 당시의 몰트케(Helmuth von Moltke)에 의해 정립되었다.[33] 해군과 공군의 작전술이 제대로 정립된 기간은 1920년대와 1930년대 당시다.[34] 미 공군은 2계열 교리 즉 '항공전(Air Warfare)'이란 명칭의 Air Force Doctrine Document 2-1, '항공우주력의 조직과 운용(Organization and Employment of the Aerospace Power)'이란 명칭의 Air Force Doctrine Document 2 등의 다수 교범을 작전교리로 간주하고 있는데, 작전교리에 관한 미 공군의 시각은 다음과 같다.

---

30) 합동작전술은 공중·지상·해상·우주 그리고 특수작전 전력의 동시통합 및 통합과 관련된 근본 방법 및 문제에 초점을 맞추고 있다. 권영근 외 3명, '미 합동작전교리', p. 54

31) Stewart, "Military Strategy: Theory and Application", 3-68.

32) 인터넷 자료(http://en.wikipedia.org/wiki/Operational_art), Wikipedia 사전의 작전술(Operational Art)에 관한 정의 참조. Naval Doctrine Publication 1, Naval Warfare, 1994년 3월 28일, Forward. Air Force Doctrine Document 2-1, Air Warfare, 2000년 1월 22일, p. v.

33) Colonel Michael D. Krause, US Army, "Moltke and the Origins of Operational Art", *Military Review*, 1990년 September, p. 28.

34) 인터넷 자료(http://www.nwc.navy.mil/JMO/ROOP/OPSO4.htm)의 2페이지.

작전교리는 전역(戰役 : Campaign)과 '주요 작전'에서 항공우주력의 운용을 인도하는 원칙(原則)을 정립해주고 있다. 여기서는 부여된 목표의 달성에 항공우주 작전이 기여토록 할 목적에서 목표·군사력·환경 및 행위의 관계를 조사해보고 있다.[35)]

즉 미 공군의 작전교리는 미 공군의 작전술에 관한 내용을 담고 있다.

미 해군의 경우도 상황은 마찬가지다. 해전(Naval Warfare)란 명칭의 미 해군 교범 Naval Doctrine Publication 1 등은 미 해군의 작전술에 관한 것이다. 반면에 합동작전(Joint Operation)이란 명칭의 미 합동교범 Joint Publication 3-0 등, 미 합동교리의 대부분은 합동 전역계획을 작성할 목적의 것이란 점에서 합동작전술에 관한 것이다.[36)]

---

35) APM 1-1, Basic Aerospace Doctrine of the United States Air Force, March 1992, vol. 2, p. 296. The definition from the USAF Dictionary of 1956 for "operational air doctrine" is simply "doctrine on how to use air power in particular operations."

36) 합동작전술의 거장인 맥아더와 니미츠는 다수의 개념을 정립하였다. 예를 들면, 맥아더는 육·해·공군의 전력 통합이란 측면에서 중요한 개념인 지원(Supporting) 및 피지원(Supported)이란 개념을 정립하였다. Lieutenant Commander, David M, McFarland, U.S. Navy, Major Monty Ray Perry, U.S. Air Force, and Lieutenant Colonel Steven R, Miles, U.S. Army, 'Joint Operation Art is Alive', The Naval Institute Proceedings, 2002년 10월. 미 합동작전 교범 3-0 예하에 있는 수십 권의 교리는 지원 및 피지원 관계에 근거해 개개 작전별로 육·해·공군의 전력을 통합할 목적의 것이란 점에서 합동작전술에 관한 교리로 생각할 수 있을 것이다.

마. 군사전략과 전역계획

(1) 군사전략

(가) 개요

전략은 목표를 달성할 목적에서 노력을 조직해주는 상황 의존적인 행위 계획이다.[37] 전략은 승리와 바람직한 결과의 가능성을 높이고, 패배 가능성을 줄일 목적에서 그리고 정책을 최대한 지원할 목적에서 전시와 평시에 필요한 바대로 정치 · 경제 · 정보(Information) 및 군사력을 개발해 운용함과 관련된 술(術 : Art)과 과학이다.[38] 전략은 목표 · 방안(방책) 및 수단으로 구성되는데, 여기서 목표는 추구하는 바를, 방안은 방책(Course of Action)을 그리고 수단은 목표를 달성할 목적으로 사용될 수 있는 도구(자원)를 의미한다. 이 같은 점에서 보면 군사전략은 군사적 목표 · 방책 및 자원으로 구성된다.

군사전략은 군사력의 적용 또는 위협의 형태로 국가의 정책 목표를 보장할 목적에서의 군사력의 운용에 관한 술(術 : Art)과 과학을 의미한다.[39] 국가전략(National Strategy)은 국가목표를 달성할 목적에서 평시와 전시에 군사력과 더불어 국가의 정치 · 경제 및 정보력을 개발해 사용함과 관련된 술과 과학을 의미한다.[40] 군사전략은 이 같은 국가전략의 일부에 해당하는데, 국가전략을 지원해야 하며, 국가정책과 일관성이 있어야 한다.

---

37) Drew and Snow, in Air Force Manual 1-1, vol. II, p. 303.
38) Joint Publication 1-02, p. 408.
39) *Ibid*., p. 277.
40) *Ibid*., p. 295.

(나) 군사전략의 유형

군사전략은 작전전략과 군사력발전전략이란 2개 유형이 있다. 작전전략은 현존 군사적 능력에 근거하고 있는데, 단기적 행위를 위한 구체적인 계획을 구상하기 위한 근간에 해당한다. 보다 장기적 성격의 전략은 미래 위협과 목표에 관한 판단에 의존할 수 있다. 따라서 이것의 경우 현재의 군사력 태세(Posture)에 의해 제약받지 않는다.

군사전략에서 군사적 목표와 방책의 이행에는 자원이 요구된다. 반면에 군이 보유하고 있는 자원에 의해 군사적 목표와 방책이 영향을 받게 된다. 군의 자원을 군사전략의 요소로 고려하지 않는 경우 우리는 전략과 능력의 불일치, 즉 군사전략의 방책 부분 이행과 추구하는 목표의 달성 측면에서 군사적 능력이 충분치 못한 상황에 직면하게 된다. 이 같은 현상이 군사력 구조의 개선을 요구하는 장기전략, 즉 비전을 개발하는 과정에서 종종 목격된다. 그러나 우발계획과 군사작전이 근거로 해야 하는 작전전략의 문제를 놓고 고민하는 경우 이 같은 능력과 전략의 불일치란 현상은 치명적일 수 있다. 작계-5027과 같은 것을 작성할 당시 근간이 되는 작전전략이 현존 능력에 근거해 작성되는 것은 이 같은 이유 때문이다.

(다) 군사전략의 본질

군사전략을 구성하는 요소인 목표・방책 및 수단은 임의로 변할 수 있다. 이 점에서 특정 순간 국가가 다수의 전략을 구비하고 있어야 한다는 결론에 도달하게 된다.41) 한국전쟁에서 보았듯이 군사적 목표는 수시로 변할 수 있다. 즉 군사전략은 신속하고 빈번히 바뀔 수 있다.42) 마찬가지로 전쟁 전반에 걸쳐 일관성 있게 적용될 수 있는 군사전략은 존재하지 않는다. 왜냐하

41) Stewart, "Military Strategy: Theory and Application", p. 3-5.
42) *Ibid.*, p. 3-5.

면 전쟁이란 인간과 인간의 의지의 대결이며, 작용과 반작용이란 상호작용의 산물이기 때문이다. 따라서 전쟁에서의 전략은 적의 반작용에 적절히 반응할 수 있는 성격이 되어야 한다.[43] 또한 인간은 상대방의 반응에 적응하는 경향이 있다. 즉 전쟁 당사국들은 상대방이 승리하지 못하도록 노력하는 경향이 있다. 이 같은 점에서 보면 아측이 특정 유형의 전략을 강구하고자 하는 경우 상대방은 이 같은 전략을 분쇄할 수 있는 형태의 전략을 취하고자 노력할 것이다. 따라서 미군의 How to fight 개념이 공지전투였다는 일부 사람들의 주장은 이 같은 전쟁의 본질과 배치되는 형태의 것이다. 마찬가지로 고속기동전을 우리군의 합동작전 수행 개념으로 생각한 바 있는 1998년 당시의 합동작전 교리 또한 전쟁의 본질에 위배된다.

(2) **군사전략**(방책)[44]**과 전역계획**(1991년의 걸프전을 중심으로)

1991년의 걸프전 당시의 다국적군의 전역(戰役 : Campaign)은 다음과 같은 4단계로 구성되어 있었다.[45]

1단계 : 항공력을 이용해 이라크를 전략적으로 공격한다.(Strategic Attack)

2단계 : 쿠웨이트 전역(戰域)의 이라크 군 방공체계를 제압해 공중우세를

---

43) 이 같은 것을 보여주는 한 사례는 1973년의 아랍-이스라엘 전쟁이다. 이스라엘군과 비교해 이집트군은 신속히 반응할 능력이 없었다. 따라서 이들 이집트군은 고도로 계획된 형태의 선제공격에 의존하지 않을 수 없었는데, 여기서는 거의 모든 행위가 사전에 명시되어 있었다. 이 같은 점으로 인해 이들은 수에즈 운하를 도강할 당시 초기에 성공을 거두었다. 그러나 이스라엘의 반격에 이집트군은 대부분 반응할 수 없었다.

44) 전략을 공식적으로 정의하는 경우를 제외하면 본 논문에서 전략은 방책을 의미한다.

45) Thomas A. Keaney, “Gulf War Air Power Survey Summary Report”, (Washington, D.C.: 1993), p. 6.

확보한다.(Air Superiority)

3단계 : 항공력을 이용해 이라크 지상군 중무장 전력의 50% 이상을 격파한다.(Preparing the Battlefield)

4단계 : 항공력의 비호 아래 지상전을 전개한다.(Ground Operation)

여기서는 당시의 전역계획 수립을 위한 방책이 출현하게 된 배경과 이 같은 방책에 근거해 전역계획이 작성된 과정의 설명을 통해 정치적 목표에서 전역계획 작성에 이르는 과정에 대한 이해를 상세 차원에서 돕고자 한다.

(가) 개요

앞에서 우리는 군사전략이 군사적 목표·방책 및 수단(자원)으로 구성되어 있음을 알았다. 또한 군의 우발계획과 작전계획이 이 같은 방책에 근거하고 있다고 우리는 주장하였다. 그러면 이 같은 방책의 선정 과정 그리고 방책과 국가의 전략목표 달성을 고려한 전역계획(戰役計劃 : Campaign Plan)의 관계를 1991년의 걸프전의 사례를 중심으로 설명해보자.[46]

1991년 당시 미국 대통령 부시가 중부사령관 슈워츠코프에게 제시한 정치적 목표는 쿠웨이트 작전전구(Theater of Operation)에 있던 이라크 군을 몰아내어 쿠웨이트 정부를 침공 이전 상태로 복구시키란 점과 그 과정에서 피아 모두 사람이 많이 죽으면 안 된다는 점이었다. 슈워츠코프는 가용 전력을 이용해 이 같은 목표를 달성할 목적의 방책을 강구하고자 노력하였다. 그는 문제 해결을 위한 방책을 강구하고자 다수 사람들의 말을 경청하였다. 그러나 그는 이들이 제기한 방책 모두에 만족할 수 없었다. 왜냐하면, 이들 방책은 부시가 제기한 목표 또는 보유하고 있는 군사적 능력 측면에서 문제

46) 이 부분은 합동비전에서 말하는 합동작전개념을 이해하는 과정에서 반드시 이해하고 있어야 할 성질의 것이다.

가 있었기 때문이다. 그 결과 슈워츠코프는 자신의 고민 사항을 해결해줄 방안을 강구하고자 미 공군참모총장에게 전화를 걸게 된다. 당시의 공군참모차장 로(Loh)는 슈워츠코프에게 공군대령 와든(John A. Warden)을 추천하게 된다.[47)]

(나) 군사전략(방책) 선정[48)]

슈워츠코프가 육군대장이란 점을 고려해 와든은 자신이 구상하고 있던 계획을 설명할 목적에서 지상군 비유를 사용하였다. 걸프전에 대비한 계획의 명칭을 와든은 '즉각적인 천둥(Instant Thunder)'으로 지칭하였다. 그는 이것이 제1차 세계대전 당시의 독일군 참모장 슐리펜(Alfred von Schlieffen)에 의한 슐리펜 계획과 유사한 형태의 개념이라고 슈워츠코프에게 설명하였다.

1905년 독일군 참모장으로 부임한 슐리펜은 결정적인 승리를 겨냥한 공세정신으로 충만해 있었다. 그는 프랑스와의 전쟁이 발발하는 경우 프랑스 육군을 포위한 후 격파한다는 대담한 계획을 구상하였다. 이 같은 공격에 참여하는 독일군은 7개 군(Army)으로 구성되어 있었는데, 이들 중 5개 군이 우익을 그리고 2개 군이 좌익을 구성하도록 되어 있었다. 예상되는 프랑스군 반격의 예봉(銳鋒)을 좌익이 무디게 만드는 한편 필요한 경우 좌익은 서서히 퇴각하도록 되어 있었다. 반면에 보다 막강한 전력의 우익의 경우 프랑스 영토를 우회하고는 프랑스 육군의 배후로 진격해 들어가 파리를 점령한 후 프랑스군의 지원 기지를 박탈하도록 되어 있었다. 은퇴 이후에도 슐리펜은 프랑스를 격파하기 위한 유일한 방안은 이 같은 전략 기동이라고 확

---

47) 이은수, 권영근, 『쾌속성공 : 프로메테우스 경영 전략』, 연경문화사, 2002년, pp. 27-28. 지금부터 이은수, 권영근, 『쾌속성공』으로 표기.

48) Michael R. Gordon and General Bernard E. Trainor, "General's War", pp. 81-82; 이은수, 권영근, 『쾌속성공』, pp. 28-31.

신하였다. 제1차 세계대전이 임박한 1913년 당시 그는 유언으로 “우익을 보강하라”는 말을 남겼다. 그러나 그의 후임자인 몰트케(Helmuth von Moltke)는 좌익을 보강할 목적에서 우익의 전력을 빼돌리는 방식으로 슐리펜의 조언을 거부하였다. 그 결과는 참담하였다. 제1차 세계대전 발발 당시 독일군 우익에 의한 공격은 마른(Marne) 전투에서 진퇴양난(進退兩難)에 빠지는 형국이 되었다.

바그다드와 이라크 종심 깊숙한 지역에 대한 항공력을 이용한 공격을 와든은 슐리펜 계획에서 말하는 배후의 적군을 격파할 목적의 우익의 공격과 동일한 형태의 것이라고 슈워츠코프 장군에게 설명하였다. 진격하는 육군들에 대한 근접항공지원 및 후방차단 작전은 슐레펜 계획에서 말하는 좌익에 해당하며, 이는 적 지상군을 고정시키고 적 지상군의 공세를 무디게 만들 목적으로만 필요하다고 부언 설명하였다. 슈워츠코프 장군이 우익을 강하게 유지할 목적으로 바그다드와 이라크 깊숙한 곳에 위치해 있는 표적들에 대한 공격을 강조하는 경우 항공전역(Air Campaign)을 통해 결정적인 효과를 얻을 수 있다는 견해였다. 그러나 이라크 지상군을 공격할 목적에서 전략공격으로 사용될 수 있는 항공력을 중부사령부가 전용(轉用)하는 경우 결정적인 일격의 기회를 상실하는 반면 적의 돌파란 문제를 놓고 지나치게 고심한 몰트케의 과오(過誤)가 재현될 것이라고 와든은 언급하였다.

그는 또한 쿠웨이트 작전전구(Theater of Operation)에 있는 이라크군의 경우 바그다드에 있는 후세인의 지시가 없는 경우 전혀 움직이지 않는다고 말하면서, 후세인과 쿠웨이트 작전전구에 있는 이라크군 간의 교신을 두절시키게 되면 이들 이라크 군은 군대가 아니고 집단으로 전락하게 된다고 언급하였다. 이 같은 전력을 적절히 무력화시킨 이후 지상 작전을 이용해 쉽게 몰아낼 수 있다고 그는 언급하였다. 30분간 진행된 브리핑을 경청하던 슈워츠코프 대장은 “당신은 내가 만난 최초의 진보적인 인물이다”라고 말하며,

"이것이 내가 원하던 바이다"고 열광적으로 반응하였다.

그 후 16시간 뒤 와든은 자신이 구상하고 있던 부분을 파월(Colin Powell) 합참의장에게 설명하였다. 발표가 끝날 즈음 파월은 "매우 좋은 계획입니다. 매우 우수한 작품입니다"라고 말하였다. 이 같은 초기 승인이 있은 지 1주일도 채 되지 않은 시점, 슈워츠코프는 '즉각적인 천둥'이란 개념을 보다 확장시킨 형태의 상세 계획을 받아볼 수 있었다.

(다) 전역계획[49)]

1991년의 걸프전에서의 방책은 슐리펜 계획에서 말하는 좌익의 역할을 지상군이 주로 수행하는 반면 항공력이 우익을 담당한다는 점, 후세인과 쿠웨이트 작전전구에 있는 이라크군을 분리시킨다는 점, 그 결과 집단으로 전락하게 되는 이라크군을 항공력을 이용해 적절히 무력화시킨 이후 지상 작전을 통해 몰아낸다는 점으로 요약될 수 있다. 이 같은 방책으로부터 다음과 같은 전역계획이 출현하였다.

전역계획의 1단계인 전략공격에서 추구한 주요 목표는 쿠웨이트 작전전구에 있던 군사력과 바그다드를 두절시켜 쿠웨이트 작전전구의 군사력을 고립시키는 것이었다. 이라크에 대한 전략 항공전역은 적의 지휘부를 고립시키고, 주요 생산시설의 기능을 저하시키며, 수송망의 공격을 통해 국가사회의 기반시설을 와해시키고, 이라크 국민과 군대가 지휘부에 대항해 반기를 들도록 하며, 이라크 군의 공세 및 방어 능력을 공격해야 한다는 와든의 동심원(同心圓) 이론(모든 국가는 지휘부·체계핵심·기반시설·국민 및 군대란 5개의 동심원으로 표현 가능하다고 그는 주장하였다)에 근거하고 있었다. '사막의 폭풍

---

49) 백문현, 권영근, 『현대전의 알파와 오메가』, 연경문화사, 2002년 4월, pp. 256-258; Thomas A. Keaney, "Gulf War Air Power Survey Summary Report", (Washington, D.C.: 1993), pp. 35-53.

(Desert Storm)' 작전 당시 다국적군이 설정한 전략목표에는 공중우세를 확보 및 유지하고, 이라크의 지휘부를 고립 및 무력화시키며, 이라크의 핵・화학 및 생물 무기 능력을 격파하고, 이라크 군의 공세 및 방어 능력을 무력화시킨다는 내용이 포함되어 있었다. 이 같은 첫 단계 공격을 통해 군사력(팔과 다리에 해당)과 지휘부(두뇌에 해당) 간의 연계 고리를 두절시켜 사담의 군사기구에 '전략적 마비(Strategic Paralysis)'를 유발하는데 대략 1주의 기간이 소요될 것으로 당시의 기획가들은 예견하였다. 이 같은 전략적 마비는 이라크의 내부 통제조직(두뇌의 줄기), 통신 및 전자 능력(중추신경)을 격파하고, 수송망과 유류 능력(윤활 계통)을 공격하는 방식으로 달성될 수 있을 것으로 생각되었다.

이 같은 1단계 작전에도 불구하고 쿠웨이트 작전전구에 있던 이라크 군의 경우 적지 않은 규모의 중무장 화력을 보유하고 있었다. 이들이 이 같은 전력을 보유하고 있는 상황에서 다국적군의 지상군이 작전을 개시하는 경우 적지 않은 인명이 손실될 수 있었는데, 이는 부시 대통령의 지시에 위배되었다. 이 같은 점으로 인해 다국적군의 지상군들은 이라크 군이 보유하고 있던 중무장 화력의 50% 이상을 항공력을 이용해 격파해야 한다고 요구하였다. 쿠웨이트 작전전구에 있던 이라크 군의 표적을 자유롭게 공격하고자 하는 경우는 쿠웨이트 작전전구에서의 공중우세 확보가 필요하였다. 그 결과 2단계로 쿠웨이트 작전전구에서의 공중우세 확보를 위한 작전이 그리고 3단계로 항공력을 이용해 쿠웨이트 작전전구에 있던 이라크군 중무장 화력의 50% 이상을 격파할 목적의 작전, 즉 Preparing the Battlefield가 진행되었다. 당시 전역의 4단계로 지상 작전이 시작된 것은 우리 모두가 잘 아는 바이다.

3. 미래 합동작전 개념

가. 개요

2절에서 우리는 전쟁의 전략적 수준에서 결정된 정치적 목표를 달성할 목적에서 전쟁의 작전적 수준에서 전역을 계획하게 되는 과정 그리고 이 같은 전역계획에 포함되어 있는 '주요 작전'이 공군작전사령부와 같은 각 군 작전사령부 수준에서 계획되는 과정을 살펴보았다. 또한 미래 국방력 건설을 위한 전략에서 요구되는 전략개념은 미 육군의 공지전투처럼 특정 지역에서의 특정 분쟁에 대비한 특정 전략이 아니란 점을 살펴보았다. 이 같은 개념은 전시뿐만 아니라 평시에도 적용되며, 분쟁의 유형뿐만 아니라 개개 분쟁에서의 전략에 무관하게 적용될 수 있는 보편적인 성격이 되어야 한다고 주장하였다.

그러면 이 같은 것이 존재하는가? 여기에 대한 답변은 "그렇다"이다. 예를 들면, 오늘날 우리에게 익숙한 네트워크중심전쟁(Network Centric Warfare), 효과기반작전(Effect Based Operation), 정보작전(Information Operation), 육 · 해 · 공군이 보유하고 있는 전력을 적절히 결합해 대응한다는 합동(Joint)이란 개념, 기동 · 타격 · 방어 및 군수란 요소를 적절히 결합해 분쟁에 대비한다는 미군의 비전 등은 분쟁의 유형에 무관하게 전시와 평시에 그리고 개개 분쟁에서 사용되는 전략에 무관하게 적용 가능한 개념이다.[50)]

50) 네트워크중심전쟁과 효과기반작전이 이 같은 개념임은 권영근, 정구돈, 강태원 번역, 『전승의 필수요건 : 효과기반작전』, 한국국방연구원, 2006년 7월. pp. 16-17 및 129-130에 언급되어 있다; 합동이란 개념이 분쟁의 모든 범주에서 그리고 전쟁의 모든 수준에서 적용 가능한 개념임은 권영근 외 2명 번역, 『미 합동작전 교리』, 국방대학교 합동참모대학, 2002년 12월 또는 권영근 외 2명 번역, 『미 합동전 교리』, 국방대학교 합동참모대학, 2002년 12월을 참조; 미군 비전의 경우는 Concept for

여기서는 미래 합동작전 개념이 구비해야 할 조건을 살펴보고, 미군의 경우를 사례로 전시와 평시 그리고 분쟁의 유형에 무관하게 적용되는 군의 미래 합동작전 개념과 전략목표 달성을 위한 전역계획과의 관계란 문제를 살펴보고자 한다.

나. 미래 합동작전 개념이 구비해야 할 요건

미래에 관한 모든 예측은 오류로 점철될 수밖에 없으며, 이 같은 현상이 전쟁의 경우보다 심각하다고 말하면서 『미래전(*Future War*)』이란 제목의 저서(著書)에서 바넷(Jeffery R. Barnett)은 다음과 같이 언급하고 있다.

> 미래전에 관한 모든 예측에서는 분쟁 시점, 분쟁에서 싸우게 될 적, 분쟁 발발 위치 그리고 분쟁에서 추구해야 할 목표를 암시적으로 가정해야 한다. 가용한 기술의 종류를 예견할 목적에서 분쟁 발발 시점을 알아야 하며, 투입해야 할 노력의 정도를 예견할 목적에서 분쟁 목표를 알아야 한다. 가장 적합한 형태의 전략적 성격의 전역(戰役 : Campaign)을 구상할 목적에서 적에 관해 올바로 알아야 한다. 마지막으로 작전적 표적들의 종류와 숫자를 정의할 목적에서 분쟁 발발 위치를 정확히 알아야 한다. 이들 4개 요인이 상호작용한 결과로 인해 모든 미래 전쟁의 성격과 행위가 정의될 것이다. 그러나 이들 요인 중 사전에 알 수 있는 것은 하나도 없다. 따라서 미래전에 관한 모든 비전은 매우 제한될 것이다.[51]

Joint Operations, Expanding Joint Vision 2010, 1997년, pp. 56-57 참조

51) Jeffery R. Barnett, *Future War: An Assessment of Aerospace Campaign in 2010*, Air University Press, 1996년 1월, p. xiii.

바넷의 이 같은 주장이 있기 이전, 미 해군 제독(提督) 왈리(J.C.Wylie)는 현대 전략의 고전(古典)으로 지칭되고 있는 『군사전략 : 전력통제에 관한 일반 이론(*Military Strategy: A General Theory of Power Control*)』이란 자신의 저서에서 다음과 같이 언급하였다.

전쟁기획에 관한 세 번째 가정(假定)은 우리가 준비해야 할 전쟁의 유형을 자신 있게 예견할 수 없다는 점이다. 우리는 전쟁 발발 시점과 장소뿐만 아니라 전쟁의 강도, 전쟁의 진행 방향에 관해 어느 정도 확실하게 예견할 수 없다. 지금까지 이처럼 예언한 사람은 한 명도 없다. 전쟁 전반(全般)에 걸쳐 적용 가능한 전략은 예견이 불가능하다. 이는 그 능력과 의도를 완벽히 인지할 수 없는 적들로 둘러싸여 있는 오늘날의 경우 특히도 사실이다.

전쟁의 유형뿐만 아니라 전쟁 발발 시점과 장소, 전쟁의 성격을 예견할 수 없다는 가정을 수용하는 경우 우리는 평시 전쟁기획에서 가장 중요한 사항이 전쟁에 대비한 단일의 엄격한 형태의 계획이 아니라는 결론에 도달하게 된다. 그와는 달리 우리에게 가장 중요한 사항은 분쟁의 모든 범주(핵전쟁에서 평화유지활동에 이르는)에 적용되는 그리고 전쟁에 관한 모든 전략개념(방책)에 적용되는 형태의 것, 즉 발생 가능한 모든 전쟁 상황을 시간과 성격 모두에서 포용할 수 있는 형태의 것이다. 우리에게 필요한 것은 미래의 특정 상황 또는 순간에 적용 가능한 전략뿐만 아니라 상황이 변할 때마다 또는 전쟁이 계획대로 진행되지 않는 경우 사용될 수 있는 가장 포괄적 성격의 전략들을 전쟁 발발 이전과 전쟁 도중에 제공해줄 수 있는 일군(一群)의 전략개념들이다.[52]

52) J.C.Wylie, Rear Admiral, USN, *Military Strategy: General Theory of Power Control*, Naval Institute Press, 1967년, pp. 70-71.

바넷과 왈리가 언급한 바처럼 우리는 언제, 어디서, 어떠한 목적으로 분쟁이 발발할지 모른다는 점에도 불구하고 미래에 대비해 국방력을 건설해야 한다. 또한 미래 국방력을 건설할 당시 생각해야 하는 전략개념은 전시와 평시뿐만 아니라 모든 유형의 분쟁에 적용될 수 있는 형태의 것이어야 한다.

미래 국방력 건설을 위한 비전이 왈리와 바넷이 주장한 바와 같은 개념에 근거하고 있다는 점을 확인해볼 목적에서 여기서는 미군의 경우를 살펴보고자 한다.

다. 합동비전 사례(미국)[53]

(1) 출현배경

월남전 이후부터 걸프전이 종료된 1990-1991년의 기간, 즉 냉전 종식 이전의 기간 동안 미국의 군사기획은 무제한 성격의 중강도 및 고강도 분쟁을 예상하며 국가와 국가 간에 벌어지는 전통적인 형태의 분쟁에 초점을 맞추었다.[54] 소련을 중심으로 한 바르샤바조약기구가 주요 위협이었으며, 미래의 전장은 유럽이었다.[55] 그러나 냉전이 종식되면서 예전과 비교해 보다 동적이고도 불확실한 형태의 전략 환경이 전개되었다.[56]

---

53) Concept for Joint Operations, Expanding Joint Vision 2010, 1997년, pp. 49-71 참조. 오늘날 미군은 합동비전이 아니고 Joint Operating Concept 등 새로운 방향을 모색하고 있다. 그러나 이는 본 논문에서 필자가 주장하는 바와 별다른 상관이 없다.

54) Martin van Creveld, *The Transformation of War* (New York: The Free Press), 1991년, pp. 192-193.

55) *Ibid.*

56) Barry R. Schneider and Lawrence E. Grinter, eds, *Battlefield of the Future: 21st Century Warfare Issues* (Maxwell, Alabama: Air War College), 1995년, pp. 1-3; 또는 동 책자를 번역한 다음의 책을 참조하시오, 권영근 번역, 『미래 전쟁론』, 국방정보체계연구소, 1998년; 또는 Joint Chiefs of staff, Concept for future joint operations, 1997년 5월,

냉전 이후 미국은 중부유럽에서의 소련의 위협에 전념하던 사고에서 벗어나 가능한 모든 종류의 위협에 대처할 필요가 있게 되었다. 한편 정보화 시대가 도래하면서 예전에 별다른 주목을 받지 못했던 '테러와의 전쟁'을 포함해 분쟁의 모든 범주가 중요한 의미가 있게 되었다. 모든 유형의 분쟁에 주도적으로 대처해야 한다는 개념, 즉 'Full spectrum dominance'란 개념을 담고 있는 미 합동비전이 출현하게 된 배경은 이와 같다.

(2) 작전개념(Operational Concept)

모든 유형의 분쟁에서 상대방을 주도한다는 개념을 지원할 목적에서 미군은 주도적 기동(Dominant Maneuver), 정밀교전(Precision Engagement), 전차원 보호(Full-Dimensional Protection) 그리고 초점군수(Focused Logistics)란 개념을 채택하였다. 그런데 이들 개념은 기동·타격·방어 및 군수란 4개 개념을 오늘날의 첨단 정보기술을 이용해 효과를 극대화시킨 형태의 것이었다. 기동·타격·방어 및 군수란 개념을 적절히 결합해 위기에 대처할 수 있는 바처럼, 앞의 4개 작전개념을 적절히 결합해 모든 종류의 분쟁에서 결정적인 형태의 작전(Decisive Operation)이란 방식으로 상대방을 주도한다는 개념이었다.

(가) 주도적 기동

주도적 기동은 부여된 작전 과업을 달성하고자 넓은 지역으로 흩어져 있는 공중·해상·지상 및 우주 전력을 올바른 곳에 위치시키고 운용할 목적에서 정보·교전 및 이동 능력을 다차원적으로 적용함을 의미한다. 기동이

pp. 12–16.

란 “위치 측면에서의 이점을 달성하고 …… 부여된 임무를 완수할 목적에서 화력과 결합된 이동을 통한 해당 전장에서의 군사력 운용을 의미한다.” 위치 측면에서의 이점 그리고 결정적인 속도와 템포로 인해 달성된 비대칭 이점의 결합을 통해 주도적 기동의 경우 전략 · 작전 및 전술이란 전쟁의 모든 수준에서 적의 중심(重心)들을 격파할 목적으로 전력을 운용할 수 있게 해줄 뿐 아니라 적의 경우 불리한 위치에서 반응하거나 교전을 포기할 수밖에 없도록 만들게 된다. 전통적인 형태의 기동과 마찬가지로 주도적 기동의 경우 적과 비교한 위치 측면에서의 이점을 추구하게 된다. 그러나 기동의 경우 화력을 집중시킬 목적에서 전통적인 기동 전력을 올바른 곳에 위치시키고자 노력하는 반면, 주도적 기동의 경우는 보다 포괄적인 효과들을 집중시킬 목적에서 일군(一群)의 공중 · 지상 · 해상 및 우주 전력의 능력을 올바른 곳에 위치시키고자 노력하게 된다.

(나) 정밀교전

정밀교전은 아측 전력이 목표 또는 표적의 위치를 선정할 수 있도록 해주는 시스템 복합체계(System of Systems)로 구성되어 있다. 정밀교전에서는 반응성 있는 지휘 통제를 가능케 해주고, 의도하는 효과를 야기하며, 아측 공격의 성공 정도를 평가하고, 필요한 경우 정밀하게 재차 교전할 수 있을 정도의 융통성을 견지하게 된다.

정밀교전의 근원은 예전의 공격이란 개념이다. 이 같은 새로운 유형의 작전개념으로 인해 의도하는 작전 결과들을 달성할 목적의 군사력 또는 정확히 효과를 적용할 목적의 능력이 가능해진다. 정밀교전은 첨단 무기체계와 고기술의 탄약을 이용해 표적들을 단순히 공격하는 것 이상의 개념이다. 이것의 경우보다 다양한 능력들을 사용하고 있다. 본질적으로 여기에는 작전적 성격의 표적들을 식별하고, 그 위치를 파악하며, ‘요망 효과’를 결정하고,

올바른 형태의 전력들을 선택 및 결합하며, 작전목표들과 교전하고, 교전 결과를 평가하며, 필요한 경우 재차 교전할 목적의 행위들이 포함된다.

(다) 전차원보호

전차원보호란 전개·기동 및 교전 도중 행동의 자유를 유지하는 한편 전략·작전 및 전술이란 전쟁의 모든 수준에서 적의 공격으로부터 아측의 전력과 시설을 보다 잘 보호할 목적의 다단계 유형의 공세 및 방어적 능력을 의미한다.

주도적 기동과 정밀교전의 능력을 극대화하고자 하는 경우, 지휘관들은 행동의 자유란 이점을 향유해야 한다. 이는 아측의 전력·시설 및 병참선을 보호하는 방식으로 달성된다. 전차원보호는 행동의 자유를 유지할 목적에서 모든 차원에서의 다양한 형태의 위협으로부터 아측 전력이 보호될 수 있도록 전장공간의 통제에 초점을 맞추고 있다.

(라) 초점군수

초점군수란 전쟁의 전략·작전 및 전술 수준에서 재단된 형태의 군수 패키지와 지원 요소를 직접 제공하고, 제공하는 도중에서조차 그 위치를 추적해 새로운 곳으로 전달하며, 위기에 신속히 대응할 수 있도록 정보·보급 및 운송 관련 과학기술을 융합함을 의미한다. 일단 달성된 경우 초점군수로 인해 방대한 규모의 물자를 저장하거나 군수 관련 기반구조를 중복된 형태로 유지할 필요가 없게 된다. 또한 군수지원 체계가 매우 효율적인 형태가 된다. 개개인의 위치와 상태, 지원 항목, 단위 장비를 거의 실시간에 알 수 있는 경우, 군수 자산을 투명하게 파악할 수 있게 된다. 이 같은 수준의 지식을 유지하는 경우 군수체계가 지원하는 군사력만큼이나 융통성과 즉응성이 있는 군수 구조가 가능해진다.

(3) Full spectrum dominance

이는 모든 형태의 군사작전에서 모든 적을 주도하고 모든 상황을 통제할 수 있는 능력을 의미한다. 앞에서 언급한 4개 작전개념으로 인해 군사작전의 모든 유형에서의 미군의 능력이 획기적으로 개선된다. 그러나 이들 모든 개념이 모든 작전에 동일한 수준으로 적용될 것으로는 가정할 수 없다. 예를 들면, 주도적 기동, 정밀교전 및 전차원보호란 개념에 내재해 있는 많은 전투 능력의 경우 재난구호를 위한 작전에 요구되지 않을 것이다. 마찬가지로 전차원보호에서 가정하고 있는 전구미사일방어(TMD) 능력은 외국에 대한 인도주의 차원의 지원과 전혀 관련이 없을 것이다.

그러나 합동군사령관은 이들 개념 그리고 이들 개념을 가능토록 하는 정보우위와 같은 요소들을 적절히 결합해 적용할 수 있을 것이다.

(4) 정보화시대의 미군의 합동작전

(가) 기본 개념

특정 전구 내부에서의 미래의 통합 및 합동 작전은 향후에도 전투사령관(Combatant Commander)[57]의 전구-전략 시각에 근거해 수행될 것이다. 전투사령관의 경우는 전략 및 작전 목표들을 결정하고, 이들 목표를 달성할 목적에서 합동군을 구성하게 된다. 전투사령관 예하의 합동군들은 모든 군사작전에서 앞의 4개 작전개념을 적절히 결합해 활용할 수 있을 것이다. 정밀계획과 위기조치계획을 망라하는 전구 전역계획 과정은 포괄적 성격의 작전개념의 제공과 관련해 향후에도 매우 바람직한 접근 방안일 것이다.

---

57) 이는 태평양사령부와 같은 통합사령부(Unified Command)의 지휘관을 의미한다.

향후에도 미군은 일시적 임무 수행을 위해 합동기동부대를, 어느 정도 항구적 성격의 임무를 위해 '예하 통합사령부(Subordinate unified command)'를 구성하게 될 것이다. 이들은 오늘날과 마찬가지로 특정의 작전 능력들을 보유하고 있는 각 군 및 기능 구성군 아래 이들 능력을 결합해 사용하게 될 것이다.

(니) 작전술 : 앞의 4개 개념을 결집시키는 요소

합동작전에서는 공동 목표들을 겨냥해 육·해·공군의 능력들을 통합할 목적의 기준과 인도 원칙들이 요구된다. 전역과 '예하 전역' 그리고 '주요 작전'들의 구상과 시행이란 의미에서의 합동작전술은 노력통일을 보장해주는 골격과 근간에 해당하며, 전술 및 작전 행위들을 전략목표들과 연계시켜주는 요소다. 분명히 말하지만 개개 전역과 '주요 작전'이 수행되는 상황은 다를 수밖에 없는데, 이는 작전의 성격, 정치적 목표, 교전규칙과 같은 제약사항 그리고 적의 유형과 같은 다수의 요소들에 차이가 있기 때문이다. 그러나 작전술은 이들 고유한 개개 작전의 골격을 구성하는 과정에서 도움이 된다. 모든 요구사항을 충족시킬 목적에서 합동군사령관이 군의 능력들을 적절히 결합하고자 앞의 4개 작전개념을 균형 있게 적용하는 과정에서 합동작전술이 도움이 될 것이다. 14개 항에 달하는 작전술 요소[58]는 다음과 같다. 중심과 결정적 지점(Center of Gravity and Decisive Points), 직접 및 간접 접근(Direct and Indirect Approach), 작전 배열(Arranging Operations), 동시성과 종심(Simultaneity and Depth), 예견(Anticipation), 승수효과(Synergy), 균형(Balance), 이점 확보(Leverage), 시점과 템포(Timing and Tempo), 작전적 도달거리와

58) 이들에 관해 보다 상세히 알고자 하는 경우는 다음을 참조하시오. Concept for Future Joint Operations, 1997년 5월, p. 62-65. 또는 권영근 외 3명, 『미 합동작전 교리』, pp. 144-149.

접근(Operational Reach and Approach), 군사력과 기능(Forces and Function), 작전한계점(Culmination), 종결(Termination), 모험(Risk).

라. 각 군 비전과 합동비전의 관계

미군의 경우를 살펴보자. 각 군 비전과 합동비전 간의 관계는 미 육군비전 2010에 명확히 기술되어 있다. 육군비전 2010에서 미 육군은 다음과 같이 말하고 있다.

> 육군비전 2010은 합동비전 2010에 식별되어 있는 작전개념들에 관한 육군의 기여를 염두에 둔 청사진이다. …… 이는 Full spectrum dominance를 달성하는 과정에서 육군의 역할을 완수하고자 할 때 육군에 필요한 주요 작전요소와 과학기술 부분을 식별하고 있다.[59]

즉 각 군 비전은 주도적 기동, 정밀교전, 전차원보호, 초점군수란 합동비전에서 말하는 작전개념을 통해 모든 유형의 분쟁에서 주도적으로 승리한다는 Full Spectrum Dominance란 개념을 실현하고자 할 때, 자군이 해야 할 일을 식별하고 있다. 예를 들면, 미 육군은 합동비전에서 말하는 4개 작전개념을 중심으로 자군이 미래에 어떻게 기여할 수 있을 것인지를, 미 공군은 이들 작전개념의 구현에 요구되는 과학기술 체계 측면에서 자군이 확보해야 할 부분을 기술하고 있다. 즉 미국의 각 군 비전은 합동비전을 중심으로 노력이 통일되어 있다.

---

59) U.S. Army vision 2010, p. 1.

4. 결론

오늘날 우리는 우리의 적이 누구인지, 적을 아는 경우에도 피아의 강점과 약점, 분쟁 발발 시점, 분쟁에서 추구하게 될 정치적 목표 그리고 상대방의 의도를 전혀 예측할 수 없는 미래 분쟁에 대비해 국방력을 건설해야 하는 입장이다. 비전은 이 같은 불특정 위협에 대비해 미래 국방력을 건설함과 관련된 것이다. 즉 이는 국방의 장기기획에 해당한다.

불특정 적과의 분쟁을 고려한 비전에서의 작전개념은 가능한 모든 유형의 분쟁에, 개개 분쟁에 대응하기 위한 다양한 형태의 방책에, 그리고 전시와 평시 모두에 적용 가능한 형태가 되어야 한다. 왜냐하면 특정 유형의 분쟁과 특정 방책에 초점을 맞추고 있는 작전개념에 근거해 국방력을 건설하는 경우 기타 경우에 제대로 대비할 수 없게 될 가능성이 다분하기 때문이다.

그런데 오늘날 우리 주변에서는 미래 국방력 건설을 위한 합동작전 개념을 구체적인 위기에 대응할 목적의 특정 방책의 측면에서 생각하는 사람들도 없지 않다. 이들 방책 수준의 개념에는 고속기동전, 미 육군의 공지전투 이론 등이 있다.

미래 국방력 건설을 위한 합동작전 개념의 정립에서 시작해 이들 개념과 특정 우발계획 또는 작전계획 수립과의 관계에 이르는 이론적 골격을 정립할 목적에서 우리는 다음을 살펴보았다.

첫째, 국가의 정치적 목표를 달성할 목적에서 육・해・공군이 합동으로 대처하기 위한 전역계획(戰役計劃)을 작성하고, 이들 전역계획의 일환으로 각 군의 작전사령부가 '주요 작전'을 계획하는 과정을 살펴보았다. 둘째, 현재의 위기에 대처하기 위한 군사전략과 미래 국방력 건설을 위한 군사전략을 개관해봄으로써 비전에서 말하는 합동작전 수행개념이 구비해야 할 요건을 정립하였다. 셋째, 미래 합동작전 수행개념, 방책 및 전역계획의 관계를 고찰하였다.

이들 고찰을 통해 얻은 결론은 다음과 같다.

첫째, 미래 국방력을 건설하면서 한국군은 공지전투와 같은 상황 의존적인 개념에서 벗어날 필요가 있다.

주지한 바처럼 공지전투 이론은 월남전 이후 미・소 간에 가장 중요한 전장이 될 것으로 생각되던 중부유럽의 대평원에서 바르샤바조약국에 대항할 목적으로 미 육군에서 고안된 개념이다. 공지전투 개념은 중부유럽이 아닌 다른 지역에서 사용될 수 있는 개념이 아니다. 즉 이는 유럽이란 지정학적인 상황을 고려해 강구된 개념임을 명심해야 한다.

둘째, 첫째의 경우와 어느 정도 일맥상통하지만 한국군은 전역계획 수준의 사고에서 벗어나야 한다.

미래 국방력 건설을 위한 How to fight의 문제를 고민하면서 우리군 일각의 경우 '어떻게 싸울 것인가'의 문제를 작계-5027과 같은 전역계획 측면에서 생각하는 사람들이 없지 않다. 이 같은 전역계획은 다수의 가정에 근거해 작성되는데, 이 같은 가정은 수시 변경 가능하다는 문제가 있다. 이미 본문에서 언급한 것처럼 우리는 우리의 적이 누구인지, 전쟁 발발 시점, 전쟁에서 추구하게 될 정치적 목표, 피아의 강점과 약점 등에 관해 전혀 예측할 수 없는 미래 분쟁에 대비해 국방력을 건설해야 하는 입장이다. 전역계획 측면의 방책을 중심으로 미래 국방력을 건설하고자 하는 경우는 앞에서 언급한 것처럼 능력과 방책 그리고 추구하는 정치적 목표가 일치하지 않는 현상이 발생할 수밖에 없음을 명심해야 한다.

셋째, 한국군은 작전적 수준의 교리란 문제를 심각히 고민해보아야 한다.

이미 언급한 바처럼 전략목표와 전술행위를 연계시킬 목적의 작전술은 육 · 해 · 공군 전력을 적절히 결합해 위기에 대처하기 위한 합동작전술과 각 군 전력을 적절히 결합해 전략목표를 달성할 목적의 각군 작전술로 양분된다. 이는 빨강 · 노랑 및 파랑이란 3원색을 적절히 결합해 이 세상의 모든 색을 표현할 수 있는 바와 마찬가지로 육 · 해 · 공군 전력을 적절히 결합해 위기에 대처해야 한다는 점에 기인하고 있다. 그런데 빨강, 노랑 또는 파랑이란 개개 색을 단색으로 표현해야 하는 바처럼 단일군 전력으로 위기에 대처해야 하는 경우도 없지 않다. 이 경우 전역계획 과정에서 특정 군의 작전술이 사용된다. 한편 육 · 해 · 공군 전력을 적절히 결합해 위기에 대처하는 경우에서조차, 전역 내부의 개개 '주요 작전'을 계획하는 과정에서 각군 작전술이 개입된다.

육 · 해 · 공군에 의한 합동작전이 오늘날 일반적인 현상인 것은 사실이지만 합동작전술에 더불어, 육 · 해 · 공군 작전술에 대한 올바른 인식이 우리에게 절실히 요구되는 것은 이 같은 이유 때문이다. 즉 작전적 수준의 육 · 해 · 공군 교리에 대한 이해가 오늘날 중요한 의미가 있다.

한국군 일각에서는 육군만이 작전술을 갖고 있는 것으로 또는 합동작전술만이 존재하는 것으로 생각하는 사람들이 있는데, 이는 올바른 군사이론에 근거하고 있는 개념이 아니다. 컴퓨터 및 데이터통신과 같은 정보기술을 이용한 지휘통제체계의 건설이 전승에 중요한 의미가 있는 오늘날, 각 군의 지휘통제체계와 합동 지휘통제체계를 제대로 건설하고자 하는 경우는 이 같은 개념에 대한 인식이 중요한 의미가 있다.

지금까지 한국군은 육군만이 교리를 진지하게 연구해왔다. 해군과 공군의 경우 교리 연구 조직이 매우 미미한 실정이다. 합동교리에 대한 인식이 점차 고조되고 있는 것은 사실이지만, 이들 합동교리에 대한 인식 또한 해군 및 공군 교리에 대한 인식과 크게 다를 바 없다고 생각된다.

이 같은 현상이 발생하게 된 것은 해군과 공군의 작전적 수준 계획과 연합 차원에서의 전역계획을 미군이 주도적으로 작성하고 있기 때문으로 생각된다. "전쟁의 심장부에 교리가 있다"는 퇴역 미 공군대장 리메이(Curtis E. LeMay)의 말처럼 한국군은 작전적 수준의 교리를 발전시킬 목적의 조직뿐만 아니라 이들 교리를 이용해 전역과 '주요 작전'을 계획할 목적의 조직을 한국군 내부에 구비해야 할 것으로 생각된다.

넷째 정보화시대의 국방력 건설은 다양한 형태의 위기에 대처할 목적의 것임을 명심해야 한다.

언론매체가 발전을 거듭하고 있는 오늘날에는 테러와 같은 미미한 수준의 군사적 행위 또한 중요한 의미가 있는데, 여타 분쟁의 경우도 상황은 마찬가지다. 반면에 컴퓨터와 데이터통신으로 상호 연결되어 있는 오늘날에는 자신이 원하는 일부 사람들에게 필요한 정보를 보낼 수 있다. 마찬가지로 국가의 군사력을 컴퓨터와 데이터통신으로 적절히 연결하는 경우 위협에 대비해 이들 전력을 적절히 재단(裁斷)해 사용할 수 있게 된다. 즉 다양한 형태의 위기에 대처할 수 있게 된다. 정보화시대의 도래로 인해 다양한 위기를 고려해 국방력을 건설해야만 하게 되었는데, 마찬가지로 정보화시대로 인해 이 같은 다양한 위기에 대처하기 위한 공통 전력을 건설할 수 있게 되었다.

이 같은 점에서 효과기반작전, 정보작전, 네트워크중심전쟁, 합동과 같은 개념들이 오늘날 중요한 의미가 있다. 이 같은 개념의 경우 위협의 형태에 무관하게 그리고 전시 및 평시 모두에 적용될 수 있다는 특징이 있다. 공격・방어・기동 및 군수의 발전된 형태인 정밀교전, 주도적 기동, 초점군수 및 전차원 보호란 개념을 적절히 결합해 위기에 대처한다는 미군의 개념, 효과기반작전, 네트워크중심작전 및 합동이란 개념을 적절히 결합해 위기에 대처한다는 오스트레일리아의 미래 국방력 건설 개념은 우리에게 암시해주는 바가 없지 않다.

제 3 장

합동작전술 *

1. 서론

국가통수기구가 내린 전략 지침과 지시에 따라 한국군의 합참의장[1] 또는 한미 연합사령관은 전역(戰役 : Campaign)과 '주요 작전'을 개발하는 과정에서 작전술을 사용하게 된다. 작전술은 전략·전역·주요작전 및 전투의 구상·조직·통합 및 수행이란 방식으로 전략 및 작전 목표를 달성하기 위한 군사력의 운용을 의미한다. 전략·작전 및 전술이란 전쟁의 모든 수준에서의 주요 활동들을 통합하는 방식으로 작전술의 경우 합참의장의 전략을 작전구상으로 그리고 궁극적으로 전술 행위로 전환하게 된다.[2] 작전술은 한국군의 합참의장과 합참의 고위급 장교들뿐만 아니라 예하 지휘관들 또한 구

---

* 권영근, 『합동작전술』, 합동참모본부, 2005년 1월 1일, pp. 169-181에 이미 발표된 자료이다.

1) 한국군의 합참의장은 미국의 합참의장 역할뿐만 아니라 예하 작전사령부들을 지휘하는 지휘관의 역할을 수행하고 있다.

2) Joint Publication 1-02, Department of Defense Dictionary of Military and Associated Terms, 2001년 4월 11일, p. 309.

사하게 된다.[3)]

전략목표를 달성할 목적에서 지휘관이 자원을 효과적이고도 효율적으로 사용하는 과정에서는 작전술이 도움이 된다. 작전술이 부재한 경우 전쟁은 상호 연계되어 있지 않은 일군(一群)의 교전(交戰)들로 전락하게 된다. 이 경우 전승(戰勝)을 측정하기 위한 유일한 척도는 아측의 소모에 비교해 적을 어느 정도 많이 소모시켰는지가 될 것이다.

작전술에는 육・해・공군 작전술뿐만 아니라 합동작전술(Joint Operational Art)이 있다.[4)] 각군 작전술은 해당 군의 전력을 통합 및 동시 통합해 작전 및 전략 목표를 달성하기 위한 방안에 관한 것인 반면 합동작전술은 육・해・공군 전력을 통합 및 동시 통합해 작전 및 전략 목표를 달성하기 위한 방안에 관한 것이다.[5)] 오늘날의 군에서는 전쟁의 수준을 전략・작전 및 전술 수준으로 구분하고 있는데, 작전술은 전쟁의 작전적 수준에서의 행위에 관한 것이다.

합동작전술은 군사력 운용뿐만 아니라 시간・공간 및 목적 측면에서 군사력에 의한 노력들을 배열하는 문제에 관한 것이다. 특히 합동작전술은 공중・지상 및 해상 전력의 동시통합과 관련된 근본 문제와 사안들에 초점을

---

3) 전시작통권 전환과 관련해 한국군 일각에서는 합동참모본부와 별도로 합동군사령부의 설치를 염두에 두고 있는 듯 보이는데, 이는 바람직한 방향으로 생각된다. 이 경우는 합동군사령관이 한반도 전역을 계획하게 된다.

4) 합동작전 및 군사기본 교리를 놓고 논쟁을 벌인 2000년 당시, 몇몇 인사들은 육군만이 작전술을 갖고 있다고 주장하였다. 합동작전이 강조되고 있는 오늘날에는 합동작전술과 작전술이 동일한 의미라고 주장하는 사람도 없지 않다. 그러나 이는 잘못된 생각이다. 각군 작전술에 관해 보다 자세히 알고자 하는 경우는 다음을 참조. 권영근, 이석훈, 최근하, "미래 합동작전 수행개념 고찰", 국방대학(합참 군구조과 연구과제), 2004년 8월 31일, pp. 24-30.

5) 합동작전술은 공중・지상・해상・우주 그리고 특수작전 전력의 동시통합 및 통합과 관련된 근본 방법과 문제에 초점을 맞추고 있다. 출처 : 권영근 외 3명 번역, "미 합동작전 교리", 합동참모본부, 2002년 12월, p. 54.

맞추고 있다. 합동작전술은 전역계획(戰役計劃 : Campaign Plan)[6]의 형태로 표현된다.

작전술을 구사하면서 지휘관은 군사전략의 구성요소인 목표(Ends), 방책(Ways) 및 수단(Means)을 고려해야 한다. 즉 전략목표를 달성하고자 하는 경우 지휘관은 해당 작전수행지역(Operational Area)에서 야기되어야만 하는 군사적 조건(또는 관련된 정치 및 사회적 조건)(목표), 해당 조건을 야기 시켜 줄 가능성이 가장 높은 일군(一群)의 행위들(방책), 이들 일군의 행위를 수행할 목적에서 군이 보유하고 있는 자원을 적용하기 위한 방안(수단)의 문제를 심사숙고해야 한다. 이에 더불어 지휘관은 일군의 행위들을 수행하는 과정에서 군이 입게 될 대가(代價) 내지는 모험의 정도를 놓고 고민해야 한다.

여기서는 작전술의 발전 과정, 주요 작전구상 요소 등의 고찰을 통해 합동작전술에 대한 이해를 돕고자 한다.

2. 작전술의 발전

오늘날의 전쟁에서 결정적인 방식으로 승리하고자 하는 경우는 전략만으로 충분치 않다. 전술에 능숙한 군사력 또한 전승의 보장에 충분치 않다. 전쟁에 참여하는 군사력의 규모가 대폭 증대되고, 전장(戰場) 공간이 기하급수적으로 확대된 19세기 이후에는 전략과 전술의 중간에 해당하는 부분 즉, 작전술이 등장했는데, 이는 전략과 전술을 연계시킬 목적의 것이었다.

한반도에서의 전쟁과 같은 전구(戰區 : Theater) 차원의 전쟁에서 결정적인 방식으로 승리하고자 하는 경우는 올바른 형태의 작전개념의 적용이 필수적

6) 작계-5027은 한반도 전구에서의 전역계획이다.

이다. 작전술을 효과적으로 시행하면 올바른 전략을 구사할 뿐 아니라 고도의 능력과 제대로 훈련되어 있는 군사력의 경우, 보다 강력한 적을 격파할 수 있게 된다. 미국의 남북전쟁과 몰트케(Von Moltke)에 의한 독일 통일전쟁(1866-1871)은 전구 또는 작전적 수준의 전쟁이 수행된 최초의 분쟁이다. 1904-05년의 러일전쟁에서는 인류 최초로 전선(戰線) 또는 집단군 사령부란 개념이 등장하였다.

무기와 관련된 과학기술의 발전과 제1차 세계대전에서의 교훈이 결합되면서 양차 세계대전 사이의 기간 중에는 혁신적인 형태의 작전개념들이 개발되었는데, 이들 중 주목할 만한 것에 독일군에 의한 전격전(電擊戰)이 있다. 이외에도 1920년대와 1930년대에는 해상 및 공중 작전술에 관한 이론적 근간이 마련되었다.

제2차 세계대전 당시 전쟁 당사국의 육·해·공군 모두는 작전술을 대거 적용하였다. 모든 전쟁전구(戰區)에서 교전국들이 다수의 '주요 작전'과 통합된 형태의 전역(戰役)을 수행하였다.

제2차 세계대전 이후에는 작전술의 이론적 연구와 실제에 관한 관심이 서구 사회에서 대거 줄어들었다. 한국전쟁 이후부터 1980년대 전반까지, 미군을 포함한 서구 군대는 작전술과 작전적 사고(思考)를 망각하고 있었다. 당시의 서구 사회에서 작전적 사고가 쇠퇴하게 된 것은 몇몇 요인 때문이다. 이들 중 가장 중요한 이유는 핵무기와 탄도미사일의 출현으로 인해 대규모 수준의 재래식 작전이 불필요해졌다는 생각일 것이다. 또한 서구 국가가 베트남 전쟁과 같은 대반란(Counter-Insurgency) 형태의 전쟁에 고착되어 있었다는 점으로 인해 서구의 많은 이론가와 실천가들은 주요 군사작전과 전역이 구시대의 유물이 되었다고 확신하게 되었다. 반면에 전후(戰後)에도 소련은 작전술에 관한 이론적 연구와 작전적 사고의 개발에 지속적인 관심을 보였다.

작전술에 관한 관심이 서구 사회에서 재차 부상하게 된 것은 1970년대다. 그 과정에서 미 육군이 선도적인 역할을 하였다. 작전술에 관한 미 육군의 관심은 1982년, 1986년 및 1993년에 발간된 FM 100-5와 가장 최근의 FM 100-7을 통해 확인해볼 수 있다.

결과적으로 보면, 작전술은 전략 및 전술과 함께 군사술(Military Art)의 3대 요소 중 하나가 되었다. 전략·작전 및 전술이란 군사술의 3대 요소는 불가분의 관계에 있다. 작전술은 평화유지활동에서 핵전쟁에 이르는 군사작전의 모든 범주에 적용된다.

합동작전술의 본질은 지휘통일(Unity of Command)[7], 중앙집권적 기획 및 분권적 임무 수행(Centralized Planning, Decentralized Execution)[8], 지원(Supporting) 및 피지원(Supported) 개념에 의한 육·해·공군 전력의 통합인데[9], 이 들 개념은 제2차 세계대전 당시 미 해군의 니미츠 제독, 미 육군의 맥아더 장군과 같은 사람들에 의해 정립되었다. 작전술이란 용어가 한국군의 합동작전 교리에 최초 등장한 것은 1994년에 발간된 합동작전 교범 3-0에서다.

7) 전구(戰區)의 모든 전력을 단일 지휘관이 지휘해야 하는 바와 마찬가지로 전구의 공중·지상 및 해상 전력 또한 단일 지휘관이 각각 지원해야 한다. 육·해·공군 구성군과 이들 구성군을 총괄 지휘하는 합동군사령관을 두고 있는 미군의 합동군 개념의 출현은 지휘통일이란 전쟁원칙에 근거하고 있다.

8) 이는 공군의 지휘통제 개념과 동일하다. 즉 개개 제대(梯隊)에서 계획이 이루어지는 육군의 경우와 달리 합동 전역계획 수립은 단 한 군데에서 중앙집권적으로 이루어진다. 이 같은 지휘통제 개념으로 인해 합동교리 또는 작전적 수준의 공군교리는 전역계획 또는 항공작전 계획의 작성에 관여하는 일부 요원들만이 읽게 된다. 따라서 육군 교리와 달리 합동 및 작전적 수준의 공군 교리는 독자가 많지 않다.

9) 미 합동작전 교리인 JP 3-0 예하의 수 십 권에 달하는 작전교리는 지원 및 피지원 개념에 근거하고 있다.

3. 전쟁의 수준

작전술에 관해 제대로 알고자 하는 경우는 전쟁의 수준(Level of War)이란 개념을 이해해야 한다. 또한 이들 개념이 국가 및 군사 계획의 개발에 끼치는 영향을 이해해야 한다. 전쟁의 수준에는 전략・작전 및 전술이 있다. 전쟁의 개개 수준에서의 작전(Operation)이 긴밀히 연계되어 있다는 점에서 보면, 전쟁의 수준이 항상 산뜻한 방식으로 구분될 수 있는 것은 아니다. 더욱이 전쟁의 보다 낮은 수준에서 발생하는 사건들이 종종 보다 높은 수준에 직접 영향을 끼치고 있으며, 전쟁의 보다 높은 수준에서 진행되는 사건이 보다 낮은 수준에 직접 영향을 끼치는 경우도 없지 않다. 경우야 어떠하든 국가통수 및 책임 측면에서의 기획과 군사활동이 전쟁의 적정 수준과 연계되어야 한다. 그렇지 못한 경우 종종 심각한 혼란이 있게 된다.

전통적으로 전쟁의 개개 수준은 특정 지휘 제대(梯隊)와 연계되었다. 매우 빠른 속도로 전자적(電子的)으로 통합된 형태로 전쟁이 수행되는 오늘날에는 이 같은 관행에 일부 변화가 있을 수 있다. 전투 효율을 극대화하고, 전력의 중복을 피하고자 하는 경우 미래 지휘제대의 수준(전쟁의 수준)은 추구하는 목표를 달성할 목적에서 해당 지휘관 휘하의 전력이 효과적으로 작전을 수행할 수 있는 물리적 환경에 맞추어야 할 뿐더러 사건과 지휘통제 전력에 영향을 끼침과 관련된 특정 제대의 능력에 맞추어야 할 가능성도 없지 않다. 그 결과 전략・작전 및 전술이란 전쟁의 수준이 압축되거나 크게 수정될 가능성도 없지 않다.

4. 작전술 관련 주요 사안

가. 주요 작전구상 요소

작전술은 주요 작전구상 요소들로 특징지어진다. 2002년 12월에 발간된 합동작전 교리에서 한국군은 중심(Center of Gravity), 작전선, 작전한계점, 작전의 단계화 등을 주요 작전구상 요소로 간주하였다. 합동작전 교리의 개정을 추구하며 2004년 한국군은 이것의 보완을 추진하고 있다. 한편 영국군은 최종상태(End-State), 중심, 결정적 지점, 동시통합, 병행전(Parallel Warfare), 작전한계점 등을 주요 작전구상 요소로 간주하고 있다.[10]

여기서는 승수효과(Synergy), 동시성과 종심(Simultaneity and Depth), 예견(Anticipation), 균형(Balance), 이점 확보와 이용(Leverage), 시점과 템포(Timing and Tempo), 작전적 도달거리와 접근(Operational Reach and Approach), 군사력과 기능(Forces and Functions), 작전배열(Arranging Operations), 중심(Centers of Gravity), 직접 및 간접 공격(Direct and Indirect Attack), 결정적인 지점(Decisive Points), 작전한계점(Culmination)과 종결(Termination)이란 14개 요소를 언급하고 있는 미군의 경우를 예로 들어 설명해보자.

(1) 승수효과 : 이는 적에게 충격을 주고, 적을 와해 및 격파할 목적에서 다양한 차원의 전력들을 적용하는 방식으로 작전들을 통합 및 동시 통합함과 관련된 개념이다. 모든 유형의 군사작전에서 합동군사령관[11]은 공중 · 지

---

10) Joint Warfare Publications 0-10, United Kingdom Doctrine for Joint and Multinational Operations, 2001년.

11) 합동군사령관은 의미 있는 규모의 육 · 해 · 공군으로 구성되어 있는 합동군을 지휘하는 사령관을 의미한다. 합동군은 합동군사령관이란 단일 지휘관이 지휘하며, 합동군 내부의 지상 · 해상 및 공중 전력은 지상 · 해상 및 항공 구성군사령관이 지휘하게 된다.

상 및 해상 작전들을 활용하게 된다. 합동군사령관은 적의 물리적 능력뿐만 아니라 사기와 의지를 공격하게 된다. 군사력 운용이 요구되는 경우 합동군사령관은 다양한 차원에서 전력이 집중될 수 있도록 군사력과 행위들을 결합하고자 노력하게 된다. 이는 가능한 한 최단 시간에 최소의 인명 피해로 부여된 목표들을 달성하기 위함이다. 아측의 강점과 적의 취약 부위를 이용할 목적에서 합동군사령관은 대칭 및 비대칭 행위들을 배열해 사용하게 된다. 육・해・공군으로 구성된 합동군에 의한 승수효과는 작전 상황을 관련 요원들이 공유함으로 인해 크게 고양된다.

(2) 동시성과 종심 : 이는 거의 동시적으로, 적과 비교해 보다 신속히 적의 전반적인 구조에 아측의 군사력이 영향을 끼칠 수 있도록 할 목적의 것이다. 여기서 추구하는 바는 적의 능력과 저항의지를 압도하고 와해시키는 것이다. 이는 모든 유형의 적 능력과 능력의 원천을 겨냥해 아측의 능력을 동시적으로 적용함을 의미한다. 이는 혼돈과 사기 저하를 야기하는 방식으로 적의 적정 전력과 기능들을 공격한다는 개념이다. 감당할 수 없는 수준으로 적군과 적의 기능에 압박을 가하는 방식으로 동시성은 적의 몰락에 직접 기여하게 된다.

전쟁의 진화와 과학기술 발전으로 인해 작전 종심이 지속적으로 확대되었다. 항공력의 경우, 보다 멀리 떨어진 지역으로 투사될 수 있는 반면 지상 및 해상 전력의 경우, 보다 신속히 기동하고 보다 깊은 종심에 전력을 투사할 수 있는 입장이다. 합동군에 의한 작전은 작전수행지역의 전 종심과 횡심에 걸쳐 수행되어 적의 지휘관과 자원이 감당할 수 없는 수준의 수요(需要)를 야기해야 한다.

(3) 예견 : 합동군사령관은 예기치 못한 상황에 대비해야 하며, 상황 이용 기회를 주시해야 한다. 합동군사령관은 예하 부대, 상급 부대 그리고 동맹국들과의 지속적인 대화뿐만 아니라 개인적인 관찰을 통해 정보를 수집하게

된다. 합동군사령관은 작전 진행상황을 모니터하고, 사건을 통제할 목적에서 자신들이 강구하게 될 행위들을 참모 및 예하 부대에 통보해주는 방식으로 기습을 모면하게 된다. 지휘관과 계획 요원들이 기회와 시련을 예견할 수 있으려면 상황 인식이 필수적이다. 적의 가능한 방책(方策)을 정의하는 과정에서 전장정보분석(Intelligence Preparation of the Battlefield)이 도움이 된다. 이 같은 방식으로 전장정보분석은 기회의 예견 및 이용과 관련된 합동군사령관의 능력에 크게 기여할 수 있다.

(4) **균형** : 이는 행동의 자유와 즉응 능력에 기여하는 방식으로의 전력, 전력의 능력 정도 그리고 이들 전력의 작전 유지를 의미한다. 균형은 합동군 내부의 군사력과 능력들을 적절히 혼합해 사용함을 의미한다. 합동군사령관은 예기치 못한 차원과 방향에서 강력한 전력을 이용해 공격하는 방식으로 적의 균형을 와해시키고자 노력하는 한편 아측 전력의 균형을 유지하고자 노력하게 된다. 전력 균형을 유지하는 과정에서 도움이 될 수 있도록 합동군사령관은 노력의 우선순위를 정하고, 적정 지휘관계를 설정하게 된다.

(5) **이점 확보와 이용** : 미 합동전(Joint Warfare) 교리에서는 합동군사령관에게 가용한 전력들의 이점 확보와 이용을 합동작전술의 정수(精髓)로 간주하고 있다. 아군과 관련해서의 군사력의 상호작용은 지원과 피지원 관계로 생각할 수 있다. 지원 관계는 다양한 작전들의 노력통일(Unity of Effort)이 가능하도록 해주는 효과적인 방안이다. 합동군사령관은 아측의 강점과 적의 취약 부위를 이용할 목적에서 대칭 및 비대칭 행위들을 적절히 사용하게 된다. 합동군사령관은 적의 대칭 및 비대칭 행위로부터 합동군의 모든 전력을 보호하기 위한 방안을 강구해야 한다.

(6) **시점과 템포** : 합동군사령관은 아측의 능력을 가장 잘 이용하고 적이 능력을 발휘하지 못하도록 하는 시점과 템포로 작전을 수행해야 한다. 적정 시점을 선정함으로써 합동군사령관은 행위를 주도하고, 상대방이 예측하지

못하도록 하며, 적이 반응할 수 없는 방식으로 작전을 수행할 수 있게 된다. 합동군사령관은 피아 능력이 한계에 달하는 템포로 또는 저속의 템포로 작전을 수행할 수 있다.

(7) 작전적 도달거리와 접근 : 이는 합동군이 사려 깊게 작전을 수행하거나 효과적으로 작전을 지속할 수 있는 작전반경에 관한 것이다.

(8) 군사력과 기능 : 지휘관과 계획 요원들은 적군 또는 기능, 또는 이들 모두의 격파에 초점을 맞춘 전역과 작전들을 계획할 수 있다. 통상 합동군사령관은 적의 군사력과 기능을 동시에 공격하는 형태의 작전을 구상하게 된다.

(9) 작전 배열 : 합동군사령관은 전역에 포함되는 '주요 작전'들을 최상의 방식으로 배열해야 한다. 인력과 자원 측면에서 최소 대가를 지불하며 '요망최종상태(Desired End State)'를 신속히 달성할 수 있도록 이 같은 배열은 종종 동시 및 순차적 형태의 작전들을 결합한 형태일 것이다.

(10) 중심(重心) : 작전술의 본질은 적의 힘의 원천을 격파 또는 무력화시킬 목적에서 이들 원천에 효과를 집중시키는 것이다. 중심은 적군이 행동의 자유, 물리적 능력 또는 전투 의지를 얻게 되는 그러한 특성 · 능력 또는 위치를 의미한다. 전쟁의 전략적 수준에서의 중심에는 군사력, 동맹, 국가의 의지 또는 전쟁에 대한 대중 지원, 일군(一群)의 핵심 능력 또는 기능, 또는 국가 전략 자체가 포함될 수 있다. 전역과 작전을 구상할 당시 피아 취약부위와 강점의 원천을 분석하는 과정에서 지휘관과 참모에게 도움이 되는 등, 중심은 유용한 형태의 분석 수단이다. 피아 중심에 관한 분석은 모든 작전 전반에 걸쳐 지속되는 과정이다.

(11) 직접 및 간접 : 가능한 경우 합동군사령관은 적의 중심들을 직접 공격하게 된다. 직접 공격이 적의 강점에 대한 공격을 의미하는 경우 합동군사령관은 간접 접근방안을 강구해야 한다. 예를 들면, 중심이 대규모 적군인 경우, 지휘통제로부터 고립시키고, 병참선을 차단하며, 적의 방공(防空) 및 간접

화력 능력을 격파 또는 저하시키는 방식으로 적을 간접 공격할 수 있다.

(12) 결정적인 지점 : 결정적인 지점을 올바로 식별해 통제하는 방식으로 지휘관은 적과 비교해 뚜렷한 우위를 확보하는 등 작전 결과에 지대한 영향을 끼칠 수 있다. 지휘관은 가장 중요한 의미가 있는 결정적인 지점들을 목표로 지정하고, 이들 목표를 통제, 격파 또는 무력화시킬 목적에서 자원을 할당하게 된다.

(13) 작전한계점 : 작전한계점은 공세 및 방어적 측면 모두에서 적용 가능한 개념이다. 공세 당시의 작전한계점은 공자(攻者)의 전투 능력이 방어 전력의 능력을 더 이상 초과하지 못하는 시점과 공간에 있게 된다. 이 순간 공자는 상대방에 의한 반격 내지는 이 같은 반격에 따른 패배 가능성에 직면하게 된다. 즉 일대 모험 속에서만 공격을 지속할 수 있게 된다. 방어 전력이 더 이상 반격을 지속할 수 없거나 성공적으로 방어할 능력이 없는 순간 방자는 작전한계점에 도달하게 된다.

(14) 종결 : 군사작전의 종결 시점과 확보된 우위를 유지하기 위한 방안의 인지(認知)는 전략과 작전술의 일부에 해당한다. 군사력을 투입하기 이전 합동군사령관은 작전 종결 및 결과 유지와 관련된 국가통수기구의 의도를 잘 알고 있어야 한다. 그 후 합동군사령관은 작전적 수준에서 합당한 전략을 구상해야 한다. 통상 군사작전은 국가통수기구가 설정한 전략목표들의 달성과 함께 종료된다.

나. 작전적 요인(Operational Factor)

전구 수준에서의 군사력의 배치 및 운용에 관한 합참의장의 결심이 중요한 의미가 있는데, 이들 결심은 시간 · 공간 및 전력(戰力)에 대한 고려에 의해 주로 좌우된다. 예를 들면, 1991년의 걸프전 당시 이라크의 사담 후세인은 전투 공격을 목적으로 전력을 구축하고 이들 전력을 최적의 방식으로 배치할 수 있도록 미 중부사령관인 슈워츠코프(Schwarzkopf)에게 6개월의 기간을 허용해주었다. 더욱이 후세인은 다국적군이 시간-공간-전력의 상호작용이란 부분을 이용하여 이라크 군의 측방을 우회하고는 대규모 기갑 전력을 신속히 이동해 병참선을 차단시키고, 공포에 사로잡힌 이라크 군이 쿠웨이트로부터 퇴각하도록 할 능력이 있다는 점을 간과하였다. 시간-공간-전력의 상호작용에 관해 작전적 수준의 지휘관이 오판하는 경우는 제2차 세계대전 당시의 독일군의 러시아 침공에서 입증된 바처럼 일대 재앙에 직면하게 된다. 간략히 말해 작전적 수준의 지휘관들이 작전적 요인인 시간-공간-전력을 효과적으로 관리할 수 있는지의 여부는 작전술에서 매우 중요한 부분이다.

다. 작전수행지역과 작전술

'주요 작전'과 전역(戰役)이 정의되면 추구해야 할 특정 목표와 개개 지휘제대(梯隊)가 연계될 수 있도록 물리적 성격의 작전수행지역(Operational Area)과 책임을 명시하게 된다.

작전수행지역에는 전구, 전쟁전구(Theater of War), 작전전구(Theater of Operation), 작전지역(Area of Operation) 등이 있다. 미국은 전 세계를 몇몇 전구로 나누고는 이들 전구 내부에 전쟁전구와 작전전구를 두고 있다. 미국의 입장에서 보면 한반도는 작전전구에 해당한다.12)

작전전구를 책임지는 지휘관은 일반적으로 육·해·공군으로 구성된 합

12) 이들 구분은 지역의 크기에 기인하고 있다. 그러나 한국의 입장에서 보면 한반도는 단일의 전구를 구성하는 것으로 생각할 수 있다. 이스라엘의 경우는 좁은 영토에도 불구하고 자국을 몇몇 전구로 나누고 있다.

동군을 지휘하는 가장 낮은 제대(梯隊)의 지휘관인데, 전쟁을 작전적 시각에서 바라보게 된다. 작전전구 수준 이하의 제대에는 특정 군 내부의 장교가 지휘하는 전술 전력이 위치해 있다.[13] 그러나 대부분 활동의 경우와 마찬가지로 여기에도 예외는 있다. 즉 작전전구를 지휘하는 지휘관 예하의 지휘관들이 작전적 시각을 견지하는 경우가 있는데, 이는 오늘날의 무기체계가 발전을 거듭하고 있다는 점에 기인하고 있다.[14] 일반적으로 작전전구를 책임지는 지휘관은 작전술에 전념하게 된다.

라. 전쟁원칙

전승(戰勝)을 설명해줄 뿐 아니라 미래 전투작전의 수행과 관련된 지침으로 기능하게 될 근본 원칙들을 파악해낼 목적에서, 역사가들과 군의 리더들이 전쟁사(戰爭史)를 지속적으로 연구하고 있다. 이들 연구를 통해 사람들은 성공적인 지휘관들을 인도해준 일군의 일반적인 개념들이 있다는 점에 동의하게 되었다. 이들 원칙의 구체적인 숫자 내지는 명칭에 관해 식자(識者)들의 의견이 일치되는 것은 아니다. 그러나 일반적으로 이들 전쟁원칙의 개관에 관해 사람들은 동의하고 있다. 전쟁원칙은 전투수행과 군사교리의 발전을 인도해준 주요 요소다. 2002년에 발간된 기본교리에서 한국군은 전쟁원칙을 군사작전 원칙으로 바꾸었다.[15]

---

13) 이는 한국군의 합참 예하에 의미 있는 수준의 육·해·공군으로 구성된, 특히 항공력이 포함되어 있는 합동기동부대의 설치가 교리적으로 문제가 있음을 보여주는 부분이다. 해외 파병 당시는 예외다.

14) 19세기 당시에는 전쟁에서 전략적 효과를 유발하려면 적어도 군사령부 수준의 전력이 요구되었다. 그러나 오늘날에는 무기체계의 발달로 인해 이 같은 전략적 효과를 육군의 특수부대, 공군의 항공기 등이 유발할 수 있게 되었다. 즉 전략목표를 달성할 목적에서 고민하게 되는 제대(梯隊)의 수준이 점차 낮아지고 있다. 즉 전쟁을 작전적 시각에서 바라볼 수 있는 제대의 수준이 점차 낮아지고 있다.

마. 핵심 요소

군사적 행위를 계획하는 과정에서의 최초 단계는 적의 핵심 요소들(주요 강점과 약점)을 식별해내는 일이다. 적의 핵심 강점에는 적이 추구하는 목표의 달성이란 측면에서 사활적 의미가 있는 것으로 생각되는 적의 능력들이 있다. 이들 능력 중에서 가장 중요한 부분은 중심(重心 : Center of Gravity)이다. 중심이란 적군이 행동의 자유, 물리적 능력 또는 전투 의지를 도출하게 되는 그러한 특성·능력 또는 위치를 의미한다. 중심에 관한 클라우제비츠의 개념은 "무력화되거나 기능이 심각히 저하되는 경우 또는 노출 및 파괴되는 경우 공세 또는 방어적 목표의 완수와 관련된 아측의 능력에 가장 결정적인 영향을 끼치는 '응집된 능력(물리 또는 사기 측면)'의 원천"으로 요약된다. 중심은 국가 의지, 동맹국의 응집력처럼 추상적 성격의 것 또는 군사력 및 자산처럼 구체적 성격의 것일 수 있다. '주요 작전'을 수행하는 도중 새로운 중심들이 출현하거나 기존의 중심들이 진화해갈 수도 있다. 따라서 지휘관과 참모는 전장공간 상황을 지속적으로 평가해야 한다.

바. 작전구상

'주요 작전' 또는 전역에는 부여된 목표들을 달성토록 해주는 다수의 기능 활동(Functional Activity)들이 포함되어 있다. 작전 지휘관은 이들 기능을 수행하고, 휘하 전력이 작전 및 전략목표들에 초점을 맞춘 상태에서 일관된

---

15) 미군 또한 전쟁원칙을 합동작전 원칙으로 바꾸었다. 목표, 집중 등 우리가 말하는 전쟁원칙은 전쟁원칙이 아니고 전투원칙이란 것이 일반적인 인식이다. 참조 : Anthony D. McIvor, "Rethinking The Principles of War", Naval Institute Press (Annapolis, Maryland), 2005년 12월, pp. 58-79.

방식으로 운용될 수 있도록 작전을 구상해야 한다. 주요 작전구상 요소에는 지침, 목표, '요망 최종상태(Desired End State)', 적의 핵심 요소들, 공격의 방향/축, 작전개념 또는 작전구도가 있다.

지침은 상급 지휘관이 해당 지휘관에게 제시해주는 지시 또는 초점 그리고 해당 지휘관이 휘하 지휘관들에게 제시해주는 포괄적 성격의 지시들을 지칭한다. 전쟁 목표는 국가통수기구에 의해 정의된다. 이 같은 목표에 근거해 합참의장은 휘하 작전사령부들이 추구해야 할 목표를 정의하게 된다. '요망 최종상태'는 적대 행위가 종료된 이후에서의 바람직한 상태를 의미한다. 이 같은 상태의 달성에 수년이 소요될 수 있다. 군사작전을 계획 및 시행하면서 종종 작전 지휘관들은 이들 '요망 최종상태'를 고려하지 않는 등의 실수를 자행하고 있다. 작전개념 또는 작전구도는 구상한 작전들의 시행과 관련해 해당 지휘관이 의도하는 바를 정의해주는 주요 기획 요소들의 개관에 해당한다. 이 같은 점에서 보면, 작전구도에는 지휘관이 의도하는 바와 의도하는 부분의 수행 방식에 관한 폭넓은 비전을 담게 된다. 지휘관의 구상에서는 운용되는 군사력과 관련해 누가, 무엇을, 어디서, 언제, 왜 그리고 어떻게라는 작전계획과 관련된 근본 질문들을 다루어야 한다. 작전개념은 적 중심(重心)의 파괴 또는 무력화에 초점을 맞추어야 한다.

작전의 순서화는 압도적인 형태의 전투력을 창출해낼 목적에서 주어진 목표를 가장 잘 완수해줄 것으로 생각되는 순서로 사건들을 배열하는 문제다. 통상 이들 사건은 부여된 작전 및 전략목표들을 동시 및 순차적으로 달성하고자 할 때 수행되어야 할 일련의 과업들을 도출하는 방식으로 배열된다. 동시통합은 목표・장소 및 시점 측면에서 다양한 병과(兵科) 또는 각 군 전력들의 행위들의 조정을 의미한다. 이는 결정적인 지점과 시점에서 최대 전투력을 생성해낼 목적의 것이다. 효과적인 방식으로 동시 통합하게 되면 개개 전력의 능력들을 단순 합산한 것 이상의 효과가 있게 된다. 노력이 동시 통합되도록 하는 과정에서는 지휘관 의도의 명확성이란 부분이 중요한 의미가 있다.

사. 합동교리

오늘날의 군사교리는 작전술의 분석을 통해 얻게 되는 것들 중에서 가장 중요한 부분이다. 이 같은 점에서 보면 교리는 승리 및 패배한 전투·작전 및 전역들에 관한 수세기에 걸친 연구의 산물이다. 전투를 통해 얻어진 귀중한 교훈들에 대한 이 같은 분석으로 인해 육·해·공군이 작전을 수행하는 지상·해상 및 공중이란 상이한 작전환경뿐만 아니라 이들 군의 무기체계와 인력을 성공적으로 운용함과 관련해 역사적으로 검증된 방안과 일련의 지침 성격의 개념들이 출현하였다. 이처럼 각 군 교리는 풍부한 내용의 역사와 전통뿐만 아니라 적지 않은 수준의 자기 과시적(誇示的) 요소에 근거하고 있다. 자기 과시적 요소란 부분은 미래 군사력 확보 측면에서 여타 군과 비교해 자군이 우위를 확보해 유지하고, 보다 많은 예산을 확보하고자 노력하고 있다는 점과 관련이 있다. 여기서 우리는 육·해·공군 및 해병대 교리와 같은 각 군 교리가 오늘날의 전투에 전혀 타당성이 없을 정도로 작전 현실과 유리될 가능성이 있음을 주목하게 된다. 이는 인명과 국가 자산(資産) 측면에서 무수한 대가와 희생을 치러야 함을 의미한다. 역사적으로 보면 탱크·기관단총·잠수함 및 항공기의 역할을 과대 선전하며 주요 국가들의 육·해·공군이 단견(短見)을 견지한 바 없지 않은데, 이는 이 같은 점을 보여주는 좋은 사례다.

각 군 교리에 담겨져 있는 내용에 관해 여타 군이 항상 동의하는 것이 아니란 점에서 보면, 합동교리는 나름의 독특한 초점·기준 및 방향에 근거해 작성되어야 한다. 오늘날의 합동교리는 전략목표를 달성할 목적에서 국가의 군사력을 운용하고자 할 때 필요한 기획 및 시행 측면에서의 공통 인식을 정립하기 위한 노력에 해당한다. 합동교리는 군사력 운용을 인도해주는 근본 원칙으로서 합동차원에서의 군사력 운용과 관련된 권위 있는 지침에 해당한다.

합동교리는 다수 요인들에 의해 영향 받게 된다. 이들 요인에는 전략적 성격의 문화, 지리(地理), 인구통계학, 정부뿐만 아니라 과거 경험과 역사로부터 도출된 교훈과 같은 항구적 성격의 요인, 현행 정책, 자원(資源), 전략, 전역(戰役) 개념, 현행 교리, 위협 및 과학기술과 같은 시사적 성격의 것들이 있다. 분명히 말하지만, 교리는 앞에서 언급한 요인들의 변화를 고려해 진화되어야 한다. 역사적으로 보면, 앞에서 언급한 요인들을 잘못 해석하였거나 바람직한 교리가 근거해야 할 항구적(恒久的) 성격의 작전개념(Operational Concept)에 대한 무지(無知)[16]로 인해 전쟁에서 일대 패배를 경험한 지도자와 국가가 다수 목격된다.

각 군 전력은 합동군의 일원으로 여타 군의 전력과 승수효과를 야기하며 전투를 수행할 수 있도록 훈련받게 된다. 이 같은 맥락에서 보면 작전술 연구는 작전술에 관한 각 군의 교리적 시각과 합동 차원에서의 시각에 관한 분석과 함께 지속되어야 한다. 앞에서 언급한 주요 작전구상 요소는 합동군 사령관이 합동 및 다국적 차원에서 작전과 전역을 계획 및 수행함과 관련된 교리적 지침에 해당한다.

16) 미래 국방력 건설의 근간이 되는 비전에서의 작전개념을 특정 위협에 대비할 목적인 작전계획의 측면에서 생각하는 사람도 없지 않은데, 이는 작전개념을 잘못 생각하고 있는 대표적인 사례다.

5. 결론

『군인과 국가(*Soldier and State*)』란 제목의 명저(名著)에서 하버드대학의 정치학 교수인 사무엘 헌팅턴(Samuel Huntington)은 군의 장교를 의사 및 변호사와 함께 전문가로 분류하고 있다. 그는 합동작전에서 지상・해상 및 공중 전력을 결합할 능력이 있는 사람이 군이란 전문 직업에서 가장 높은 수준에 있다.[17]고 생각하였다. 이 같은 합동작전 계획 수립의 근간이란 점에서 합동교리의 작성은 군에서 가장 높은 수준의 전문성이 요구되는 일이다. 제1, 2차 세계대전 당시 독일군을 이끌어간 군사적 천재들인 일반참모(General Staff)들의 주요 과업 중 하나가 교리 작성이었다.[18]는 점은 결코 우연의 일이 아니다.[19]

작전술은 전쟁의 작전적 수준에서의 행위에 관한 것이다. 이 장(章)에서는 육・해・공군 작전술과 구분되는 합동작전술에 관해 논의하였다. 본문에서 언급한 바처럼 합동작전술은 합동교리의 근간에 해당한다. 한국군은 전쟁의 수준을 전략과 전술로 구분하다가 1997년에 발간된 군사기본 교리에 작전적 수준을 추가하였다. 즉 작전술에 관한 한국군의 인식은 발전의 여지가 많다. 상대적으로 자원과 인력이 부족한 한국군은 이들 자원과 인력을 효과적이고도 효율적으로 운용하기 위한 작전술의 문제를 놓고 심도 높은 고민을 해야 할 것이다.

---

17) Samuel F. Huntington, *The Soldier and the State* (Cambridge, MA: Harvard University Press, 1959), p. 13; 또는 권영근 번역, 『장교의 직분』, 공군사관학교, 2004년, p. 8.

18) Jame S. Corum, *The Luftwaffe: Creating the Operational Airwar(1918-1940)*, University Press of Kansas, 1999년 8월, p. 18.

19) 전시 한국군이 주도적으로 작전통제권을 행사해야 하는 오늘날의 한국군에서 합동교리를 작성하는 국방대학 교리발전부는 각 군 참모총장과 합참의장으로 성장해갈 한국군의 엘리트들이 반드시 거쳐 가야 할 곳이다.

제 4 장

전력통합 : 목표 중심 및 작전지역 중심 통합 *

1. 서론

1991년의 걸프전 등에서 목격된 바처럼 향후의 전쟁은 육·해·공군에 의한 합동전의 형태로 수행될 것이다. 오늘날 합동의 문제는 육·해·공군 전력을 어떻게 통합적으로 지휘 통제할 것인가의 문제로 귀결될 수 있는데, 통합을 바라보는 각 군의 시각 간에는 적지 않은 차이가 있다. 예를 들면, 육군과 같은 지상군의 경우는 작전지역(Area of Operation) 중심의 통합에 익숙해져 있는 반면, 공군은 작전 수행과 같은 목표(Object) 중심의 통합[1]에 익숙해져 있다.

통합이란 개념은 단순한 전투력 차원만이 아니고 국방력을 건설하는 과정에서도 중요한 사항이다. 예를 들면, 국방차원에서 추진된 바 있는 통합군

* 합동참모본부, “전력통합 : 작전지역중심 통합과 목표중심 통합”, 『합참』 제17호, 2001년 7월 1일, pp. 112-121에 이미 발표된 원고이다.

1) 목표중심의 통합을 전략공격(Strategic Attack)과 같은 항공작전에서 찾아볼 수 있을 것이다. 여기서는 개개 종심타격 전력이 공격해야 할 목표의 할당, 즉 표적의 할당이란 방식으로 각 군 전력을 통합하고 있다.

수 체계의 건설과 각 군의 모든 정보체계를 몇몇 지역 중심으로 집중시키고자 한 메가센터 개념이 바로 그것이다. 통합군수 체계의 건설을 시작할 당시인 1990년대 후반 국방 일각에서는 그 건설 개념을 놓고 나름의 이견이 표출된 바 있으며[2], 한때 한국군은 메가센터란 개념을 놓고 국방차원에서 나름의 논란이 없지 않았다. 전자는 군수와 같은 각 군 기능의 통합의 의미와 어떻게 통합해야 할 것인가라는 문제로, 그리고 후자는 지역 중심 통합과 목표 중심 통합 간의 갈등으로 귀결될 수 있을 것이다. 이외에도 합동작전 교리와 관련된 최근의 논쟁에서 또한 지역 중심 통합과 목표 중심 통합 간의 갈등이 표출되었다.[3]

전력 통합 또는 국방 체계의 통합에 따른 문제는 한국군에서만 목격되는 현상은 아니다. 이 문제는 지상·해상 및 공중이란 상이한 작전환경에서 육·해·공군이 작전을 수행해왔다는 점에 연유하고 있는데, 미군의 경우 또한 한국군에서 목격되는 현상이 그대로 목격되고 있다. 예를 들면, 미 지상군의 경우 작전지역 중심의 통합에 익숙해 있는 반면 미 항공력의 경우는 개개 작전과 같은 목표(Object) 중심 통합에 익숙해 있다.

다음의 글은 미 '*Joint Forces Quarterly*'[4]에 기고된 논문을 정리한 것이다. 논문을 한미연합사 내부의 육·해·공군 구성군 차원이 아니고 합참을 중

---

2) 권영근, '합동전력발휘를 위한 지휘통제체계 구축 방안', 한국군사운영분석학회, 『1998 추계학술대회 발표 논문집』, pp. 177-190.

3) 2000년 2월부터 12월까지 필자는 합동작전 교리의 작성에 직접 관여하였다. 합동작전 교리에 관한 당시의 논의에서 일부 지상군들의 경우는 특정 지역에서 육·해·공군의 전력이 집중되는 근접항공지원과 같은 경우만을 합동작전으로 생각하는 경향도 없지 않았다. 이들은 오늘날의 전쟁에서 가장 중요한 형태의 작전인 적 중심(重心 : Center of Gravity)에 해당하는 주요 표적을 육·해·공군이 조화를 이루면서 공격한다는 개념, 즉 전략공격은 공격 대상이 특정 지역이 아닌 전구 차원으로 확장된다는 점을 들어 합동작전이 아니라고 주장하고 있었다.

4) 출처 : 'The Areas of Operations-Fighting One Campaign', *U.S. Joint Forces Quarterly*, Autumn/Winter 1998-1999, pp. 34-39

심으로 하는 한국군만의 시각에서 보면 생소한 용어, 적용이 곤란한 개념 내지는 용어도 없지 않을 것이다. 여기서는 이 같은 몇몇 상이한 용어 또는 개념은 크게 중요한 것이 아니다. 작전환경이 다르다는 점에서 통합을 바라보는 각 군의 시각이 본질적으로 다를 수밖에 없다는 점, 이들 상이한 시각이 적절히 고려되지 않으면 합동전력 발휘뿐만 아니라 국방체계 건설에 적지 않은 잔주름이 생길 수 있을 것이란 점을 본 글을 통해 인지할 수 있다면 필자가 의도하는 바가 모두 달성되었다고 할 것이다.

2. 작전지역 : 단일 전역(戰役 : Campaign)의 수행

대포와 같은 아측 지상군 화력의 사정거리를 초월하는 지역에서의 전투, 즉 종심전투(Deep Battle)에서의 항공력 지휘통제의 문제를 놓고 항공지휘관들과 지상군지휘관들이 점차 대립하고 있다. 육군과 해병대 장교들은 자신의 작전지역(AO : Area of Operation)에서 진행되는 작전을 통제해야 할 것이라고 주장하고 있는데, 이들의 작전지역은 아측 지상군의 전장공간을 훨씬 초월한 지역으로 확장되고 있다. 공군의 관점에서 보면, 전구에 여러 작전지역들을 두고 이들 지역을 담당하는 지휘관들을 설정하게 되면 전장공간이 분할되고, 항공력을 통합적으로 계획 및 운용하지 못하게 된다. 공군은 육군과 해병대가 자신들의 임무라고 생각하는 몇몇 임무를 포함해 전장공간 전반에 대한 임무를 수행할 수 있다고 주장하고 있다.

지휘통제를 바라보는 지상군의 시각은 지역과 구역에 관한 문화적 선입견에 근거하고 있다. 항공력의 관점에서 보면 지역·구역 및 영역이란 개념은 별다른 의미가 없다. 공군은 육·해·공군 구성군 간에 지원(Supporting) 및 피지원(Supported)[5] 관계를 설정할 수 있도록 각 군 구성군에 나름의 목표를 할당함이 보다 중요한 의미가 있다고 생각하고 있다. 개개 구성군에 나름의 목표를 부여해 지원 및 피지원 개념에 근거해 작전을 수행하게 되면 전장공간 내부에서 발생하는 모든 요구사항을 보다 적은 규모의 인력과 자원으로 수행할 수 있게 된다. 지상군의 경우는 아측 야전군 화력의 사정거리를 초월하는 지역에서 진행되는 상황에 영향을 끼칠 수 있어야 한다는 절박한 필요성을 느끼고 있다. 그러나 지상군이 이들 목표를 달성하고자 할 때 필요한 최상의 정보와 능력을 제공할 수 있는 군사력은 항공 우주력이다. 따라서 종심전투의 수행과 관련해 합동군을 최상의 방식으로 통합할 수 있는 사람은 합동참모의 지원을 받는 합동군공군구성군사령관(JFACC : Joint Forces Air Component Command)[6]이다.

가. 종심전투

항공력의 경우는 종심전투란 용어가 별다른 의미가 없다. 항공지휘관은 전구사령관의 책임지역(AOR : Area of Responsibility) 또는 합동작전지역(JOA : Joint Operations Area) 모두에서 전투를 수행하고 있다. 항공력에 중요한 것

5) 지상군에 대한 근접항공지원을 수행하는 경우 지상군사령관이 피지원사령관 그리고 항공사령관이 지원사령관이 된다. 피지원사령관은 지원 받는 전력을 포함해 자신이 운용하는 전력의 활용을 기획하게 된다. 전역계획에는 육・해・공군의 작전이 포함되어 있는데, 개개 작전에 2개 군 이상의 무기가 포함될 수 있을 것이다. 일반적으로 해군과 공군의 무기가 특정의 육군작전에 사용된다면 해당 작전의 측면에서 보면 지상군사령관이 피지원사령관이고 공군 및 해군 사령관은 지원사령관이 된다. 이는 여타 작전의 경우에도 그대로 적용되는 개념이다.

6) 이는 공중, 지상 및 해상에서 진행되는 전쟁을 각각 단일 지휘관이 지휘해야 한다는 점, 특히 항공작전은 단일 지휘관이 지휘해야 한다는 점에 근거하고 있다. 미국, 영국 등 선진 국방의 경우는 이 개념을 국방에 적용하고 있다. 한미연합사 체제 내에서 JFACC의 역할을 수행하는 사람은 공군구성군사령관이다. 한국군이 독자적인 계획 수립 능력을 추진하는 과정에서는 이 개념의 도입이 절실히 요구된다.

은 표적이 전선(戰線)으로부터 어느 정도 떨어져 있는지가 아니고 합동군사령관이 의도하는 목표를 달성한다는 차원에서 이들 표적이 갖는 의미다. 특정 표적의 공격이 적의 중심(重心 : Center of Gravity)에 어느 정도 효과를 끼치는지, 중심에 도달하는 과정에서 어느 정도 도움이 되는지의 판단에 따라 공군은 그 위치와 시간에 구애됨이 없이 표적을 선정해 공격하고 있다. 속도・작전반경・융통성 및 생존성이란 항공력이 갖는 특성으로 인해 합동군사령관의 경우는 이들 항공력을 이용해 적의 전략・작전 및 전술 표적을 병행적(竝行的)으로 동시에 그리고 비대칭적으로 공격할 수 있을 것이다. 종심(Depth)이란 개념을 항공인은 표적에 도달하는 과정에서 직면하게 되는 적 위협의 숫자 측면에서 생각하고 있다. 일반적으로 위협이 많을수록 항공인이 뚫고 들어가야 할 종심은 깊어진다. 고성능 스텔스 항공기가 출현하면서 종심이란 개념이 점차 그 의미를 상실하고 있다.

한편 지상군지휘관들은 종심을 지리(地理)와 시간의 관점에서 바라보고 있다. 적 군사력에 도달하려면 어느 정도 시간이 걸리는지 또는 그곳까지의 거리는 어느 정도인지? 지상군의 경우 시간과 거리는 전장 형성 능력과 동일한 의미가 있다. 적군에 도달하기까지 소요되는 시간이 길고, 거리가 멀수록 상대적 능력, 지형 이점 그리고 여타 요인들을 활용할 수 있는 기회는 보다 많아진다. 예를 들면, 지상군지휘관들은 적 제2제대의 전력뿐만 아니라 이들이 아측 전력과 떨어져있는 정도에 초점을 맞추고 있다.

이 시점에서의 관점은 이들 전력과 대적하게 될 아측 전력의 규모와 상대적 능력이다. 지상군지휘관이 적 지상 전력을 보다 멀리 떨어진 상태에서 교전(交戰 : Engage)할 수 있다면 접전(接戰 : Contact) 이전에 적 전력을 보다 많이 소모시킬 수 있으며, 교전 장소와 시간의 선택이란 측면에서 보다 많은 영향력을 행사할 수 있을 것이다. 따라서 지상군지휘관들에게 시간과 지리는 가장 중요한 요소다.

역사적으로 보면, 전선에서 멀리 떨어진 적 지상 전력에 대항해 작전을 수행한 주요 전력은 항공력이다. 미군의 경우를 보면, 1943년 이전의 제2차 세계대전 당시 항공기는 육군의 대포처럼 운용되었다. 당시 항공기를 이용해 공격해야 할 표적의 우선순위는 주요 지상군지휘관들이 결정하였다. 이들은 아측 지상군에게 항공우산(Air Umbrella)을 제공해주고 자신의 눈으로 확인 가능한 지역에 있는 적 표적의 공격에 관심이 있었다. 북아프리카 케서린 계곡(Kasserine Pass)에서의 일대 참패 이후 전구(戰區 : Theater)의 모든 항공력을 단일의 항공지휘관이 지휘 통제토록 함으로써 항공력을 집중시켜 결정적인 효과를 얻을 수 있게 되었다. 그 후 항공 표적과 항공기의 통제는 항공지휘관의 영역이었다.

이들 항공지휘관은 종심 지역의 전투공간에서 활동하는 항공인들을 지휘하였으며, 이들 영역의 상황을 가장 잘 인식하고 있었을 뿐 아니라 항공자산과 관련해 나름의 전문성을 견지하고 있었다. 육군 포병들의 경우 항공 및 우주 자산이 제공해주는 상황 인식에 근거해 적 표적을 공격하는 반면, 항공인들의 경우 포병들이 제공하는 정보를 거의 사용하지 않고 있는데, 이는 재미있는 현상이다. 항공력으로부터 정보를 받아보고 있다는 점, 항공력이 매우 위력적이란 점을 보며 지상군지휘관들은 항공기를 보다 많이 통제할 수 있기를 원했다. 대포를 가장 잘 운영할 수 있는 사람들이 포병인 것과 마찬가지로 전장 공간 전반에 걸쳐, 특히 아측 지상군 화력의 사정거리를 초월하는 지역에서 항공력을 가장 잘 운용할 수 있는 사람은 항공인이다.

나. 교리에 대한 해석

종심 지역에서 작전을 수행하는 2개 군 이상의 전력은 적정 차원에서 통합되어야 할 뿐 아니라 통제되어야 할 것이다.[7] 종심전투는 다수의 지상 및 공중 전력을 이용해 수행되는데, 여기서의 주요 전력은 항공력이다. 종심전투에서 운용되는 항공자산에는 유인 및 무인 항공기와 지대지미사일이 있다. 이들 자산에 고공전략정찰기(U-2s), 지상표적정찰기(JSTARS), RC-135s 그리고 무인 항공장비가 있다. 여기에는 또한 적 레이더를 공격할 목적의 미사일인 HARM을 장착하고 있는 초고속의 F-16 항공기, 전투기/폭격기/공격기, 헬리콥터뿐만 아니라 적 지상의 표적을 정확히 공격할 수 있는 지상 공격용 크루즈미사일인 TLAM이 있다.

종심전투에 참여하는 지상군 자산은 ATACMS 미사일과 특수작전 전력으로 통상 국한된다. 앞의 항공자산과 동일 지역에서 운용되고 있다는 점에서 상호 간섭을 줄이고, 공격효율을 극대화하며, 우군 살상을 줄인다는 차원에서 이들 전력은 상호 조정을 통해 조화롭게 사용되어야 한다.

상황인식 능력뿐 아니라 적 후방 깊숙한 곳에 위치한 종심 표적을 공격할 능력을 보유하고 있는 군이 항공력뿐이란 점에서 최근까지만 해도 종심지역의 군사력에 대한 지휘통제는 매우 분명한 문제였다. 육군이 몇몇의 보다 장사정 무기를 보유하게 되고, 육군 항공력이 지상군 기동전력으로부터 떨어져 나감에 따라 표적 및 공중공간의 할당이란 문제를 놓고 나름의 마찰이 유발되었다. 여기서의 육군과 해병대의 주장은 전구에 지리적 차원의 여러 작전지역을 두고 이들 개개 지역에서의 작전을 단일 지휘관이 지휘 통제토록 한다는 개념에 근거하고 있다. 반면에 공군의 주장은 속도・작전반경・이동성 및 융통성이란 항공기의 특성을 고려해볼 때, 전장 공간 도처에서 결정적으로 운용할 수 있으려면 항공력을 중앙 통제해야 할 것이란 개념에 근거하고 있다.

미국의 현재의 지휘통제 교리는 다양한 방식으로 해석이 가능하다. 미 합

7) 전구의 육・해・공군 전력은 구성군 차원에서 통합되어야 한다. 권영근 번역, 『전구 차원의 전쟁에 대비한 지휘구조』, 출판 예정, p. 148.

동작전 교리인 Joint Publication 3-0에서는 합동군사령관이 지상 및 해상 전력을 위해 작전지역을 설정할 수 있도록 하고 있다. 이들 작전지역에서의 기동・화력 및 후방차단에 관한 한 지상 및 해상 지휘관들이 피지원사령관이다. 따라서 이들은 의도하는 목표를 달성할 목적에서 이들 작전의 진행시점, 작전의 우선순위 그리고 작전 효과를 설정하게 된다. 미 합동작전 교리를 작성한 사람들은 이들 작전지역에서 진행되는 작전과 관련해 피지원사령관이란 개념을 중첩된 방식으로 사용하고 있다. 예를 들면, 전구 차원에서 후방차단 작전을 계획하는 사람은 항공사령관이다. 즉 전구 차원에서의 후방차단 작전에 관한 한 피지원사령관은 공군지휘관이다. 반면에 이들 작전지역에서의 후방차단 작전의 경우는 지상 또는 해상 지휘관이 피지원사령관이다. 이처럼 동일 작전과 관련해 피지원사령관이란 개념을 중첩 적용함에 따라 지상 및 해상 지휘관들이 자신의 작전지역에서 의도하는 목표를 달성할 수 있는 반면, 합동작전지역 내부에서 전구 차원의 합동군사령관이 의도하는 목표를 항공지휘관이 원활히 수행할 수 있게 된다.

피지원 관계를 중첩 적용함은 분명히 모순인데, 이는 지상 및 해상 구성군이 제기한 표적의 우선순위를 항공사령관 및 여타 합동군사령관의 합동작전지역 차원에서의 표적 우선순위와 통합하고 있다는 점에서 타당성이 있을 것이다. 지상군지휘관들의 경우는 자신들이 제기한 표적들에 우선순위를 부여할 수 있을 것이다. 그러나 이들 우선순위는 합동작전지역 내부에서 합동군사령관이 생각하는 우선순위와 상호 연계된다. 결과적으로 작전지역 내부에서의 항공지원과 관련된 지상 및 해상 지휘관들의 요구는 여타 합동군사령관의 우선순위와 통합된다.

다. 목표 중심의(Objected-Oriented) 지휘 통제[8)]

작전지역이란 개념, 즉 지휘 통제의 문제를 지리적 차원에서 접근하게 되면 합동차원에서의 전력 통합이 제한 받게 되며, 인력 · '지휘통제 기반구조' 및 무기체계를 포함한 자원의 소요가 대거 늘어나게 된다. 육군과 해병대의 일부 사람들은 특정 작전지역 내부에서 진행되는 모든 작전의 진행 시간, 작전의 우선순위 그리고 이들 작전의 효과를 결정하는 단일의 피지원사령관이 있어야 한다고 주장하고 있다. 이는 특정 지역 내부에서의 지상 · 해상 및 공중 작전을 단일의 지상군지휘관이 계획 및 통제해야 함을 의미한다. 이는 특정 합동기동부대(Joint Task Force) 휘하에 또 다른 합동기동부대를 두고는 2개 이상의 작전환경(공중 · 지상 및 해상)에서 작전을 수행하는 합동기동부대를 지상전투에만 정통한 지휘관과 참모들이 계획 및 통제토록 함과 다름없을 것이다. 이는 적에게 강요해야 할 효과보다는 작전지역에 근거해 합동군사령관이 목표들을 설정해야 할 것이란 의미다. 사실 전구 차원에서 추구하는 효과가 통상 정육각형으로 표현되는 지리적 차원의 특정 영역과 일치되는 경우는 거의 없다. 따라서 지리적 차원에서 문제를 접근하게 되면 지상 · 해상 및 공중이란 다양한 작전환경에서의 작전 효과들을 개개 작전지역으로 분할

---

8) 목표 중심의 지휘 통제란 수행할 목표의 제시를 통해 전력을 지휘 통제함을 의미한다. 전구 차원의 위협에 대처할 목적에서 전구사령관은 여러 목표를 설정한 후 이들 목표를 적정 구성군사령관들이 수행토록 한다. 전역 수행이란 차원에서 보면 전구사령관은 목표 중심으로 구성군사령관을 지휘 통제하고 있다. 전역은 근접항공지원, 전략공격(Strategic Attack)과 같은 다수의 육 · 해 · 공군 작전들로 구성되는데, 이들 개개 작전의 경우도 목표 중심으로 지휘 통제하고 있다. 근접항공지원의 경우를 예로 들어보자. 지상군지휘관은 지상 작전을 기획하면서 보병 · 포병 · 기갑 · 항공력 등의 전력을 이용해 적군에 대항한 작전을 기획하게 된다. 기획의 결과로 지상군은 항공력에게 특정 표적들을 공격해달라고 요청하게 된다. 다시 말해, 항공력이 수행해야 할 목표를 제시하는 방식으로 지상군지휘관은 근접항공지원을 수행하는 항공기를 지휘 통제하게 된다.

시킴에 따라 합동군 차원에서의 전력통합이 저해될 수밖에 없다.

지역을 초월하는 형태의 목표들을 작전지역을 책임지는 특정의 지상 및 해상 지휘관들에게 할당할 수 있다고 가정해보자. 항공력을 항공지휘관이 중앙에서 계획 및 통제하는 경우와 비교해보면, 이 경우는 개개 작전지역에서 요구되는 모든 항공임무의 수행에 보다 많은 전력이 소요될 것이다. 개개 작전지역에서의 공중 위협 그리고 시간에 민감한 형태의 위협에 대처하려면 나름의 항공 경보자산이 요구될 것이다. 그 결과 합동작전지역 차원의 목표들을 달성하고자 할 때 필요한 체계와 인력이 대거 늘어나게 될 것이다. 또한 작전지역 간의 항공력 운용을 조정할 목적의 지휘통제 자산의 소요가 증대 될 것이다. 따라서 작전지역에 근거해 지휘통제하면 항공력 운용이 분할되며, 항공전문가에 의해 항공자산이 제대로 지휘통일(Unity of Command)되지 못하게 되고, 목표 달성에 필요한 자원의 소요가 대거 늘어날 것이다.

반면에 목표 중심의, 즉 개개 작전을 중심으로 한 지원/피지원 개념에 근거해 지휘 통제하게 되면 개개 작전을 이들 작전에 정통한 지휘관들이 지휘통제하게 되어 전구사령관의 책임지역/합동작전지역 차원에서 자산을 최적의 방식으로 운용할 수 있게 된다. Joint Publication 0-2인 '군의 통합 활동(Unified Action Armed Forces)'에는 부여된 지역이 아니고 할당된 임무의 성격에 따라 육 · 해 · 공군 중 피지원사령관을 결정해야 할 것이라고 명시되어 있다. 특정 지역에 무관하게 임무에 근거해 지원 요구사항을 정의하려면 합동군사령관이 부여한 임무들의 성격을 개개 구성군사령관이 이해하고 있어야 할 것이다.

임무 중심의 지원을 통해 합동군 차원에서의 통합의 정도를 증진시킬 수 있을 것이다. 예를 들면, 지상 전력에 부여된 목표와 지원 공격이 요구되는 종심 표적 간의 관계를 지상군지휘관들이 정확히 연계시켜야 할 것이다. 부여된 목표와 관련이 있다면 전장공간 내부의 이들 표적의 위치는 문제가 되지 않을 것이다. 마찬가지로 지상군지휘관들의 의도와 적절히 조정하고, 상충되지 않도록 하면서 항공지휘관들이 항공구성군에 할당된 목표 달성을 위해 화력지원협조선(FSCL : Fire Support Coordination Line) 너머의 표적을 그 위치에 상관없이 공격할 수 있을 것이다.

이처럼 지휘 통제하게 되면 항공지휘관이 전구사령관의 책임지역/합동작전지역 전반에 걸쳐 항공력을 운용할 수 있게 되며, 항공자산의 효과를 극대화할 수 있게 된다. 따라서 목표 중심으로 지휘 통제하면 전장공간을 분할하지 않으면서도 합동작전의 효과를 증진시킬 수 있게 된다.

목표 중심으로 지휘 통제하게 되면 지상·해상 및 공중 전력을 다수의 작전지역으로 분할하지 않고도 군사력의 통합을 증진시킬 수 있게 된다. 작전지역이 아니고 목표 중심으로 작전을 지휘 통제하려면 지상·해상 및 공중이란 다양한 작전환경에서 작전을 수행하는 군사력들을 긴밀히 계획 및 조정해야 할 것이다. 이는 전장공간의 분할에 근거해 목표들을 분리시키는 것이 아니고 전구 차원의 시각에서 이들 목표를 통합할 때만이 가능하다. 이는 지상 전력과 공중 전력의 통합이란 문제에 국한되지 않으며, 군 전반에 걸쳐 적용되는 개념이다.

방대한 규모의 통신을 신뢰성과 보안성을 겸비한 채 수행할 수 있게 된 오늘날에는 2개 군 이상으로 구성된 지상 전력을 구역·지역 또는 작전지역이란 개념에 근거해 지휘 통제해서는 안 될 것이다. 전장공간을 실시간에 정확히 묘사할 수 있게 되면서 이 같은 방식으로 지휘 통제할 필요가 점차 없어질 것이다. 지역·구역 또는 작전지역에 근거해 2개 군 이상의 지상 전력을 지휘 통제하면 전투력 운용을 할당된 지역으로 국한시킴에 따라 특정 지역에서의 전투력의 총합(總合)이 줄어들 것이다.

지상군구성군을 위한 보다 효과적인 방안은 합동군 지상군구성군사령부를 발전시켜 필요한 장소와 시점에 모든 지상군 전력을 운용할 수 있도록 개개 지상군들의 작전을 통합(Unify)[9]하는 것이다. 별도 작전지역에서 작전을 수행하는 지상・해상 및 공중 전력의 경우는 이들 작전지역에서의 개개 작전(지상, 해상 또는 공중 작전)들을 조정할 수 있도록 보다 높은 차원의 제대에 개개 작전환경(지상, 해상 또는 공중)에 관한 전문성을 구비한 참모들을 중복 고용해야 할 것이다.

따라서 육・해・공군에 의한 합동전력을 최상의 방식으로 통합(Integration)하기 위한 방안은 지상・해상 및 공중과 같은 개개 작전환경에서 전구 차원에서 이들 전력을 가장 잘 운용할 수 있는 기능구성군사령관을 중심으로 통합하는 것이다. 다시 말해, 전구의 모든 지상 전력은 지상 구성군사령관이, 모든 해상 전력은 해상 구성군사령관이 그리고 모든 공중 전력은 항공 구성군사령관이 지휘 통제토록 하는 것이다. 지상・해상 및 공중에서 작전을 수행하는 지상・해상 및 공중 전력을 개개 작전지역의 지휘관들이 지휘 통제토록 함은 비효율적인 방안이다.

라. 기능구성군사령관의 대표적인 사례 : 합동군공군구성군사령관

전구 차원의 모든 작전에 관한 합동군사령관의 역할은 개개 구성군이 수행해야 할 적정 목표들을 기획하고, 이들 목표를 상호 통합하며, 이들 목표에 우선순위를 부여해 개개 구성군이 달성한 목표들이 단일의 통합된 행위

9) 통합(Unify)이란 각 군의 전력이 자신의 본질을 유지하면서 동일 목표를 향해 노력을 집중시킨다는 개념이다. 미국의 통합사령부(Unified Command)는 이 같은 맥락에서 해석되어야 한다. 통합(Integration)은 자신의 본질을 일부 잃으면서 노력을 집중시킨다는 개념이다. 근접항공지원에 개입되는 항공기는 지상 작전 개념에 의해 지상 전력과 통합(Integration)되어 있다. 출처 : Maj Alexander P. de Seversky, *Victory Through Air Power* (New York: Simon and Schutter, 1942), pp. 254-261

가 되도록 하는 것이다. 합동군사령부 참모들은 점차 합동작전들을 계획할 수 있을 정도로 나름의 전문가가 될 것이다. 그러나 이들 참모의 역할은 지상・해상 및 공중이란 나름의 작전환경에서 전투를 수행하게 될 개개 구성군 전문가들의 기획을 용이케 하는 것이다. 기획하게 될 사람들을 대변하고 있는 구성군 기획가들의 경우는 함께 기획하면서 팀워크를 발휘하고, 합동작전들의 우선순위와 합동작전에 필요한 요구사항들을 이해해야 할 것이다. 이들 기획가들은 합동군사령관이 생각하는 작전 우선순위를 전역(戰役)의 단계(Phase) 별로 알고 있어야 하며, 개개 단계에서의 작전 수행 과정에서 휘하 전력이 지원 또는 피지원 역할을 수행해야 할 것인지의 여부를 상세히 알고 있어야 할 것이다.

지원/피지원 관계는 전역의 개개 단계에 따라 변하게 된다. 따라서 개개 단계가 변하는 시점을 이들 모두가 이해하고 있어야 할 것이다. 개개 단계를 통해 개개 구성군의 진척사항을 수직 및 수평 차원에서 교신할 수 있게 되었는데, 이는 오늘날의 첨단 C4I 체계 덕분이다. 여타 구성군 참모들과의 지속적인 교신을 통해 참모들이 실시간에 반복적으로 계획하는 경우 전력의 동시통합을 지속적으로 보장할 수 있을 것이다. 합동군사령관의 경우는 모든 작전 상황을 관찰하고, 전반적인 작전상황에 대해 나름의 판단을 내리며, 구성군의 목표들을 동시 통합하고, 작전에 따라 지원/피지원 관계를 바꾸게 된다. 따라서 합동군사령관 휘하에서 구성군사령관들과 참모들이 함께 계획 및 시행하게 된다.

화력지원협조선 너머 지역에서 절대 다수의 전력을 운용하는 지휘관인 JFACC은 아측 지상 전력의 사정거리를 초월하는 적 후방 깊숙한 지역에서의 전투 능력들을 가장 잘 통합할 수 있는 인물이다. JFACC 참모들은 완벽한 형태의 합동조직으로 발전하였을 뿐더러 여타 구성군을 염두에 둔 항공지원 요구사항을 포함해 합동군사령관에 의한 합동작전지역 차원에서의 항공 목표 달성 측면에서 작용 및 반작용할 정교한 형태의 능력을 개발하였다.[10] 적에 관한 대부분 정보는 항공 및 우주 능력을 통해 먼저 항공지휘관들에게 들어온다. 적 종심 지역에서 진행되는 사건에 영향을 끼칠 수 있는 대부분 군사력은 항공력이다.

지금까지 JFACC은 헬리콥터를 제외한 항공능력을 전술 통제하였다. 전구항공통제체계(TACC)를 통해 JFACC이 고정익 항공기에 의한 작전과 공격용 헬리콥터에 의한 작전을 기획 및 통제해 화력지원협조선 너머의 항공 및 지상 표적을 공격할 수 있다면 적지 않은 승수효과가 있을 것이다. 공격용 헬리콥터를 JFACC이 통합하는 경우 종심 작전과 관련된 나머지 주요 전력은 특수작전 전력과 ATACMS일 것이다. 특수작전 전력의 경우는 JFACC의 합동항공작전본부(Joint Air Operations Center)에 나와 있는 연락 요원을 통해 항공작전과 통합되고 있다. 그 규모가 제한적인 ATACMS의 경우는 전장조정을 목적으로 '합동항공작전본부'에 나와 있는 요원을 통해 통합되고 있다. 따라서 합동 및 통합 참모의 지원을 받고 있는 JFACC은 합동군사령관을 대신해 종심전투를 가장 잘 지휘 통제할 수 있는 사람이다.

작전지역에 따른 지휘 통제를 지양하고, 종심전투에 관한 책임을 JFACC에게 일임하면 적 항공위협의 격파뿐만 아니라 아측 대포의 사정거리를 초월한 지역에 위치해 있는 적 중심의 격파란 측면에서 합동차원에서 즉응성과 효과성을 증진시킬 수 있을 것이다. 광범위한 형태의 합동기획 능력을 보유하고 있다는 점에서 JFACC의 경우는 화력지원협조선 너머에서 운영되는 모든 합동 자산을 최적화할 수 있을 뿐 아니라, 이들 영역에서의 항공작전, 방공 그리고 공중통제에 요구되는 포괄적인 사항들을 쉽게 조정할 수 있을 것이다. 이 같은 사전 기획을 통해 적 표적들에 대항한 군사력 운용을 최적

---

10) 한국공군의 경우도 이 같은 능력을 구비해야 할 것이다.

화할 수 있을 것이다. JFACC의 경우는 시간에 민감한 표적들에 대항해 아측 자산에 신속히 임무를 재차 부여할 수 있을 뿐 아니라 적 자산을 재차 신속히 목표로 삼을 수 있을 것인데, 이는 보다 중요한 사항이다. 항공지휘관의 경우 인공위성과 같은 센서뿐만 아니라 수집된 정보를 통신망을 통해 항공기와 같은 타격수단으로 전달할 능력과 타격수단을 구비하고 있는데, 이 같은 능력을 JFACC이 극대화할 수 있을 것이다. 화력지원협조선 너머 지역에서의 주도적인 전력은 항공자산인데, 이들에 대한 지휘 통제를 제대로 하는 경우 합동전력의 효과와 즉응성을 획기적으로 개선할 수 있을 것이다.

오늘날 화력지원협조선 너머에서의 항공력 운용에 대한 책임을 분할시키고자 하는 경향도 없지 않은데, 이는 군의 지휘통제 측면에서 일대 퇴보일 것이다. 모든 구성군은 합동군사령관이 지정한 목표들을 달성할 능력을 구비하고 있다. 전구에 여러 작전지역을 두고 이들 작전지역에 의해 분할되는 공중 및 지상에서의 임무를 수행할 목적의 중첩된 능력을 각 군 구성군들이 개발하고자 하는 경우 자원에 대한 수요로 인해 개개 구성군의 역할이 감소될 것이다. 목표 중심으로 지휘통제하고, 작전지역이란 개념을 지양하며, 종심전투를 JFACC에게 일임하는 경우 귀중한 인명과 자원을 절약할 수 있을 뿐 아니라 합동전력의 효과와 즉응성이 획기적으로 개선될 것이다.

3. 결론

합동전력 발휘를 염두에 둔 육 · 해 · 공군의 전력 통합은 몇몇 관점에서 생각할 수 있다. 오늘날 전력통합이란 측면에서 각 군 간 나름의 갈등을 유발하는 개념이 있는데, 지역 중심 통합과 목표 중심 통합 간의 갈등이 그 중 하나다. 지역 중심 통합은 지상군처럼 지면에서 작전을 수행하는 군이 그리고 목표 중심 통합은 항공력처럼 3차원 공간에서 작전을 수행하는 군이 선호하는 개념이다.

지역 중심 통합은 전구에 몇몇 작전지역을 설정하고 개개 작전지역에서의 모든 작전을 단일 지휘관이 지휘토록 한다는 개념에 근거하고 있다. 전구 차원의 목표를 다수의 작전지역으로 나누어 수행할 수 있는 경우가 거의 없다는 점에서 이 같은 개념으로는 합동차원에서의 전력통합이 제한적일 수밖에 없다.

목표 중심 통합은 위협 대비란 단일 목표를 다수의 관련된 목표로 나눈 후 개개 목표를 구성군이 수행토록 하고, 그 결과를 통합하는 방식이다. 전역계획뿐만 아니라 근접항공지원, 전략공격 등과 같은 항공작전 등 대부분의 작전은 목표 중심 통합 개념에 근거하고 있다.

전력 통합에 관한 이들 대립된 개념은 국방체계를 건설하는 과정에서도 그대로 재현되고 있는데, 통합군수 정보체계의 건설 그리고 각 군의 정보체계를 몇몇 지역 중심으로 모으고자 한 메가센터 개념이 바로 그것이다. 전자는 군수와 같은 기능 체계의 통합 방법은 무엇인가란 문제로 그리고 후자는 지역 중심 통합과 각 군의 기능을 중심으로 한 목표 중심 통합 간의 갈등의 문제로 생각할 수 있을 것이다.

지상·해상 및 공중이란 작전환경의 차이로 인해 통합에 대한 각 군의 시각이 상이할 수밖에 없을 것인데, 이들 시각이 적절히 조화를 이루지 못하면 합동전력 발휘를 위한 통합이 잘못 될 가능성도 없지 않으며, 각 군 차원에서 진행되는 국방체계의 건설이 나름의 문제에 직면하게 될 가능성도 있을 것이다. 지상군이 다수를 구성하고 있는 한국군의 경우 지역 중심 통합이란 개념이 국방을 주도하지 않도록 각별히 유의해야 한다.

제 5 장

한국전쟁에서의 작전적 수준의 항공전 *

1. 서론

오늘날의 군 교리에서는 전쟁 활동을 전략・작전 및 전술이란 3개 수준으로 구분해 설명하고 있다. 전쟁의 전략적 수준은 또한 대전략과 군사전략으로 구분된다. 전쟁의 대전략은 국가에서 가장 높은 수준의 지휘를 대변하는데, 전쟁에 돌입할 것인지의 여부, 전쟁에서 추구하는 정치적 목표, 군사력 사용을 통해 조성해야 할 군사적 조건, 정치 및 군사적 측면에서 준수해야 할 제한사항, 동맹국/적국 관계, 전쟁에 투입될 군사력과 여타 국가 자원을 결정하는 문제들이 여기에 해당한다. 군 지휘 측면에서 가장 높은 수준은 군사전략 수준이다. 여기서는 대전략을 군사전략 지침으로 전환시키고 있다. 전쟁의 작전적 수준에서는 전략지침에 명시된 제한사항들을 준수하며 작전을 수행하게 된다. 전략지침이 전술목표로 전환되고, 작전 수행을 고려한 군사력 운용 계획이 작성되는 곳은 전쟁의 작전적 수준에서다. 이 같은

---

* 권영근, "한국전쟁에서의 작전적 수준의 항공전", 공군전투발전단, 『항공우주 군사발전 연구』 창간호, 2006년 1월, pp. 125-160에 이미 발표된 자료이다.

계획 과정을 통해 전술목표들뿐만 아니라 전술 지휘관들에게 부여되는 임무들이 만들어진다.

전쟁의 작전적 수준에서 발전된 전역계획(戰役計劃 : Campaign Plan)[1]이 구체적으로 수행되는 수준은 전쟁의 전술 수준이다. 전술 수준의 과업에는 작전적 수준의 지휘관이 명시한 임무목표를 달성할 목적에서 전투를 계획 및 수행하는 일이 포함된다.[2] 전술 수준의 지휘관들은 부여된 임무뿐만 아니라 시간・공간 및 군사력 그리고 전투 및 지원 자원 측면에서의 제한사항들을 검토하게 된다.

한국전쟁이 발발한 1950년 당시, 한국공군은 L-4 및 L-5와 같은 몇몇 항공기와 두세 대의 C-47 수송기만을 보유하고 있었다. 한국전쟁이 발발하자 F-51 무스탕 항공기 조종을 위해 한국공군 조종사들이 미국에서 교육을 받은 후 1951년에는 강릉 비행장에 한국공군 최초의 전투 대대가 설립되었다. 한국전쟁이 종료된 1953년까지 몇몇 F-51 전투 대대가 한국공군에 추가 창

---

1) 전역(戰役 : Campaign)은 전략 및 작전 목표들을 달성할 목적에서 전술・작전 및 전략 활동들을 배열해주는 일련의 '주요 작전'들을 의미한다.

2) 비행단의 조종사들이 수행하는 전쟁은 전술적 수준이다. 월남전 당시만 해도 무기의 정밀성 때문에 전투기 1대를 이용해 얻을 수 있는 효과는 지극히 미미하였다. 그 결과 전투기는 주로 전선의 육군을 전술 지원하는 반면, 적의 심장부를 공격하는 전략 공격은 폭격기들이 담당하였다. 정밀유도무기의 등장으로 인해 "제2차 세계대전 당시 수백 대의 폭격기가 수행하던 일을 걸프전에서는 단 한 대의 전투기가 수행할 수 있게 되었다." 출처 : Donald M. Snow, Dennis M. Drew, *From Lexington to Desert Storm and Beyond: The American Experience at War*, M. E. Sharpe, Inc. 2000년, p. 251; 권영근, 『미국은 왜 전쟁을 하는가 : 전쟁과 정치의 관계』, 연경문화사, 2003년 10월, p. 352.
그 결과 전투기가 전략・작전 및 전술표적 모두를 공격할 수 있게 되었다. 다시 말해 한반도 내부의 모든 표적을 공격해 전투기가 나름의 효과를 유발할 수 있게 되었다. 공군의 '전술항공통제본부(TACC : Tactical Air Control Center)'가 '전구항공통제본부(TACC : Theater Air Control Center)'로 명칭이 바뀌게 된 것은 이 같은 이유 때문이다. 이 같은 현상을 보면서 몇몇 사람들은 공군의 경우 전쟁의 전략・작전 및 전술 수준이란 구분이 의미가 없게 되었다고 주장한 바 있는데, 이는 전쟁의 효과와 전쟁의 수준을 혼돈함에 따른 현상이다.

설되었다. 그러나 한국전쟁 당시 한국공군은 자체 생존 능력이 거의 없었다. 이 같은 어려운 여건 아래서 한국공군 조종사들은 승호리 철교 폭격 등 다수의 빛나는 전과(戰果)를 수립하였다. 한국전쟁 당시 한국공군 조종사들이 수행한 전쟁은 항공임무명령서(Air Tasking Order)를 부여받은 상태에서 이들 명령을 어떻게 이행할 것인가의 문제, 즉 전쟁의 전술 수준에 관한 것이었다.

작전적 수준의 항공전은 전략공격(戰略攻擊 : Strategic Attack), 근접항공지원(近接航空支援 : Close Air Support), 후방차단(後方遮斷 : Interdiction), 제공(Counter Air), 공중우세(空中優勢 : Air Superiority) 확보를 위한 노력 등 항공력이 수행하는 '주요 작전'에 보유 항공력을 어떠한 비중으로 배분해야 할 것인가의 문제, 이들 임무의 우선순위, 보다 구체적으로 말하면 보유 항공력을 이용해 무엇을 공격해야 할 것인가의 문제로 생각할 수 있다.[3)]

지상군과 달리 그 숫자가 매우 제한적이란 점(예를 들면, 대부분 국가가 보유하고 있는 전투기는 1,000대 미만임), 매우 귀중한 자산이란 점으로 인해 항공무기의 운용은 중앙집권적으로 계획(Centralized Planning)하고 분권적으로 임무를 수행(Decentralized Execution)한다는 특성이 있다.[4)] 즉 전구(戰區 : Theater) 항공 자산을 이용해 공격하게 될 표적들을 중앙집권적으로 계획하게 되는데, 이 같은 계획은 항공임무명령서로 표현된다. 이들 임무의 수행은 융통성 보장을 위해 분권적으로 이루어진다. 즉 항공임무명령서를 부여받은

---

3) 작전적 수준의 항공전을 다룬 책은 많지 않다. John A. Warden III, *The Air Campaign*, toExcel, 2000년, 또는 이것을 번역한 박덕희 번역, 『항공전역』, 연경문화사, 2001년 5월, 또는 권영근 번역, 『항공전역』, 미발간 또는 James S. Corum & Richard R. Muller, *The Luftwaffe's Way of War: German Air Force Doctrine(1911-1945*", The Nautical and Aviation Company of America, 1998년 또는 Jame S. Corum, *The Luftwaffe: Creating the Operational Airwar(1918-1940)*, University Press of Kansas, 1999년 8월은 대표적인 서적이다.

4) 권영근 번역, 『미래전 어떻게 싸울 것인가』, 연경문화사, 1999, pp. 277-280; 김동기, 권영근 번역, 『합동성 강화 : 미 국방개혁의 역사』, 연경문화사, 2002년 10월, pp. 21-30.

임무 편대장(Flight Leader)을 중심으로 한 임무 Package 소속의 조종사들이 자신의 임무를 완수하기 위한 상세 계획을 작성하고는 이들 계획을 이행하게 된다. 한국전쟁 당시 한국공군 조종사들이 목숨 걸고 수행한 것은 항공 임무명령서의 이행이란 문제였다.

작전적 수준의 항공전은 중앙집권적 계획을 통해 항공임무명령서가 만들어지는 과정으로, 전술 수준의 항공전은 분권적 임무 수행과 관련된 노력으로 생각할 수 있다. 한국전쟁 당시 연합군 내부의 항공력에 대한 작전술 구사는 미군을 중심으로 이루어졌다. 즉 연합군 내부의 모든 항공기에 대한 운용 계획이 미군에 의해 중앙집권적으로 작성되었는데, 한국전쟁에서의 항공력의 기여 정도를 파악하고자 하는 경우는 이 같은 전쟁의 작전적 수준에서의 항공전을 살펴보아야 한다.

한국전쟁 전반에 걸친 항공전역(航空戰役 : Air Campaign)은 연구 가치가 있다. 그러나 본 논문은 한국전쟁에서의 유엔군의 항공전역, 즉 미군의 노력에 초점을 맞추고 있다.

2. 한국전쟁의 의미[5)]

한국전쟁은 20세기에 미국이 수행한 최초의 제한전쟁이었다. 미국의 입장에서 보면 한국전쟁 당시 최초 의도했던 목적은 전적으로 제한된 성격의 것이었다. 즉 북한군을 남한으로부터 몰아내고 이들이 남한으로 되돌아오지 못하도록 하는 것이었다. 남한을 해방시킨다는 목적을 달성하는 과정에서는 적군을 격파할 필요도, 적으로부터 항복을 받아내야 할 필요도, 적 영토를

5) 권영근, 『미국은 왜 전쟁을 하는가』, 제6장 한국전쟁.

점령할 필요도 없었다. 미국은 총력전의 수행에 필요한 물적 자산을 보유하고 있었다. 그러나 미국이 추구했던 정치적 목표들로 인해 이들 모든 자원의 사용이 바람직하지 않게 되었다.

북한의 입장에서 보면 상황이 전혀 달랐다. 물적 자원이 비교적 제한적이었던 반면 이들이 추구한 목적은 총력전의 양상을 띠었다. 즉 남한을 점령하고, 남한정부를 몰락시키고는 한반도를 강압적으로 통일시키는 것이었다. 그러나 이들의 경우는 미군과 유엔군이 분쟁에 개입한 이후 이 같은 목적의 달성에 필요한 인적 및 물적 자산이 절대 부족해졌다.

또한 한국전쟁은 공산주의 세력과 비공산주의 세력들 간에 발전해가고 있던 냉전 당시의 경쟁에서 최초의 주요 군사적 대립이었다. 베를린 봉쇄 및 공수(空輸)에서 보듯이 공산주의 진영과 민주주의 진영은 이미 대립한 바 있었다. 그러나 한국전쟁은 이들이 피를 흘리며 대립한 최초의 경우였다. 한국전쟁은 1940년대 당시 투르만 행정부가 구체화시킨 미국의 봉쇄정책을 최초로 시험해본 경우였다. 처음에 한국전쟁은 공산주의가 소련과 중국 밖으로 확산되지 못하도록 하는 최초의 경우로 생각되었다. 1949년에는 중국이 마오쩌둥과 중국 공산주의자들의 수중에 들어갔다. 당시 미국 내부에서는 공산주의를 거부하는 움직임이 부상하고 있었다. 이 같은 점에서 무력으로 공산주의를 봉쇄한다는 개념이 미국을 포함한 비공산주의 세계에서 매우 인기가 있었다.

한국은 지정학적 측면에서 뿐만 아니라 공산주의 봉쇄와 관련된 의지의 시험장이란 측면에서 중요한 의미가 있었다. 미국의 입장에서 보면 북한군 및 중공군과 싸우고 있었음에도 불구하고 한국에서의 실제 적은 소련이었다. 그 이유는 북한이 크렘린(Kremlin)에 있던 소련 지도자들의 대리인 역할을 수행하고 있는 것으로 생각되었기 때문이었다. 당시 소련은 긴밀히 공조된 국제적 공모의 일환으로 전 세계 도처에서 공산주의 활동을 지도 및 연출하고 있었다. 미국과 유럽의 많은 사람들은 북한군의 남한 침공을 서유럽 침략이란 문제에 미국이 관심을 기울이지 못하도록 할 목적의 것으로 확신하고 있었다. 한국전쟁 발발 초기의 전반적인 군사적 견해는 이와 같았다.

또한 한국전쟁은 유엔과 집단 안보체제를 시험한 최초의 경우였다. 한국전쟁에서의 대부분의 전투는 한국군과 미군이 수행하였다. 그럼에도 불구하고, 북한과 중국에 대항해 전투를 수행한 전력은 공식적으로는 유엔군이었다.

한국전쟁은 항공력 측면에서 특히 중요한 의미가 있다. 당시의 항공전역(航空戰役 : Air Campaign)에는 양측 모두 다수 국가가 참여하였다. 또한 당시 전략 및 작전적 측면에서 문제시되었던 몇몇 사안이 오늘날의 항공작전과 관련이 있다. 당시의 항공전에서 전쟁 당사국들은 신기술과 제트 항공기를 신속히 도입하였다. 유엔군 또한 공산주의자들이 협상 테이블에 나오도록 압박할 목적으로 항공력을 이용하였다. 항공전역과 관련된 리더십, 지휘 통제, 인력, 군수, 기지, 과학기술 및 전투지원 관련 사안들은 오늘날에도 타당성이 있다.

결과적으로 보면 한국전쟁에서의 항공전역(航空戰役 : Air Campaign)을 통해 도출될 수 있는 교훈에 관해 사람들이 다양한 시각을 견지하게 되었다. 예를 들면, 미 공군대학의 *Quarterly Review*에 게재된 한국전쟁 관련 논문을 모은 책의 서문에서 스튜어트(James T. Stewart) 대령은 "의심할 여지없이 한국전쟁에서는 항공력이 결정적인 전력이었다"[6]라고 주장하고 있다. 반면에 1998년 당시 잭슨(Robert Jacksons)은 "연합군의 항공력은 공산주의자들의 공세를 무디게 한 것을 제외하면 한국전쟁의 어느 순간에도 결정적인 역할을 수행하지 못했다"[7]라고 주장하고 있다.

---

6) Stewart, Colonel James T, *Airpower-The Decisive Force in Korea*, Princeton, NJ, D. Van Nostrand Company Inc, 1967, p. iii.

7) Jackson, Robert, *Air War Korea 1950-1953*, Osceola, WI, Motorbooks International,

한국전쟁은 제2차 세계대전 이후 채 5년이 지나지 않은 시점에 시작되었다. 그러나 한국전쟁의 항공전역에서 목격된 몇몇 난제들에 대한 이해가 오늘날 적지 않은 의미가 있다. 제2차 세계대전에서는 공중우세 확보의 필요성과 전승(戰勝)에 이것이 중요한 의미가 있다는 점이 확인되었다. 이 같은 점을 연합군은 5년 뒤에 발발한 한국전쟁에서도 잊지 않고 있었다. 연합국은 각 군의 병과(兵科)뿐만 아니라 연합국들 간에 상세 수준의 조정이 요구되는 합동작전과 연합작전의 중요성과 필요성을 제2차 세계대전 당시 많은 '대가'를 지불하며 터득하였다. 그러나 한국전쟁 당시 연합국은 이 같은 합동작전과 연합작전의 중요성과 필요성을 망각하고 있었다. 정치, 각 군 간의 경쟁 그리고 핵전쟁의 암영(暗影)이 예전에 터득한 우선순위와 교훈들을 망각하도록 하는 과정에서 일조하였다.

한국전쟁이 종료된 지 50여 년이 지난 시점, 한국전쟁의 항공전에 관한 새로운 분석으로 인해 작전술에 관한 오늘날의 이해와 관련이 있는 유용한 교훈들이 밝혀지게 되었다.

3. 전쟁 수행

1950년 6월 25일 북한군이 38선을 넘어 남한을 침공하였다. 한반도 주변에 상주하고 있던 한국군과 미군은 이 같은 침공에 전혀 준비되어 있지 않았다. 당시의 분쟁은 한반도를 오르락내리락하며 3년 동안 지속되었다. 한국전쟁은 38선 근처에서 소강상태를 보이다가 오늘날까지 지속되는 정전협정(停戰協定)으로 막을 내렸다.

1998, p. 148.

분석 차원에서 당시의 전역(戰役)을 대략 5단계로 나누어 생각할 수 있다. 첫 번째 단계는 북한군이 남한을 침공한 이후부터 1950년 9월까지의 기간에 해당한다. 이 기간 동안 북한군은 제대로 준비되어 있지 않던 한국군과 성급히 전개된 미 증원군을 파죽지세(破竹之勢)로 몰아붙였다. 유엔군이 창설되면서 전력이 신속히 보강되었다. 미국의 맥아더 장군이 유엔군사령관으로 임명되었다. 마침내 북한군은 부산항을 둘러싸고 있는 돌출부 내부로 모든 유엔군을 몰아넣었다. 당시 북한군은 병참선이 확장되면서 반격에 취약한 상태에 있었다.

한국전쟁의 2단계는 인천에서의 과감한 상륙에 더불어 부산 돌출부를 맥아더가 교묘한 방식으로 분쇄하고 나왔던 1950년 9월 중순에 시작되었다. 그 후 북한군이 신속히 괴멸되었으며, 유엔군은 북한의 최북단 경계인 압록강을 향해 질주하였다. 그러나 이번에는 유엔군의 병참선과 전력이 지나치게 늘어지는 현상이 벌어졌다.

1950년 11월 후반에는 30만에 달하는 중공군이 개입하게 되면서 한국전쟁이 3번째 단계에 접어들었다. 이 같은 새로운 공세에 압도되어 있던 유엔군은 퇴각을 시작하였다. 마침내 공산군이 서울을 재차 점령하였다. 그러나 혹독한 날씨, 보급선이 길어졌다는 점과 유엔군의 저항이 점차 강해지면서 1951년 1월 중순, 중공군의 진격이 서울 남쪽 40마일 지점에서 저지되었다.

한국전쟁의 4번째 단계는 유엔군에 의한 대규모 반격으로 인해 서울 북쪽의 38선 부근에 비교적 항구적 성격의 전선(戰線)이 형성된 1951년 6월경에 시작되었다. 그 후 한국전쟁은 근 2년 동안 지속된 피로 얼룩진 정체현상으로 구성되는 5번째 단계로 접어들었다. 5번째 단계 도중에는 정전협정 관련 논의가 지속되었다. 이 같은 대화로 인해 1953년 7월 27일에는 정전협정이 공식 체결되었다.[8)]

이들 개개 단계에서 항공력이 주도적인 역할을 수행하였다. 소련공군은 붕괴되고 있던 북한공군을 훈련시키고 이들에게 무장을 제공해주었다. 마찬가지로 이들은 중국공군에 최신의 무장과 고문관을 제공해주었을 뿐 아니라 요원들을 훈련시켜주었다. 결과적으로 보면, 소련공군 조종사와 지상군이 한국전쟁에 은밀히 개입하였다. 미국은 신설된 미 공군의 주요 전력을 동원했으며, 미 해병대와 해군의 항공력을 한국전쟁에 투입하였다. 미국은 또한 한국공군을 훈련 및 무장시켰다. 한국전쟁에 참전한 또 다른 항공력에 한국공군, 영국공군, 영국해군, 오스트레일리아 공군, 캐나다 공군, 남아메리카 공군, 태국 공군이 있다.

4. 지휘통제 구조

한국전쟁에서의 유엔군 항공력의 지휘통제는 처음부터 문제가 있었다. 1950년 7월 8일, 투르만 대통령은 한국을 지원하는 지휘관으로 맥아더(Douglas MacArthur) 장군을 임명하였다. 한국전쟁 참전국들은 미국의 통합사령부(Unified Command) 휘하에 자국 군대를 위치시켰다.[9] 1950년 7월 24일, 맥아더 장군은 유엔군사령부(UNC : United Nations Command)를 창설하고는 유엔군사령관이 되었다. 맥아더 장군은 미군을 포함한 모든 연합군을 통제하였는데, 미군 지휘관으로서의 그의 직함은 극동군사령관이었다. 극동군사령부는 미 합참에 직접 보고하는 통합사령부였다.[10]

---

8) Crane, Cornard C, "The Air Campaign over Korea-Pressuring the Enemy", *Joint Forces Quarterly* (Spring/Summer 2001), p. 1.

9) Message, JCS 85743 to CINCFE, 12 July 1950. 우리군의 많은 사람들이 생각하는 통합군과 통합사령부는 전혀 다른 개념이다. 통합사령부는 육·해·공군 전력을 합동차원에서 운용하고자 할 때 생각할 수 있는 최상의 방안으로 인지되고 있다.

10) Momyer, General William M. *Air Power in Three Wars (WWII, Korea, Vietnam)*, Washington, D.C., U.S. Government Printing Office, 1978, p. 52.

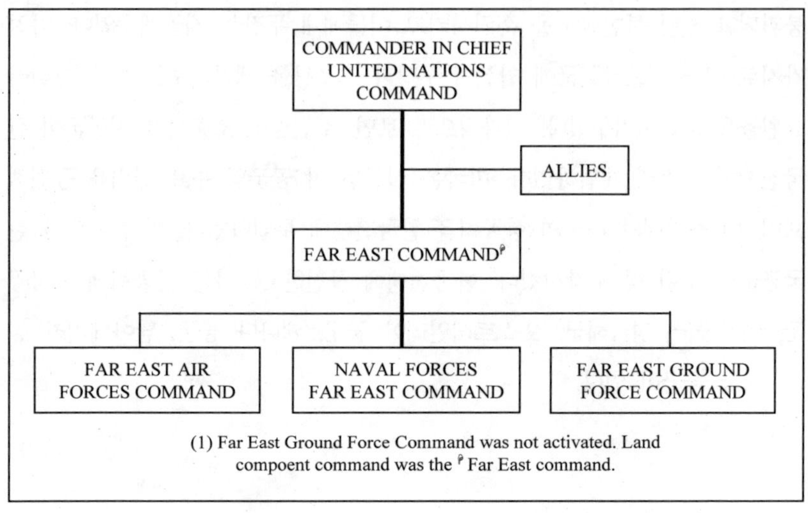

[그림 1] 한국전쟁 당시의 지휘조직(1950)

미국의 지휘권한은 맥아더 장군에서 합참의장을 거쳐 대통령으로 연결되었다. 작전 통제를 목적으로 유엔군이 적정 형태의 미군 조직에 배정되었다.11)

미국이 한국전쟁에 개입할 당시, 극동군사령부 소속의 주요 사령부는 극동군 공군·해군 및 육군 사령부였다. 맥아더 장군은 지상군구성군 본부를 조직하지 않았다. 지상군구성군 본부가 될 극동군 육군사령부 본부를 운영하지 않은 채 그는 극동군사령부의 총사령부(General Headquarters)에 합동본부참모와 지상군구성군 본부를 함께 운영하는 방식으로 한국에 파견되어 있던 극동군 육군사령부 휘하의 부대를 직접 지휘하였다. 극동군사령부의 총사령부에 포진되어 있던 다수의 육군들이 극동군 육군사령부의 문제를 담당

11) Roy E. Appleman, *United States Army in the Korean War, South to Nakdong, North to the Yalu* (Washington, D.C.: Office of the Chief of Military History, Department of the Army, 1961), p. vii.

하였다.[12] 극동군사령부의 항공구성군인 극동군 공군사령부는 독자적으로 운영되고 있었다.[13] [그림 1][14]은 한국전쟁에서의 유엔군 지휘구조를 보여주고 있다.

맥아더 장군은 자신이 정립한 지휘구조에 문제가 있음을 인지하였다. 1950년 7월 7일 그는 '한국의 미 육군(US Army in Korea)'이란 지상군 구성군사령부를 설치하였다. 자신에게 필요한 항공력과 해군력을 극동 공군 및 해군이란 2개 구성군사령부와 직접 교신해 지원 받으라고 맥아더는 육군 구성군사령관에게 지시하였다.[15]

그 해 7월에는 지상·해상 및 공중 전력의 통합과 관련된 문제를 부각시킨 2건의 사건이 발생하였다. 그 중 첫째는 태평양 전구(戰區 : Theater)에 폭격기가 도입되었다는 점이었다. 잠정적인 임무를 수행할 목적에서 미 공군 참모총장은 중폭격기 2개 전단(제22 및 제92전단)을 극동군 공군사령부 휘하에 배정하였다. 극동군공군의 폭격기사령부를 구성하게 될 이들 두 전단(戰團)과 5공군 소속의 전술기들이 극동군사령부에 전략폭격과 전술 항공지원을 제공한다는 개념이었다. 그 해 7월 11일, 항공 구성군사령관은 폭격기사령부에게 적의 종심에 대한 후방차단 작전을 수행하고 전략 표적을 공격하라고, 그리고 5공군에게 지상전 지원을 위한 전술 항공작전을 수행하라고 지시하였다.[16]

두 번째 사건은 지상 및 항공모함에서 이륙한 항공기들의 작전을 조정하

---

12) Futrell, Robert F. *The United States Air Force in Korea 1950–1953*, Revised Edition, Washington, D.C., U.S. Government Printing Office, 1988, p. 44.

13) *Ibid.*

14) Thomas A. Cardwell, III, *Command Structure for Theater Warfare: The Quest for Unity of Command*, Air University Press, Sep 1984.

15) *Ibid.*

16) Stratemeyer to CGFEAF Bomber Command, Mission Directive, 11 July 1950. 또는 Futrell, *The United States Air Force in Korea*, p. 45.

는 과정에서 적지 않은 노력이 요구되었다는 점이다. 1950년 7월 초반 2주 동안에는 전구 목표를 지원하는 항공력들을 합동 차원에서 조정하는 과정에서 적지 않은 문제가 있었다. 1950년 7월 2일부터 4일까지 극동군 해군사령관은 북한 지역에서의 항공작전에 투입된 항공력을 독자적으로 운용하고 있었다. 교신이 제한적이란 점과 해상에서는 무선으로 교신하지 않는다는 미 해군의 관행으로 인해, 미 공군의 항공작전이 크게 제약을 받았다.17)

이들 사건을 보며 극동군공군사령관 스트라테메이어(George E. Stratemeyer) 중장은 항공력을 보다 효율적으로 운용하려면 공군과 해군 소속의 항공력을 통제할 목적의 중앙통제 기구가 요구된다고 생각하였다. 그는 상륙 및 소해 작전 또는 대잠(對潛) 작전을 수행하는 해군 항공기를 제외한 한반도에서 작전을 수행하는 해군의 모든 항공력을 항공 구성군사령관인 자신이 작전 통제할 수 있도록 해달라고 요청하였다. 해상에서 해군 임무를 수행하는 해군 항공기를 통제하겠다는 것은 아니었다. 작전 통제란 작전에 참여하는 군사력이 수행해야 할 임무의 형태와 공격해야 할 표적을 지정할 수 있는 권한을 의미한다고 그는 말하였다.18)

스트라테메이어의 제안에 미 해군이 동의하지 않았다. 공군이 해군 전력을 작전 통제한다는 개념을 해군은 반기지 않았다. 그 해 7월 11일, 항공 구성군사령관이 중재권(Coordination Authority)을 갖는다는 선에서 공군과 해군 간에 타협이 이루어졌다. "극동군 소속의 공군 항공력과 해군 항공력이 한반도에서 임무를 수행하는 경우, 최고사령관의 고유 권한인 중재권을 극동군 공군사령관에게 위임한다"고 극동군 총사령부의 합동 전략기획 및 작전을 담당하는 집단이 작성한 지시문에 언급되어 있다.19)

---

17) Futrell, *The United States Air Force in Korea*, p. 48.

18) *Ibid.*

19) Almond to Commander, US Naval Forces Far East and CGFEAF, Coordination of the Air Effort of Far East Air Forces and United States Naval Forces Far East, 15

공식적인 정의 부재로 인해 개개 구성군은 중재권이란 의미를 나름의 방식으로 해석하였다. 그러나 중재해 통제한다는 개념으로는 문제를 해결할 수 없었다. 그 결과 한국전쟁 당시 해군과 공군의 행위를 중재하는 과정에서 적지 않은 어려움이 있었다.

1950년 여름, 맥아더 장군은 이들 군의 노력통일(Unity of Effort)이란 측면에서 또 다른 문제에 직면하였다. 항공 표적을 어느 차원에서 결정해야 할 것인지의 문제가 바로 그것이었다.

총사령부의 '표적선정 집단(Target Group)'이 극동군사령부에 설치되었다. 이 위원회는 각 군의 고위급 장교, 즉 육군 정보장교, 공군장교 그리고 해군장교로 구성되었는데, 이들은 '합동전략 기획 및 작전부(Joint Strategic Plans and Operations Group)'에 소속되어 있었다. 이들은 해군과 공군 소속의 공격용 항공력의 운용에 관해 조언하고 표적과 표적 지역을 추천하는 임무를 수행하였다. 이외에도 이들 위원회는 표적 분석 임무를 수행하였다. 그 해 7월 16일 회합에서는 전선에서 시작해 적 영토 깊숙한 곳에 이르는 모든 표적을 위원회가 선정할 수 있도록 해야 할 것이란 제언이 있었다. 그러나 이는 공군의 뜻에 위배되었다.

그 해 7월 18일, 극동군 공군사령관은 이 문제를 논의할 목적에서 맥아더와 통화했는데, 당시 그는 나름의 대안을 제시하였다. 극동군 공군사령관은 전술항공 표적은 공지(Air-Land) 구성군 차원, 즉 전술공군과 육군의 집단군(Army Group) 차원에서 선정함이 바람직할 것이라고 제안하였다. 약간의 수정을 거쳐 맥아더 장군이 그의 제언을 수용하였다. 최종안에 따르면 근접항공지원 관련 표적은 전술항공과 육군의 집단군이 선정하며, 여타 표적은 연합군사령관의 지휘 지침에 따라 항공 구성군사령관이 선정하도록 되어 있었

July 1950, as quoted in Futrell, *The United States Air Force in Korea*, p. 50.

다. 요약해 말하면, 전술항공과 육군의 집단군이 상호 협조해 지상군을 지원하며, 일반적인 항공지원 성격의 전략 표적, 즉 후방차단에 해당하는 표적을 중폭격기를 이용해 공격하는 문제는 항공 구성군사령관이 담당하게 되었다.[20]

총사령부의 표적선정 집단이 직면하고 있던 문제 중 일부를 해결한다는 차원에서, 즉 공군과 해군 소속 항공력을 통합하는 문제를 해결할 목적에서 1950년 7월 22일에는 장군으로 구성된 표적선정위원회(Target Selection Committee)가 구성되었다. 고위급 장교로 구성된 이 위원회는 남하하고 있던 북한군의 지원 세력을 저지할 목적의 바람직한 형태의 후방차단 계획을 개발하는 임무를 부여받고 있었다. 극동군 공군의 중재 아래 근접항공지원만을 지원하고자 하였기 때문에 해군은 위원회에 자군 요원의 파견을 거부하였다. 미 해군 함대의 주요 임무는 대만 해협의 방어였다. 해군은 함대 항공력의 운용에 관한 결정은 그 형태에 무관하게 맥아더 장군의 소관이며, 맥아더가 개인적으로 결정해야 할 사안으로 생각하였다.[21] 맥아더 장군은 해군의 방식에 동의하였다.

진정한 의미에서 합동 위원회가 아니었으며, 해군 대표가 참석하지 않았음에도 불구하고, 표적선정위원회는 후방차단 프로그램의 연구란 측면에서 나름의 목표를 달성하였다. 구성된 지 6주 만에 해체되었다는 점에서 보면, 표적선정위원회는 단명하였다. 그러나 전구 항공력의 통제를 위한 실무관계를 최초 정립했다는 점에서 당시의 위원회는 적지 않은 의미가 있었다. 대부분의 표적선정 관련 일은 극동군 공군 소속의 표적위원회가 담당하였다. 이 위원회에서는 최고사령관과 극동군 공군 구성군사령관이 인가한 표적목

---

20) Futrell, *The United States Air Force in Korea*, p. 54.

21) Message, COMNAVFE to CINCFE, 230736z July 1950, as quoted in Futrell, *The United States Air Force in Korea*, p. 54.

록에 근거해 항공 표적을 선정하였다.

유명한 역사학자인 프트렐(Robert F. Futrell)은 표적선정 과정을 다음과 같이 말하고 있다.

> 1950년 7월 말, 극동군의 지휘는 매우 혼돈된 상태에 있었다. 한국전쟁 발발 당시의 전구 지휘체계에는 적지 않은 문제가 있었다. 그 결과 항공력을 최대한 활용하지 못했으며, 근 1달 이상 광범위한 차원의 후방차단 작전을 수행하지 못했다. 당시는 1대의 비행 쏘티라고 할지라도 한국에 있던 미8군의 생존에 중요한 의미가 있던 그러한 순간이었는데, 이 같은 와중에 혼란과 비효율이 양산되고 있었다. 맥아더 장군이 합동본부 참모를 운영하였더라면, 이 같은 문제는 없었을 것이다.[22]

1950년 10월 10일, 미 육군의 웨이랜드(Otto P. Weyland) 대장은 다음과 같이 언급하였는데, 그의 글 또한 앞의 내용과 거의 다를 바가 없다. "합동군사령부에 육·해·공군이 결합되어 있는 경우, 최고사령관이 동등한 규모의 각 군 대표로 구성된 합동참모를 유지함이 중요한 의미가 있다."[23]

한국전쟁은 육·해·공군 구성군을 갖는 통합사령부 구조를 대규모 차원에서 시험해본 최초의 경우였다. 처음에 약간의 문제와 열띤 논쟁이 없지 않았지만, 전반적으로 보면 당시의 체계는 전구 자산을 통제하기 위한 효율적인 수단이었다.

22) Futrell, *The United States Air Force in Korea*, p. 54.
23) *Ibid.*, p. 55.

5. 전역(戰役)

가. 단계별 수행

(1) 1단계

한국전쟁 이전, 태평양 지역에서의 미군 또는 연합군의 항공작전은 합동 차원에서 계획되지 않았다. 극동군 공군사령부는 주로 일본과 필리핀의 방어에 관심이 있었다. 이외에도 한반도 방위와 관련해 합동 또는 단일군 차원의 계획은 존재하지 않았다.[24] 적정 계획이 부재했음에도 불구하고, 항공력은 한국전쟁에 신속하고도 융통성 있는 방식으로 투입되었다.

한국전쟁 발발 당시 극동군사령관과 극동군 공군 구성군사령관은 공중패권(空中霸權 : Air Supremacy) 확보의 필요성을 인지하고 있었다. 항공력을 이용한 공격으로 인해 북한공군이 신속히 격파됨에 따라 유엔군의 공중패권이 확보되었다. 유엔군이 부산 돌출부로 퇴각할 당시 유엔군의 항공력은 항공후방차단, 근접항공지원 그리고 재보급 임무를 수행하는 등 안정화와 전력보강 측면에서 주요 역할을 수행하였다.

이 단계에서의 항공작전에 영향을 끼친 주요 요소 중 하나는 작전 수행에 적합한 비행장이 부족했다는 점이었다. 북한군의 진격이 매우 신속했다는 점에서 대부분의 항공작전은 일본 또는 여타 지역으로부터 시작되었다. 결과적으로 적지 않은 문제가 발생하였다.

---

24) *Ibid.*

(2) 2단계

공중패권이 확보되자, 항공력이 인천상륙작전을 적극 지원할 수 있게 되었다. 인천상륙작전의 지원이란 측면에서 극동군 공군은 3단계로 구성된 후방차단 전역(戰役)을 계획했는데, 이는 주로 도로와 교량을 와해시킬 목적의 것이었다. 그러나 인천상륙작전이 일대 성공을 거두고 부산 돌출부에 있던 연합군이 북진함에 따라 이들 후방차단 작전에 일대 변화가 있었었다.

(3) 3단계와 4단계

중공군이 압록강을 도강한 1950년 11월 1일, 맥아더 장군은 극동군 공군의 우선순위를 변경하였다. 맥아더는 퇴각하고 있던 연합군에 대한 근접항공지원에 최대한의 노력을 기울이라고 명령하였으며, 압록강을 도강할 목적으로 중공군들이 사용하고 있던 교량들을 파괴할 수 있도록 해달라고 미 합참에 요청하였다. 압록강 교량을 파괴할 수 있도록 해달라는 요청은 처음에는 기각되었다. 연합군 항공력이 중공군 지상군의 공세를 무디게 할 목적으로 노력을 전개할 당시 극동군 공군은 지상군 부대에 대한 근접항공지원을 최우선적으로 제공하라는 지시를 받았다.25)

중공군이 참전하면서 중국공군과 소련의 공군 부대들이 한국전쟁에 개입하는 등, 좋지 못한 상황이 전개되었다. 최신의 미그15 제트 전투기와 지대공 무기로 무장한 부대들이 전개되면서 유엔군이 공중패권을 상실하게 되었으며, 한반도 전장(戰場)에서의 국지적 차원의 공중우세 또한 위협을 받았다. 만주로부터 이동하고 있던 중공군들이 은거할 가능성이 있는 도시들을 파괴

---

25) Momyer, *Airpower in Three Wars*, p. 169.

할 수 있도록 미 합참은 극동군 공군에 소이탄 사용을 인가하였다. 이외에도 중공군이 북한의 비행장들을 보수하기 시작함에 따라 극동군 공군 소속의 B-29 폭격기들이 이들 비행장을 격렬히 공격하였다. 이 같은 공격은 중국이 비행장 복구와 관련된 노력을 포기하는 순간까지 지속되었다.26) 그 과정에서 희생이 없지 않았다. B-29들이 미그15에 의해 지속적으로 격추되었다. 마찬가지로 적군이 전투기뿐만 아니라 성능이 획기적으로 개선된 방공(防空) 무기들을 도입하면서 근접항공지원 및 후방차단 임무가 보다 어려워졌다.

중공군에 대항해 사용할 전략을 놓고 벌어진 맥아더와 투르만 대통령의 대립으로 인해 극동군사령관인 맥아더가 해임되었다. 맥아더 장군의 후임으로 리지웨이(Mathew Ridgeway) 중장이 임명되었다. 리지웨이의 지휘 아래 1950년 겨울과 1951년 봄, 유엔군은 공세를 지속하였다. 연합군이 서울을 재차 탈환하였으며, 전선이 38선을 따라 안정되었다. 1951년 여름에는 최초로 정전협상이 시작되었다.

(4) 5단계

정전협상이 별다른 결과 없이 지연되면서 제1차 세계대전 당시의 서부전선(西部戰線 : Western Front)에서의 참호전(塹壕戰)을 연상케 하는 방식으로 전선(戰線)이 정체되었다. 전선을 방어할 목적에서 전쟁 당사국들은 정교한 형태의 참호・벙커・철책선 및 지뢰밭을 설치하였다. 전술항공과 포병화력 측면에서의 유엔군의 우위가 공산군의 수적(數的) 우위를 상쇄해주었다. 당시 유엔군 지상군의 주요 목표는 협상 도중 유엔군 사상자를 최소화하는 반면, 공산군이 영토 측면에서 더 이상 이득을 보지 못하도록 하는 것이었다.

---

26) Futrell, *The United States Air Force in Korea*, p. 39.

결과적으로 항공력이 정치 및 군사적 측면에서 압박을 가하기 위한 주요 수단이 되었다. 웨이랜드(O.P. Weyland) 중장이 유엔군 항공력에 대한 지휘권을 인수하게 되면서 극동군 공군 구성군사령관이 되었다.

공산주의자들이 정전협정을 수용하도록 할 목적의 항공력을 이용한 연합군의 최초 시도는 후방차단 형태의 전역(戰役)이었는데, 이는 1951년 8월에 시작되었다. 'Operation Strangle'이란 명칭의 미 공군, 해군 기동부대, 제1해병 항공단 그리고 극동군 공군구성군 소속의 폭격기사령부들에 의한 노력은 전선으로 물자를 공급해주던 경로인 북한의 도로망과 철도의 두절에 초점을 맞추고 있었다. 당시의 작전은 그 해 연말까지 지속되었다. 결과적으로 보면, 당시의 후방차단 관련 노력으로 인해 공산주의자들의 보급 관련 노력이 대거 줄어들었던 반면 중단되지는 않았다. 동서 보급 루트에 위치해 있던 주요 도로와 철도 교차로를 와해시킬 목적의 Saturate란 명칭의 작전 또한 후방차단에 초점을 맞추고 있었다. 이는 1952년 초반에 시작되어 거의 6주 동안 지속되었다.

1952년 4월에는 극동군사령관으로 클라크(M.W. Clarke) 대장이 취임하였다. 그는 정전협정에 도달하지 못하는 주요 이유는 "정전협정 관련 요구사항을 강요할 수 있을 정도로 유엔군이 적을 압박할 능력이 없기 때문이다"[27]라고 미 합참에 조언하였다. 결과적으로 극동군 공군은 적을 압박할 목적의 추가의 작전 계획들을 개발하였다. 여기서의 주요 의도는 주요 기반시설의 공격을 통해 경제적 피해를 강요하는 방식으로 북한정권을 약화시키는 것이었다. 수정된 계획에서는 "공중우세 확보를 염두에 둔 전력을 제외한 모든 항공자산을 선별된 표적들의 파괴를 극대화할 목적으로 운용해 적에게 보다 많은 희생을 강요해야 한다"[28]고 건의하고 있었다. 효과기반

27) *Ibid.*, p. 40.
28) Crane, Cornard C, *The Air Campaign over Korea–Pressuring the Enemy*, p. 79.

(Effect Based) 개념에 근거한 표적선정의 초기 사례를 보여주는 당시, 표적의 우선순위는 적에게 끼치는 효과, 가용한 무기에 대한 표적의 취약성 정도 그리고 이들 표적을 공격할 당시 소요되는 비용에 근거해 결정되었다.[29)]

이 같은 새로운 항공전역의 초기 단계는 세계 제일의 시설인 압록강의 수풍댐을 포함해 북한의 수력발전 능력에 초점이 모아졌다. 그 후의 공격은 합동 항공작전의 전형적인 모델이었다. 예를 들면, 1952년 6월 마지막 1주 동안, 수풍댐에 대한 공격은 적 방공제압 목적의 해군 항공기 F-9F 35대와 함께 시작되었는데, 뒤를 이어 7함대의 Task Force 77에서 이륙한 35대의 Skyraider들이 5,000파운드 규모의 폭탄들을 투하하였다. 그 후 10분 뒤에는 5공군 소속의 F-84 전폭기 124대가 해당 표적을 공격하였다. 그 과정에서 84대의 F-86 세이버가 작전을 엄호하였다.[30)] 546쏘티의 해군기와 730쏘티의 5공군 전폭기들에 의한 공격으로 인해 4일도 채 되지 않아 북한 발전 용량의 90%가 파괴되었다.[31)]

수력발전 시설의 폭격에도 불구하고 정전협상이 진전을 보이지 않자 1952년 여름, 클라크 대장은 Pressure Pump란 명칭의 작전을 인가하였다. 이 작전에는 한국전쟁 전반(全般)에 걸친 최대 규모의 평양 공습이 암시되어 있었다. 1952년 7월 11일, 유엔군은 평양을 겨냥해 1,200쏘티 이상의 항공기를 이륙시켰다. 1952년 8월 29일에는 1,400여 쏘티 이상의 유사한 공습이 뒤를 이었다. 이들 대규모 작전에 이어 그 후 몇 달 동안에는 북한 전역에 걸친 다양한 형태의 발전소, 제철소, 원유, 제조 및 수송 중심지들에 대한 공격이 감행되었다. 1953년 초반 극동군 공군은 공산주의자들이 견지하고 있던 기반시설과 군수체계 중에서 소규모 도시들만이 명맥을 유지하고 있다

29) *Ibid.*
30) *Ibid.*
31) *Ibid.*, p. 80.

고 판단하였다.

한편 새로 선출된 미국의 아이젠하워 대통령이 한국전쟁을 조속히 종결하고자 노력하였다. 핵무기의 사용 가능성이 진지하게 검토되었는데, 확전의 우려로 인해 기각되었다. 아이젠하워와 그의 보좌관들이 다양한 형태의 전략 대안을 고려하고 있는 동안 재래식 형태의 항공작전이 지속되었다. 북한을 압박하기 위한 새로운 방안을 강구하면서 클라크 대장은 북한의 저수지(貯水池)들을 표적으로 선정하였다. 주요 보급 루트 부근에 위치해 있던 20여 곳의 저수지가 북한의 농작물 생산에 필요한 물의 75% 정도를 공급하고 있었다. 농작물 생산 능력의 파괴 외에 저수지 공격을 통해 얻을 수 있는 두 번째 효과는 북한의 도로·철도 및 비행장 등에 홍수를 야기할 수 있다는 점이었다. 여기서 의도한 바는 북한의 농작물 생산 능력을 파괴하고, 중국의 농작물 부족과 보급 관련 문제를 보다 악화시키는 것이었다. 정전협상의 성공으로 인해 1953년 7월 27일에는 적대행위가 공식 종료되었다.

나. 전역 분석

한국전쟁에서의 전역은 작전술에 관한 좋고 나쁜 사례 모두를 보여주고 있다.

(1) 공중우세

유엔군의 항공력은 공중우세/공중패권의 필요성을 인지하였다. 그 결과 한국전쟁이 발발했을 당시 이것이 주요 임무가 되었다. 북한공군은 제2차 세계대전 당시 소련이 사용하던 장비로 무장되어 있었다. 북한공군 조종사들은 상대적으로 기량이 떨어졌다. 항공전역의 1단계와 2단계에서 유엔은 북한공군과 이들이 사용하는 비행장을 격렬히 공격하였다. 이들 비행장은 전쟁 전반(全般)에 걸쳐 지속적으로 공격을 받았다. 유엔군은 우수한 장비와 숙련된 조종사들을 전투에 투입할 수 있었다. 얼마 지나지 않아 승리가 분명해졌다.

그러나 3단계, 4단계 및 5단계에서는 중국 공군과 소련 공군이 한국전쟁에 대거 참여하면서 문제가 복잡해졌다. 정치적 지시로 인해 유엔군은 중국 국경 너머의 성역(聖域)에 위치해 있던 중국과 소련의 비행장을 공격할 수 없었다. 전투 임무와 관련해 국지적 차원의 공중우세를 확보할 목적에서 유엔군은 적 전투기를 공중에서 소탕하고자 노력하였다. 소련 공군과 중국 공군 또한 공중우세의 중요성을 이해하고 있었다. 그러나 유사한 형태의 정치적 규제로 인해 이들은 국지적 차원의 공중우세가 아닌 또 다른 것을 추구할 수 없었다.

한국전쟁에서의 항공작전에 관한 최고 권위자인 푸트렐(Robert F. Futrell)은 소련과 중국의 미그15 조종사와 비교해 미 공군의 F-86 조종사들이 10 : 1의 우위를 보였다고 주장하고 있다.[32] 공중우세 측면에서 유엔군이 상대방 국가들을 주도했음을 보여주는 주요 부분은 F-86 항공기가 과학기술 측면에서 우수했다는 점과 이들 항공기를 운용한 연합군 조종사들의 기량이 우수했다는 점이었다.

그러나 오늘날에는 소련과 중국의 문서 보관소에 있던 많은 한국전쟁 관련 자료가 공개되었다. 유엔군 조종사들의 승리와 관련해 오랫동안 인정되어왔던 사항들이 크게 과장되었음이 이 같은 정보로 인해 밝혀졌다. 파괴된 것으로 생각되었던 다수 항공기들이 간단한 피해만 입었으며, 그 후 재차 임무에 투입되었다.

---

32) Futrell, *The United States Air Force in Korea*, p. 696.

실제 피해와 유엔군이 달성했다고 주장한 전과(戰果) 간의 이 같은 불일치는 유엔군이 손실되었다고 인정한 것 이상의 항공기를 소련/중국이 파괴했다고 주장하고 있다는 점에서 유엔군에게만 해당되는 현상은 아니다. 마찬가지로 미그15 및 F-86과 관련해 미국이 주장한 과학기술 측면에서의 우위는 역사적으로 입증된 바가 없다. 이들 항공기는 나름의 강점과 약점이 있었다. 우수한 조종사가 비행하는 경우 미그15 항공기는 가공할 능력을 과시할 수 있었다. 그러나 한국전쟁 전반에 걸쳐 유엔군 소속 전투 조종사들이 상대방 조종사들과 비교해 기량이 뛰어났음은 아직도 인정받고 있는 사실이다.

(2) 대 지상 및 해상 전역

한국전쟁 당시 유엔군이 수행한 근접항공지원과 항공후방차단에 관해서는 많은 연구와 분석이 있었다. 당시의 지휘통제뿐만 아니라 활용된 특정 방법론을 놓고 벌어진 논쟁은 수십 년 동안 지속되었다. 이들 중 일부는 오늘날까지 지속되고 있다.

한국전쟁의 1단계 도중, 극동군 공군의 B-29 폭격기와 더불어 연합군의 모든 가용 전술기들이 북한군 공격의 예봉을 꺾고, 부산 돌출부를 방어하며, 반격 여건을 조성할 목적에서 필사적으로 노력하였다. 이들 초기 노력과 제2단계 노력 도중에는 연합국 항공력들 간에 교리·훈련·절차 및 무장 측면에서 심각한 문제가 노출되었다.

근접항공지원 임무에 관해 미 해군과 해병대는 나름의 관점을 견지하고 있었다. 이들이 사용한 절차·전술 및 무장은 주로 제2차 세계대전에서의 경험에 근거하였다. 해군과 해병대 모두는 제2차 세계대전 당시 사용되던 F4U 공격기가 근접항공지원 하였는데, 지상에 위치한 전방항공통제단(Forward Air Control Party)이 이들이 공격해야 할 표적을 유도해주었다. 반면에 미 공군은 주로 독립적인 항공전역(航空戰役)을 수행할 목적의 구조를 견지하고 있었다.

당시 미 공군교리에서는 적의 전쟁 수행 능력, 병참선 그리고 전략적 성격의 군사적 표적들에 대한 공격을 촉구하였다. 공세적 성격의 전술항공 지원과 관련해서는 후방차단작전이 보다 바람직한 방안이라고 미 공군교리에 언급되어 있었다. 이 같은 시각은 한국전쟁 초반의 지상전 상황과 제대로 부합되지 않았다. 전투기와 B-29 폭격기 요원들은 근접항공지원 임무를 염두에 두어 훈련받은 바가 없었다. 뿐만 아니라 이들 항공기는 이 같은 임무에 적합하지 않았다. 그러나 영국공군은 제2차 세계대전 당시 사용되던 F-51 무스탕으로 구성된 대대(大隊)들을 투입해 좋은 결과를 거두었다. 결과적으로 미 공군은 창고에 쌓여 있던 F-51 항공기들을 재차 가동시켜 전선 부근으로 전개 가능한 대대를 편성하였다. 대부분의 유엔군 전력들은 미국의 F-51 항공기를 운영하고 있었다. 이 점에서 연합군 내부의 운영 및 작전과 관련된 난제 중 많은 부분이 해소되었다.

미 공군/연합군 및 해군/해병대 항공기들을 한반도 상공에서 통합적으로 운영할 필요가 있다는 점으로 인해 근접항공지원과 관련된 문제가 복잡해졌다. 한국전쟁의 초기 단계에서는 전선(戰線)이 제대로 정의되어 있지 않았을 뿐 아니라 항공기들이 대거 운용되었다. 한편 전방항공통제사가 많지 않았다는 점, 사용 가능한 무선주파수가 제한적이었다는 점이 일본의 비행장에서 이륙한 미 공군 소속 항공기와 항공모함에서 이륙한 미 해군 항공기들의 공중 체공 능력이 제한적이었다는 점과 결합되면서 표적지역 상공에서의 항공통제 능력을 제한하였다.[33]

---

33) Winnfield, James A & Johnson, Dana J., *Joint Air Operations–Pursuit of Unity in Command and Control, 1942–1991*, Annapolis, MD, Naval Institute Press, 1993: p. 59.

이들 통제 및 통신 관련 문제들로 인해 미 공군·해군 및 해병대 소속 항공기들이 서로 다른 책임지역 상공에서 임무를 수행하는 상황이 벌어졌다. 인천상륙작전 당시 미 해군 및 해병대 소속 항공기들은 주로 10군단을 항공 지원해줄 목적으로 사용되었다. 그러나 이들이 부여받은 임무에는 "인천을 중심으로 150마일 반경에 있는 모든 비행장을 무력화시키라는 부분이 포함되어 있었는데, 이는 상륙목표지역의 범주를 벗어나 있었다."[34)]

극동군 공군사령관의 이의(異意) 제기로 인해 맥아더는 해군과 해병대 항공력이 해상 임무를 수행하지 않을 당시에서의 극동군 공군의 조정 및 통제 권한을 확인해주었다.[35)] 극동군 공군사령관은 항공 전력들을 자신이 작전 통제해야 한다고 지속적으로 주장하였다. 점차 극동군 해군 또한 자군 소속 항공기들에 대한 "조정 통제(Coordination Control)"란 개념에 동의하였다.

한편 Task Force 77은 북한 동부 해안 밖의 책임지역을 할당받았다. 그러나 미 해군은 "극동군사령부의 육군 및 공군 구성군을 지원할 목적의 임무에 투입할 자산의 종류 및 규모의 결정과 관련해 독자적인 권한을 행사하고 있었다."[36)] 이들 및 여타 문제들을 해결할 목적의 노력으로 인해 모든 항공 전력의 대표들로 구성된 합동작전본부가 1952년에 설립되었다.

한국전쟁 전반에 걸쳐 근접항공지원은 유엔군의 중요한 능력이었다. 공산군 지상 전력의 수적 우세를 상쇄할 목적에서 유엔군은 대포와 항공력에 의존하였다. 전쟁이 유동적이었던 한국전쟁 초반에는 장비 손실, 특히 유엔군 포병 장비의 손실이 컸다. 그 결과 항공력이 화력지원 관련 노력에서 중요한 의미가 있었다. 유엔군의 노력에 근접항공지원이 갖는 이 같은 중요성에도 불구하고, 극동군 공군은 후방차단 관련 전역(戰役)에 보다 많은 노력을

---

34) *Ibid.*, P. 47.

35) Futrell, *The United States Air Force in Korea*, pp. 151-152.

36) Winnfield, *Joint Air Operations-Pursuit of Unity in Command and Control*, p. 43.

투입하였다.

남북 400마일, 동서 100에서 300마일에 달하는 한반도 지형은 도로가 울퉁불퉁하였을 뿐 아니라 산악으로 구성되어 있었다. 한국전쟁이 발발했을 당시 수송망은 몇몇 주요 도로와 함께 일본이 건설해 놓은 철도로 주로 구성되어 있었다. 전쟁 초반, 적의 진격을 저지하기 위한 후방차단작전은 북한군과 북한군의 보급 물자를 와해시키는 과정에서 매우 성공적이었다. 유엔군의 항공력에 직면한 북한군은 진격 속도를 늦추는 방식으로 손실을 줄이고자 노력하였다. 그 결과 북한군은 주로 야밤에 이동하고 대낮에는 은신처에 숨어 있었다. 북한군 공세에 필요한 보급물자가 공세적 성격의 후방차단작전으로 인해 대거 줄어들었다. 항공력을 이용한 지속적인 공격과 생계 수준의 보급으로 인해 북한군은 연합군으로부터 반격을 당하기에 좋은 상태에 있었다.

중공군의 개입으로 지상전이 정체상태에 빠지자 극동군 공군은 Strangle 작전과 같은 후방차단 관련 노력을 지속하였다. 엄청날 정도의 노력이 투입되었음에도 불구하고 이들 작전이 효과적이지 못했음이 전후(戰後) 분석을 통해 밝혀졌다. 적의 군수 지원에 관한 분석은 중심(重心 : Center of Gravity)이란 개념에 근거하였다. 이 같은 분석을 통해 철도가 북한군의 전쟁 관련 노력에서 중요한 의미가 있음이 밝혀졌다.

그 후 철도 및 교량과 야적장이 도로와 더불어 엄청난 공격을 당했다. 이들 공격으로 인해 전선으로 반입되던 적 보급 물자의 유통이 와해되었다. 반면에 전역 계획가들은 다음과 같은 주요 요인들을 간과하였다. "후방차단작전은 적이 장기간 동안 지속적으로 지원할 수 없는 수준으로 보급물자를 소비토록 하는 형태의 지상전역(地上戰役)과 결합해 사용되는 경우 가장 효과적이다."37)

한국전쟁 후반에는 지상전역이 정적(靜的)인 형태를 띠게 되면서 적군에 필요한 보급 물자의 규모가 크게 줄어들었다. 마찬가지로 철도와 교량을 이용한 적의 운송 능력을 지속적으로 와해시키는 것이 쉬운 일이 아니란 점을 연합군의 전역 계획가들은 이해하지 못했다. 당시의 재래식 탄환으로는 철도를 효과적으로 차단할 수 없었다. 후방차단 관련 노력에 대항해 북한군과 중공군은 엄청난 수준의 기만작전과 더불어 주요 지역을 방호할 목적의 강력한 형태의 방공체계를 집중시켰다. 물자 야적장을 보호하고, 기능을 발휘하는 순간에도 주요 교량과 철도가 작동 불가능한 것처럼 보이도록 할 목적에서 위장을 포함한 여타의 혁신적인 기법들이 사용되었다.

북한군은 심각한 피해를 입은 모든 종류의 기반구조를 방대한 규모의 인력을 동원해 신속히 복구하였다. 이들 요인으로 인해 항공기 및 인력 손실과 비교해 유엔군의 후방차단 관련 전역이 별다른 결과를 얻지 못하는 형태가 되었다.[38] 미 육군의 보고서는 다음과 같이 결론짓고 있다.

> 유엔군 항공력으로 인해 엄청난 피해가 있었음에도 불구하고, 북한 지역에서의 전반적인 후방차단 전역(戰役)은 부분적으로만 성공적이었다. 이들 피해는 전선으로의 적 보급 물자의 유통을 충분히 차단할 수 있는 수준이 아니었다. 후방차단 작전으로 인해 많은 물자가 소모되면서 적은 전선에 보급물자를 공급해줄 목적의 노력을 3배 내지 4배 정도 배가하였다. 후방차단으로 인해 적의 보급 관련 조직이 많은 부담을 안게 되었으며, 적은 광범위한 지역에서 물자손실과 인명피해를 입었다. 그러나 전선에서는 결정적인 효과가 관찰되지 않았다. 아측의 후방차단 관련 전역에도 불구하고 적은 원하는 경우 공격을 감행할 능력이 있는 듯 보였다. 빈번히 강력한 수준으로 대포를 발사

37) Kirkland, Lieutnant Colonel M. A., "Planning Air Operations: Lessons from Operation Strangle in the Korean Wa,r" *Air Power Journal*, Volume VI, Number 2, (Summer 1992), p. 40.

38) *Ibid.*

했다는 점에서 보면 적은 탄약 부족 현상을 겪고 있지 않은 듯 보였다. 포로들을 심문한 바에 따르면 적은 충분한 수준의 식량·의복·의료용품 그리고 소화기(小火器)용 탄약을 보유하고 있었다.[39)]

(3) 항공압박(Air Pressure) 전역

돌이켜보면 전략폭격 전역(戰役)의 효과에 관해서 또한 의문이 제기될 수밖에 없다. 유엔군 항공력은 북한 지역에 대한 전략 표적들을 맹렬히 공격하였다. 다수의 소도시들과 마찬가지로 22개 중 18개에 달하는 북한의 주요 도시들이 대파되었다. 수력발전소, 산업 및 여타 기반구조 관련 표적들에 대한 유엔군의 공격은 방대한 수준이었다.

그러나 후방차단 관련 전역에 대해서와 마찬가지로 북한과 중국은 놀라울 정도로 신축성을 보였다. 예를 들면, 덕산 저수지에 대한 공격으로 인해 주변 27마일이 유실되었으며, 평양이 수몰되었다. 공산주의자들은 대공무기를 추가 설치함과 더불어 저수지 복구에 4,000여 명의 인력을 투입하였다. 불과 13일 만에 임시 성격의 댐이 건설되어 피해 부분을 대체하였으며, 모든 도로가 복구되었다.[40)] '항공압박' 작전이 지속되면서 효과적으로 공격 가능한 추가 표적들의 발견이 점차 어려운 일이 되었다. 핵무기 사용과 관련된 아이젠하워 대통령의 발언 또는 스탈린의 사망과 같은 정치적 요인들이 항공전역을 통한 압박과 비교해 정전협상에서의 돌파구 타개에 도움이 될 가능성이 있었다.

---

39) Mossman B.C. *The Effectiveness of Air Interdiction During the Korean War*, History Manuscripts Collection, Histories Division, Department of the Army, March 1966, p. 11.

40) Crane, Cornard C, *The Air Campaign over Korea–Pressuring the Enemy*, p. 84.

다. 전역에 영향을 끼친 요인들

한국전쟁에서의 항공전역을 분석할 당시 염두에 두어야 할 몇몇 요인들이 있다. 한국전쟁은 양측 모두가 연합차원에서 수행한 제한전이었다.

(1) 정치적 제약사항

한국전쟁에서 유엔군의 항공전역은 효과적이지 못했는데, 이는 중국 국경 너머에 위치해 있는 군사력과 보급물자를 유엔군이 공격할 수 없었다는 점 때문이었다. 유엔군 소속의 전투기들이 종종 중국 국경 너머로 상대방 전투기를 추격해 들어갔으며, 소련과 중국의 몇몇 지상 표적들을 공격했던 것은 사실이다. 그러나 이는 의도적이라기보다는 실수에 따른 것이었다. 마찬가지로 공중우세 확보를 위한 전역 도중, 만주에 있던 중국의 비행장은 법적으로 공격이 불가능하였다. 제한전으로 수행되던 한국전쟁이 확전되는 현상을 방지할 목적에서 중국과 소련에 있던 표적들은 접근이 금지되어 있었다. 그러나 유사한 형태의 중국 및 소련 측면에서의 제한사항들이 유엔군에 도움이 되었다는 점을 또한 명심해야 한다. 중국의 항공기는 전선에 위치해 있던 유엔군 진지(陣地)들을 공격하지 않았다. 은밀한 방식으로 지원하고 있던 자신의 모습이 노출되지 않도록 할 목적에서 소련의 조종사들은 연합군이 점령하고 있던 영토 또는 해상으로의 진입이 금지되었다. 결과적으로 공산진영 입장에서 보면 중국을 경유해 소련의 주요 보급 물자들이 거의 제약 없이 유통되었다. 마찬가지로 공중 또는 해상에서 별다른 저항을 받지 않으면서 유엔군사령부가 태평양을 통해 수백만 톤에 달하는 보급 물자를 매달 운반해 올 수 있었다.[41]

(2) 인적 요인

한국전쟁 당시 미소 양측은 한반도 전구에서 많은 사람들을 순환시키고자 노력하였다. 미 국방성은 한반도 전구에서 인력을 순환한다는 정책을 선호하였다. 예를 들면, 극동군 공군 폭격사령부의 경우는 6개월 근무가 규범이었다. 그러나 전쟁이 장기간 지연되고, 경험 또는 전문성을 구비한 인력의 부족이 심각해지면서 연장 근무가 일반적인 현상이 되었다. "한국전쟁 기간 동안 극동군 공군의 인력은 1950년 6월의 33,625명에서 1953년 7월 31일의 112,188명으로 3배 정도 증가하였다."[42] 정전협정이 체결될 당시, 소련 또한 한국에 12개 전투 비행사단(29개 전투 연대)을 순환시켰다. "1952년 초반부터 전쟁이 종료된 1953년까지, 소련의 군단은 대략 26,000명의 인력으로 구성되어 있었다. 그런데 대략 5,000명 정도의 조종사를 포함해 72,000명 정도의 소련군이 한국전쟁에 참전하였다."[43] 경험이 부족하거나 제대로 훈련받지 않은 요원들이 보다 경험 있는 상대방에 의해 죽게 되는 등에서 보듯이 이들 인력 순환은 양측의 작전 능력에 심각하고도 다양한 변화를 야기하였다.

자군의 항공력이 걸음마 수준에 있었음에도 불구하고 중국공군이 한국전쟁에 개입하였다. 중국공군은 1949년 7월에 창설되었다.[44] 창설 직후 중국공군은 자군 전력의 훈련과 무장을 위해 소련에 도움을 요청하였다. 1950년 6월, 중국공군은 2개 전투 대대, 1개 폭격기 연대 그리고 1개 공격기 연대

---

41) Thompson, Wayne & Nalty, Bernard C. Within Limits–The U.S. Air Force and the Korean War, Air Force History and Museums Program, Washington, U.S. Government Printing Office, 1996, p. 58.

42) Futrell, *The United States Air Force in Korea*, p. 689.

43) MaCarthy, Michael, J. "Uncertain Enemies: Soviet Pilots in the Korean War", *Air Power History*, Volume 44, Number 1, (Spring 1997), p. 37.

44) Zhang, Xiaoming, *Red Wings over the Yalu–China, the Soviet Union and the Air War in Korea*, College Station, Texas, Texas A&M University, 2002, p. 33.

등 155대의 항공기로 구성된 중국공군 최초의 혼성 여단을 창설하였다. 이 여단의 경우 최신 항공기인 미그15기를 38대 보유하고 있었다. 그러나 전투 준비가 되려면 많은 훈련이 필요한 수준이었다. 맨 처음 중국공군은 "1951년 2월이 되어서야 대략 300대의 항공기와 함께 한국전쟁에 투입될 수 있을 것이다"[45]라고 판단하였다. 그럼에도 불구하고 1950년 후반 중국공군은 한국전쟁에 참전하였다.

(3) 군수 및 기지 관련 교훈

모든 작전적 수준의 전역(戰役)에서 군수는 중요한 요소인데, 한국전쟁에서의 항공전 또한 예외는 아니었다. 한국전쟁 첫 해 동안 항공작전 측면에서 양측에 가장 걸림돌이 되었던 부분은 한반도에 적합하고도 안전한 비행장이 부족했다는 점이었다. 한국전쟁 발발 당시 남한의 최신 비행장은 김포 비행장뿐이었다. 불행히도 북한군이 이곳을 신속히 유린하였다. 이에 대한 반응으로 극동군 공군은 이곳의 기반시설에 심각한 피해를 야기하였다. 마찬가지로 한반도를 오르락내리락하며 전투가 격렬한 방식으로 진행됨에 따라 전쟁 발발 7개월도 되지 않아 기존의 항구와 지상의 운송 기반시설이 심각한 피해를 입거나 파괴되었다. 그 결과 유엔군이 공수(空輸)와 헬리콥터에 보다 많이 의존하게 되었다. 극동군 공군이 가장 많이 요구하던 3개 품목은 항공유류, 탄약 그리고 비행장 활주로 근처의 바닥에 설치하는 PSP 판이었다. 한반도로 운송되는 미국 지원 물자의 60% 이상이 연료와 윤활유였다. 마침내 인천과 서울을 연결하는 연료관이 설치되었다. 열악한 수준의 비행장을 작전수행 능력이 있는 수준으로 격상시켜야 한다는 점을 유엔군은 절

---

45) *Ibid.*, p. 66.

감하였다. 일본의 비행장 확장과 더불어 한국에 새로운 비행장을 신속히 건설해야 한다는 점으로 인해 PSP 판이 필요했는데, 처음에는 이것이 매우 부족하였다. 전쟁이 장기간 지속되면서 제트 항공기의 작전을 용이케 할 목적으로 한국의 많은 비행장이 확장되었으며, 이들 표면을 콘크리트로 덮게 되었다.46)

(4) 전투지원

또한 한국전쟁에서의 항공전은 정찰, 공수(空輸), 부상자 철수 그리고 탐색 및 구조와 같은 분야에서의 전투지원 발전을 대거 촉진시킨 사건이었다. 제2차 세계대전이 종료될 시점에는 항공정찰의 중요성이 인지되었다. 그러나 제2차 세계대전 이후부터 한국전쟁 발발 이전의 몇 년 동안, 미국은 항공정찰과 같은 특수 분야에 대한 지원을 대폭 삭감하였다. 1949년 봄 미 공군은 미 본토와 극동에 있던 2개 대대를 제외한 모든 전술정찰 조직을 해체하였다.47)

결과적으로 한국전쟁이 발발했을 당시, 미 공군과 해군 모두는 적정 수준의 정찰 능력이 결여되어 있다는 점으로 인해 정보 판단이 심각한 지장을 받았다.

한국전쟁 전반에 걸쳐 공수(空輸)는 군수 관련 노력뿐만 아니라 지상 작전 측면에서 또한 매우 중요한 요소였다. 특히 한국전쟁 초반의 몇몇 단계에서는 공수에서 목격되는 융통성이 방어 및 공세 작전 모두에서 중요한 의미가 있었다. Chromite 작전 도중, 수송사령부는 진격 도중에 있던 모든 유

---

46) Suit, William, W. "USAF Logistic in the Korean War", *Air Power History*, Volume 49, (Spring 2002), pp. 46-59.

47) Futrell, *The United States Air Force in Korea*, p. 545.

엔군을 염두에 둔 공수 및 공중 투하 방식의 보급 지원뿐만 아니라 공정작전을 지원하였다. 부상자의 신속한 철수는 한국전쟁에서 목격된 또 다른 성공 사례다. 전선에서 미 본토로 신속하고도 효과적인 방식으로 부상자를 철수시키는 체계가 헬리콥터와 각 군이 보유하고 있던 항공기들을 이용해 가능해졌다. 마찬가지로 한국전쟁에서는 특별 배치 및 무장된 헬리콥터, 장거리 초계용 항공기를 포함한 탐색 및 구조 능력의 발전이 목격되었다. 특히 한국전쟁 당시 항공구조 요원들은 전선(戰線) 너머로부터 대략 1,000여 명의 인명을 구출하였다.48)

(5) 과학기술

한국전쟁에 과학기술이 끼친 효과는 분명치 않다. 한국전쟁은 신기술이 구형의 기술에, 즉 제트 항공기가 피스톤 엔진 항공기에 대항해 싸우는 등 다양한 무기들이 사용된 전쟁이었다. 제트 항공기는 나름의 강점과 더불어 작전 측면에서 심각한 제한사항이 있었다. 나름의 제약사항과 취약점에도 불구하고 F-51 무스탕과 같은 구형 항공기가 전투에 투입되었다. 활용된 과학기술의 효과 정도에 훈련 및 경험과 같은 인적 요인들이 지대한 영향을 끼쳤다. 유엔군을 포함해 전쟁 당사국 모두 장비가 통일되어 있었다는 점이 작전 훈련과 운용을 용이케 하였다. 한국전쟁의 항공전에는 다양한 형태의 신형 무기체계와 기술 및 절차들이 도입되었다. 한국전쟁에서는 다수의 교훈이 터득되었다. 한국전쟁은 전천후 및 야간작전 수행 능력이 미래 항공작전에서 중요한 의미가 있음이 인지된 전쟁이었다. 한국전쟁에서 목격된 다수의 문제점으로 인해 그 후 수십 년 동안 과학기술 분야의 발전이 촉진되었다.

---

48) *Ibid.*, p. 583.

6. 결론

한국전쟁은 지휘통일(指揮統一 : Unity of Command)이란 전쟁원칙에 입각한 통합사령부(Unified Command) 구조가 사용된 최초의 경우다. 전략목표 달성을 염두에 둔 전구 차원의 전역(戰役)을 단일 지휘관이 지휘하고, 공중·지상 및 해상에서 진행되는 공중·지상 및 해상 작전을 단일의 공중·지상 및 해상 지휘관이 지휘해야 한다는 오늘날의 합동작전 개념과 합동 지휘구조는 한국전쟁에서 적용되기 시작하였다.[49]

전 세계 도처에서 발생하는 다양한 형태의 위기에 대처할 목적에서 미국은 육·해·공군 및 해병대 모두가 나름의 항공력을 보유하고 있다. 예를 들면, 미 해군의 항공력은 태평양과 같은 대양에서 해전을 수행할 목적의 전력이다. 한반도와 같은 단일 전구에서 임무를 수행하는 경우 이들 각 군의 항공력을 단일의 항공지휘관이 지휘해야 한다는 점은 1991년의 걸프전 등에서 확인된 사항인데, 이 같은 점이 최초 모습을 드러낸 것은 한국전쟁이었다.

한국전쟁은 제2차 세계대전 당시 터득한 반면 그 후 잊거나 망각한 다수의 교훈들을 재차 확인시켜준 사건이었다. 전쟁에서 공중우세 확보의 우선순위가 매우 높다는 점, 모든 항공력을 적절히 조정할 필요가 있다는 점은 이전의 전역에서도 인지된 사항이었다. 불행히도 제2차 세계대전 당시의 태평양 전구와 전 세계 도처에서의 역사적 사례들에도 불구하고 효과적인 형태의 합동작전의 필요성을 재차 배워야만 하였다.

한국전쟁에 대한 다수 분석에서는 한국전쟁이 전투 현실과 교리의 갈등,

49) 이미 제2차 세계대전 당시 독일군은 이 같은 통합사령부 구조를 운용하고 있었다. 출처 : Maj Alexander P. de Seversky, *Victory Through Air Power* (New York: Simon and Schutter, 1942), pp. 254-261.

각 군 간 갈등이 분쟁에 적지 않은 손실을 야기했다는 점, 평시 예산 삭감이 전시 엄청난 '피의 대가'를 야기했다는 점을 보여주는 등 값비싼 교훈을 안겨다준 전쟁으로 결론을 내리고 있다. 한국전쟁과 관련된 교훈에는 항공전역의 수행에 필요한 요구사항과 자원들을 중재할 목적에서의 합동항공본부의 필요성, 평시 합동 훈련·기획 및 교리 작성의 중요성, 하드웨어, 전술 및 지휘통제, 특히 통신 측면에서의 융통성이 중요하다는 점, 현대 전력으로 무장되어 있지 않은 적과 대적할 당시 구형의 하드웨어가 지속적으로 유용하다는 점 그리고 각 군 간 사안을 해결 및 좁히는 과정에서 고위급 지휘관들의 관여가 중요한 의미가 있다는 점이 있다.[50)]

한국전쟁 이후의 논쟁에서는 항공력이 한국전쟁에서 결정적인 요소였다는 주장에서 시작해 항공력의 영향이 기껏해야 제한적이었다는 주장에 이르기까지 다양한 주장이 제기되었다. 그러나 정치적 이유로 인해 한국전쟁에서 항공력이 제한적으로 사용되었다는 점을 고려해야 한다. 합동 및 제병협동 시나리오에서 항공력은 특히도 효과적이었다. 유엔군이 수행한 작전의 다수 측면에서 항공력은 효과적이었으며 매우 중요한 의미가 있었다. 반면에 공산주의자들의 항공력이 거의 전적으로 방공작전(防空作戰)에 투입되면서 북한과 중국의 경우 지상 작전을 수행하는 과정에서 150만 인력과 방대한 규모의 물자를 손실하였다.[51)]

한국전쟁이 제한전 성격이었다는 점이 전략 항공력의 최대한 사용을 억제하는 요인으로 작용하였다. 그러나 당시의 항공전역에 대한 분석을 통해 우리는 몇몇 제한사항을 준수하면서도 항공력이 보다 효과적으로 적용될 수 있었음을 알게 된다. 항공력을 보다 우수한 방식으로 지휘통제하고, 계획했

---

50) Winnfield, *Joint Air Operations-Pursuit of Unity in Command and Control*, pp. 60-61.
51) Hallion, Richard P., *The Naval Air War in Korea*, Baltimore, MD, The Nautical & Aviation Publishing Company of America, 1986: p. 206.

으며, 표적을 선정하고, 선별적인 방식으로 적용했더라면 실제와 비교해 훨씬 색다른 방식과 일정에 따라 전선을 조성할 수 있었을 것이다. 마찬가지로 연합차원에서 수행되었다는 점으로 인해 한국전쟁에서는 상호 운용성과 각 군 간 훈련의 필요성이 제기되었다.

한국전쟁에서는 항공전역 계획 수립 측면에서의 군수 및 전투지원의 중요성이 재차 확인되었다. 제반 요소들이 적절히 구비되어 있는 비행장이 매우 중요하다는 점에 더불어 열악한 지역에서의 작전수행 능력의 필요성이 한국전쟁에서 제기되었는데, 이는 오늘날의 계획 요원들에게도 친숙한 교훈이다. 마찬가지로 한국전쟁에서는 평시 훈련의 중요성뿐만 아니라 항공작전의 특정 측면에서 특수 인력(예를 들면, 정찰, 정보, 항공이동, 탐색 및 구조 등)이 매우 중요하다는 점이 목격되었다.

공격받는 가운데에도 민간인과 군인들이 매우 탄력적으로 반응한다는 점은 한국전쟁에서 확인된 또 다른 교훈인데, 이는 면밀히 고려 및 이해해야 할 부분이다. 수송 기반구조를 파괴할 목적의 공세적이고도 광범위한 형태의 항공전역에도 불구하고 북한군과 중공군은 고도의 기만, 방어 그리고 장비 보수 및 대체 방법론을 이용해 대응하였다. 주요 기반구조에 더불어 한반도의 많은 부분을 파괴시킨 '항공압박(Air Pressure)' 성격의 전역에 북한군과 중공군은 동일한 형태의 혁신에 근거해 탄력적으로 대응했으며, 전쟁 관련 노력을 지속하였다.

한국전쟁에서는 공중 · 지상 또는 해상 전력만으로는 결정적인 형태의 전역에서 승리할 수 없다는 점이 보다 분명해졌다. 항공력이 갖는 융통성 · 속도 및 파괴력은 간과될 수 없을 것이다. 그러나 전장(戰場)과 '요망 최종상태' 모두를 조성할 목적의 합동 차원의 노력에서 항공력은 적절히 통제 및 조정되고 단계적으로 적용되어야 할 것이다. 한국전쟁을 통해 우리는 단일군 전략과 비교해 합동 전략이 훨씬 더 효과적임을 확인해볼 수 있다.

한국전쟁에서의 작전적 수준의 항공전에 대한 고찰을 통해 우리는 부여받은 임무를 수행하는 것도 중요하지만 무엇을 공격해야 할 것인가란 문제를 놓고 고민하는 계획수립의 문제가 자주국방에서 보다 근본적인 문제란 점을 절감하게 된다. 한국전쟁 당시와 마찬가지로 오늘날에도 한반도에서의 항공전 수행과 관련된 계획수립의 문제는 주로 미군이 고민하고 있다. 한국공군은 작전계획의 문제를 심도 있게 고민해야 한다. 이들 계획에 필요한 전문군사교육·교리 및 조직을 정립하고 보강해야 한다. 장기적으로 한국군은 지휘통일이 아니고 노력통일(Unity of Effort)이란 개념에 근거해 미군과 병행적인 지휘구조를 유지해야 할 것으로 생각된다. 왜냐하면, 전쟁계획과 항공전 계획을 독자적으로 수립할 수 있을 뿐더러 이 같은 일을 수행할 때만이 한국군이 정보화시대의 국방력을 올바로 건설할 수 있기 때문이다.

제2부 군 구조

제 1 장

개 요

'군 구조'에 관한 첫 번째 논문에서는 합동성과 합동군의 문제를 다루고 있다. 합동성에 관해서는 다양한 시각이 있다. 그러나 합동성에 관한 모든 정의는 합동군사령관 수준에서의 각 군 능력들의 효율적인 통합에 초점을 맞추고 있다. 합동군(Joint force)은 육군, 해군 및 공군 중에서 2개 이상의 군으로 구성되어 있으며, 단일의 합동군사령관 아래 작전을 수행하는 군을 의미한다. 합동군 예하의 각 군은 공중, 지상 및 해상과 같은 자신의 작전환경에서 자군의 작전술에 근거해 작전을 수행한다. 미국은 통합사령부(Unified Command), 합동기동부대(Joint Task Force) 등 몇몇 유형의 군 구조를 채택하고 있는데, 이들 모두는 합동군이다.

오늘날 전 세계 각 군은 정도의 차이는 있지만 합동군을 추구하고 있다. 이들 군은 합동성 강화의 정도란 측면에서 차이가 있을 뿐이다. 한국군은 군의 상부 구조를 3군 병립제, 합동군제, 통합군제 및 단일군제로 분류해 생각하고 있는데, 이들 분류는 한국군 특유의 것이다. 예를 들면, 한국군에서 말하는 합동군제와 전 세계에서 보편적으로 말하는 합동군은 정의 측면에서 차이가 있다.[1)] 합동군에 관한 올바른 이해는 합동성 강화를 추구하고 있는 한국군에 중요한 의미가 있다.

'군 구조'에 관한 두 번째 논문에서는 단일군에서 합동군으로 시급히 전환하고 있는 캐나다 군의 사례를 언급하고 있다. 오늘날 전 세계의 모든 군은 공중, 지상 및 해상 전력을 적절히 결합해 위기에 대처하고 있다. 작전 효율을 고양시킬 목적에서 대부분의 국가는 육·해·공군이란 별도의 군을 유지하고, 이들 군의 노력통일(Unity of Effort)과 지휘통일(指揮統一), 중앙집권적 계획수립, 분권적 임무수행을 근간으로 하는 합동교리에 근거해 위기에 대처하는 방안(합동군)을 채택하고 있는 반면 캐나다는 육·해·공군을 없애고 단일군(Unified Force)[2] 차원에서 위기에 대처하는 방식으로 군 구조를 바꾸었다. 캐나다는 지구상에서 유일하게 단일군으로 군 구조를 바꾼 나라다. 법적 측면에서 보면 오늘날에도 캐나다는 단일군이다. 그러나 캐나다는 합동군을 향해 나아가고 있다. 캐나다는 단일군으로 전환하며 추구했던 작전 효율뿐만 아니라 국방비 절감 등 모든 사항을 전혀 달성하지 못했다. 반면에 합동군을 유지하고 있는 미국을 중심으로 하는 서구 국가들의 경우 캐나다가 군을 단일군으로 바꾸었을 당시 추구했던 바를 보다 효율적이고도 완벽히 달성하고 있다. 이 같은 현상을 목격한 캐나다는 합동군으로의 전환을 신속히 추진하고 있다. 본 논문에서는 군 구조에 관한 극단적인 사례인 캐나다군의 변천 과정을 고찰해보고 있다.

'군 구조'에 관한 세 번째 논문에서는 한반도 내부에 합동기동부대(Joint Task Force)를 설치할 수 있는지의 문제를 다루고 있다. 일부 사람들의 경우

---

1) 참조 : 공군본부, 『외국 군 구조 편람 2005』, pp. 22-26.

2) 일부 사람들의 경우 이것을 통합군으로 번역하고 있지만, 이는 단일군이다. 한편 한국군의 경우 캐나다 군을 통합군제로 분류하고 있는데, 이는 잘못된 것이다. 통합군이란 분류는 한국군 임의로 정한 것이다. 참조: 공군본부, 『외국 군 구조 편람 2005』, p. 24. 한국군이 말하는 통합군제는 전형적인 합동군이다. 특정인이 군정과 군령을 담당할 수 있는지의 문제는 '통제의 폭(Span of control)'의 측면에서 생각해야 한다.

합동참모본부와 각 군 작전사령부를 중심으로 하는 상부 작전 지휘구조와 별도로 육군, 해군 및 공군의 전투부대로 구성되는 항구적 성격의 합동군의 필요성을 언급하고 있다.[3] 그러나 한반도와 같은 비좁은 작전환경에서는 이 같은 항구적 성격의 합동군은 고사하고 일시적으로 편성되는 합동군, 즉 합동기동부대의 창설도 교리적으로 타당성이 없다고 본 논문에서 필자는 주장하고 있다.

문제의 발단은 미국의 군 구조에 근거하고 있다. 미국은 전 세계를 몇몇 전구로 나누고는 개개 전구를 책임지는 통합사령부(예를 들면, 태평양사령부)를 설치해 운용하고 있다. 태평양에서 미국의 이익과 관련해 벌어지는 모든 문제를 태평양사령관이란 통합사령관이 담당하게 된다. 한편 라오스처럼 태평양사령부로부터 멀리 떨어진 지역에서 문제가 발생하는 경우는 태평양사령관이 아니고 육군, 해군 및 공군의 전투전력으로 구성되는 부대가 위기에 대응하게 된다. 이 같은 위기가 미국의 국익 측면에서 비교적 항구적 성격인 경우(예를 들면, 한반도), 미국은 '예하 통합사령부(Sub unified command)'를 설치해 운영하게 된다. 반면에 라오스처럼 이익이 한시적인 경우 미국은 임시 편성되는 합동기동부대를 이용해 위기에 대응하게 된다. 통합사령부, 예하 통합사령부 그리고 합동기동부대는 전형적인 합동군 구조다. 태평양에서의 상황을 비좁은 한반도에 적용해 합참과 각 군 작전사령부를 미국의 태평양사령부에 비교하는 경우 이들 구조 예하에 육군, 해군 및 공군으로 구성되는 합동군이 필요할 것이다. 그러나 이는 이론적으로 불가능하다.

육군의 경우는 이 같은 형태의 조직, 즉 기동부대(Task Force)의 편성을 매우 자연스런 현상으로 받아들이고 있다. 그러나 기동부대란 개념을 여타 군으로 확장해 적용하는 경우, 특히 한반도와 같은 협소한 지역에서의 항공

---

3) 1990년대 후반 한국군은 육군의 모 군단, 해군의 함대사령부 그리고 공군의 모 비행단으로 구성되는 동해사령부를 추진하였다.

력에 적용하고자 하는 경우는 적지 않은 제약이 따르게 된다. 그 이유는 중앙집권적 통제 및 분권적 임무 수행이란 항공력 운용에 관한 교리와 항공력을 포함하는 합동기동부대란 개념이 상호 배치되기 때문이다.

전구(戰區)에 육·해·공군으로 편성된 통합사령부(Unified Command)[4] 조직을 운영해야 함은 전쟁사를 통해 입증된 사실이다. 전구의 육·해·공군 전력을 대표하는 개개 육·해·공군 구성군 외에 항공력이 포함된 합동기동부대를 별도 운영하게 되면 한반도와 같은 협소한 지역의 경우 항공력이 분할되는 결과가 초래될 것이다.

'군 구조'에 관한 네 번째 논문에서는 항공작전 지휘구조의 문제를 다루고 있다. 한국군은 미군을 본받아 각 군이 항공력을 보유하고자 노력하고 있다. 미군의 경우를 보면 4개의 항공력(공군, 해군, 육군 및 해병대의 항공력)이 있지만 공군은 오직 하나다. 즉 듀헤(Giulio Douhet) 및 미첼(Billy Mitchell)과 같은 항공력 이론가들이 말하는 이론에 따라 움직이는 항공력은 오직 공군뿐이다. 미국의 해군이 항공력을 보유하고 있는 것은 제2차 세계대전 당시 목격된 바처럼 태평양과 같은 대양에서의 해전이 본질적으로 항공전이기 때문이다. 미 해병대가 항공력을 보유하고 있는 것은 미국의 경우 극단적으로 해병대 전력만으로 지구상의 위기에 대응해야 하는 경우도 있다는 점, 근접항공지원을 목적으로 평소 항공력과 지상 전력이 밀착되어 훈련할 필요가 있다는 점 때문이다. 그러나 한반도와 같은 전구에서 전쟁이 발발하는 경우는 어떻게 해야 할 것인가? 미 해군과 해병대의 항공력은 놀고 있어야 할 것인가? 이 경우 이들 항공력은 공군구성군사령관의 지휘를 받으며 공군의 항공기들과 함께 공중전에 참여하게 된다.

한반도에서 전쟁을 수행하게 될 한국군의 각 군이 별도의 항공력을 보유

4) 한미연합사는 합동군의 일환인 통합사령부를 형성하고 있다.

할 필요는 있는지, 왜 이스라엘은 날아다니는 모든 무기를 공군이 보유하고 있는지, 한국군의 각 군이 항공력을 보유하는 경우 전시 지휘통제 문제는 어떻게 되는지, 공군의 지휘구조는 어떠해야 되는지 등 항공작전 지휘구조의 문제를 전 세계 주요 국가들의 항공력 지휘구조와 비교해 그리고 이론적 측면에서 살펴보고 있다.

제 2 장

합동성과 합동군

1. 서론

미 합참의장을 역임한 파월(Colin Powell)은 합동성을 합동군사령관 수준에서의 노력통일로 정의하였다. 미 합참차장을 역임한 오웬스(William Owens)는 합동성을 군의 강점들의 적정 배합에 따른 승수효과를 통해 보다 높은 수준의 합동 전투력을 창출하는 행위로 정의하였다. 합동성의 정의와 관련해서는 다양한 시각이 있다. 그러나 이들 모든 정의는 합동군사령관 수준에서의 각 군 능력들의 효율적인 통합에 초점을 맞추고 있다.[1)]

합동성의 정도에 영향을 주는 요인에는 교리, 훈련 및 연습, 군사교육, 작전계획, 전력구조, 준비태세, 평가 및 소요(所要)가 있다.[2)] 그러나 이들 모두는 합동군을 전제로 하고 있다.

최근 들어 한국군은 독자적인 전쟁수행 능력 확보와 더불어 '합동성 강

---

1) DR DON M. SNIDER, "The US Military in Transition to Jointness Surmounting Old Notions of Interservice Rivalry", *Airpower Journal*, Fall 1996,

2) Michael C. Vitale, "Jointness by Design", *Joint Forces Quarterly*, Autumn 1995, p. 27.

화'에 지대한 관심을 보이고 있다. 그런데 합참의장과 각 군 작전사령관을 중심으로 하는 한국군의 상부 지휘구조와 관련해서는 다양한 시각이 있다. 예를 들면, 한국군의 상부 지휘구조가 합동군이라고 말하는 자료가 있는가 하면[3] 육군의 특정 군단, 해군의 특정 함대 그리고 공군의 특정 비행단으로 구성되는 전투사령부가 합참 예하에 없기 때문에 한국군이 합동군이 아니란 의견을 개진하는 사람도 다수 없지 않다.[4] 또한 전형적인 합동군 체제를 운영하고 있는 미군의 지휘구조가 합동군이 아니고 통합군이라고 주장하는 사람도 다수 있다. 이 장(章)에서 필자는 합동군의 의미를 살펴보고 대부분 국가의 전쟁 지휘구조는 그 형태에 차이가 있을 뿐 합동군 체제를 유지하고 있거나 합동군 체제를 지향하고 있음을 보이고자 한다.

2. 합동군이란?

합동군(Joint force)은 육군, 해군 및 공군 중에서 2개 이상의 군으로 구성되어 있으며, 단일의 합동군사령관 아래 작전을 수행하는 군을 의미한다.[5] 미국은 전 세계를 몇몇 전구(戰區 : Theater)로 나누고는 이들 전구에 태평양사령부와 같은 통합사령부(Unified Command)를 설치하고 있다. 태평양 지역에서 위기가 발생하는 경우 태평양사령관이 직접 위기에 대응할 수도 있다.

3) 국방개혁기본법(안) 공청회 자료, 2006년 2월 7일, p. 16. 본 책자에는 "한국군은 현재의 합동군 체제 아래서 합동성을 강화해야 합니다"란 문구가 있다.

4) 1990년대 한국군은 육·해·공군 전투부대로 구성되어 있는 동해사령부의 창설을 추진하였다. 한반도와 같은 좁은 전장공간에서는 한시적 목적의 이 같은 합동 전투사령부도 설치가 쉽지 않다. 참조 : 권영근, "합동기동부대 : 그 본질과 적용 가능성", 『합동군사연구』 10호, 국방대학교 합동참모대학 2000년, pp.47-76.

5) Joint Publication 1-02, Department of Defense Dictionary of Military and Associated Terms, 2001년 4월, p. 229.

그러나 위기가 한시적 성격인 경우 태평양사령관은 일반적으로 합동기동부대(Joint Task Force)를 편성해 임무를 수행하게 된다. 임무가 종료되는 경우 이 같은 합동기동부대는 자동 해체된다. 반면에 한반도처럼 위기가 장기적 성격을 띠고 미국 입장에서 많은 이익이 걸려 있는 경우는 예하 통합사령부(Subordinate Unified Command)를 설치하게 된다. 여기서 언급한 통합사령부, 합동기동부대 및 예하 통합사령부는 단일의 합동군사령관 예하에 각 군 구성군이 존재하는 전형적인 합동군이다.6)

앞의 정의에 따르면 합동군사령관으로서의 합참의장과 각 군 작전사령관을 중심으로 하는 한국군의 지휘구조는 합동군이다.

3. 합동군과 군사사상

합동군의 정의에서 육군, 해군 및 공군이란 표현을 주목할 필요가 있다. 항공기를 보유하고 있다고 공군(Air Force)은 아니다. 예를 들면, 미국의 각 군은 방대한 규모의 항공기를 보유하고 있지만 미군에 공군은 오직 하나다. 공군이란 듀헤(Giulio Douhet) 및 미첼(Billy Mitchell)과 같은 항공력 이론가들이 말하는 개념에 근거해 운영되는 군을 의미한다. 함정을 보유하고 있다고 해군은 아니다. 육군의 경우도 마찬가지다. 즉 태평양사령부와 같은 미 합동군의 항공력은 항공력이론가들이 정립한 개념에 그리고 지상군은 지상군 이론가들이 정립한 개념에 근거해 운용된다. 해상 전력의 경우도 마찬가지다. 항공력 이론은 항공무기를 공중의 왕자인 독수리처럼 운용되도록 해준다. 마찬가지로 해상 무기들을 해상의 왕자인 돌고래처럼 그리고 지상 무기를

6) 권영근 외 2명 번역, 『미 합동작전 교리』, 합동참모본부, 2002년 12월, pp. 72-78.

지상의 왕자인 사자처럼 운용되도록 하는 것은 각각 해양력 이론과 지상군 이론이다.

지상, 해상 및 공중 전력으로 구성된 군을 단일 지휘관이 지휘함에도 불구하고 합동군이 아닌 경우가 있는데, 미 해병대가 그러하다.

미 해병대 예하의 모든 전력은 상륙작전과 같은 해병 작전을 지원할 목적으로 사용된다. 미 해병대의 항공력은 항공력 이론가들이 말하는 방식으로 운용되지 않는다.[7] 미 해병대의 해상 및 지상 전력 또한 상황은 마찬가지다.

앞에서 언급한 합동군의 정의에 따르면 중국군, 이스라엘 군 등 지구상의 대부분 군의 전투수행 구조는 합동군 체제를 유지하고 있거나[8], 캐나다 군의 경우처럼 단일군에서 합동군 체제로 시급히 전환하고 있다.[9]

4. 합동군의 전력통합

육군, 해군 및 공군은 지상전, 해전 및 공중전 이론에 근거해 자군에 보다 많은 인력과 예산이 배정되어야 한다고 국방부 및 합참과 같은 곳에서 주장하게 된다. 육군은 제병협동이란 지상군 개념에 근거해 인력과 예산을

7) 전구 차원의 전쟁에서 공군과 통합(Integrated)적으로 운용되는 경우는 예외.

8) 2005년 필자는 중국 국방대학교에서 장교들이 합동작전을 포함한 합동교리를 공부하는 모습을 목격하였다. 또한 중국 국방무관을 역임한 임태일 해군대령은 중국군이 자군의 구조를 영어로 Joint Force로 표기한다고 말했다.

9) Colonel J.P.Y.D. Gosselin, OMM, CD, Unification and the Strong-Service Idea: A 50-Year Tug of War of Concepts at Crossroads, Canadian Forces College/National Security Studies Course 6, 2004년 6월 1일; Par Major J.R. Boucher, Unification of The Canadian Forces: It's Hard to Be Green, Canadian Forces College/CSC 29, 2003년 5월 9일; Cape K.W. Bailey, Integration and Unification Equals Jointness in 21st Century Canadian Forces, Canadian Forces College/CSC 28, 2002년 5월 6일.

확보한 이후 자군의 개개 병과에 이들 인력과 예산을 배분하게 된다. 지상군 이론에 근거해 보병 등 육군의 제반 병과에 인력과 예산이 배분되는 바처럼 지상, 해상 및 공중 전력 이론과 비교해 한 차원 높은 수준의 이론이 존재해 이 같은 이론에 근거해 육군, 해군 및 공군에 적정 인력과 예산이 배분될 수 있으면 좋을 것이다. 이 같은 이론은 지상에 적용하는 경우 지상군 이론과 동일한 효과를 발휘하며, 해상과 공중에 적용하는 경우 각각 해양력 및 항공력 이론과 동일한 효과를 발휘해야 한다. 불행히도 이 같은 이론은 존재하지 않는다.10)

따라서 위기에 대처하기 위한 전역(戰役 : Campaign)은 육군, 해군 및 공군의 '주요 작전(Major operation)'이 적절히 결합된 형태가 되어야 한다. 즉 위기를 합동 차원에서 통합적으로 대처함이 최상의 방안이다. 이 같은 합동 전역계획 수립을 가능케 해주는 것이 합동교리다.

5. 군정과 군령의 단일화 정도와 지휘구조의 관계

한국군은 군정과 군령의 단일화 정도에 근거해 상부 지휘구조를 단일군, 통합군, 3군 병립형, 합동군 등 몇몇 형태로 분류하고 있는 듯 보인다.11) 한국군은 통합군을 국방참모총장 예하에 지상, 해상 및 공중 사령관을 두고 국방참모총장이 군령뿐만 아니라 군정의 대부분을 지원해주는 체제로 정의하고 있다. 그러나 한국군이 정의한 유형의 통합군에서도 지상, 해상 및 공중 전력이 독자적인 교리에 의해 운용되고, 이들 각 군이 합동교리에 의해 통합적으로 운용된다면 이들 군은 합동군이다. 반면에 이들 지상, 해상 및

10) 권영근 번역, 『미래전 어떻게 싸울 것인가』, 연경문화사, 1999년, 8장.
11) 『외국군 군구조 편람 2005』, 공군본부, p. 19.

공중 전력이 독자적인 교리를 갖고 있지 않은 경우 이는 단일군이다. 즉 한국군이 말하는 통합군은 정체불명의 것이다. 한편 각 군이 나름의 싸우는 방식을 갖고 있다면 국방력 건설을 포함한 군정의 문제를 한 곳에서 관장하는 것은 이론적으로 매우 어려운 문제다.

특정인이 휘하에 다수의 군정과 군령 기관을 둘 수 있을 것인지의 문제는 '지휘 폭(Span of Control)'의 측면에서 또한 검토되어야 한다. 이처럼 다수 조직을 둘 수 있다면, 이 같은 점을 예를 들면, 육군의 예하 부대에 적용할 수 있을 것이다. 즉 1개 사단 예하에 보다 많은 연대를 두는 경우 육군의 군단 및 사단의 숫자가 대거 줄어들 수 있을 것이다.[12)]

한편 국방력 건설을 포함한 군정의 통제와 관련된 문제는 국가사회가 군을 지원해주는 정도에 따라 달라질 수 있다. 예를 들면, 이스라엘은 미국 내부에 자신을 도와줄 수 있는 세계적인 군사 이론가뿐만 아니라 무기체계 및 정치 조직을 갖고 있다. 또한 이스라엘 사회가 이스라엘 국방을 직접 지원하는 정도는 한국의 경우와 비교해 훨씬 높은 수준일 것이다. 따라서 이스라엘 군은 군령의 문제에 보다 많은 시간을 할애할 수 있는 입장이다. 한국군은 외부로부터의 도움이 많지 않은 가운데[13)] 국방력 건설을 포함한 군정의 문제를 해결해야 하는데, 이는 보통 어려운 일이 아니다.

이외에도 군의 지휘구조는 국가의 정치 및 사회적 형태 등에 의해서도 영향 받게 된다.

---

12) 심리학자들의 말에 따르면 '통제의 폭(Span of Control)'는 대략 7개의 물체 또는 행위에 국한된다고 한다. 참조 : G. A. Miller, "The Magical Number Seven", *Psychological Review*, 63, 1956, pp. 81-96. 그러나 이스라엘의 유명한 군사전략가인 반 크레벨트에 따르면 전투 도중에는 혼잡과 피곤으로 인해 통제할 수 있는 범위가 셋 또는 넷으로 줄어들게 된다. 출처 : 김구섭, 김용석, 권영근 번역, 『전쟁에서의 지휘』, 연경문화사, 2001년 6월 12일, p. 84.

13) 예를 들면, 한국의 민간사회에는 국방문제에 관한 전문가가 외국의 경우와 비교해 지극히 부족하다고 2002년 당시의 공군 심포지엄에서 한 연사는 언급하였다.

6. 결론

한국군은 군의 상부 지휘구조를 단일군, 통합군, 3군 병립형, 합동군 등 몇몇 형태로 분류하고 있는데, 이는 한국군이 임의적으로 분류한 것이다. 예를 들면, 합동군에 대한 한국군의 정의는 일반적인 정의와 다르다. 그 결과 합동군의 대명사인 미군의 지휘구조를 합동군이 아니라고 지칭하는 등 적지 않은 혼란이 일고 있다.

오늘날의 전쟁은 육군, 해군 및 공군의 능력을 적절히 결합해 수행하는 합동전의 형태를 띤다. 이 같은 목적에서 생각할 수 있는 지휘구조가 합동군이다. 그 모습에 어느 정도 차이는 있지만 지구상의 대부분 국가는 합동군 체제를 유지하거나 캐나다 군처럼 단일군에서 합동군으로 시급히 전환하고 있다.

합동성은 합동군사령관 수준에서의 각 군 능력들의 효율적인 통합에 관한 것이다. 오늘날의 전쟁은 공중, 지상 및 해상에서 동시에 진행되며, 이들 개개 전장공간에서의 최상의 군사력 운용 방안은 항공력, 지상군 및 해양력 이론가들이 정립한 개념이다. 이들 개념을 중심으로 작전사령부(지상, 해상 및 공중 작전사령부) 차원에서 군의 전력을 통합해 작전 효율을 극대화하고, 이들 공중, 지상 및 해상에서 진행되는 작전들을 합참의장[14] 수준에서 적절히 결합(戰役의 형태로)하는 방식으로 전쟁을 수행해야 한다. 즉 오늘날의 전쟁은 육군, 해군 및 공군 교리와 합동교리에 근거해 공중, 지상, 해상, 사이버 및 우주 공간에서 동시 통합적으로 수행된다.

---

14) 필자는 합참의장 외에 각 군 작전사령관을 통제하는 별도의 사령관이 있어야 한다고 생각한다. 즉 합참의장이 지금처럼 다수의 모자를 쓰면 곤란하다고 생각한다.

제 3 장

단일군에서 합동군으로 : 캐나다 군의 사례 *

1. 서론

…… 3군을 통합해 단일군으로 유지한다는 정책이 거의 35년 동안 지속되었다. 처음에 이는 여타 국가들이 모방할 것이며, 국방 투자비를 늘려줄 대담한 시도로 인식되었다. 그런데 이들 중 어느 것도 달성되지 못했다. 육·해·공군을 단일군으로 통합한다는 캐나다 군의 선례를 따라한 국가는 전혀 없다. ……[1)]

…… 전력생성(Force generation), 즉 작전 운용을 목적으로 군사력을 개발하고 준비하는 일에 관한 다수의 활동을 아직도 거의 전적으로 지상, 해상 및 공중 전력이 수행하고 있다. ……[2)]

---

* 권영근, "단일군에서 합동군으로 : 캐나다 군의 사례", 공군전투발전단, 『항공우주 군사발전 연구』 2호, 2007년 1월에 발표될 예정이다.

1) Canadian Alliance, *Defence Policy White Paper of the Official Opposition, The North Strong and Free* (Ottawa: House of Commons, 2003), p. 3.

2) Canada, Department of National Defence, *Strategic Capability Planning for the Canadian*

캐나다 군에서 조직통합(Unification)은 육・해・공군과 이들의 지원(支援) 구조를 단일 계층(Hierarchy)의 단일 조직으로 병합(Merge)함을 의미한다. 효율통합(Integration)은 조직통합에 못 미치는 경우로서 조직의 정체성은 허용해주는 상태에서 색다른 조직들을 단일의 실체로 융합(Fusion)함을 의미한다.[3] 합동성(Jointness)은 전반적인 작전 효율과 효과를 증진시킬 목적에서 군(육・해・공군)이 보유하고 있는 고유하고 독특한 능력들을 결합(Join)하기 위해 지휘와 구조를 통일하고 절차를 개선하는 행위를 의미한다. 합동이란 특정 국가의 2개 이상의 군(육군 등)이 참여하는 활동, 작전, 조직 등을 지칭한다. 합동군은 둘 이상의 각 군으로부터 예속 및 배속된 전력으로 구성되는데, 이것을 합동참모를 구비하고 있는 합동군사령관이 지휘하게 된다.

1968년 캐나다는 작전 효율을 높이고, 국방비를 절감하며, 충원, 행정, 군수, 인력 및 획득 기능의 과도한 중복을 방지하는 등 몇몇 이유로 3군 체제에서 단일군(Unified force)[4] 체제로 군을 조직통합하였다.[5] 당시는 공동의 전략목표를 달성할 수 있도록 육・해・공군을 단일 지휘관 아래 통합할 필요가 있다는 주장이 제기되었다. 단일군이 되었음에도 불구하고 캐나다 군은 통합 당시 추구했던 작전 효율 등 목표를 전혀 달성하지 못했다. 이는 이 글의 서두에 인용된 부분을 통해 잘 알 수 있다. 1980년대 당시 국방참

Forces (Ottawa: Department of National Defence, 2000) p. 11.

3) 미국에서는 Unification이 조직 통합이 아니고 지휘통일과 노력통일의 의미로 그리고 Integration은 작전 측면에서의 효율 통합의 의미로 사용되고 있음. 정확한 정의는 통합과 합동성에 관한 미국의 경험(제3절)에 언급.

4) 이는 통합군으로 번역될 수 있다. 그러나 이는 공중 전력, 지상 전력 및 해상 전력을 보유하고 있는 미 해병대와 동일한 구조, 즉 단일군이다. 이 같은 비유는 이 글의 후미에 등장한다.

5) Canadian Armed Forces Integration/Unification: A 1979 Perspective (Ottawa: Canadian Department of National Defence, 1979), p. 12.

모총장(Chief of Defence Staff)을 역임한 테러얼트(Theriault) 대장은 단일군으로의 조직통합이 실패로 끝났으며, 조직통합에서 추구한 보다 높은 수준의 충성심과 폭넓은 시각이 정착되지 못했다고 1996년에 언급하였다.6)

앞의 인용문에서 설명한 바처럼 캐나다 군이 제대로 공조하고 있지 않으며 각 군의 우선순위가 캐나다 군 차원에서의 우선순위를 초월하고 있다는 우려가 캐나다 군의 고위급 장교들 내부에 팽배해 있다. 캐나다 군의 대학에서 연설하던 2003년 4월 당시 캐나다 군의 3성 장군이 이 점을 재차 언급하였다. 당시 그는 1960년대에 캐나다 군이 조직 통합되었음에도 불구하고 지상, 해상 및 공중 전력이 독자적인 사고에 근거해 지속적으로 작전을 수행하고자 노력하고 있다고 언급하였다.7)

오늘날 캐나다 군은 독자성을 유지하고 있는 지상, 해상 및 공중 사령부를 중심으로 운영되고 있다. 이들 사령부는 예산 확보를 위해 나름의 방식으로 노력하고 있으며, 미래를 준비하고 있다. 본 논문에서 필자는 1968년의 '국방 재조직법(Defense Reorganization Act)'에서 구상했던 단일군으로 오늘날 캐나다 군이 통합되지 않았다는 점, 대부분의 경우 캐나다 군이 지상, 해상 및 공중 전력이란 3개의 독립된 개체로 운용되고 있음을 보일 것이다.

캐나다군의 통합에 관한 분석은 통합과 관련된 1920년대 이후의 캐나다 정부의 노력을 조사해보는 방식으로 시작될 것이다. 다음에 조직 통합에서 추구했던 4대 목표(동일의 정체성(Identity) 확립, 군 요원들의 진급 기회 개선, 국방비 절감 및 작전효율 증진) 중 어느 것도 달성되지 않았음을 보일 목적에서 이들 개개 목표를 분석해볼 것이다. 캐나다 군이 3개의 독립된 군으로 운용되고 있음을 보일 목적에서, 단일군으로의 통합이 실패한 결과로 인해 미군

---

6) Gerry Theriault, "Democratic Civil-Military Relations: A Canadian View", *Canadian Strategic Forecast*, 1996년, p. 12.

7) Address to CF Command & Staff Course, Norfolk, VA, 30 April 2003.

과 유사한 형태의 군 구조, 즉 합동군을 향해 나아가고 있음을 보일 목적에서 통합에 관한 캐나다의 모델을 미국의 군 구조와 비교해볼 것이다. 마지막으로 오늘날 지상, 해상 및 공중 전력을 유지하며, 합동 차원에서 군의 문제를 해결하고자 하는 캐나다 군의 노력이 논의될 것이다.

2. 단일군 개념의 발전과 문제점

가. 단일군 개념의 발전

캐나다 군에서 효율통합(Integration)과 조직통합(Unification) 개념은 20세기 초반으로 거슬러 올라간다. 1920년대 이후 이들 개념은 캐나다에서 민간 및 군 지도자들의 끊임없는 관심 사항이었다. 여기서는 캐나다 군의 효율통합과 조직통합 개념의 발전을 검토하고, 군의 통합으로 인해 야기된 문제점들을 조명해보고자 한다.

(1) Heller 국방장관 이전

(가) 1920년대

캐나다 군에서 효율통합과 조직통합 개념은 1920년대 초반으로 거슬러 올라간다. 1922년의 국가방위법(National Defense Act)에서는 "캐나다 군을 단일 장관 예하의 국방성 내부에서 단일의 참모총장(Chief of staff) 아래 군을 혼합(Amalgam)하고자 하였다."[8] 여기서 의도했던 바는 국방비 절감과 국방

8) Canadian Armed Forces Integration/Unification: A 1979 Perspective (Ottawa: Canadian Department of National Defence, 1979), p. 4.

정책의 조정 정도 개선이었다. 그 후 지속적으로 목격되는 현상이지만, 당시의 혼합은 각 군 간의 경쟁, 정치적 의지 부족, 고위급 장교들의 상호 협조 및 조정 능력 결여로 인해 난항을 거듭하였다. 그 후 몇 년 동안 의미 있는 결과가 전혀 있지 않았다는 점에서 보면 당시의 노력은 일대 실패작이었다.9)

(나) 1940년대(Brooke Claxton)

1947년 캐나다는 국방비 절감과 작전효율 목적으로 재차 효율통합과 조직통합을 거론하였다. 당시의 국방장관이던 크락스턴(Brooke Claxton)은 "캐나다 군의 국방 소요(所要)를 충족시킬 목적의 효율적이고도 경제적인 방안을 강구하고, 군 조직을 간소화하기로 결심하였다."10) 그의 노력은 국방성 내부에서 매번 적지 않은 저항에 직면하였다. 군의 단일화(아말감)에 대한 반대는 크게 다음과 같이 구분해 생각할 수 있다.

첫째, "각 군의 지원 기능을 특정 군에 넘겨주는 방식으로 통합(당시의 통합은 이 같은 방식으로 진행되었음)하면 여타 군이 자신의 지원 기능을 더 이상 완벽히 통제할 수 없게 되어 효율이 크게 저하된다"11)는 주장이었다. 군에서 지휘와 통제는 매우 중요한 부분인데, 이처럼 통합하는 경우 지휘 통제의 효율이 저하될 것이란 주장이었다. 둘째, 유사 기능을 단일화(아말감)하기 위한 다수의 방안이 있지만 이 같은 재조직을 통해 얻어지는 국방비 절감은 미미한 수준이라고 이들은 주장하였다.12) 따라서 이 같은 변화는 의미

---

9) B.D. Hunt and R.G. Haycock, ed., *Canada's Defense: Perspectives on Policy in the Twentieth Century* (Toronto: Copp Clark Pitman Ltd, 1993), p. 74.

10) Bland, Douglas, *The Administration of Defence Policy in Canada 1947 to 1985*, Ottawa: Ronald P. Frye. 1987년, p. 13.

11) Kronenberg, Vernon J., *All Together Now: The Organization of the Department of National Defence in Canada 1964-1972*, Toronto: Canadian Institute of International Affairs, 1973, p. 12.

가 없다는 주장이었다. 이처럼 각 군의 지속적인 비협조로 군 내부에서의 합동성 강화가 불가능한 것으로 보였다.

(다) 1950년대(Charles Foulkes 중장)

1950년대 초반의 캐나다군의 참모총장위원회의장(Chairman of the Chiefs of Staff Committee)인 포크스(Charles Foulkes) 중장은 "클락선과 마찬가지로 단일 군으로의 군 통합과 단일 참모총장을 두는 개념을 구상하였다." 그는 영국뿐만 아니다 미국 또한 이 같은 체제를 유지하고 있지 않다는 점을 잘 알고 있었다. 그러나 그는 캐나다 군을 단일의 국방참모총장(Chief of Defence Staff) 중심으로 운영되는 지구상 최초의 국가가 되도록 만들고자 노력하였다.

1956년 포크스는 캐나다 군의 재조직과 관련된 자신의 비전을 준비하였다. 1년 뒤 정부가 바뀌면서 그의 개념은 무산되었다. 그러나 클락선과 포크스의 노력으로 인해 효율통합과 조직통합이란 개념이 정착되었다.

(라) 1960년대(Glassco Commission)

1960년 8월, 디펜베이커(Deifenbaker) 정부는 국방을 포함해 모든 정부 부처를 평가할 목적의 "정부 조직에 관한 위원회(Royal Commission on Government Organization)"을 설치하고는 위원장으로 글라스코(J. Grant Glassco)를 임명하였다. 1962년에 발간된 글라스코 보고서는 국방과 관련해 몇몇 사항을 식별해내었다. 이들 중 가장 의미 있는 사항은 효율통합에 대한 지지란 부분이었다.

당시 캐나다 군은 3군 참모총장 및 참모총장위원회 의장(Chairman of the Chiefs of Staff Committee)의 협조와 조정에 근거해 일을 처리하고 있었다. 그

---

12) *Ibid*., p. 12.

런데 이들 모두는 사안에 무관하게 거부권을 행사할 수 있었다. 또한 캐나다 군 내부에는 3군 중심의 200개 이상의 상설 위원회가 있었다. 군에 단일의 권위체가 있지 않은 상태에서 각 군의 조정 위원회를 중심으로 일을 처리한 결과 일이 지연되었을 뿐더러 군의 효율이 크게 저하되었다. 결과적으로 글라스코 위원회는 "각 군을 통제할 수 있는 인물이 없다는 점으로 인해 3군이 개입하는 모든 합동 차원의 문제가 실패로 끝날 수 있다"라고 결론지었다. 위원회는 각 군 간의 경쟁에 따른 부정적인 효과를 최소화할 필요성과 합동군(Joint force)의 긍정적인 측면을 강조하였다. 불행히도 위원회의 권고 사항들에 반응할 수 있기 이전인 1963년의 선거에서 디펜베이커 정부가 패배하였다.

글라스코 위원회가 검토한 사항과 관련해 피어슨(Lester Pearson)이 이끌던 신생 자유당 정부(Liberal government)는 글라스코 보고서에 상세 언급되어 있는 권고 사항과 결론들을 검증할 목적의 국방 위원회를 구성하였다. 결론적으로 말하면 글라스코 위원회뿐만 아니라 국방 관련 특별 위원회는 캐나다 군의 효율통합을 강력히 지지하였다.

피어슨 정부가 통합에 관심이 있었던 것은 효율통합을 통해 재정 적자를 해결하겠다는 점 때문이었다. 특히 1950년대 말과 1960년대 초반 캐나다 국방에서는 일련의 프로그램이 지연되고 있었으며, 획득이 난항을 겪었다. 국방비에서 투자비 비율이 1954년의 42%에서 1963년에는 16%로 줄어들었다.[13] 문제를 해결하기 위한 방안에는 국방비 증액, 국방의 역할 축소 그리고 효율적인 군사력을 만들어낼 목적에서의 국방관리체계의 재구성이 있었다.[14] 피어슨 정부는 세 번째 대안을 선택하였다.

---

13) Bland, ed., *Canada's National Defence–Volume 2: Defence Organization* (Kingston: School of Policy Studies, Queen's University, 1998), pp. 90, & 236.

14) Canadian Armed Forces Integration/Unification: A 1979 Perspective(Ottawa: Canadi-

(2) Hellyer 국방장관 : 단일군을 향한 질주

국방 행정을 개혁하라는 캐나다 정부의 지침을 받은 헬러(Paul Hellyer)가 국방장관에 취임한 것은 바로 그 순간이었다. 글라스코 위원회의 권고에 근거해 1964년 헬러는 캐나다 군의 미래 조직에 관한 자신의 사고(思考)가 명시되어 있는 국방백서를 발간하였다.

(가) 1964년의 국방백서

백서에서 헬러는 각 군 참모총장뿐만 아니라 참모총장위원회의장(Chairman of the Chiefs of Staff Committee)이란 직책을 없애고, 캐나다군 본부(Canadian Forces Headquarters)란 명칭의 통합된 본부와 단일의 국방참모총장(Chief of Defence Staff)을 제안하였다.[15] 또한 헬러는 각 군보다는 기능에 근거한 본부, 중복된 부분과 불필요한 간접비의 삭제, 분명하고도 상세 계획 형태로 군의 작전과 활동에 국방 자원(資源)이 할당되도록 하는 프로그램 기획을 도입하자고 제안하였다.[16] 이들 방안을 도입하는 경우 다음과 같은 효과가 있을 것으로 생각되었다. 첫째, 본부 참모들의 삭감으로 전투작전 임무에 보다 많은 장교와 병사들이 가용해진다. 둘째, "본부 참모들을 단일군 참모로 통합하는 경우 향후 몇 년 내에 국방비에서 투자비 비율이 25%가 될 정도로 예산이 절감될 수 있다."[17]

---

an Department of National Defense, 1979), p. 11.

15) Kronenberg, Vernon J., *All Together Now: The Organization of the Department of National Defence in Canada 1964–1972*, Toronto: Canadian Institute of International Affairs, 1973, p. 98.

16) *White Paper on Defence* (Ottawa: Canadian Department of National Defence, 1964): 19–20.

17) *White Paper on Defence* (1964): 19.

(나) Bill C-90

군의 효율통합(Integration)을 목표로 하는 Bill C-90은 1964년 8월 1일에 발효되었다. 전략적 수준의 군 참모들을 성공적으로 효율 통합하는 경우 군 조직 내부에서 각 군 간의 경쟁이 사라질 것으로 헬러는 생각하였다.[18]

(다) Bill C-243

Bill C-243을 추진하면서 1966년 12월 17일 헬러는 군의 지휘구조를 재조직하게 된 배경, 단일군으로 군을 통합해야 하는 이유 그리고 자신이 구상하고 있던 군 구조에 관해 언급하였다. 1968년 2월 1일에 통과된 Bill C-243으로 인해 "육·해·공군이 사라지고 캐나다 군이 Canadian Forces로 지칭되는 단일군이 되었다."[19] 캐나다 군의 재조직 법과 관련해 캐나다 의회에서 1966년에 행한 연설에서 헬러는 단일군이 추구하는 4대 원칙 내지는 목표를 언급하였다. 이들은 동일한 정체성(Identity) 확립, 군 요원들의 진급 기회 개선, 국방비 절감 그리고 작전효율 증진이었다.[20]

1. 정체성 확립

단일군에서 목격되는 동일한 정체성 확립으로 인해 …… 군인들의 경우 캐나다 국민을 대신해 군 전반에 그리고 군이 추구하는 목표에 최우선적으로 충성하게 될 것이다.

2 진급 기회 개선

능력이 있으며 동기 부여가 되어 있는 사람들의 경우 장교와 하사관에 무관하게 보다 폭넓고 도전적이며 보상(報償)이 따르는 근무가 가능해질 것

---

18) Kronenberg, *All Together Now*, 15-16.

19) Hellyer's Reorganization as cited in Bland, ed., *Canada's National Defence*, Volume 2, 145-149.

20) Bland, *Canada's National Defence*, Volume 2 Defence Organization, p. 268.

이다.

3. 국방비 절감

군 관련 과학기술 발전과 국제사회의 상황 변화로 인해 국방조직 측면에서의 변화된 요구사항을 충족시킬 필요가 있게 되었는데, 이 같은 요구를 단일군이 보다 잘 충족시켜줄 것이다.

4. 작전효율 증진

오늘날의 전쟁 양상으로 인해 의사결정과 반응 속도가 역사상 어느 때보다 신속해야 할 정도로 시간과 공간이 압축되었다. 이 같은 요구에 대처하기 위한 최상의 방안은 단일군이다.

나. 단일군의 문제점

헬러가 추진한 계획과 정책에 대항해 캐나다 군은 극도로 민감하게 반응하였다. 1964년에는 2명의 고위급 육군 장군이 군을 떠났으며, 1967년에는 7명의 제독이 군을 떠났다. 마찬가지로 헬러 휘하에서 국방참모총장으로 있던 공군의 밀러(Frank Miller) 대장이 군문을 떠났다.[21] 통합이란 개념은 대부분의 캐나다 군 요원들에게 인기가 없었다. 그러나 이는 상황을 크게 축소해 말한 것이었다. 사실 캐나다 군 요원들은 단일군으로의 통합을 "캐나다 군 입장에서의 완벽한 재앙"[22]으로 종종 표현하였다.

여기서는 단일군으로 통합할 당시 헬러가 추구했던 4대 목표의 달성 여부를 중심으로 통합의 성공 여부를 언급하고자 한다.

---

21) Morton, Desmond, *A Military of History of Canada*, Toronto: McClelland & Stewart Inc, 1999년, p. 250.

22) Geoffrey D. T. Shaw, "The Canadian Armed Forces and Unification", *Defense Analysis* Vol 17, No 2/(Lancaster: Franklin and Marshall College, 2001), p. 168.

(1) 정체성 확립

통합에서 추구했던 첫 번째 목표는 군 요원들이 동일한 정체성을 견지하도록 하는 것이었다. 결과적으로 보면 단일군으로의 통합으로 인해 군 요원들이 어느 군과도 제휴하지 못하게 되었다. 3군을 단일군으로 통합하는 경우 동일한 정체성이 정립되고, 단일군과 제휴하게 되면서 군 요원들이 "캐나다 국민을 대신해 군 전반에 그리고 군이 추구하는 목표에 우선적으로 충성하게 될 것이다"23)라고 헬러는 생각하였다.

이 같은 통합을 겨냥한 첫 번째 단계는 동일 계급장을 부착한 동일 복장의 착용이었다. 동일 제복의 창안과 더불어 모든 수준의 지원 기능들을 결합(Combine)하는 행위로 인해 통합이 신속히 진행되었다. 그러나 전반적으로 군 요원들의 자부심과 충성심을 조장하기보다는 공중, 지상 및 해상이란 3개 작전환경의 지원 기능을 결합하면서 "육・해・공군에 이어 네 번째에 해당하는 군이 만들어졌다. 또한 지원 요원들이 작전 전력 내지는 작전 요원보다는 지원 병과와 동일시하는 현상으로 인해 지원 요원과 작전 요원들 간에 괴리 현상이 야기되었다."24)

이처럼 각 군이 아니고 군 전반에 대한 최우선적인 충성심 조장을 겨냥한 이 같은 노력에 대항해 거의 즉각 캐나다 군 요원들이 분개하였다. 군 요원들은 예전에 자신이 소속되어 있던 육・해・공군과 지속적으로 연계하였다. 즉 이들은 자신의 예전의 정체성과 전통을 포기하고자 하지 않았다. 육・해・공군이란 정체성을 포기하라는 요구에 군 요원들은 처음부터 분개

23) Paul Hellyer, Address on the Canadian Forces Reorganization Act (Ottawa: House of Commons, 1966), p. 28.

24) Canada, Department of National Defense, *The Review Group on the Report of the Task Force on Unification of the Canadian Forces* (Ottawa: Department of National Defence, 1980), p. 61.

하였다. 단일 복장으로 전환하기로 한 결정뿐만 아니라 그 후 있었던 예전의 연대(聯隊)와 군에 대한 충성심에서 군 요원들이 이탈하도록 한 노력과 관련해 군 요원들은 다음과 같이 말했다. "…… 부대의 응집력(Cohesion)을 모든 훌륭한 군과 지휘관들이 열망해 왔습니다. 그런데 전투원의 심리상태, 가족 등이 신비로운 방식으로 결합되어 나타나는 이 같은 응집력이 불쑥 내팽겨졌습니다."[25] 자군에 수년간 근무해오며 발전시켜온 자긍심과 충성심을 작전환경(공중, 지상 및 해상)과 무관한 단일 제복과 단일군을 위해 포기하라는 요구를 캐나다 군 요원들은 종용받았는데, 이는 지나친 요구였다.

초기의 충격과 분노에 이어 단일군에 대항한 저항이 1970년대 초반까지 지속되었다. 더욱이 "육군과 해군에서 각 군 중심의 사령부가 먼저 출현하였으며 1975년에 공군사령부가 인가되면서 단일군을 겨냥한 노력이 좌절되었다."[26] 1990년 헬러 자신은 공군사령부의 창설을 "일대 후퇴"[27]로 표현하였다. 이미 1978년 단일군 개념에 대한 캐나다 군 내부의 불만이 고조되었다. 이 같은 점으로 인해 클라크(Joe Clark) 정부가 출현한 1979년 "군의 통합을 절대 반대하던"[28] 육군소장 출신의 국방장관 맥키논(Allan McKinnon)은 "캐나다 군의 통합이 갖는 장점과 단점을 조사해볼 목적에서"[29] 캐나다 군의 통합을 검토하기 위한 임무부대(Task force)를 지명하였다. 이 임무부대의 수장은 피페(G.M. Fyffe)였다. 이 임무부대는 캐나다 군의 국방재조직에 관한 의미 있는 보고서를 작성하였다. 국방재조직법이 의회를 통과한 지 12

25) Shaw, "The Canadian Armed Forces and Unification", *Defense Analysis*, p. 160.
26) Bland, ed., *Canada's National Defence–Volume 2: Defence Organization* (Kingston: School of Policy Studies, Queen's University, 1998), p. 249.
27) Paul Hellyer, *Damn the Torpedoes* (Toronto: McClelland & Stewart Inc, 1990), introduction p. 'x'.
28) Bland, ed., *Canada's National Defence–Volume 2: Defence Organization* (Kingston: School of Policy Studies, Queen's University, 1998), p. 249.
29) *Ibid.*, p. 250.

년 뒤에 발간된 이 보고서는 육·해·공군을 단일군으로 통합함에 기인한 것으로 생각되는 사실과 도표를 열거하였다.

보고서에서 발굴해낸 다수의 사항과 권고사항 중에는 공중, 지상 및 해상이란 작전환경을 전담하는 사령부의 사령관들이 국방 문제와 관련해 자신의 관점을 적절히 반영하지 못하고 있다는 점이 있었다. 이 같은 점으로 인해 임무부대는 다음과 같은 2개 사항을 권고하였다. 첫째, 이들 사령관이 국방위원회(Defense Council)에 참여할 수 있도록 해야 한다. 둘째, 이들 사령관이 각 군의 지휘와 관련해 국방참모총장에게 책임지도록 해야 한다.[30] 이들 권고사항을 수용한 결과 이들 사령관이 "나름의 독립적인 개체로 인정받게 되면서 단일군 개념이 지장을 받았다."[31] 따라서 공중, 지상 및 해상을 담당하고 있던 이들 3명의 사령관이 재차 각 군의 수장(首長)이 되었다. 3군의 수장들을 "제거"[32]할 목적의 헬러의 계획이 무력화되었다.

육·해·공군 등 특정 군과 제휴하지 못하도록 한 노력은 성공적이지 못했다. 군 요원들은 육·해·공군이란 독특한 실체와 자신을 지속적으로 연계시켰다. 예를 들면, 법적으로 1968년에 폐지되었음에도 불구하고 1998년 캐나다 군의 항공 요원들은 '캐나다 공군(Royal Canadian Air Force)'의 창설 75주년을 기념하였다. 이들은 공군의 제복이 도시된 75주년 기념 핀을 만들었다. 이외에도 지상 및 해상 요원들이 주기적으로 자신들의 기념일, 주요 전투뿐만 아니라 부대의 주요 사건들을 기념하였다. 마지막으로 단일군으로 통합된 지 23년이 지난 시점에도 육군, 해군 또는 공군이란 자군에 대한 충성심을 포기하도록 하는 노력을 좋지 않게 생각하는 정서(情緖)가 캐나다 군

30) G. Fyffe, Task Force on Review of Unification of the Canadian Forces: Final Report 15 March 1980 (Ottawa: NDHQ, 1980), p. 22.

31) Bland, ed., *Canada's National Defence-Volume 2: Defence Organization* (Kingston: School of Policy Studies, Queen's University, 1998), p. 253.

32) Hellyer, *Damn the Torpedoes*, p. 85.

내부에 팽배해 있었다.

2001년의 국방 분석은 다음의 사실을 주목하였다. "단일군으로의 통합 이후 캐나다 군의 사기는 제복에 관한 몇몇 양보에도 불구하고 결코 회복되지 않았다."[33] 여기서 말하는 제복에 관한 양보란 육·해·공군의 제복을 예전의 복장으로 되돌리도록 한 1985년의 물로니(Mulroney) 정부의 결심을 의미한다. 이처럼 육·해·공군이 예전의 복장을 착용하도록 한 조치에 대한 헬러의 발언을 주목할 필요가 있다. 이전의 제복으로 복귀하는 현상은 "올바른 결정이 아니다. 이 같은 결정으로 인해 1960년대 당시 우리가 직면하고 있던 유형의 문제가 재차 야기되고 있다. …… 물로니 정부의 감정에 치우친 후진(後進)으로 인해 이미 몇몇 불필요한 문제가 야기되었다."[34] 몇 년 뒤 헬러는 심리 및 실제적 이유로 인해 모든 캐나다 군 요원들이 동일 복장을 착용해야 한다고 언급하였다.[35] 그러나 당시 군 요원들은 동일 복장을 착용토록 한 조치에 분개하였다. 뿐만 아니라 원칙적으로 캐나다 군의 요원들은 육·해·공군과 자신을 재차 동일시하였다. 이들 모두는 단일의 정체성 추구란 목표가 달성될 수 없음을 인정한 것에 다름이 없다. 캐나다 군 차원에서의 연계를 위해 소속 부대와 소속 군(육·해·공군)에 대한 충성심을 포기토록 한다는 목표는 분명히 말해 달성되지 않았다.

(2) 군 요원들의 진급 기회 개선

단일군으로 통합하면서 추구했던 두 번째 목표는 캐나다 군의 모든 요원에게 진급 기회를 대거 확대해준다는 것이었다. 헬러는 "능력이 있으며, 동

33) Shaw, "The Canadian Armed Forces and Unification", *Defense Analysis*, p. 168.
34) Hellyer, *Damn the Torpedoes*, p. 'x'.
35) *Ibid.*, p. 'x'

기부여가 되어 있는 사람은 장교 또는 하사관에 무관하게 보다 도전적이고도 보상이 따르는 경력 관리가 가능할 것이다"[36]고 언급하였다. 피페 보고서에서 강조되고 있는 바처럼, 경력 관리 기회의 확대는 지상, 해상 및 공중 전력 간에 이동이 가능했던 분야 즉, 지원 분야로 국한되었다. 작전 요원들의 경우 경력 관리 측면에서 전혀 변화가 없었다.[37] 또한 피페 보고서는 다음과 같이 주목하였다. "지원 분야 요원들은 작전 전력들을 지원한다는 자신들의 주요 목표를 점차 등한시하였다."[38] 진급 기회 확대 차원에서 지상, 공중 및 해상 요원들이 함께 교육받게 되면서 선택의 폭이 넓어졌다. 이 점을 인지한 지원 요원들이 자신의 전문분야에서 이탈해 타군에서 근무하는 경향이 있었다. 그 결과 캐나다 군의 작전 효율이 저하되었다. 『캐나다 군의 역사(*A Military History of Canada*)』란 제목의 자신의 저서에서 몰톤(Desmond Morton)은 다음과 같이 기술하고 있다.

> 각 군이 정체(停滯)되고, 제복과 같은 사소한 문제를 놓고 실랑이를 벌이는 현상이 벌어졌다. 군 요원들이 육·해·공군이란 예전의 군과 자신을 재차 동일시하였다. 1975년에는 육·해·공군이란 명칭이 공식적으로 재차 허용되었다. 계급 인플레가 전문성 측면에서의 정체현상을 달랠 수 있는 유일한 위안거리가 되었다. 장군과 대령이 양산된 반면 사병들이 대거 줄어들었다.[39]

---

36) Hellyer, Address on the Canadian Forces Reorganization Act, p. 28.
37) Fyffe, Task Force on Review of Unification of the Canadian Forces: Final Report 15 March 1980, p. 60.
38) *Ibid.*, p. 60.
39) Desmond Morton, *A Military History of Canada* (Edmonton: Hurtig, 1985), pp. 260-261.

오늘날 캐나다 군의 진급 구조는 1970년대 이후 거의 변함이 없다. 전략적 수준의 본부에 근무하는 지원 요원의 경우, 보다 많은 경력을 선택할 수 있게 된 반면 작전 요원들은 자신의 작전환경인 공중, 지상 및 해상에서 경쟁해 진급하고 있다. 따라서 "능력이 있으며, 동기 부여가 되어 있는 사람"에게 보다 많은 진급 기회를 부여해준다던 헬러의 주장에도 불구하고 통합으로 인해 진급 기회가 거의 늘지 않았던 듯 보인다. 오늘날의 작전 장교들은 지속적으로 자신의 작전환경 내부에서 승진하고 있다. 고위급 장교들만이 작전환경을 초월해 전략적 수준에서 상호 경쟁하고 있는데, 이는 통합 이전에도 마찬가지였다.

(3) 국방비 절감

이미 주목한 바처럼 1960년대의 긴축 재정으로 인해 캐나다의 모든 정부 부처는 예산의 효율적인 운용을 추구하였다. 국방예산은 일반적으로 군의 요구가 아니고 정치적으로 결정되었다.[40] 단일군으로의 군의 통합을 통해 국방비를 절감하고 절감된 부분을 투자비로 전환함이 중요한 의미가 있었다. 헬러 장관은 다음과 같이 생각하였다. "군 관련 과학기술의 발전과 국제사회의 상황 변화로 인해 국방조직 측면에서의 변화된 요구사항을 충족시킬 필요가 있게 되었는데, 단일군으로 통합하면 이 같은 요구가 보다 잘 충족됩니다."[41]

국방성의 재정 관련 문제는 3군을 적절히 조정하지 못했다는 점에 직접 기인하고 있다고 헬러는 주장하였다. 당시 그는 장차전의 수행과 관련해 3

40) D.W. Middlemiss and J.J. Sokolsky, *Canadian Defence Decision and Determinant* (Toronto: Harcourt Brace Jovanovich, 1989), p. 195.

41) Hellyer, Address on the Canadian Forces Reorganization Act, p. 28.

군이 전혀 색다른 개념을 견지하고 있다고 생각하였다. 3군이 동일한 비전을 공유하고, 불필요한 간접비와 장비 구입을 줄이기 위한 논리적으로 유일한 대안은 육·해·공군으로 구성되어 있는 3군 체제를 단일군 체제로 전환하는 것이라고 그는 생각하였다.

캐나다 의회에서 그는 국방 재조직으로 인해 간접비가 줄어들면서 국방 역할에 부응해 현대화된 장비를 획득할 수 있을 정도의 자금이 마련될 것이라고 말했다.[42] 간접비의 이 같은 절감은 이중 및 삼중의 행정 관련 인건비를 줄이는 방식으로, 즉 본부에 보다 적은 규모의 참모를 유지하는 방식으로 달성될 예정이었다. 사실 "이중 및 삼중 형태의 기능 제거는 캐나다 군을 통합할 당시의 주요 주제였다."[43] 그러나 그 수치를 분석해보면 기대되었던 예산절감은 결코 있지 않았다. 1964년 캐나다 군의 본부에는 3,261명의 군인과 4,486명의 민간인이 있었다. 1979년에는 3,083명의 군인과 4,317명의 민간인이 있었다. 이는 인력 측면에서 5% 내외의 절감이 있었음을 의미하였다. 동일 기간 동안 캐나다 군 전체에서 군인이 34%, 민간인이 20% 줄어들었다.[44] 이들 수치는 오늘날에도 변함이 없다. 따라서 본부에 근무하는 인력을 삭감하는 방식으로 인건비를 줄인다는 발상이 달성되지 않았음이 분명해진다.

결과적으로 보면 투자비로 전용될 수 있는 인건비 절감은 있지 않았다. 1967/68년에는 투자비가 국방비에서 차지하는 비중이 16%였는데, 이것이 1972/73년에는 9%로 줄어들었다.[45] 오늘날 투자비 성격의 프로그램은 국방

42) Paul Heller, *House of Common Debate, 27th Parliament, Vol. X.* (Ottawa: Hansard, 1968), p. 10827.

43) Bland, *Canada's National Defence–Volume 2 Defence Organization*, p. 320.

44) *Ibid.*, p. 320.

45) Fyffe, Task Force on Review of Unification of the Canadian Forces: Final Report 15 March 1980, p. 22.

비에서 대략 14%를 차지하고 있다. 캐나다 군의 장비 획득을 가능케 해줄 경비 절감이 있지 않았다고 피페 보고서는 결론지었다. 이들은 "전적으로 통합 때문인 것으로 생각되는 경비 절감의 정도를 거의 식별해낼 수 없다"[46]라고 말했다. 재차 말하지만 3군을 단일군으로 통합할 당시 언급된 목표는 결코 달성되지 않았다. 당시의 목표 중에서 마지막 부분은 작전 효율이란 문제다.

(4) 작전 효율의 증진

독자적으로 운용되는 3군이 작전 측면에서 오늘날의 도전에 제대로 준비되어 있지 않으며 형편없이 조직되어 있다고 헬러는 생각하였다. 그는 다음과 같이 주장하였다. "오늘날의 전쟁 양상으로 인해 의사결정과 반응 속도가 역사상 어느 때보다 신속해야 할 정도로 시간과 공간이 압축되었습니다. 이 같은 요구에 대처하기 위한 최상의 방안은 단일군으로의 통합입니다."[47]

현재의 독자적인 구조로는 작전 측면에서 3군이 효과적으로 공조해 일할 수 없으며, 오늘날의 우발작전에 효과적으로 대응하고자 하는 경우 단일군이 요구된다고 헬러는 믿고 있었다. 캐나다의 3군은 합동작전을 수행한 바 있었다. 그러나 그는 진정한 의미에서의 성공적인 합동작전은 단일군만이 수행할 수 있다고 생각하였다. 그는 육·해·공군과 같은 각 군은 보다 커다란 대의를 위하는 것이 아니고 자신의 작전환경인 공중, 지상 및 해상에 치중할 수밖에 없다고 생각하였다. 단일군으로의 통합이 그 대안이라고 그는 생각하였다.

---

46) Fyffe, Task Force on Review of Unification of the Canadian Forces: Final Report 15 March 1980, p. 58.

47) Hellyer, Address on the Canadian Forces Reorganization Act, p. 28.

불행히도 단일군으로의 통합은 문제의 해결안이 아닌 듯 보였다. 첫째, 피페 보고서는 "…… 단일군으로의 통합으로 인해 보다 신속히 의사를 결정하고 보다 신속히 대응할 능력을 구비한다는 목표가 달성되었는지를 보여주는 결정적인 증거가 없다"고 결론짓고 있다.48) 이 같은 피페 보고서의 내용을 최근의 보다 많은 연구가 입증해주었다. 2001년에 발간된 "21세기의 캐나다 안보를 위한 위원회의 보고서(Report of the Council for Canadian Security in the 21st Century)"에서 위원회는 다음과 같이 주목하였다. "1960년대에 육·해·공군을 단일군으로 통합했음에도 불구하고, 캐나다 군이 작전을 진정 통합된(Integrated)49) 방식으로 접근해야만 하였다."50) 다음에서 보듯이 퇴역 준장인 사페(Sharpe)와 잉글리시(English) 박사의 2001년의 관찰은 이 위원회의 관찰 내용과 일치하고 있는 듯 보인다. "단일군으로의 통합이 끼친 주요 영향은 캐나다 군과 국방성의 행정 조직에 관한 것이었다. 이는 …… 합동작전에 거의 영향을 주지 못했다."51)

캐나다 군의 현 구조는 원칙적으로 합동의 성격을 띠고 있다. 그러나 이는 아직도 "군 문화에서 필요한 전투원의 가치가 아니고 기업의 관행에 보다 초점을 맞추고 있는 듯 보인다"52)는 점을 이들은 주목하였다. 통합 당시의 주안점은 작전 효율 증진인 듯 생각되는데, 행정 및 간접비 문제에 초점을 맞춘 결과로 인해 작전 측면에서의 모든 이점(利點)이 퇴색되었다는 점을

---

48) Fyffe, Task Force on Review of Unification of the Canadian Forces: Final Report 15 March 1980, p. 59.

49) 이는 육·해·공군이 병존하는 상태에서 합동으로 전쟁을 수행하는 개념이다.

50) Jim Ferguson, Frank Harvey and Rob Huebert, *To Secure a Nation: The Case for a New Defense White Paper* (Calgary: Centre for Military and Strategic Studies, 2001), p. 19.

51) Allan English and G.E.Sharpe, *Principles for Change in the Post-Cold War Command and Control of the Canadian Forces* (Kingston: Report for the Department of National Defence, June 2001), p. 31.

52) *Ibid.*, p. 40.

이들은 주목하였다. '군 및 전략 연구를 위한 캘거리 센터(Calgary's Centre for Military and Strategic Studies)'는 "단일군으로 통합되어 있지 않은 미군과 영국군이 캐나다 군과 비교해 작전 측면에서 훨씬 높은 수준으로 통합(Integration)되어 있는데, 이는 아이러니다"[53]라고 암시하고 있다. 단일군으로의 통합으로 인해 3군의 작전 효율이 거의 증진되지 않았다. 따라서 오늘날 캐나다 군은 군 작전과 관련해 합동성(Jointness)을 달성할 목적의 효율적인 방안을 찾고자 지속적으로 노력하고 있다.

1980년 피페의 보고서는 다음과 같이 결론지었다. "단일군으로의 통합에서 의도했던 목표 중 일부라도 달성되었는지 의문입니다."[54] 통합된 지 37년 그리고 피페의 보고서가 출현한 지 25년이 지난 시점, 캐나다 군은 아직도 작전 효율 증진 등 동일한 문제를 놓고 고심하고 있는 듯 보인다. Bill C-90으로 인해 국방참모총장이 출현했으며, 지휘구조가 통합(Integrated)되었다. 그러나 동일한 정체성을 확립하고, 군의 진급 기회를 개선하며, 국방비를 대폭 절감하고, 군의 작전효율을 증진시킨다는 통합법(Bill C-243)은 의도했던 바를 달성하지 못했다.

3. 통합과 합동성에 관한 미국의 경험

가. 합동을 겨냥한 선진국의 노력

군사 서적과 군의 실제 행동을 조사해보면 합동성이 미래의 화두란 점이 분명해진다. 합동작전, 합동본부, 합동교육 및 합동교리처럼 합동이란 용어

---

53) Jim Ferguson, et al. *To Secure a Nation: The Case for a New Defense White Paper*, p. 19.
54) *Ibid.*, p. 60.

가 오늘날의 군사 서적과 최근의 역사를 장식하고 있다.[55] 예를 들면, 미 합참은 합동교리를 공유할 목적의 Web site를 설치해 운영하고 있다.[56] 1999년 미군은 상호운용성을 증진시킬 목적에서 합동군사령부(Joint Force Command)를 설치하였다.[57] 합동 및 연합 작전을 계획하고 합동교리를 발전시킬 목적의 Permanent Joint Force Headquarters의 창설과 함께 영국은 합동성이란 용어에 새로운 의미를 부여하고 있다.[58] 일본은 자위대의 합동성을 증진시킬 목적에서 진지하게 노력하고 있다. 자위대의 지상, 해상 및 공중 전력들 간에 전반적인 협조와 조정을 개선할 목적으로 자위대 법을 개정하는 등 일본은 합동성을 겨냥한 노력을 가시화하고 있다.[59]

나. 미국의 노력[60]

미군의 경험은 몇몇 측면에서 암시하는 바가 있다. 통합(Unification)을 겨냥한 미군의 모든 국방재조직은 작전 효율을 주요 목표로 하고 있으며, 합동 차원의 임무 수행에 초점을 맞추고 있다. 이 같은 취지에서 군의 문민통제 강화 내지는 군의 효율성 추구를 겨냥한 미군의 모든 노력은 각 군 간의

55) F. Mike Boomer, "Joint or Combined Doctrine? The Right Choice for Canada", Canadian Forces College(AMSC 2), 1998, p. 1.

56) Boomer

57) "DoD Dictionary of Military Terms", 19 December 2001, <http://www.dtic.mil/doctrine/jel/doddict/> (25 February 2002).

58) Stuart Peach, ed., *Perspectives on Air Power: Air Power In Its Wider Context* (London: The Stationery Office, 1998) 54.

59) Fumio Ota, "Jointness in the Japanese SelfDefense Forces," *Joint Force Quarterly* 27 (2000-01): 58.

60) 합동성 강화를 염두에 둔 미국의 노력과 관련해서는 다음을 참조하시오. 김동기, 권영근 번역, 『합동성 강화 : 미 국방개혁의 역사』, 연경문화사, 2002년 10월; 권영근 번역, 『미래전 어떻게 싸울 것인가』, 연경문화사, 1999년 3월; 권영근 외 4명 번역, 『합동작전의 역사』, 합동참모대학, 2001년 12월.

상호운용성과 협조 증진에 초점이 모아지고 있다.

(1) 골드워트 니콜스 법 이전의 미국의 노력

크락선이 캐나다 군을 조직통합 및 효율통합하고자 노력했던 1945년에는 미국 또한 심각한 수준의 통합 논쟁에 휩싸였다. 1921년 미 의회는 중앙의 단일 권위체 아래 국방성을 결합(Combine) 내지 단일화(Unify)할 목적의 제안을 시작하였다. 1921년부터 1945년까지의 기간 미 의회는 미군을 재조직할 목적의 50여 개의 제안을 고려하였다. 이들 중 몇몇 제안의 경우 육・해・공군을 단일군으로 완벽히 조직 통합하는 방안을 구상하였다. 여타 제안들은 통합(Unification)을 중앙집권화된 구조에 의해 통제 받는 군을 중앙집권적으로 지시한다는 가정(假定)에 근거하고 있었다.

결과적으로 1947년부터 1958년까지의 기간에는 통합(Unification)과 관련된 3개 법이 통과되었다. 1947년에 제정된 국가안보법(National Security Act)이 1949년에 수정되었다. 또한 1958년에는 국방재조직법(Department of Defense Reorganization Act)이 미 의회를 통과하였다.

1949년의 국가안보법으로 인해 육・해・공군이 별도의 성(省 : Department)을 갖게 된 반면, 이들 성이 국방장관의 일반 지시에 따라 움직이게 되었다.[61] 이 법을 만들 당시 미 의회는 국방장관의 통제 아래 단일 지시(Unified Direction)가 가능토록 하지만 각 군 및 성(省)의 병합(Merge)을 염두에 두지 않았다. 즉 이는 캐나다의 경우와 달리 조직 통합이 아니라 단일의 지시를 통해 각 군의 노력을 통일할 목적의 것이었다. 또한 미 의회는 전투력이 지

---

61) Douglas C. Lovelace, Jr., *Unification of the United States Armed Forces: Implementing the 1986 Department of Defense Reorganization Act* (Carlisle Barracks, Pennsylvania: U.S. Army War College, 1986), p. 63.

상, 해상 및 공중 전력이란 효율적인 팀으로 통합(Integrated)되도록 하지만 군 전반을 관장하는 국방참모총장의 설치를 고려하지 않았다.[62] 1958년의 국방재조직 법으로 인해, 별도 조직의 국방성(DoD)에 대해 국방장관이 권한을 행사할 수 있게 되었다. 또한 대통령에서 국방장관과 합참의장을 통해 통합사령부(Unified Command)[63]와 특수사령부(Specified Command)로 연결되는 지휘계통이 정립되었다.[64]

이들 법은 다음과 같은 의미가 있었다. 첫째, 이들 법으로 인해 국방성에 대한 국방장관의 권한이 확대되었다. 둘째, 국방예산과 같은 기능을 포함해 장관이 별도 조직의 각 군성을 통제할 수 있게 되었다.[65] 국방장관은 다양한 국방 프로그램과 관련해 변화 내지는 삭감을 요구할 수 있었다. 그러나 자신들이 요구한 바와 관련해 각 군 장군들이 그 타당성을 제기하고 방어할 수 있었다. 이는 다음과 같은 두 가지 의미가 있었다. 첫째, 미군을 지휘 통제할 책임이 있는 부서, 즉 합동참모와 통합 및 특수 사령부가 군의 체계 개발 관련 예산을 전혀 갖고 있지 않다는 점이었다.[66] 둘째, 군이 추진하는

62) 권영근 번역, 『미군의 통합활동』, 합동참모본부, 2003년 12월, p. 2.

63) 캐나다의 경우와 달리 이는 조직이 통합되어 있다는 의미가 아니다. 이는 지휘가 통일되어 있다는 의미다. 즉 단일 지휘관이 전쟁을 지휘하고, 공중, 지상 및 해상에서 벌어지는 전쟁 또한 구성군사령관이란 단일 지휘관이 지휘하는 형태의 사령부를 의미한다. 한미연합사령부는 통합사령부와 동일한 구조다. 미군의 통합사령부에 관해 보다 자세히 알고자 하는 경우는 권영근, "합동교리와 관련된 논쟁", 『합동군사연구』, 2004년 12월, pp. 137-154; 권영근, "합동 지휘통제", 『합동군사연구』, 2001년 12월, pp. 146-154; 권영근 번역, 『군의 통합활동』, 합동참모본부, 2003년, pp. 1-18; 권영근 외 3명 번역, 『합동작전』, 합동참모본부, 2002년, pp. 56-93; 권영근 외 3명 번역, 『합동전』, 합동참모본부, 2002년; 김동기, 권영근 번역, 『합동성 강화 : 미 국방개혁의 역사』, 연경문화사, 2002년 10월; 권영근 번역, 『미래전 어떻게 싸울 것인가』, 연경문화사, 1999년 3월을 참조하시오.

64) Lovelace, *Unification*, p. 5.

65) James R. Locher III, "Taking Stock of Goldwater-Nichols", *Joint Force Quarterly* 13, 1996년, p. 11.

66) Kenneth Allard, *Command, Control and the Common Defense* (Washington, National De-

대부분의 프로그램이 자군의 소요(所要)를 가장 잘 충족시키고 있었다는 점으로 인해 합동 차원의 대안은 항상 뒷전으로 밀릴 수밖에 없었다.[67] 미국의 관점에서 보면 특정 군의 소요와 비교해 합동 체계의 획득에 보다 많은 우선순위가 부여되도록 할 필요가 있었다. 또한 효과적인 합동 지휘통제 구조의 정립이 중요한 의미가 있었다.

(2) 골드워터-니콜스 법

국방재조직 법이 제정된 1958년 이후의 30년 동안에는 미군을 통합(Unify)할 목적의 노력이 전혀 없었다. 그러나 1980년대의 몇몇 불운한 사건들(예를 들면, 이란의 인질구출 작전 등)로 인해 미 의회가 국방성의 추가 개혁을 추진하였다. 상원군사위원회(Senate Armed Service Committee)에서 1985년에 발간된 초도 보고서의 경우 군사작전에서 합동 차원의 노력을 개선하지 못하고 있다며 미군을 비난하였다.[68] 결과적으로 1986년에는 골드워터-니콜스 국방재조직법이 미 의회를 통과하였다. 이 법은 미 국방의 권력이 합동 조직으로 일대 이동함을 의미하였다.[69]

이 법으로 인해 군의 권한이 합참의장에게 집중되었다. 구체적으로 말하면 이 법으로 인해 합참의장이 육·해·공군에 대해 추가 권한을 갖게 되었다. 또한 합참의장이 대통령과 국방장관의 주요 군사 보좌관으로 공식 지정되었다.[70] 더욱이 장군으로 승진하고자 하는 장교들의 경우 합동 근무가 법적으로 필수 요건이 되었다. 간단히 말해 이 법은 각 군 간의 협조와 계

fense University, 1996), p. 131.

67) Allard p. 132.

68) Allard pp. 11-14.

69) *Ibid.*

70) 김동기, 권영근 번역, 『합동성 강화 : 미 국방개혁의 역사』, p. 197.

획수립에서 합동성이 공식 개념이 되도록 할 목적의 것이었다.

각 군의 편협성과 일방주의란 문제를 미군은 전투 효율을 증진시킬 목적의 합동성, 즉 진정한 의미에서의 합동성을 통해 대처하고 있다. 2001-2002년의 아프가니스탄 전쟁과 최근의 이라크 전쟁에서의 교훈을 보면 미국이 이 분야에서 일대 진전을 보이고 있음을 알게 된다.

1986년 이전까지 미국의 국방성은 각 군이 주도하고 있었다. 이들은 전쟁에 대비한 군사력 준비뿐만 아니라 전쟁 계획을 수립하고 전쟁 수행을 책임지고 있었다. 미국의 각 군은 합참체계에 작전 기능들을 양보하고자 하지 않았다. 이들은 군사력을 양성해 유지하는 역할과 전시(戰時) 군사력을 운용하는 역할 모두를 감당하고자 노력하였다. 각 군이 합참의장의 조언에 비토권을 행사했으며, 통합사령부(Unified Command)를 통제하였다. 결과적으로 합동 조직이 제대로 기능하지 못했다.[71] 합동 차원에서 육・해・공군이 효과적으로 전투를 수행하고자 하는 경우 이들 군의 능력의 통합(Integration)[72]이 중요한 의미가 있는데, 각 군이 지나칠 정도로 권력과 영향력을 행사하고 있는 관계로 인해 이 같은 전력 통합이 저해되었다.[73]

골드워터-니콜스 법이 의도했던 바는 합동 차원에서 군사작전을 통합적(Integrated)으로 운용하기 위한 합동교리 개발에 각 군이 협조토록 하는 것이었다. 즉 각 군 간의 상호 협조와 계획수립을 조장해주는 합동성이 '지상의 법칙'이 되도록 하는 것이었다.[74] 적어도 2회에 걸쳐 미군의 합동작전이

71) Archie D. Barrett, as quoted in James R. Locher III, "Taking Stock of Goldwater-Nichols," *Joint Force Quarterly* Autumn 1996: 35.

72) 미군의 전력 통합 방법과 개념에 관해 알고자 하는 경우는 권영근, "합동교리와 관련된 논쟁", 『합동군사연구』, 2004년 12월, pp. 137-155를 참조하시오.

73) Archie D. Barrett, as quoted in James R. Locher III, "Taking Stock of Goldwater-Nichols," *Joint Force Quarterly* Autumn 1996: 34.

74) Owen, Admiral Bill., *Lifting the Fog of War* (Baltimore: The Johns Hopkins University Press, 2000), p.164.

일대 실패로 끝난 이후 미 의회는 합동전의 수행 개선에 초점을 맞추었다.[75] 그러나 이들 법의 많은 부분은 각 군의 이익과 합동 기관의 이익 간에 균형을 유지토록 할 목적의 것이었다. 부여 받은 책임과 비교해 각 군이 지나칠 정도의 권한을 행사하고 있었는데, 이것이 문제였다.[76]

골드워터-니콜스 법으로 인해 작전 효율이 증대되었다. 뿐만 아니라 이 법으로 인해 전략계획 및 우발계획 수립 분야에서 합동참모의 권한이 증대된 반면 자원 배분과 관련된 결심에서 각 군의 주도적인 역할이 줄어들었으며, 각 군이 추구하는 프로그램 및 예산과 관련해 객관적인 군사적 평가가 강화되었다. 법이 통과된 지 10년이 지나지 않아 원래 의도했던 목표 모두가 달성되었다는 주장이 제기되었다.[77]

4. 합동성 : 캐나다 군의 새로운 조직 원칙

1996-97년에는 지상, 해상 및 공중 전력을 담당하는 참모총장인 '작전환경 참모총장(ECS : Environmental Chief of Staff)'이 국방참모총장이 있는 오타와에 재차 등장하였다.[78] 이들은 단일군이 법으로 정착된 1968년 이전에 자신의 전임자, 즉 각 군 참모총장들이 누렸던 거의 모든 권한과 특권을 행사

---

75) 골드워터-니콜스 법이 나오게 되는 과정에서 가장 빈번히 언급된 작전은 그레나다에서의 민간인 인질 구출 작전인 1983년의 URGENT FURY와 이란의 미국 대사관에 있던 인질들을 구출할 목적의 EAGLE CLAW 작전이다.

76) Barrett, as quoted in Locher III, James R. "Taking Stock of Goldwater-Nichols." *Joint Force Quarterly* 13 (Autumn 1996): p. 34.

77) Locher III, James R. "Taking Stock of Goldwater-Nichols." *Joint Force Quarterly* 13 (Autumn 1996): p. 40.

78) G.M. Fyffe et al., *Task Force on Review of Unification of The Canadian Forces* (Ottawa: Canadian Department of National Defence, 1980) 28.

하기 시작하였다. 다수의 위원회가 등장했으며 기능의 중복이 서서히 시작되었다.[79] 각 군 참모총장이 복귀하면서 주요 논의에 각 군 참모가 관여하게 되었으며, 각 군이 예전의 영향력 중 일부를 회복하게 되었다.

1990년대 말경 어느 순간 캐나다 군에서 합동성(Jointness)이란 용어가 조직통합(Unification)이란 용어를 대체하였다. 오늘날 조직통합이란 용어는 캐나다 군에서 자취를 감추었다.[80] 헬러가 고안해낸 것으로서 각 군의 기능과 본부들을 완벽히 효율통합(Integration)하는 의미로 사용되던 조직통합이란 개념은 오늘날 아무리 좋게 보아도 의혹을 벗어날 수 없다. 몇 년 전부터 합동성과 합동(Joint)이란 용어가 1960년대 당시의 통합에서 추구했던 이상(理想)을 구현해주는 용어가 되었다.[81]

최근 캐나다 군의 대부분 변혁은 합동성이란 개념에 근거하고 있다. 2002년의 자신의 논문에서 캐나다 국방대학의 한 학생은 캐나다 군이 "작전효율을 높이고 국방예산의 삭감에 따른 문제를 해결해줄"[82] 합동성을 수용할 목적에서 조직통합과 효율통합이란 개념을 재검토해야 한다고 언급하였다. 그러나 캐나다는 이 학생의 논문이 등장하기 5년 전에 이미 이 같은 방향으로 나아가고 있었다.

지난 몇 년 간의 일련의 결심과 사건들로 인해 합동성의 기치(旗幟) 아래 조직 및 교리의 변화와 결심을 위한 근간이 마련되었다. 군사혁신(RMA)[83]

---

79) Granatstein, J.L. *Who Killed The Canadian Military* (Toronto: HarperCollins Publishing Ltd., 2004), pp. 92-93.

80) 예를 들면, 캐나다 군의 전략능력 개요에는 unified란 용어가 포함되어 있지 않다. Strategic Capability Planning for the CF, available at http://www.vcds.forces.gc.ca/dgsp/pubs/rep-pub/dda/strat/glossary_e.asp을 참조.

81) Allan D. English, *Understanding Military Culture: A Canadian Perspective* (Montreal: McGill-Queen's University Press, 2004), pp. 118-124.

82) Kenneth Bailey, *Integration and Unification Equals Jointness in 21st Century Canadian Forces* (Toronto: Canadian Forces College, Master of Defence Studies Thesis, 2002), abstract.

이란 기치 아래 시작된 합동성이란 개념이 캐나다와 미국에서 가속화되었다.[84] 캐나다 군에서 은퇴하기 얼마 전인 2001년 국방참모차장(DCDS : Deputy chief of the defence staff) 가넷(Gary Garnett) 제독은 다음과 같이 말했다. "군사혁신이 미래의 캐나다 군의 모습을 격렬한 방식으로 결정짓고 있습니다. …… 진정한 의미에서 현대화되어 있으며 전투 능력이 있을 뿐만 아니라 합동에 기반을 둔 캐나다 군을 만들 수 있는 이 같은 기회를 놓쳐서는 안 됩니다."[85]

합동성과 국방변혁(Transformation)은 오늘날의 캐나다 국방에서 화두다. 위원회에서 부대/제대(梯隊) 및 교리에 이르기까지 합동이란 용어가 붙은 명칭이 캐나다 군에서 우후죽순처럼 등장하였다. 합동 성격의 구조, 조직 및 프로젝트는 캐나다 군에서 거의 죽지 않을 것이다. 1994년의 국방백서에는 합동활동이 오직 한 번 거론되고 있는 반면 1997년의 방위계획(Defence Plan)에는 합동성이란 용어가 빈번히 언급되고 있다.[86] 1999년에 작성된 Strategy 2020의 경우는 합동성을 미래 군 구조의 가장 중요한 11가지 특성 중 하나로 언급하고 있다.[87] 오늘날 합동성은 국방참모총장이 의회에 보고하는 연

---

83) 부시 대통령 취임 이후 클린턴 대통령 당시의 군사혁신이 변혁(Transformation)으로 명칭이 바뀌었다.

84) 군사혁신은 과학기술의 혁신적인 적용에 따른 전쟁 양상의 변화로서 군사교리, 그리고 작전 및 조직 개념들과 결합되는 경우 군사작전의 성격과 수행을 근본적으로 변화시키게 된다. Benjamin S. Lambeth, as quoted in Sloan, T*he Revolution in Military Affairs*, 3.

85) G.L. Garnett, "The Evolution of the Canadian Approach to Joint and Combined Operations at the Strategic and Operational Level," *Canadian Military Journal* (Winter 2002-2003) 5.

86) Department of National Defence, Defence Planning Guidance 1997, available at http://www.vcds.dnd.ca/dgsp/pubs/rep-pub/dfppc/dpg/dpg97/intro_e.asp, accessed 15 Apr 2004.

87) Department of National Defence, Shaping the Future of the Canadian Forces: A Strategy 2020, 6, available at http://www.cds.forces.gc.ca/00native/docs/2020_e.doc,

례 보고서에서 가장 두드러진 용어가 되었다. 더욱이 캐나다 군의 변혁의 진전 정도를 측정해주는 주요 가늠자는 합동성이다.88)

합동성의 기치 아래 최근 몇 년 동안 진행된 모습은 괄목할 만한 수준이다. 전략적 수준의 의사결정 집단의 관점에서 보면, 군 위원회(Armed Force Council)는 가장 높은 수준의 합동전략위원회다. 합동능력소요위원회(JCRB : Joint Capability Requirement Board)와 합동능력 행위팀(JCAT : Joint ability Action Teams)을 포함한 합동 차원의 몇몇 위원회가 조직되었다. 작전적 수준에 보다 가까운 합동참모조정위원회(JSSC : Joint Staff Steering Committee)가 캐나다 군 작전의 군사-전략 문제들을 점검할 목적으로 도입되었다. 반면에 비교적 소장급 위원회인 합동참모행위팀(JSAT : Joint Staff Action Team)의 경우 작전 계획수립과 통제에 필요한 모든 기능 분야를 망라하고 있는데, 현행 및 미래 임무를 염두에 둔 모든 작전 관련 문제들을 매일 같이 검토하고 있다. 이들 위원회에 육·해·공군이 참여하고 있다. 단일군 당시에서조차 국가방위본부(NDHQ : National Defense Headquarters)의 주요 관심사항은 매일의 작전에서 지상, 해상 및 공중 전력을 통합(Integrate)하는 문제였다. 그런데 앞에서 언급한 2개 위원회가 이 같은 통합의 문제를 충족시켜주고 있다.

1995년 캐나다의 국가방위본부(NDHQ)는 캐나다의 합동 및 연합 교리를 최초로 작성하였다.89) 미래 합동작전에 대비할 목적에서 캐나다 군은 다수의 합동교리를 만들었거나 작성 중에 있다.90) 법적으로 보면 아직도 캐나다 군은 단일군이다. 그러나 다음에서 보듯이 교리적으로 보면 캐나다 군은 실

---

accessed 15 Apr 2004.

88) 특히 다음을 참조하시오. Garnett, "The Evolution of the Canadian Approach to Joint and Combined Operations at the Strategic and Operational Level," 3-8.

89) Joint Doctrine for Canadian Forces Joint and Combined Operation(Ottawa: Canadian Department of National Defence, 1995). 이 교리는 2000년에 Canadian Forces Operations로 명칭이 변경되었다.

90) http://www.dcds.forces.gc.ca/jointDoc/pages/j7doc_doclist_e.asp를 참조하시오.

제적으로는 합동군이다.

> 캐나다 군을 단일군으로 기술하고 있는 국방법에도 불구하고, 3개 작전환경(공중, 지상 및 해상) 중에서 2개 이상의 환경에서 근무하는 부대(이들 부대는 상이한 작전환경에서 근무)들의 상호협조가 요구되는 경우 이들은 합동 구조 아래 이처럼 할 것이다. 당시 이들은 국제적으로 인정받고 있는 합동이란 용어를 사용하게 될 것이다. …… '작전환경 참모총장(ECS)'은 각 군 교리를 발전시킬 책임이 있다. 그러나 각 군 교리는 캐나다 군의 2개 군 이상의 협조가 요구되는 상황에서의 군사적 활동을 위한 적절한 지침이 되지 못한다.[91)]

앞의 글에서 보듯이 캐나다는 지상, 해상 및 공중 전력을 위한 각 군 교리와 합동 차원에서의 군사력 운용을 염두에 둔 합동교리를 유지하고 있다. 이는 캐나다 군이 단일군이 아님을 보여주는 부분이다. 왜냐하면 단일군에서는 합동작전이 요구되지 않기 때문이다. 미 해병대는 단일군의 전형적인 사례다. 미 해병대는 지상 전력, 항공 전력 그리고 어느 정도까지는 해상 전력을 효과적으로 결합해 작전을 수행하고 있다. 독자적으로 작전을 수행할 당시 미 해병대는 합동이란 용어를 사용하지 않는다. 왜냐하면 이들은 독립된 몇몇 군을 갖고 있지 않기 때문이다. 1990년대 중반 이후 캐나다 군의 CSC 과정 내지는 국가안보연구과정(National Security Study Course)을 이수한 장교들이 합동교리, 합동작전, 합동정보, 합동기획, 합동 군수지원 등 합동에 관한 50여 편의 논문을 게재하였다.[92)]

1990년대 말 캐나다 군의 고위급 리더들은 캐나다 군의 합동 능력을 흡수해 개발할 책임을 국방참모차장(DCDS)에게 부여하였다. 5년이 지나지 않

---

91) National Defense, *Canadian Forces Operations*, 2004년 11월 5일, Preface.
92) http://198.231.69.12/papers/index.html 참조.

아 이 같은 결정이 지대한 효과가 있었다.

작전 분야의 지휘통제를 염두에 둔 새로운 교리가 정착되었다. 공중, 해상 및 지상 전력 중에서 2개 이상의 전력이 동일 작전에 참여하는 경우 기동부대 내지는 합동기동부대가 임무 시작과 동시에 편성되었다. 이들 기동부대 지휘관은 1990년대 중반 이전과 달리 각 군 참모총장이 아니고 국방참모차장에게 직접 보고하게 된다.93) 이외에도 국방참모차장의 경우 강력하고도 전문화된 합동참모뿐만 아니라 첨단 지휘소(이곳의 경우 완벽히 통합된 작전과 정보 센터를 갖게 된다)를 갖게 된다.94)

이외에도 최근 5년 동안 국방참모차장이 다수의 책임을 부여받았는데, 특히 합동군의 발전 및 생성(Generation)과 관련해 그러하다. 합동군의 발전 프로젝트에는 캐나다 군의 인공위성 프로젝트, 합동 우주지원 프로젝트 그리고 핵-화생방 방어 계획 등 고도의 합동 프로젝트가 있다. 합동군의 개발과 관련해 국방참모차장에게 부여된 책임의 증대란 측면에서 다음과 같은 두 가지 측면이 고려되어야 한다. 첫째, 국방참모차장에게 부여된 프로젝트는 대부분 캐나다 군의 작전 및 지휘통제와 긴밀히 연계되어 있다. 그 결과 우선순위가 높은 것으로 간주된다. 따라서 이것의 경우 예산 측면에서 우선적으로 고려된다. 둘째, 국방참모차장은 캐나다 군에서 합동 문제를 중재하는 사람이다. 또한 그는 사안이 분명히 합동인 경우 내지는 각 군이 동의하지 못하는 형태인 경우 합동교리를 개발하라는 명령을 받게 될 것이다.95) 1960

93) CDS가 전적으로 지휘하며 DCDS가 CDS를 위해 일하게 된다. CDS의 경우는 매일 같이 캐나다 군의 작전을 운영하게 된다. ECS는 자신의 작전환경에서 일상적인 작전(예를 들면, coastal surveillance, search and rescue)을 수행하는 반면 DCDS는 몇몇 국내에서의 우발작전을 지휘하게 된다. 그 결과 ECS의 경우는 군사력을 생성하는 역할로 전락하게 된다.

94) 기존의 작전본부 외에 추가의 새로운 능력이 현재 개발되고 있는데, Joint Intelligence and Information Fusion Capability로 지칭될 것이다.

95) 최근 논란이 되었던 교리 분야에는 무인 항공기의 개발, 생성 및 운용에 관한 것이

년대 이후 국가방위본부(NDHQ)에는 고위급 수준의 통합참모조직(Unified staff organization)이 존재해 있었다. 그러나 당시와 오늘날의 주요 차이점은 국방참모차장의 경우 국방참모총장을 대신해 우발계획을 수립 및 지휘하고, 몇몇 새로운 합동부대를 준비 및 생성할 책임이 있다는 점이다.

합동군의 생성 측면에서 보면 1999년 캐나다 군은 합동본부(Joint Headquarters)를 제1캐나다 사단 구조에서 분리해 새로운 이름 아래 재차 조립한 후 국방참모차장에게 할당해주었다. 그 후 기존의 부대들을 조합해 만든 몇몇 제대(梯隊)와 부대에 합동작전 집단(Joint Operations Group), 합동지원 집단(Joint Support Group), 합동통신연대(Joint Signal Regiment), 합동 핵-생물-화학 방어부대(Joint Nuclear Biological Chemical Defense Company)와 같은 것이 있다. 이외에도 합동개념과 캐나다군의 변혁을 지원할 목적에서 2000년에는 '캐나다군 시험소(CF Experimentation Centre)'가 설립되었다. 또한 2000년 6월에는 '전개 가능한 합동본부(Deployable Joint Headquarters)'가 창설되었다.

최근 몇 년 동안에는 지휘 측면에서 보다 통일된 캐나다 군을 겨냥한 발전이 합동성의 기치(旗幟) 아래 이루어졌다. 대부분 이는 군의 특정 능력을 강화하고 작전 효율을 개선할 목적의 것이다. 그러나 종종 이는 합동 차원에서 문제를 접근하는 경우 경제적으로 타당성이 있으며, 각 군의 이견을 보다 쉽게 해결할 수 있기 때문이다.

아직도 캐나다는 군사력 건설과 운용을 각 군 참모총장, 즉 '환경 참모총장' 중심으로 하고 있다. 캐나다는 이것을 개선해야 할 문제로 생각하고 있다. 즉 군사력 건설은 각 군이 책임지지만 운용은 미군처럼 별도 조직이 담당해야 할 것으로 생각하고 있다.

있다.

5. 결론

전투에 대비한 지휘구조의 중요성은 아무리 강조해도 지나친 바가 없다. 역사적으로 보면 조직에 관한 원칙을 잘못 적용한 결과로 인해 부질없이 많은 인명과 장비가 손실된 경우를 종종 보게 된다.

1806년의 예나(Jena) 전투에서 나폴레옹이 승리할 수 있었던 것은 프랑스군의 기술이 우위에 있었기 때문이거나 상대방 군이 겁쟁이였기 때문이 아니다. 당시 프랑스가 승리할 수 있었던 것은 휘하 군의 조직을 편성하고, 개개 단위 부대의 이동을 조정하는 과정에서 나폴레옹이 우수한 능력을 발휘했기 때문이다. 독일군이 프랑스를 침공한 1940년 5월, 신속하고도 초점을 맞춘 신형의 독일군 조직은 저속으로 움직이는 분산된 형태의 프랑스군 조직을 곧바로 무력화시켜 버렸다. 당시 독일군이 승리할 수 있었던 것은 보다 우수하거나 보다 많은 규모의 병사와 장비가 있었기 때문이 아니고 독일군의 조직 구조가 우수했기 때문이었다.[96] 이처럼 군의 조직 구조 특히 작전 지휘구조는 전승에 결정적인 요소다.

1991년의 걸프전 등 최근의 전쟁에서 목격된 바처럼 향후의 전쟁은 육·해·공군이 합동으로 대응하는 형태, 즉 합동전(Joint Warfare)의 형태로 수행될 것이다. 오늘날의 합동전은 몇몇 사항에 근거하고 있는데, 전쟁 양상은 예측이 불가능하기 때문에 빨강·노랑 및 파랑이란 3원색을 적절히 결합해 의도하는 색을 표현하듯이 육·해·공군 전력을 적절히 결합해 대처해야 할 것이란 점[97], 지상·해상 및 공중에서 군사력을 운용하기 위한 최선의

---

96) 김동기, 권영근 번역, 『합동성 강화 : 미 국방개혁의 역사』, 연경문화사, 2002년, p. 23.

97) Maj Alexander P. de Seversky, *Victory Through Air Power* (New York: Simon and Schutter, 1942), pp. 254-261; 전구(戰區) 차원의 위협에 대처할 목적의 전역(戰役)기획은 육·해·공군의 '주요 작전' 및 보조 작전을 상호 연계시킨 것이다. 위협의 성

방법은 육·해·공군에 의한 군사력 운용 방안, 즉 지상의 경우는 클라우제비츠(Karl von Clausewitz) 및 조미니(Antoine-Henry Jomini)와 같은 지상군 이론가들이 정립한 개념이란 점[98], 무기체계의 발달로 인해 육·해·공군의 무기를 특정 작전환경 즉 지상·해상 또는 공중에서 통합적(Integrated)으로 운용해야 할 것이란 점[99]이 바로 그것이다.

이 같은 점에서 볼 때 오늘날 군의 지휘구조는 동일 목표를 겨냥해 육·해·공군 전력을 적절히 통합(Integrate)할 수 있는 형태가 되어야 한다. 이 같은 통합의 핵심은 합동교리다. 미군의 경우를 보면 전략공격(Strategic Attack) 교리가 공군교리와 합동교리 모두에 있다. 공군의 전략공격 교리는 공군의 전략공격에 관한 내용을 담고 있는 반면 합동 전략공격 교리는 공군의 전략공격에 육군과 해군의 무기를 어떻게 통합적으로 운용할 수 있을 것인지의 문제를 다루고 있다. 이처럼 통합(Integration)을 염두에 둔 합동교리를 미군은 100여 권 유지하고 있다.

본고에서 언급한 바처럼 캐나다는 군사적 효율성 등 몇몇 목표를 달성할 목적에서 육·해·공군을 조직 통합해 단일 국방참모총장이 군을 지휘토록 하는 단일군의 길을 걸었다. 단일군으로 전환할 당시 추구했던 목표를 전혀 달성하지 못한 채 캐나다는 미군과 마찬가지로 합동교리와 각 군 교리에 기반을 둔 합동군으로 서둘러 전환하고 있는 실정이다.

격에 따라 전역계획에 들어가는 작전 형태뿐만 아니라 개개 작전이 전역계획에서 차지하는 비중은 달라진다.

98) 권영근 번역, 『미래전 어떻게 싸울 것인가』, 연경문화사. 1999년 4월, pp, 449-457; 전역계획에 포함되어 있는 육·해·공군의 작전은 해당군의 군사력 운용 개념에 의해 수행된다.

99) 권영근 편저, 『미래전과 군사혁신』, 연경문화사, 1999년 7월, p. 354; 전역계획에 포함되어 있는 육·해·공군 작전이 단일군의 전력만으로 수행되는 것은 아니다. 오늘날에는 무기의 성능이 향상되면서 특정 군의 임무 수행을 위해 확보한 무기가 여타 군의 작전에 함께 사용될 수 있다. 다시 말해, 공군의 무기가 육군 또는 해군의 작전술(Operational Art)에 의해 운용될 수도 있다.

군 구조 등 군이 하는 모든 일은 무수히 많은 전쟁을 통해 얻어진 교훈과 군사이론가들의 타당성 있는 이론에 근거해 수행되어야 한다. 이처럼 전쟁을 통한 교훈과 군사이론가들의 검증된 이론에 근거하고 있는 대표적인 경우에 미군과 같은 선진국 군대의 교리가 있다. 국가안보는 너무나 중요한 일이기 때문에 매사를 이처럼 검증된 경험 내지는 이론에 근거해 수행해야 한다.

캐나다가 추구한 조직통합을 통한 군사적 효율성의 추구는 처음부터 많은 문제가 있었다. 즉 이는 역사적으로 검증된 결과도 아니고, 군사적 이론에 근거하고 있지도 않았다. 그와는 달리 이는 무수히 많은 전쟁을 통해 인류가 터득한 교훈과 정면 배치되는 형태의 것이다.[100]

한편 오늘날의 합동조직은 지휘통일과 노력통일, 중앙집권적 계획수립 및 분권적 임무수행이란 개념에 근거하고 있는데, 이들 개념은 무수히 많은 전쟁을 통해 검증된 사실이다. 이처럼 검증된 결과에 근거하고 있는 미국의 통합사령부(Unified Command) 구조는 인류가 만들어낸 최상의 것인데[101], 연합사령관 아래 육·해·공군 구성군사령부를 두고 있는 한미연합사 구조는 전형적인 통합사령부 유형의 구조다. 오늘날 전 세계 선진 군대의 경우 통합사령부 구조, 합동교리 등을 강조하는 합동성의 길을 걷고 있는데, 캐나다도 여기서 예외는 아니다.

---

100) 고대시대의 방진에서 시작해 군의 경우 보다 세분화되고 있다. 제2차 세계대전 당시 독일육군은 40개의 Speciality를 갖고 있던 반면 오늘날에는 이것이 900여 종류로 늘어났다. 해군과 공군의 경우도 마찬가지다. 김구섭, 김용석, 권영근 번역, 『전쟁에서의 지휘』, 연경문화사, 2001년 6월, p. 14, 21. 권영근 번역, 『미래전 어떻게 싸울 것인가』, pp. 431-442.

101) Thomas A Cardwell III, *Command Structure for Theater Warfare*, Air University Press, 1984년 또는 이것을 번역한 권영근 번역, "전구 차원의 전쟁에 대비한 지휘구조", 미출간의 경우 지휘통일, 중앙집권적 기획 분권적 임무수행이란 역사적 교훈을 통해 전구 차원에서의 최적의 지휘구조를 도출하고 있다. 그 결론은 미군이 유지하고 있는 Unified Command Structure다.

1990년대 후반 한국군은 캐나다의 사례를 거론하며 단일군(통합군) 논쟁을 격렬히 전개하였다.

한국군의 전쟁 지휘구조는 미군과 한 몸을 이루어 통합사령부 유형의 구조를 구성하고 있다. 그러나 미군이 없는 상태에서의 한국군의 모습, 즉 합참을 중심으로 한 한국군의 모습은 통합사령부 구조가 아니다.[102] 즉 한국군의 지휘구조에는 개선의 여지가 없지 않다. 한국군은 조직통합이 아니고 육·해·공군 교리와 합동교리에 근거해 전쟁을 준비하고 유사시 위기에 대비해야 할 것이다.

---

102) 해상 및 지상 작전을 단일 지휘관이 지휘하는 바처럼 공중작전을 전시 단일 지휘관이 지휘해야 하는 반면 한국의 각 군은 항공력을 구비하고자 노력하고 있다. 이는 한반도와 같은 단일 전구에서의 통합지휘 원칙에 어긋나는 현상이다. 미군의 경우와 달리 각 군이 항공력을 보유하는 문제는 지휘통일이란 전쟁원칙에 어긋난다.

제 4 장

합동기동부대 : 그 본질과 적용 가능성 *

1. 서론

전구 차원의 전쟁에 대비한 연합 및 합동 지휘구조는 지휘통일(Unity of Command), 중앙집권적 계획 분권적 임무수행(Centralized Planning, Decentralized Execution) 그리고 노력통일(Unity of Effort) 원칙에 근거해야 한다. 지휘통일이란 배정된 군을 단일 지휘관이 통제하며, 이들 군이 육·해·공군이란 합동의 팀으로 행동해야 함을 의미한다. 지휘통일 원칙은 역사적으로 검증된 것으로서 조직 구조의 근간이 되어야 한다. 중앙집권적 계획 및 분권적 임무수행은 각 군 사령부 간의 노력을 조정하기 위한 중앙의 계획 및 통제 조직과 작전 수행을 염두에 둔 하부 조직이 있어야 함을 의미한다. 하부 조직에서 임무를 분권적으로 수행하는 과정에서는 전구사령관의 지침이 그 근간이 된다. 단일 지휘관이 각 군의 세부 사항을 통제할 수 없기 때문에 작전 수행은 각 군 구성군사령관이 담당하게 된다. 노력통일(Unity of Effort)의

* 권영근, "합동기동부대 : 그 본질과 적용 가능성", 합동참모대학,『합동군사연구』제10호, 2000년 12월, pp. 47-76에 이미 발표된 자료이다.

원칙은 군사력이 통합된, 즉응성 있는 그리고 결정적인 형태로 활용되어야 함을 의미한다.[1)]

앞에서 언급한 연합 및 합동 조직에 관한 3대 원칙에 근거해 보면, 전구 차원의 전쟁에 대비한 최상의 지휘구조는 지상·해상 및 항공이란 3개 구성군사령부로 구성되는 통합사령부(Unified Command)다.[2)] 한미연합사는 나름의 통합사령부를 구성하고 있는데, 818계획을 통해 한미연합사의 지휘구조를 한국군에 이식하고자 했다는 점에서 평시 합참과 각 군 작전사를 포함하는 한국군의 지휘구조 또한 나름의 통합사령부로 생각할 수 있다.[3)]

합동기동부대는 육·해·공군 또는 이들 중 2개 군 이상의 군에서 배속 또는 예속된 부대로 구성되는데, 통합사령부와 달리 일시적 성격의 것이다. 합동기동부대는 통상 3개 상황에서 설립된다.[4)] 첫째, 수행할 임무가 한시적 성격이어야 한다. 임무 완수 후 합동기동부대는 자동 해체되며, 합동기동부대 예하의 개개 구성군도 본연의 사령부로 복귀하게 된다. 둘째, 부여된 임무를 달성하는 과정에서 2개 군 이상이 긴밀히 협조할 필요가 있어야 한다. 여기서 의미하는 바는 능력과 대응 태세가 아닌 각 군 간의 형평성에 근거해 군사력을 선발해 합동기동부대를 편성해서는 안 된다는 것이다. 마지막으로 작전지역 내부에서의 병참을 자체 통제할 필요가 없는 경우 합동기동부대를 설치해야 할 것이다. 그렇지 않으면 합동기동부대장은 임무 수행과 직접 관련이 없는 문제에 시간과 노력을 소비할 수밖에 없는데, 이 경우 합동기동부대의 효과가 반감될 것이다.

통상 합동기동부대는 전쟁에서 목격되는 불확실성이란 요소의 해소를 염

---

1) Thomas A. Cardwell, III, *Command Structure for Theater Warfare : The Quest for Unity of Command*, Air University Press, Sep 1984, pp. 1-2.

2) *Ibid*., 129-134.

3) 평화민주당, “3군 통합의 의도는 무엇인가?‘, 1990년 6월 14일, p. 43.

4) JCS Pub 0-2, Unified Action Armed Forces, 3-27.

두에 두고 편성된다. 상대방의 사고 및 대응 방식을 정확히 파악할 수 있는 사람은 없으며, 전쟁을 둘러싸고 있는 물리적 환경이란 요소를 완벽히 통제할 수도 없다. 상황의 변화에 따라 불확실성이란 요소가 증폭되는 경향이 있다. 전쟁을 구성하고 있는 환경들이 불확실하다는 점을 고려해 지휘관은 충분치 못한 정보로 전승을 거둘 수 있도록 조직을 적절히 편성해야 한다.

이처럼 합동기동부대는 불확실성의 문제에 대처할 목적으로 편성되는데, 한국군의 경우 합동기동부대에 대한 관심이 지대하다. 합동기동부대와 유사한 형태인 반면 비교적 항구적 성격의 지휘 조직에 예하 통합사령부가 있다. 1990년대 당시 한국군은 육·해·공군 전력으로 구성되는 동해사령부의 창설을 추진한 바 있는데, 이는 일종의 예하 통합사령부다. 당시 동해사령부는 군 일각의 반대로 인해 실현되지 못했는데, 아직도 일각에서는 이것과 비슷한 형태의 조직을 거론하고 있는 실정이다.

한국군은 전시 한미연합사란 통합사령부 구조 그리고 평시 합참을 중심으로 한 나름의 통합사령부 구조에 근거해 작전을 수행하고 있는데, 이들 통합사령부 예하에 합동기동부대의 설치가 가능한 것인지, 가능하다면 이것을 운용할 수 있는 경우를 살펴볼 필요가 있다. 제2절에서는 전쟁에서 목격되는 불확실성이란 요소를 이론적으로 고찰해볼 것이다. 제3절에서는 합동작전 측면에서 합동기동부대를 고찰해보고, 역사적으로 합동기동부대의 적용 사례를 살펴보는 방식으로 합동기동부대란 개념의 적용 가능성과 운용개념을 검토해보고자 한다.

2. 불확실성에 관한 이론적 고찰

육·해·공군으로 구성되어 있는 합동군을 지휘통제 하는 과정에서 가장 큰 걸림돌은 전쟁에 내재해 있는 불확실성이란 요소다. 수행 과정에서 인간의 감정뿐만 아니라 예측 불가능한 물리적 환경이란 요소가 개입된다는 점에서 전쟁은 인간의 활동 중에서 가장 불분명한 영역에 속한다. 따라서 "모든 과학에는 원리와 법칙이 있지만 전쟁에는 이 같은 것이 없다"[5]는 삭스(Maurice de Saxe)의 말처럼 전쟁의 계량화 또는 과학적 분석은 쉬운 일이 아니다. 전쟁에서는 가시적으로 나타나지 않으며 그 이해가 쉽지 않은 다수 요소들이 상호 복합적으로 연계되어 나타나게 된다.

가. 불확실성의 본질

『전쟁론(*On War*)』이란 제목의 자신의 명저에서 클라우제비츠는 불확실성이란 요소를 지속적으로 언급하고 있다. "전쟁은 불확실성이 난무하는 영역이다. …… 전쟁은 의혹과 추측이란 '안개'에 둘러싸여 있다."[6] 군의 지휘관들은 정보에 근거해 의사를 결정하는데, "이들 정보가 종종 상호 모순적인 경우가 없지 않다. 더욱이 잘못된 정보는 보다 많으며, 대부분의 정보는 불확실한 형태다."[7] 전쟁과 관련된 정보를 일반적으로 신뢰할 수 없는 것은 "전쟁에서의 모든 행위가 소위 말해 실제 모양을 기이하게 보이도록 할 뿐 아니라 실제보다 크게 보이도록 하는 경향이 있는 일종의 황혼(黃昏) 속에서 일어나기 때문이다."[8] 노력의 정도에 무관하게 지휘관은 절대적 진실을 파악하지 못한 상태에서 의사를 결정할 수밖에 없을 것이다.

---

5) Maurice de Saxe, My Reveries on the Art of War(1757), in *Roots of Strategy*, Book 1 (Harrisuburg, PA: Stackpole Books, 1987), p. 189.
6) Carl von Clausewitz, *On War*, Michael Howard and Peter Paret, eds, (Princeton, NJ: Princeton University Press, 1976), p. 101.
7) *Ibid.*, p. 117.
8) *Ibid.*, p. 140.

클라우제비츠의 시대와 비교해보면, 21세기에는 전쟁에서 불확실성을 유발하는 요인들이 보다 많다. 과학기술의 발전으로 인해 오늘날의 군은 속도・종심・내구성 및 치명성이란 측면에서 상상을 불허할 정도의 변화가 진행되는 그러한 상황에서 작전을 수행하고 있다.[9] 전쟁이 첨단화되면서 오늘날의 군은 조직과 기능 측면에서 보다 더 전문화되고 있다. 그 결과 오늘날의 군에는 다양한 기술로 무장된 다수의 요원들이 절실히 요구된다. 군이 보다 더 전문화되면서 개개 구성원의 행위를 조정하는 과정에서 보다 많은 정보가 요구되고 있다. "군의 지휘구조는 산술급수적으로 증대되는 반면, 이들 지휘구조에 필요한 정보는 기하급수적으로 늘어나고 있다"[10]는 반 크레벨트(Martin Van Creveld)의 견해는 이 같은 점에 근거하고 있다.

신기술의 출현으로 인해 보다 많은 정보를 받아볼 수 있게 되었지만, 데이터의 범람으로 인해 이들 데이터의 의미에 대한 이해가 보다 어렵게 되었다. 따라서 지휘구조 규모와 관계없이 확실성의 정도가 보다 더 줄어들고 있다.

소위 말해, 군의 전문화는 필연적인 현상인데, 이들 전문화된 요원들 간의 노력을 조정하는 과정에서는 다수의 정보가 요구된다. 전쟁의 상대는 예술가가 마음대로 반죽해 조각할 수 있는 무감각한 진흙과 같은 것이 아니고, 아측을 기만하거나 혼란시키고자 온갖 정열을 바쳐 노력하는 사고력을 구비하고 있는 인간이다. 이 점에서 전쟁의 문제가 보다 더 복잡해지고 있다. 『전쟁에서의 지휘(*Command in War*)』란 제목의 자신의 저서에서 반 크레벨트는 "기술과 비교해 인적 요소의 중요성이 높아질수록, 특정 상황을 형성하는 과정에서 적의 행위가 보다 더 중요해질수록, 불확실성은 보다 더 증대된다"[11]고 말하였다. 따라서 보유하고 있는 자료처리 체계의 성능에 무

9) 권영근 번역, 『전쟁에서의 지휘』, 연경문화사, 2001년 6월, p. 371.
10) *Ibid.*, p. 373.

관하게, 인적 요소가 대거 내재해 있는 전쟁이란 분야에 적절히 대응하는 것이 쉬운 일은 아닐 것이다.

나. 불확실성 해소를 위한 방안

(1) 군사적 천재의 활용

전쟁에서 목격되는 불확실성이란 요소의 해악을 완화하기 위한 방안은 무엇인가? 엄청날 정도의 행운이 수반되지 않는다면, 지휘관은 풍부한 지식과 경험을 바탕으로 합리적인 직관에 근거해 전쟁을 수행해야 할 것이다. 이 같은 직관이란 자질을 클라우제비츠는 폭넓게 언급하고 있는데, 직관이 매우 발전되어 있는 사람을 소위 말해 '천재'로 지칭하고 있다.

> 예측 불가능한 전쟁이란 분야에서의 무자비한 투쟁에서 살아남을 수 있으려면 다음과 같은 두 가지 자질이 필수적으로 요구된다. 칠흑 같은 어둠 속에서도 진리로 인도하는 한 가닥 내적인 광채를 유지해주는 '지성'이 첫째이고, 희미한 불빛이 인도하는 방향으로 과감히 좇아갈 수 있는 '용기'가 둘째다.[12]

이 같은 개념에 근거해 군사적 천재들이 군을 지속적으로 이끌어갈 수 있도록 독일군은 일반참모(General Staff)란 개념을 도입하였다.[13] 미군 또한 각 군 대학에서 우수한 성적을 거둔 장교들을 일부 선발해 재차 교육시킨

11) *Ibid.*, p. 423.

12) Von Clausewitz, *On War*, p. 102.

13) Colonel T.N. Dupuy, USA, Ret, *A Genius For War: The German Army and Geberal Staff(1807-1945)*, NOVA Publication, June 1995, pp. 17-22.

후 이들이 전쟁을 계획하도록 하고 있다.[14)]

(2) OODA 주기의 단축

군사적 천재의 중요성을 경시하는 것은 아니지만 오늘날의 군사이론가들은 전쟁에 내재해 있는 안개란 문제를 또 다른 방식으로 해결하고자 노력하고 있다. 그 중 한 방법은 불확실성의 요소를 예상해 이것의 악영향을 줄이는 것이다. 작고한 미 공군대령 보이드(John Boyd)에 따르면 적과 비교해 보다 효율적인 형태의 의사결정 체계를 고안하는 것이 문제 해결을 위한 한 방안이라고 한다. 지휘관들은 적의 행위를 관찰(Observe)하고, 그 진상을 파악(Orient)하며, 파악된 자료에 근거해 전투력의 적용 방법을 결정(Decide)한 후 행동(Act)하는 일련의 방식을 따르고 있다. '관찰 · 지향 · 결정 및 행위(OODA : Observe, Orient, Decide and Act)'로 지칭되는 과정은 전쟁 기간 동안 끊임없이 반복된다. 소위 말해 지휘관의 행위로 인해 상황이 바뀌고, 그 결과 이 같은 과정이 재차 반복된다.[15)]

전쟁은 불확실한 상황에서 촉각을 다투며 OODA를 연속적으로 수행하는 일련의 과정으로 생각할 수 있다. 상대방과 비교해 OODA 과정을 보다 신속히 수행할 수 있는 측이 결정적인 이점(利點)을 누리게 될 것이다. 보다 저속으로 OODA 과정을 수행하는 측은 새로운 상황이 전개되고 있음에도 불구하고(상대방은 이미 새로운 형태의 OODA 과정을 진행하고 있다), 과거 상황에 대응하고자 노력함과 다를 바가 없을 것이다. 이 경우 시간이 경과됨에 따라 이들 간의 격차가 보다 더 벌어지게 될 것이다. OODA 과정을 보다

14) 미 공군의 SAAS(The School of Advanced Air Power) 과정은 대표적인 사례다.
15) William S. Lind, *Maneuver Warfare Handbook* (Boulder, CO: Westview Press, 1985), p. 5.

신속히 수행하는 지휘관의 입장에서 보면 상대방의 OODA 주기 안에서 작전을 수행하기 때문에 상대방에게 혼란과 두려움을 유발하며, 이 같은 적은 자신이 관찰한 사항과 조치한 사항이 일치되지 않는 심각한 상황을 경험하게 될 것이다.[16] 그 결과 상대방과 비교해 OODA 주기를 보다 늦게 완료하는 측의 경우는 "의지 · 정신 및 물리적 측면에서 적응력 또는 지속력을 잃게 되어 상대방의 의도를 파악할 수 없을 뿐 아니라 자신의 노력을 집중시킬 수 없게 될 것이다."[17]

OODA 주기를 보다 신속히 완료하고자 하는 궁극적인 이유는 상대방 적이 느끼는 불확실성의 정도를 높이기 위함이다. 이 같은 지휘관은 자군의 행위에 대항해 적이 신속히 반응하지 못하도록 하는 방식으로 전장에서 주도권을 유지하게 된다. OODA 주기를 신속히 완료한다고 확실성의 정도가 높아지는 것은 아니다. 그러나 이 같은 지휘관은 불확실성이란 요소를 사전에 예견해 자신에게 유리한 방향으로 활용할 수 있을 것이다.

1991년의 걸프전 당시 미군을 비롯한 다국적군은 이라크의 지휘통제체계 격파를 전역(戰役)의 주요 목표로 간주하였다. 또한 오늘날에는 컴퓨터 및 데이터통신과 같은 정보기술의 비약적인 발전으로 인해 지휘통제체계와 같은 정보능력이 획기적으로 개선되고 있다. 오늘날 우리 군의 초미의 관심사항인 정보작전(Information Operation)은 지휘통제체계와 같은 정보능력을 건설하고, 이들 건설된 정보능력을 적의 공격으로부터 방어하며, 적의 정보능력을 공격함으로써 피아 정보능력 측면에서 일대 격차를 유발하겠다는 것이다. 이는 상대방과 비교해 아측의 OODA 주기를 획기적으로 단축시키겠다는 것과 동일한 의미다.

---

16) *Ibid.*
17) *Ibid.*

(3) 조직의 재구성

보이드와 마찬가지로 반 크레벨트는 특정 임무를 둘러싸고 있는 불확실성에 대처한다는 차원에서 나름의 조직과 일처리 방식을 설계해야 할 것이라고 말하고 있다. 그 중 한 방법에 조직의 정보처리 능력을 증진시키는 경우를 생각할 수 있을 것이다. 이 같은 방식으로 불확실성의 문제에 대처하려면 조직의 상하 및 좌우를 다수의 통신 채널로 연결해야 할 것인데, 이 경우는 중앙 조직의 규모와 복잡성이 크게 증대될 것이다.[18] 또한 이 경우는 지나칠 정도로 많은 자료가 유통되면서 의사결정권자들이 곤혹스런 상황에 빠지게 될 가능성도 없지 않다.

비교적 적은 양의 정보를 갖고도 운영 가능한 형태로 조직을 재구성하는 경우를 생각할 수도 있을 것이다. 이 경우 지휘축선상의 중간 계층을 제거하거나 보다 단순한 형태로 임무를 바꾸는 방안을 생각할 수 있을 것이다. 또한 "임무를 다수 부분으로 나눈 후, 이들 개개 부분을 담당하기 위한 군 조직을 만들고, 이들 조직이 별도의 거의 독립적인 방식으로 작전을 수행하도록 할 수 있을 것이다."[19] 불확실성에 대처할 목적에서 지휘를 구성하기 위한 이들 두 가지 방법 중 "후자가 거의 모든 경우에서 …… 보다 우수한 방안일 것이다."[20]

중앙에서 통제하는 조직과 비교해 권한이 분산된 조직이 보다 우위에 있다는 인식에서 반 크레벨트는 분권적 지휘를 선호하였다. 중앙집권적으로 통제하는 조직에서는 불확실성을 줄일 목적에서 '의사결정의 문턱'을 높이고자 노력하고 있다. 다시 말해, 고위급 지휘관들만이 중요한 의사를 결정할

---

18) 권영근, 『전쟁에서의 지휘』, p. 424.
19) *Ibid.*
20) *Ibid.*

수 있도록 하고 있다. 이 같은 방식으로 조직을 통제하는 지휘관의 경우, 보다 확신을 갖고 의사를 결정할 수 있다. 그러나 하급제대 지휘관들의 창의성을 억압하고 행동의 자유를 제한한다는 점에서 이는 임무의 성공 가능성을 저해하는 방안이다. 상급 지휘관의 확실성을 높이고자 하는 경우 하급 지휘관들이 느끼는 확실성은 줄어들 수밖에 없을 것이다. 따라서 불확실성이란 문제에 대처하기 위한 중앙집권적 통제 또는 분권적 통제는 "개개 지휘계층의 지휘관들이 느끼는 불확실성의 정도를 분배하기 위한 방안으로 생각할 수 있을 것이다."[21)]

역사적으로 가장 성공적인 육군의 경우는 통상 분권적으로 지휘하였다. 이들 군의 지휘관은 "확실성이 정보뿐만 아니라 시간의 산물(産物)이란 점, 시간 단축을 위해 일부 정보가 부족한 상태에서도 기꺼이 일할 자세가 되어 있을 때 '승리의 여신'이 미소 짓는다는 점"[22)]을 인지하고 있었다. 이들 지휘관은 '예기치 못한 가운데 출현하는 호기(好機)'를 창의적으로 최대한 활용할 수 있도록 소장급 지휘관들에게 적정 형태의 권한을 부여하였다. 이처럼 자유롭게 행동할 수 있으려면 끊임없이 변화하는 상황에 지휘관 의도를 인지한 상태에서 능동적으로 대처해 나갈 수 있을 것이란 생각에서 이들 소장급 지휘관에게 최소 목표를 부여해야 할 것이다. 마지막으로 이들 지휘관은 불확실성과 전쟁은 불가분의 관계란 점, "좋은 결과와 혼란이 상호 존립할 수 없는 관계가 아니고 혼란은 좋은 결과를 얻기 위한 사전 조건일 수 있다는 점"[23)]을 인정하였다.

반 크레벨트가 구상한 분권적 지휘체계는 19세기 당시 독일의 샤른호스트(Von Scharnhorst)와 몰트케(Von Moltke)가 개발한 개념인 '임무형전술(*Auf-*

21) *Ibid*., p. 431.
22) *Ibid*., p. 425.
23) *Ibid*., p. 426.

tragstaktik)'을 연상케 하는 것이다. 그러나 샤론호스트와 몰트케 이전과 이후의 위대한 지휘관들은 임무형전술을 직관적으로 잘 알고 있었다. 불확실성이란 요소를 회피할 수 없다는 점을 인지해 이들 지휘관은 불확실성을 수용할 수 있는 형태로 조직을 적절히 구상하였다.

제2차 세계대전 당시 독일군은 분권적으로 지휘하고 임무형태로 명령을 하달하였는데, 이는 OODA 주기를 단축하기 위한 또 다른 방안이었다. 독일군 지휘관들은 최고지휘관의 의도를 인지하고 있었으며, 여타 지휘관들의 행동 방식을 사전에 잘 알고 있었다. 이처럼 분권적으로 의사를 결정했기 때문에 독일군들은 상대방과 비교해 보다 신속히 상황에 대처할 수 있었다. "제2차 세계대전 당시 독일군 지휘관들은 상급 제대와 교신이 두절되는 경우, 자신이 위치해 있는 제대보다 2단계 높은 제대의 지휘관의 의도라고 생각되는 부분을 달성하는 과정에서 어느 누구로부터도 간섭받지 않은 채 작전을 수행할 수 있었다."[24] 독일군은 임무형태로 명령을 하달하였으며, 구체적인 시행 방안은 현장 지휘관이 창의성을 발휘해 강구할 수 있도록 하였다. 그 결과 임무 수행에 필요한 정보의 양이 획기적으로 줄어들었으며, 신속하고 효율적으로 임무를 수행할 수 있었다.

전쟁에서 목격되는 불확실성이란 요소의 분석에 근거해, 반 크레벨트는 두 가지 중요한 결론을 내리고 있다. 첫째, 임무형태로 명령을 하달하고, 가능한 한 '의사결정의 문턱'을 낮추어야 한다. 이 경우 지휘구조의 하부 계층에 있는 요원들이 창의성을 발휘할 수 있게 된다. 둘째, 지휘조직 전반에 걸쳐 자원을 배분해 적정 지휘 계층에서 자급 능력과 독립성을 구비한 단위부대가 편성될 수 있도록 해야 한다. 이들 두 결론은 상호 보완적인 성격의 것이다. 예를 들면, 휘하 지휘관들이 창의성과 공격 정신을 견지할 수 있는

24) James G. Hunt and John D. Blair, *Leadership on the Future Battlefield* (Pergamon-Brassey's, 1985), p. 183.

분위기에서는 독자적 능력이 있는 군사력을 최상의 방식으로 운용할 수 있을 것이다.[25)]

3. 합동기동부대

합동기동부대는 반 크레벨트가 바람직한 형태의 지휘 개념으로 주장하고 있는 분권적 지휘란 원칙을 구현한 것이다. 이는 특정의 긴급한 임무를 수행하고자 하는 경우 구성된다. 합동기동부대는 필수 전력만으로 구성된다. 경제성의 원칙에 근거해 군사력을 설계하고 있기 때문에 여기서는 의사결정을 지연시킬 가능성이 있는 불필요한 지휘 제대는 생략된다. 합동기동부대 지휘관은 주어진 임무만을 염두에 두어 의사를 결정한다. 따라서 전구사령관이 작전 통제하는 경우와 비교해, 합동기동부대의 경우는 '의사결정의 문턱'이 보다 낮다.

분권적으로 지휘한다는 점에 더불어 합동기동부대의 경우는 개개 자산을 가장 필요한 곳에 할당하고 있다. 합동기동부대는 2개 군 이상의 전력으로 구성된다. 합동기동부대 지휘관은 이들 전력에 의한 효과를 극대화하는 방향으로 조직을 편성하게 된다. 여기서는 통상 동일한 형태의 전력을 동일 사령부에 편성한다는 개념, 즉 기능구성군(Functional Component)의 형태로 전력을 재편하게 된다. 예를 들면, 육·해·공군이 보유하고 있는 항공기·미사일 등과 같은 항공 전력을 단일의 항공 구성군사령관이 지휘할 수 있도록 임무 형태로 조직을 편성하게 된다. 임무와 지휘관의 취향에 따라 부대를 다양한 형태로 편성할 수 있을 것이다. 분권적으로 지휘한다는 점으로 인해 임무 수

25) 권영근, 『전쟁에서의 지휘』, p. 425.

행에 가장 적합한 형태로 현장 지휘관이 군사력을 설계할 수 있을 것인데, 이는 합동기동부대가 갖는 가장 큰 장점이다.

이론적으로 보면, 합동기동부대는 조직 내부에서 보다 적은 규모의 정보가 유통되는 가운데 작전을 수행할 수 있도록 하는 개념이다. 이 같은 점에서 이것이 전쟁에서 통상 목격되는 불확실성이란 요인의 해악을 반감시킬 수 있을 것이다. 그러나 합동기동부대의 성패는 합동기동부대를 구성하고 있는 개개 구성군이 얼마나 제대로 임무를 수행하는지에 거의 전적으로 좌우된다. 다시 말해, 합동기동부대가 어느 정도 위력적일 것인지는 합동조직 내부에서의 지휘관계를 명시하고 있는 합동교리에 의해 크게 좌우된다.

가. 합동기동부대 : 역사적 사례

역사적 사실을 통해 합동조직 내부에서의 지휘관계를 살펴볼 필요가 있다. 제2차 세계대전 당시 미군은 다수의 합동작전을 수행하였는데, 당시의 합동작전을 연구하게 되면 합동기동부대를 설치해야 할 최적의 상황뿐만 아니라 합동기동부대 내부에서의 바람직한 지휘관계를 인지하게 될 것이다.

(1) 사례 1 : 마살 군도(群島)를 점령하라!

오늘날의 합동기동부대란 개념이 최초로 선을 보인 것은 태평양전쟁에서였다. 1943년 5월 미국의 전략 기획가들은 태평양 전구에서 몇몇 목표를 설정하였다. 이들 중 하나는 진주만(眞珠灣)에서 남서쪽으로 2,000마일 정도 떨어진 마살 군도의 점령이었다. 1943년 9월 1일 미 합참은 태평양 전구사령관인 니미츠 제독에게 침공을 염두에 둔 세부 계획의 작성을 지시하였다. 공격 목표 일은 1944년 1월 31일이었다.

마샬 군도를 점령하게 되면 다음과 같은 몇몇 이점이 있었다. 첫째, 이들 지역을 점령하게 되면 미국과 동맹국의 병참선을 방호하는 한편 일본군의 병참선을 위협할 수 있었다. 또한 트룩(Truk)이란 주요 비행장이 위치해 있는 캐롤라인(Caroline) 섬의 점령 시기를 앞당길 수 있었다. 둘째, 이들 지역을 기반으로 태평양과 인도양에 위치해 있던 일본군에 대항해 공세 작전을 전개할 수 있었다.

FLINTLOCK으로 명명된 당시의 작전계획에는 일군의 지상·해상 및 항공 전력이 참여하였다. 이들이 합동군사령부를 편성하였다. 당시 합동군을 지휘한 사람은 니미츠 제독의 직속 부하인 스프런스(Raymond Spruance) 제독이었다.

스프런스는 휘하에 4개 기능구성군을 유지하고 있었다. 이들 중 첫 번째 구성군은 밋셔(Marc Mitscher)가 지휘하는 항공모함 전력인데, 이는 전투함·구축함 및 순양함을 거느리는 고속의 항공모함들로 구성되어 있었다. 이들 항공모함은 일본군의 항공기와 시설을 격파해 공중우세를 확보하라는 임무를 부여받았다. 두 번째 구성군은 지상에 기반을 둔 항공기들로 구성되어 있었는데, 이것을 해군제독 후버(John Hoover)가 지휘하였다. 이것의 임무는 항공모함이 도착하기 이전에 목표의 섬들을 공격해 전력을 쇠진시키는 것이었다. 이외에도 지상에 기반을 둔 항공기들이 항공정찰, 적 해역에 대한 수뢰(水雷) 부설 그리고 지상군 지원이란 임무를 수행하였다. 세 번째 구성군은 스몰(E. G. Small) 제독이 지휘하였는데, 몇몇 순양함과 구축함으로 구성되어 있었다. 스몰은 마샬 군도(群島) 동쪽에 위치해 있는 몇몇 섬들을 폭격해 일본군이 비행장을 사용하지 못하도록 하라는 임무를 부여받았다.

네 번째 구성군은 터너(R. K. Turner) 제독이 지휘하였다. 이는 일종의 합동 원정군으로서 상륙전력과 지원 함정들로 구성되어 있었다. 터너는 3개 공격 전력을 통제하고 있었는데, 남부 전력은 콰젤라인(Kwajelein)과 주변의 도서(島嶼)를 점령하라는 임무를, 북부 전력은 로이나무르(Roi-Namur)와 주변의 도서를 그리고 서부 전력은 마주로(Majuro) 섬을 점령하라는 임무를 부여받았다. 또한 터너는 미 해병지휘관인 스미스(Holland Smith)를 휘하에 두고 있었는데, 원정군 전력이 육지에 상륙하는 경우 이들을 지휘하라는 임무를 부여받았다. 원정군은 남부 지역을 공격하기 위한 제7 보병사단, 북부지역을 공격하기 위한 제4 해병사단, 그리고 마주로 섬을 공격하기 위한 제2 연대로 구성되어 있었다. 이들은 일군의 기술자, 통신장비, 방공포 그리고 여타의 특수 임무부대를 대동하였다.

마살 군도의 점령이 결코 쉬운 일이 아니라고 생각한 스프런스는 휘하 합동군에 강도 높은 훈련을 강요하였다. 중부 태평양 지역의 미 육군의 지원 아래 제7 보병사단은 정글에서의 싸움에 대비한 방법을 연마하였으며, 기갑전력과 보병이 상호 협조해 작전 수행 절차를 개발하고, 상륙에 관한 기본 사항을 훈련하였다. 1943년 12월 11일, 스미스는 제7 보병사단을 작전통제하기 시작하였다. 그는 상륙에 대비한 강도 높은 훈련을 7사단에 강요하였다. 여기에는 함포의 지원 아래 마우이(Maui) 섬에 상륙하는 과정이 포함되어 있었다. 스미스의 통제 아래 제4 해병사단과 106 보병여단 또한 비슷한 형태의 훈련을 받았다. 상륙 전력들은 FLINTLOCK 작전을 책임지고 있던 합동본부의 계획과 감독에 따라 한 달 반 동안 강도 높은 훈련을 받았다. 이들 훈련의 효과는 작전 결과를 통해 확인할 수 있었다.

FLINTLOCK 작전에 대비해 휘하 전력을 준비하는 과정에서 스프런스와 터너는 지휘통일(Unity of Command)과 동시통합(Synchronization)이란 문제에 초점을 맞추었다. 당시의 작전계획에 따르면 주공(主攻)의 전개에 필요한 박격포를 설치할 목적으로 D-Day에 콰젤라인과 로이나므르 부근의 섬에 상륙할 필요가 있었다. 상륙 전력들이 접근할 당시, 전투기와 급강하 폭격기들이 해안에 설치된 적의 방어 진지를 공격하였다. 한편 해상 전력들이 적의 비행장, 해안 포대, 해변의 방어진지 그리고 대공포 전력을 무력화시킬 목적으로 섬의 도처를 폭격하였다.

콰젤라인과 로이나므르에 대한 공격이 시작되는 D+1일에 대비한 계획은 매우 상세히 작성되었다. 스프런스와 터너 휘하 기동부대 소속의 전함들은 마살 군도뿐만 아니라 작전을 방해할 목적에서 일본군이 사용할 가능성이 있던 여타 섬들을 폭격할 계획이었다. 상륙 전력들이 해안으로부터 500미터 이내로 접근하기 이전, 다양한 형태의 전함들이 해안 표적들을 공격하였다. 그 후 적의 측방에 위치해 있던 표적을 겨냥해 일제 사격이 진행되었다. 함대와 조화를 이루며 항공모함의 항공기들이 콰젤라인과 로이나므르 상에 위치해 있던 상륙 지점을 공격한 반면 지상에서 이륙한 중폭격기들이 섬의 내륙에 위치해 있던 표적들을 격렬히 공격하였다. 콰젤라인과 로이나므르 부근의 섬에 하루 전에 상륙한 박격포 또한 화력을 지원해주었다. 정조준 해놓았다는 점으로 인해 박격포가 아측의 상륙 작전을 일치의 오차도 없이 정확히 지원할 수 있었다.

당시는 주력부대의 상륙을 매우 훌륭히 화력 지원할 수 있었는데, 이는 우연이 아니었다. 당시로부터 몇 주 전 미 해병대는 길버트(Gilbert) 군도(群島)의 몇몇 섬을 공격하는 과정에서 엄청날 정도의 인명을 손실하였다. 당시의 상륙에 대비한 작전계획에 많은 문제가 있었다. 특히 해안 방어를 목적으로 일본군이 설치한 가공할 위력의 화력을 제압한다는 차원에서 아측 화력 간에 조화를 이루며 공격할 필요가 있었는데, 당시의 공격에서는 조화가 부재하였다. 이 같은 불미스런 경험에 근거해 FLINTLOCK 작전을 계획하던 사람들은 적시에 정확한 장소에 대규모 화력이 집중될 수 있도록 각고의 노력을 경주하였다.

FLINTLOCK 계획이 성공을 거두는 과정에서는 니미츠 제독이 설치한 보급 기반체계가 매우 안정적이었다는 점이 크게 일조하였다. 당시의 보급

체계는 완벽히 통합되어 있지 않았다. 그러나 이는 스프런스가 보급에 관해 특별히 신경 쓰지 않아도 될 정도로 우수한 형태의 것이었다. 전구 차원에서 니미츠 제독이 보급을 통제함에 따라 스프런스는 마살 군도의 점령이란 임무에 모든 노력을 경주할 수 있었다.

터너 휘하 합동 원정군들은 별다른 어려움 없이 모든 목표를 완수하였다. 거의 예외 없이 모든 상륙전력들이 계획대로 상륙하였으며, 상륙 과정에서 적정 규모의 화력과 병참을 지원받았다. 콰젤라인과 로이나므르 섬에 대한 전투 작전은 매우 격렬히 진행되었던 반면, 단기간에 종료되었다. 북쪽에서는 제4 해병사단이 이틀도 안 되는 짧은 기간에 로이나므르 섬을 점령한 반면, 제7 보병사단의 경우는 콰젤라인 섬을 점령하는 과정에서 보다 많은 시간을 소비하였다. 이들 섬 주변의 조그만 산호섬으로부터 저항해오는 일본군 잔여 세력들을 제7 보병사단과 제4 해병사단이 며칠에 걸쳐 완벽히 소탕하였다.

당시의 작전이 성공적으로 완료될 수 있었던 것은 몇몇 이유 때문인데, 이들 중 가장 중요한 사항은 지휘구조였다. 태평양전쟁 초반부터 니미츠 제독은 합동조직을 서둘러 구상하고 있었다. FLINTLOCK 계획을 구상할 당시, 그는 이미 2개 군 이상의 전력을 기능구성군으로 재편한다는 융통성 있는 개념을 갖고 있었다. 태평양전쟁 당시 니미츠 제독은 이 같은 기능구성군 개념을 지속적으로 활용하였다.

(2) 사례 2 : 시실리 침공작전

독일을 중심으로 한 추축국들을 북아프리카로부터 몰아낸 여세로 1943년 1월의 카사블랑카(Casablanca) 회담에서 서구 동맹국들은 시실리(Sicily) 침공을 결정하였다. 시실리 침공은 지중해에서의 동맹국의 병참선, 특히 중동의 유전으로 연결되는 병참선 확보란 효과가 있었다. 또한 시실리를 점령하게 되면 이탈리아를 항복시키고, 남부 지역으로부터 독일을 위협하는 효과가 있었다. 당시 독일은 소련을 겨냥한 동부전선에 전력을 집중시키고 있었는데, 시실리 침공은 소련이 느끼는 압박감을 해소해주는 효과가 있었다.

카사블랑카 회담 직후 연합참모장(Combined Chiefs of Staff)은 지중해에서의 동맹국의 지휘계통(Chain of Command)에 관한 지령을 내렸다. 동맹국이 북아프리카를 침공할 당시와 마찬가지로 1942년 HUSKY로 명명된 시실리 침공계획을 책임지는 최고사령관으로 아이젠하워(Dwight Eisenhower) 장군이 선발되었다. 최고사령관을 제외한 나머지 고위급 직위는 영국군에게 돌아갔다. 알렉산더(Harold Alexander) 장군이 부사령관으로 임명되었으며, 작전의 상세 계획과 시행 임무를 부여받았다. 알렉산더는 지상군 구성군사령관 역할을 수행하였다. 동맹군의 항공력은 테더(Arthur Tedder) 원수가, 해상전력은 커닝함(Andrew Cunningham) 제독이 지휘하였다.

당시의 지휘관계에는 다수의 문제가 있었다. 이들 중 가장 문제시되었던 부분은 미군과 영국군의 지휘 방식이 상이했다는 점이었다. 영국군은 위원회에서 의사를 결정하는 방식으로 부대를 지휘하였다. 영국군은 아이젠하워 장군을 최고사령관이 아니라 단순히 위원회의 일원으로 취급하였다. 그 결과 아이젠하워 장군이 책임에 상응하는 권한을 행사하지 못했다. 명목상으로 최고사령관이었지만, 아이젠하워가 대등한 입장에 있는 다수 사람 중에서 첫 번째에 불과하다고 영국군은 생각하였다. 자신의 권위에 도전하는 영국군 장군들을 보며 아이젠하워 장군이 분개하였다. 그는 북아프리카 전역(戰役)에서 그 효과가 입증된 중앙집권적인 방식으로 지휘하고자 하였다.

지휘구조의 문제뿐만 아니라 아이젠하워 장군이 시실리 침공에 전력을 다할 수 있는 입장이 아니란 문제가 있었다. 당시 그는 유럽 지역을 책임지고 있던 전구사령관이었다. 이 점에서 그는 시실리 외에 당시 상황이 진행되고 있던 튀니지 전역뿐만 아니라 정치 · 병참 및 행정적인 일에도 관심을 표명해야 하는 입장이었다. 그는 프랑스 소속의 모로코 지역을 통제하고, 스페인의 통치자인 프랑코(Franco)가 중도적 입장을 견지하지 않는 경우 스페인 소속의 모로코를 침공해야 할 책임이 있었다. 이들 다수 문제로 인해, HUSKY 작전의 계획에 아이젠하워 장군이 시간을 할애할 수 있는 입장이 아니었다. 따라서 시실리 침공을 담당한 최고사령관이란 직책에도 불구하고 아이젠하워는 침공 작전의 계획수립과 관련해 상세 지침을 주지 못했을 뿐 아니라 예하 구성군지휘관들 간의 갈등을 중재할 수 있는 입장도 아니었다.

나름의 참모조직을 구비하고 있지 못했다는 점에서 문제가 보다 복잡해졌다. 당시 튀니지에 대항한 작전이 진행되고 있었다는 점에서 미국인과 영국인으로 구성된 연합참모회의에서는 알제리에 있던 동맹군 본부 내부에 시실리 침공을 계획할 별도 참모를 구성하라고 지시하였다. 따라서 그는 동맹군 본부 내부에 극소수로 편성된 참모를 추가하였다. 이들 참모는 미 본토로부터 차출된 그리고 영국 및 중동에 근무하는 미군 및 영국군 장교로 구성되었다. 다양한 형태의 사람들을 이용해 새로운 본부를 구성함에 따라 적지 않은 혼란이 있었는데, 이는 예상 가능한 일이었다.

미군과 영국군으로 구성된 동맹군 지휘조직의 문제에 더불어 보다 심각했던 것은 알렉산더, 테더 및 커닝함 휘하의 구성군사령부가 서로 멀리 떨어져 있었다는 점이었다. 제안된 정책과 관련해 의사를 결정하는 과정에서는 구성군사령관들의 동의가 필요하였다. 이들 사령관이 서로 멀리 떨어져 있음에 따른 문제는 통신수단으로 해결할 수 있는 사항이 아니었다. 계획한 사안이 공허하게 끝나는 경우도 없지 않았으며, 계획에 관한 의사결정이 특정 구성군의 편의에 근거하는 경우가 빈번히 발생하였다. "문제가 발생하는 경우 구성군사령관들은 상대방에게 전보를 보내고는 한참 뒤에 도착한 결과를 수집해 의사를 결정할 수밖에 없었다."

주요 침공 계획은 알렉산더 휘하의 지상군구성군이 담당하였는데, 테더 및 커닝함 휘하의 구성군은 알렉산더가 결정한 사항에 순종할 수밖에 없는 그러한 입장이 아니었다. 이들 3개 구성군 간의 논란 중에서 해결이 곤란한 경우는 아이젠하워 장군이 최종 결정하였다. 아이젠하워 장군이 문제의 사안에 대한 개개 구성군의 입장을 반영한 타협안을 선택할 수밖에 없었다는 점에서 당시의 의사결정은 참신하지 못했다.

연합참모본부는 영국군으로 구성된 그리고 미군으로 구성된 별도의 2개 기동부대를 이용해 시실리를 침공하라고 아이젠하워에게 조언하였다. 아이젠하워는 영국군 기동부대를 몽고메리(Montgomery) 장군이 그리고 미군 기동부대를 패튼(George Patton) 장군이 지휘토록 하였다. 이들 장군이 휘하 조직의 참모들을 이용해 HUSKY 작전을 효과적으로 준비할 수 있을 것으로 아이젠하워 장군은 생각하였다.

그러나 아이젠하워 장군이 생각한 바와 상황은 전혀 달랐다. 1943년 3월과 4월, 튀니지 전역이 절정에 달함에 따라 페튼 장군이 미 2군단을 잠정 지휘하고 있던 반면, 몽고메리 휘하의 8군은 북아프리카에서 롬멜의 뒤를 추적하고 있었다. 당시의 전역은 5월 초가 되어서야 성공적으로 종료되었다. 당시까지 이들 두 사람은 HUSKY 작전과 관련해 휘하 참모들이 계획한 내용에 거의 관심을 보일 수 없었다. 4월 말까지만 해도 시실리 침공작전의 전반에 관해 그리고 상세 계획에 관해 자신이 거의 알고 있지 못했다고 몽고메리 장군이 자신의 회고록에서 밝히고 있다.

지휘구조의 문제로 인해 시실리 침공 계획과 시행이 매우 잘못된 방향으로 진행되었다. 패튼과 몽고메리 휘하 전력이 싸울 장소와 싸우는 방법의 문제를 놓고 실랑이를 벌이는 것을 보며 아이젠하워 장군은 이들 장군의 전력이 시실리 해안의 남동쪽에 나란히 배치될 수 있도록 하였는데, 이것 또한 나름의 타협에 근거한 발상이었다. 결과적으로 보면, 이들 기동 전력이 시실리 섬을 침공했을 당시, 독일군은 거의 피해를 입지 않은 상태에서 그곳 지역을 철수하고 없었다. 당시 시실리에서 독일군을 격멸시키지 못한 것이 일대 실책이었다는 점을 동맹국 지휘관들은 이탈리아 본토를 침공하는 과정에서 절감하였다.

(3) 마살 군도와 시실리 침공이 주는 교훈

마살 군도와 시실리 침공을 보며 우리는 전쟁의 향방에 지휘구조가 지대한 영향을 끼친다는 점을 알게 된다.

마살 군도를 침공할 당시 니미츠 제독과 그의 휘하 지휘관들은 명실상부한 합동군 형태로 군사력을 편성하였다. 소위 말해, 이들은 합동군에 배정된 각 군 전력을 최대한 통합하였다. 당시의 지휘계통은 매우 분명하였다. 다시 말해, 지휘계층의 정점에 단일 지휘관이 위치해 있었으며, 휘하에 다수의 각 군 지휘관이 포진해 있었다. 당시의 합동작전에서는 개개 군사력의 소속이 아니고 전반적인 목표를 추구하는 과정에서의 기여 방식과 기여 부분이 관심의 대상이었다.

D-Day 이전 미군은 합동작전에 주력해 훈련하였다. 당시 지상작전을 지휘한 해병대 지휘관은 공격 이전의 근 한 달 반의 기간 동안 상륙작전에 참여할 육군 전력에게 상륙에 대비한 기술을 연마시켰다. 육군과 해병대 간 상호 조화를 유지한다는 차원에서 연락요원들이 중대 단위까지 배치되어 있었다. 통합 전투력 발휘를 위해서는 이 같은 상호 협조가 필수적이었다.

마살 군도의 침공에 지휘구조가 지대한 역할을 하였다면 시실리 침공 당시의 가장 큰 문제 또한 지휘구조 측면에서 생각할 수 있을 것이다. "당시의 작전이 지나치게 소극적이었다는 점과 작전을 관장하기 위한 합동 지휘본부를 동맹국의 고위급 지휘관들이 준비하지 못했다는 점이 가장 큰 잘못이었다"라고 시실리 전역에 관한 권위자인 칼로(Carlo)는 말하고 있다. 그러나 단일의 합동본부를 운영했더라면 아이젠하워 장군이 보다 대담한 방식으로 작전을 수행할 수 있었을 것이란 점에서 이들 둘은 동전의 양면과 같다. 임무 수행에 참여한 모든 구성군들이 단일 본부 아래 예속될 수 있는 합동조직을 운영했더라면 지휘통일(Unity of Command)을 보장할 수 있었을 것이며, 보다 융통성 있게 작전을 계획 및 시행할 수 있었을 것이다.

마샬 군도와 시실리 침공 당시의 지휘구조는 전쟁에서의 불확실성이란 문제에 대처하기 위한 방안으로 생각할 수 있을 것이다. 스프런스가 운영한 합동조직은 중앙집권적 계획과 분권적 임무수행이 가능한 형태였다. 본부로부터 멀리 떨어져 있었다는 점만으로도 개개 차원의 모든 지휘관이 전술상황에 근거해 의사를 결정할 수밖에 없었다. 스프런스의 경우는 조직 내부에서의 '의사결정의 문턱'을 크게 낮추었다는 점으로 인해 불확실성이란 문제에 보다 효과적으로 대처할 수 있었다. 가능한 한 권한을 하급 제대로 이관했다는 점으로 인해 그가 구상한 지휘조직에서는 상급 제대에서 별다른 정보가 필요하지 않았다. 2개 군 이상의 전력을 기능 측면에서 통합하고 임무수행에 필요한 자원을 지원한 후 이들 전력에 독자성을 부여했다는 점에서 그가 구상한 지휘조직에서는 분권적 임무수행이 매우 용이하였다.

반면에 아이젠하워는 중앙집권적으로 계획 및 시행하는 조직을 운영하였다. 아이젠하워 휘하의 구성군은 단일군 전력으로 구성되어 있었으며, 이들 구성군은 전혀 교감이 없는 연통형(Stovepipe) 형태의 지휘구조를 운영하고 있었다. 특정 구성군이 계획을 일부 변경하는 경우 여타 구성군 전력에 영향을 끼친다는 점, 따라서 이들 구성군 간에 적절히 조정이 요구된다는 점으로 인해 당시의 지휘구조는 창의성을 발휘할 수 있는 형태가 아니었다. 불행히도 당시의 지휘구조에서 변화를 야기할 수 있던 사람은 아이젠하워 장군뿐이었는데, 아이젠하워는 지중해 전역의 유일한 합동지휘관이었다. 시실리에서 독일군이 무사히 도망칠 수 있었던 것은 지휘구조 측면에서 목격된 이 같은 혼란스런 상황 때문이었다.

중앙집권적인 본부를 통제하려면 방대한 규모의 정보가 요구된다. 적의 능력과 의도에 관한 충분한 정보가 부재했다는 점으로 인해 아이젠하워가 구상한 지휘구조는 기능적으로 마비된 것과 다름이 없었다. 니미츠의 경우처럼 아이젠하워 장군이 단일의 합동사령부를 운영했더라면 정보가 부재한 상태에서도 보다 결정적인 방식으로 행동할 수 있었을 것이다.

마살 군도와 시실리 침공에서의 교훈뿐만 아니라 다수의 전역(戰役)을 보며 오늘날 우리는 향후 전쟁에 대비한 합동 지휘구조와 관련해 나름의 시각을 견지할 수 있게 되었는데, 이는 다음과 같다.

나. 합동 지휘구조[26)]

합동전을 성공적으로 수행하려면 육·해·공군 전력을 최대한 활용하기 위한 지휘구조가 요구된다.

전쟁원칙 중에서 전구 차원의 지휘구조와 가장 관련이 있는 원칙은 지휘통일의 원칙이다. 지휘통일 원칙은 군의 모든 행위가 동일한 목표를 겨냥해 사용될 수 있도록 군사력을 지시 및 조정함을 의미한다. 지휘통일 원칙에 따라 동일 목표를 겨냥해 모든 가용 군사력을 지시 및 조정할 수 있도록 우리는 단일의 전술지휘관에게 권한을 부여해야 한다.

군사력 조직에 관한 최상의 방안은 전구의 모든 자산을 단일 지휘관이 지휘하도록 하는 통합사령부(Unified Command) 구조란 점을 우리는 역사를 통해 확인할 수 있었다. 전구 차원의 전쟁에 대비한 지휘구조를 논할 때는

---

26) Thomas A Cardwell III, *Op. Cit.*, pp. 55-73, & 129-134.

전구 차원의 시각을 견지해야 한다. 전구 차원의 시각이란 합동 및 연합의 시각을 의미한다. 전구 차원의 시각에서 지휘구조를 바라보면 전구의 모든 지상 전력을 단일의 지상 구성군사령관, 전구의 모든 해상 전력을 단일의 해상 구성군사령관 그리고 전구의 모든 항공력을 단일의 항공 구성군사령관이 운용하는 통합사령부 구조를 생각하게 된다. 전구의 모든 군사력은 권한의 축과 책임이 분명한 통합사령부 구조 아래 단일의 일관성 있는 팀으로 운영되어야 한다.

국가의 전투력을 가장 효과적이고도 효율적으로 운용하려면 중앙집권적으로 통제하고 분권적으로 임무를 수행해야 한다. 동일 목표를 겨냥해 전투력을 집중시키고 위기시 이들 전투력의 방향을 재조정해야 할 것인데, 군사력을 중앙에서 통제하게 되면 이것이 가능해질 것이다. 분권적 임무수행이란 고위급 제대에서 목표의 우선순위를 정하고 전략을 구현하는 동안 하급 제대에서 계획과 시행을 담당할 수 있도록 하는 개념이다. 제한된 자원을 가장 경제적으로 활용하기 위한 방안은 중앙집권적 통제와 분권적 임무수행이란 개념이다.

합동군에서 단일의 팀을 구성하고 있는 지상·해상 및 항공우주 전력은 독특한 능력을 갖고 있는데, 단일의 팀이 나름의 위력을 갖게 되는 것은 이 같은 이유 때문이다. 통합사령부 구조는 각 군 구성군의 특성은 유지하면서 중앙집권적 지시와 분권적 임무수행이 가능하도록 하는 특성을 갖고 있다. 전구 차원의 지휘조직에서는 둘 이상의 군으로부터 나온 구성군을 이용해 효율적인 팀을 편성해야 하는데, 그 와중에서 각 군의 고유 임무와 조직이 영향을 받아서는 곤란하다. 통합사령부 구조에서 각 군 구성군 전력은 구성군 차원, 즉 지상·해상 및 항공 구성군 차원에서 통합되어야 한다.

예하 전력을 조직하고, 목표를 정하며, 임무를 할당하고, 주어진 임무의 수행에 관해 권위 있게 지시하는 등의 지휘 기능을 작전지휘로 지칭하는데,

최고사령관이 작전지휘를 행사하며, 예하 사령부 또는 구성군사령관이 작전통제를 행사하게 된다.

전구사령관이 동시에 휘하 구성군 중 하나를 지휘해서는 안 된다. 그는 전반적인 전략의 문제, 이들 전략을 수행하고자 할 때 필요한 군사력의 할당이란 문제에 관심을 집중시켜야 한다. 전투 수행에 관한 세부 사항에 신경 쓸 수 있을 정도의 여유가 그에게는 없다. 그는 전술 수준의 전투에 관여해서는 안 되며 이들 문제는 가장 전문성이 있는 야전군 지휘관에게 일임해야 한다. 전구 차원의 전쟁과 관련해 다양한 형태의 정치적 문제가 있을 수 있는데, 이들에 신경 쓰기에도 시간이 부족할 것이다. 따라서 전구사령관 임무와 구성군사령관 임무를 동시에 수행할 수 있을 정도의 시간 · 열정 및 세부지식을 단일의 인간이 갖고 있지 못할 것이다.

통합사령부에 할당되어 있는 각 군 전력은 작전지휘, 공통의 전략 기획 및 지시 준수, 작전 및 행정 차원에서의 바람직한 형태의 지휘조직이란 방식으로 통합될 수 있다.

합동군의 경우 전역(戰役 : Campaign)과 '주요 작전'을 수행하게 되는데, 전역은 전략 및 작전 목표를 달성할 목적의 전술 · 작전 및 전략 행위를 담고 있는 일련의 '주요 작전'이 연속적으로 진행되는 과정으로 생각할 수 있다. 전역은 합동의 형태로 수행된다. 전역은 관련이 있으며, 동시적이고도 순차적 성격의 작전을 계획할 필요가 있을 당시 그리고 이들 작전을 통해 전략 목표를 달성할 필요가 있을 당시 구상하게 된다.

합동군 내부의 기능구성군과 각 군 구성군은 하급 차원에서 또는 타군을 지원할 목적의 작전을 수행하며 독자적으로 전역을 수행하지 않는다. 임무 수행을 위한 유용한 방법에 개개 구성군 간에 지원 및 피지원 관계를 설정하는 방안이 있다. 피지원 지휘관은 여타 군의 지원 행위에 대해 일반적 차원에서 지시할 수 있는 권한을 갖게 된다. 여기서 말하는 일반적 차원의 지시에는 목표 또는 표적을 지정하고 이들 표적의 우선순위를 정하며, 지원받게 되는 시점과 지원 기간을 정하는 등 상호간의 조정 및 효율성 향상에 필요한 여타의 지시(Instruction) 행위가 포함된다. 지원 지휘관은 피지원 지휘관이 요구하는 바를 현존 능력의 범주 안에서 우선순위에 근거해 그리고 여타 부여된 임무를 수행하며 충족시킬 책임이 있으며, 충족을 위한 행위를 강구해야 한다. 합동군 참모는 작전개념을 개발하고 임무형태로 명령을 내리게 된다.

통합사령부는 2개 군 이상에서 나온 나름의 의미 있는 전력이 동일한 전략 지시에 따라 행동할 필요가 있을 정도로 포괄적이고도 지속되는 임무가 있을 당시 통상 구성된다.

통합사령관은 예하 통합사령부(Subunified Command)[27], 기능 구성군사령부(예 : 항공, 지상 또는 해상 구성군사령부) 그리고 합동기동부대를 편성할 권한이 있다.

예하 통합사령부와 합동기동부대 예하에 기능 구성군사령부가 편성될 수도 있다. 합동기동부대는 특정의 제한적인 목표를 갖는 임무를 수행하고자 할 당시 편성된다. 예하 통합사령부는 지역을 기준으로 또는 기능에 따라 편성된다.

합동군사령부 내부에 특정의 기능 및 작전 형태를 중앙에서 지시 및 통제한다는 차원에서 기능구성군을 구성할 수 있다. 모든 형태의 합동군에는 각 군 구성군이 포함되어 있다. 합동군에 대한 행정 및 군수 지원은 각 군 구성군을 통해 이루어진다. 노력통일, 중앙집권적 계획 및 분권적 임무수행

---

27) 예하 통합사령부와 통합사령부는 그 형태란 측면에서 동일하다. 예하 통합사령부와 통합사령부는 상대적인 개념이다. 미국의 입장에서 보면 한미 연합사령부는 태평양 통합사령부의 예하 통합사령부다. 그러나 한반도의 입장에서 보면 한미 연합사령부는 통합사령부로 생각할 수 있다.

은 합동군 조직의 구상과 관련해 가장 핵심적인 사항이다.

둘 이상의 군이 동일한 차원 또는 영역(예 : 공중 · 지상 및 해상)에서 작전을 수행하는 경우 기능구성군이 적합하다. 기능구성군 참모는 이들 구성군에 참여하고 있는 각 군의 비율을 적절히 반영한 합동 형태가 되어야 한다.

전구란 2개 군 이상의 전력이 동일한 전략목표를 겨냥해 작전을 수행하는 영역을 의미한다. 전구는 태평양전쟁 당시의 미군의 경우처럼 매우 방대한 경우도 있지만, 제2차 세계대전 당시의 북아프리카의 경우처럼 비교적 협소한 경우도 있다. 이스라엘은 비교적 영토가 작지만 몇 개의 전구를 운영하고 있다. 북한만을 적으로 간주하는 경우 한반도를 단일 전구로 생각할 수 있지만, 일본 · 소련 또는 중국의 위협을 동시에 고려해야 한다면 한반도 내부에 하나 이상의 전구가 형성될 수 있을 것이다.

다. 합동기동부대 : 그 적용 가능성

우리는 마살 군도와 시실리를 침공할 당시의 사례를 살펴보았다. 전자(前者)는 태평양이란 방대한 지역을 담당하고 있던 니미츠 제독 휘하 태평양 통합사령부 예하에 합동기동부대를 편성해 대처한 경우이고, 후자는 지중해를 담당하고 있던 아이젠하워 장군 휘하의 통합사령부 조직을 이용해 대처한 경우다. 중앙의 통합사령부 조직에서 임무 지역이 멀리 떨어져 있었다는 점으로 인해 통합사령관이 현장 상황을 정확히 알 수 없었다. 소위 말해, 제대로 상황을 파악하고자 하는 경우 현장 지휘관과 통합사령관이 많은 정보를 주고받아야만 하였다.

니미츠 제독이 자신의 직속 부하인 스프런스에게 합동기동부대를 지휘해 마살 군도의 침공이란 문제를 해결토록 한 것은 이처럼 전쟁에서 목격되는 불확실성의 문제를 해결할 목적에서였다. 스프런스 휘하의 합동기동부대가 성공적으로 임무를 완수할 수 있었던 것은 이 같은 점 때문이다. 전장으로부터 멀리 떨어져 있던 통합사령부 조직을 이용해 시실리 침공에 대처하고자 했다는 점에서 아이젠하워 장군은 전쟁에서 목격되는 불확실성을 제대로 통제할 수 없었다. 아이젠하워 장군 또한 시실리 침공을 전담하는 합동기동부대를 편성해 단일 지휘관의 책임 아래 침공을 진행시켰어야 했을 것이다.

합동기동부대의 적용 가능성과 적용 방안을 언급하기 이전에 통합사령부의 실체를 언급할 필요가 있다. 미국의 통합사령부는 제2차 세계대전, 특히 태평양전쟁과 유럽 전쟁을 통해 나온 개념이다. 미국은 유럽과 태평양 지역에서 나름의 전략목표를 갖고 있었으며, 이들 목표에 단일의 통합사령부가 대처하도록 하였다. 이들 통합사령부의 임무와 임무수행 방식을 살펴본다는 측면에서 태평양 통합사령부의 경우를 생각해보자. 제2차 세계대전이 종료된 이후 미국은 소련의 팽창주의를 크게 우려하였다. 월남전에 미군이 개입한 것도 월남이 매력적인 곳이었기 때문이 아니고, 월남이 무너지면 도미노처럼 동남아시아 지역이 공산화될 것을 우려했기 때문이었다. 이처럼 전후 태평양 통합사령부의 주요 임무는 공산주의의 팽창을 저지하는 것이었다.

태평양에서 공산주의를 저지할 목적으로 미국은 태평양 통합사령부 예하에 2개 형태의 조직(합동기동부대 또는 예하 통합사령부)[28]을 염두에 두었다. 한국처럼 공산주의의 위협이 높은 지역에는 태평양 통합사령부 예하 전력(육·해·공군 구성군의 일부)을 이용해 예하 통합사령부를 설치하였는데, 이는 통합사령부와 규모 측면에서 차이가 있을 뿐 전적으로 동일한 형태다. 소위 말해, 예하 통합사령부는 통합사령부처럼 장기간 동안 임무를 수행할

28) "한국전쟁은 근대시대에 미국이 참전한 최초의 제한전이다." Donald M. Snow and Dennis M. Drew, *From Lexington to Desert Storm*, M. E. Sharp, 1994, p. 180; "제한전의 경우는 통합사령부 휘하의 예하 통합사령부(Subunified Command) 또는 합동기동부대가 적합한 형태의 지휘구조다." Thomas A Cardwell III, *Op. Cit.*, p. 108.

목적으로 설치된다. 한반도와 달리 위협이 상존해 있지 않은 지역에서 분쟁이 발발하는 경우 대처하기 위한 방안은 무엇인가? 미국의 이해가 걸려 있는 태평양의 모든 지역에 예하 통합사령부를 설치해 이들 지역에서의 예상되는 분쟁에 대비해야 할 것인가? 보유 전력이 제한적이란 점에서, 이는 현실적으로 불가능한 일이다. 이들 위기를 태평양 통합사령부 조직을 이용해 대처할 수 있을까? 분쟁 지역이 태평양 통합사령부로부터 멀리 떨어져 있다는 점에서 통합사령관은 현장 상황을 제대로 파악할 수 없을 것이다. 한편 병참·정치 및 행정적 차원의 문제를 고려해야 한다는 점에서 통합사령부 조직으로는 다양한 지역에서 발생하는 다양한 형태의 위기에 대처할 수 없을 것이다.

향후의 분쟁이 불특정 지역에서 불특정 형태로 진행될 것이란 점에서 그리고 통합사령부 또는 예하 통합사령부 형태로 모든 위기에 대처할 수 없다는 인식에서 미국은 합동기동부대를 편성해 지구상 도처에서 발생하는 위기에 대처하고자 노력하고 있다. 물론 위기를 극복한 후, 이들 합동기동부대 전력이 해체되어 통합사령부로 복귀될 것이며, 복귀된 전력은 여타 지역에서의 위기에 재차 대비하게 될 것이다.

오늘날 국제사회의 분쟁을 염두에 둔 미국의 합동기동부대 개념은 제2차 세계대전 당시의 시실리 침공과 마샬 군도 침공 당시처럼 비교적 광범위한 지역에서의 임무를 염두에 두고 있음을 상기해볼 필요가 있다.

상황을 한반도로 이전해 생각해보자. 한반도에 설치되어 있는 한미연합사령부는 나름의 예하 통합사령부를 구성하고 있다. 평시 합참과 각 군 작전사령부[29] 또한 나름의 통합사령부를 구성하고 있는데, 통합사령부는 인류가 발견한 가장 이상적인 형태의 지휘구조다. 한반도에서 분쟁이 발발하는 경

29) 지상군의 경우는 평시 한반도의 모든 지상군을 지휘할 단일의 작전사령부를 구비하고 있지 않음.

우 합참 예하 또는 한미연합사 예하에 합동기동부대를 설치해 대처할 필요가 있을 것인가? 합동기동부대의 설치가 가능한가?

결론적으로 말하면, 북한을 염두에 둔 경우라면 설치에 적지 않은 제약이 따르게 된다. 그 이유는 무엇인가?

반 크레벨트는 "임무를 다수의 부분으로 나눈 후, 이들 개개 부분을 담당하기 위한 조직을 만들고 이들 조직이 별도의 거의 독립적으로 작전을 수행하도록 하는 것이 불확실성의 문제에 대처하기 위한 최상의 방안이다"라고 말하였다. 태평양전쟁 당시 일본에 대항한 미국의 전역에서 뿐만 아니라 제2차 세계대전 이후 소련에 대항해 미국은 전략목표 달성을 염두에 둔 임무를 다수의 조그마한 부분으로 나눈 후 이들 임무를 예하 통합사령부 또는 합동기동부대를 이용해 대처하였다.

북한과의 전쟁이란 문제를 다수 부분으로 나누고 개개 부분을 반 독립적인 합동조직이 수행토록 할 수 있을 것인가? 이들 반독립적인 조직은 임무달성 측면에서 휘하 육・해・공군 전력을 이용해 나름의 전역(戰役)을 수행하게 될 것이다. 이 점에서 보면, 북한과의 전쟁이란 문제를 다수 부분으로 나누고 이들 개개 부분을 별도의 거의 독립적인 합동조직이 수행토록 함은 한반도에서 다수의 전역이 동시에 진행됨을 의미한다. 다시 말해, 한반도와 같은 협소한 지역에서 각 군 전력이 분할되어 운영됨을 의미하는데, 이는 항공력 측면에서 적지 않은 문제를 유발할 수 있는 개념이다. 소위 말해, '중앙집권적 통제, 분권적 임무수행(Centralized Control, Decentralized Execution)'이란 공군교리에 정면 배치되는 개념이다. 육군과 해군의 경우도 정도의 차이는 있지만 공군이 겪는 바와 동일한 문제가 발생하게 된다.

북한과의 전쟁이란 문제를 다수 부분으로 나누고 이들 부분을 병행적으로 달성하고자 하는 경우 나름의 문제가 있음을 살펴보았다. 그러면 이들 부분이 순차적으로 달성될 수 있는 형태라면 어떠할까? 이 경우는 단일 조직이 연속적으로 임무를 수행하면 될 것이다. 소위 말해, 이는 단일의 전쟁에 다수의 전역이 순차적으로 존재하는 경우인데, 한국전쟁이 대표적인 사례다.

우리는 합동기동부대와 상륙작전을 연계해 생각하는 경향이 있는데, 인천상륙작전을 합동기동부대가 아닌 극동군사령부 예하 개개 구성군 조직을 이용해 대처한 것은 무슨 이유 때문인가? 한국전쟁과 1991년의 걸프전 당시 합동기동부대란 개념이 적용되지 않았던 것은 무슨 이유 때문인가? 이는 이미 언급한 바처럼 한국전쟁 또는 1991년의 걸프전이 합동기동부대란 개념을 적용할 수 있을 정도로 방대한 지역에서의 전쟁이 아니었기 때문이다. 단일의 예하 통합사령부 휘하에 있는 구성군사령부를 이용해 전쟁에 대비하는 경우 불확실성의 문제가 증폭될 정도로 이들 전쟁이 광범위한 지역에서 진행되지 않았기 때문이다. 소위 말해, 임무를 나누고, 이들 개개 임무를 별도의 반독립적인 합동기동부대가 수행하게 하는 경우 전력 분할 현상이 목격되지 않을 정도로 한반도가 넓은 지역이 아니기 때문이다.

그러면 한국군의 경우 합동기동부대란 개념이 의미가 없는 것일까? 전적으로 그렇지 만은 아닐 것이다.

예를 들면, 한반도가 아닌 여타 지역, 특히 한반도로부터 멀리 떨어져 있는 지역에서 작전을 수행할 필요가 있다면, 이 경우 합동기동부대 형태로 대처해야 할 것이다. 영국군은 영국 본토 방어를 위한 최상의 조직으로 통합사령부를 염두에 두고 있는 반면, 영국에서 멀리 떨어져 있는 지역, 예를 들면, 중남미에서의 영국의 이익이란 문제를 놓고 여타 국가와 대립되는 경우 합동기동부대를 생각하고 있는데[30], 이는 한국군에 그대로 적용되는 개념일 것이다. 영토 측면에서 보면 월남 또한 한국과 비슷한 데, 월남전 당시

30) Strategic Review(인터넷 자료).

미 육군과 공군은 월남에 있던 '군사지원사령부(Military Assistance Command in Vietnam)'을 육・해・공군 구성군을 휘하에 두는 통합사령부로 전환해 전쟁에 대비해야 한다고 주장하였다.[31]

항공력을 제외한 여타 전력의 경우는 합동기동부대의 편성이 불가능하지 않을 것이다. 이 경우 항공력은 지금처럼 개개 임무(예 : 합동기동부대가 수행하는 것도 하나의 임무로 생각할 수 있음)에 쏘티를 배정해주는 형태, 즉 중앙집권적 통제란 방식으로 지원할 수 있을 것이다.

4. 결론

많은 군사이론가들이 언급한 바처럼 불확실성과 전쟁은 불가분의 관계에 있다. 이 같은 불확실성의 문제에 대처하기 위한 최상의 방안은 "문제를 여러 부분으로 나눈 후 이들 개개 부분을 반독립적인 조직이 독자적으로 수행토록 하는 것이다"라고 반 크레벨트는 말했다. 합동기동부대가 출현한 것은 이 같은 맥락에서다.

군사력 조직에 관한 최상의 방안은 전구의 모든 자산을 단일 지휘관이 지휘하는 통합사령부(Unified Command) 구조란 점을 우리는 역사를 통해 확인할 수 있었다. 합동의 시각에서 지휘구조를 바라보면 전구의 모든 지상 전력을 단일의 지상 구성군사령관, 전구의 모든 해상 전력을 단일의 해상 구성군사령관, 전구의 모든 항공력을 단일의 항공 구성군사령관이 운용하는 통합사령부 구조를 생각하게 된다. 전구의 모든 군사력은 권한의 축과 책임이 분명한 통합사령부 구조 아래 단일의 일관성 있는 팀으로 운영되어야 할

31) Thomas A Cardwell III, *Op. Cit.*, p. 18.

것이다.

통합사령부 예하에 예하 통합사령부 또는 합동기동부대가 위치할 수 있는데, 예하 통합사령부는 장기적 임무를 수행할 목적에서 그리고 합동기동부대는 단기적 성격의 임무를 위해 편성된다. 이미 언급한 바처럼 육·해·공군으로 구성된 합동군의 편성 방법은 통합사령부, 예하 통합사령부 그리고 합동기동부대처럼 다양하지만 이들 합동조직의 구성에 관한 원칙은 동일하다.

미군 입장에서 보면 한미 연합사령부는 나름의 예하 통합사령부[32]를 그리고 평시 한국군의 합참과 각 군 작전사령부를 중심으로 하는 조직은 통합사령부를 구성하고 있는데, 이는 역사적으로 가장 바람직한 형태의 지휘구조다.

한반도 내부에서 진행되는 전쟁의 경우 합동기동부대란 개념을 적용할 수 있을 것인가? 한반도가 협소하다는 점으로 인해 통합사령부 외에 별도의 합동기동부대를 설치하면 항공력 운영 측면에서 적지 않은 제약을 받게 된다.

소위 말해, 항공력을 포함하는 합동기동부대를 한반도에서 운영하게 되면, 이들 항공력을 독자적으로 운영하는 2개 이상의 조직이 존재하게 되는데, 이는 단일의 항공지휘관이 항공력을 운영해야 된다는 항공력 운용에 관한 교리에 위배된다. 한반도의 경우 항공력을 제외한 여타 전력을 이용해 합동기동부대를 편성할 수 있을 것이다. 이 경우 합동기동부대가 수행하는 임무에 몇몇 항공 쏘티를 할당하는 방법, 즉 중앙집권적 통제 및 분권적 임무수행이란 오늘날의 항공력 운영 개념에 근거해 항공력을 지원해야 할 것이다. 한반도가 아닌 지역에서 국익을 놓고 여타 국가와 대립하는 경우, 또는 특정 국가를 염두에 둔 상태에서 또 다른 전략목표를 위해 또 다른 국가

32) 미 태평양사령부의 입장에서 보면 예하 통합사령부이지만 한국군의 입장에서 보면 나름의 통합사령부이다.

와 대립하는 경우는 항공력을 포함하는 합동기동부대란 개념을 생각할 수 있을 것이다.

향후에는 대규모 전쟁보다는 특정 도서(島嶼) 또는 대륙붕에 매장되어 있는 부존자원을 놓고 대립하는 국지적 차원의 분쟁이 빈번해질 것이다. 이들 분쟁지역이 한국이 주권을 행사할 수 있는 지역이라면, 다시 말해 한반도에서 전력을 투사해 문제를 해결할 수 있는 경우라면 기존의 육・해・공군의 지휘구조를 이용해 위기에 대처해야 할 것이다.

향후 한국군이 추구해야 할 지휘구조에 관해 한 마디 한다면, 한국군은 합참이란 조직 외에 한미연합사와 유사한 통합사령부를 설치해야 할 것이다.[33] 통합사령관이 한국군의 모든 육・해・공군 전력을 지휘하게 되며, 이들 육・해・공군 전력은 기능 측면에서 지상・해상 및 항공이란 기능구성군을 편성해야 할 것이다. 또한 이들 개개 구성군을 단일의 구성군사령관이 지휘해야 할 것이다. 소위 말해, 한국군은 합참 외에 완벽한 형태의 통합사령부 조직을 구비해야 할 것이다.

33) 한미연합사령관이 한국군이라면 한미연합사 체계는 가장 이상적인 형태의 지휘구조다.

제 5 장

효율적인 항공작전 지휘구조 구상*

1. 서론

전구(戰區 : Theater)[1]란 단일의 군사전략목표 달성을 위해 지상·해상 및 공중 작전이 실시되는 지리적 영역을 의미한다. 전역(戰役 : Campaign)[2]이란

---

* 권영근, "효율적인 항공작전 지휘구조 구상", 합동참모대학, 『합동군사연구』 12호, 2002년 12월, pp. 175-210에 이미 발표된 자료이다.

1) 전구는 한미 연합사령관과 같은 합동군사령관 그리고 공군구성군사령관 차원에서 매우 중요한 개념이다. 지상 및 해상과 같은 지면군의 경우는 작전지역(Area of Operation)의 시각에서 전쟁을 바라보지만, 한반도에서 연합사령관과 공군구성군사령관은 전구 차원에서 전쟁을 바라보고 있다. "전구의 모든 항공력은 단일 표적에 집중될 수 있다"라는 표현에서 보듯이 항공력과 관련된 내용을 기술하고자 하는 경우 전구란 개념은 필수적이다. Air Force Doctrine Document 2, "Organization and Employment of Aerospace Power", USAF, 2000년 2월 p. 1. 지금부터 Air Force Doctrine Document 2, "Organization and Employment of Aerospace Power"로 지칭.

합동작전에서는 육·해·공군의 전력이 특정 지역을 중심으로 끊임없이 통합(Integrate)되는데, 해군과 공군의 무기가 육군을 지원하는 경우는 작전지역, 공군과 육군의 무기가 해군을 지원하는 경우 작전해역에서 통합되고 있다. 그런데 공군의 입장에서 육·해·공군의 무기가 통합되는 장소는 어디인가? 이는 전구다. 따라서 합동 및 공군 교리에서 전구는 매우 중요한 개념이다. 한반도는 단일의 전구를 형성하고 있다.

2) 산업화시대 이전의 전쟁에서는 "단일 지점을 겨냥한 전략, 그리고 나폴레옹에 의한

단일의 전략 또는 작전 목표를 달성할 목적에서 주어진 시간과 공간의 범주 안에서 수행되는 일련의 연계된 군사작전들을 의미한다. 항공 배당(Air Apportionment)은 기대되는 총 노력 중에서 일정 기간 동안 다양한 항공작전에 투입되어야 할 전력을 퍼센트 또는 우선순위 측면에서 배정 및 결정한 것이다. 예를 들면, 근접항공지원에 가용 항공력의 30%를 배당할 수 있을 것이다. 항공할당(Air Allocation)이란 항공 배당과 관련된 의사결정을 개개 작전 또는 임무에 가용한 항공기 쏘티로(항공기 유형 별) 전환한 것이다. 작전지역(Area of Operation)이란 지상 및 해상 전력을 염두에 두어 합동군사령관이 정의한 작전수행지역(Operational Area)을 의미한다.[3)]

전투에 대비한 지휘구조의 중요성은 아무리 강조해도 지나친 바가 없다. 오늘날 군의 지휘구조는 동일 목표를 겨냥해 육・해・공군 전력을 적절히 통합[4)]할 수 있는 형태가 되어야 할 것이다. 또한 항공력 운용을 위한 지휘

결정적인 형태의 전투"가 전형적인 유형이었다. 18-19세기 당시의 산업화시대의 등장으로 인해 전쟁에서 추구해야 할 목표들이 다수 출현하게 되었다. 소위 말해 적 육군의 격멸만으로는 적에게 아측의 의지를 강요할 수 없게 되었다. 따라서 장기간 동안 도처에서 진행되는 전역(戰役)이 단일의 전투란 개념을 대체하게 되었다. 정보화시대인 오늘날에는 전구(戰區) 전반에 걸쳐 적군, 적의 전쟁 수행 능력 그리고 정보망을 거의 동시에 마비시키고, 파괴하는 형태의 동시적 성격의 전역이 출현하고 있다. 소위 말해 육・해・공군 작전을 적절히 결합한 합동 전역이 오늘날의 추세다. 출처 : General Gordon R. Sullivan, US Army 외 2명, "War in the Information Age", *Military Review*, 1994년 4월, pp. 46-58.

3) Joint Publication 1-02, "Department of Defense: Dictionary of Military and Associated Terms", U.S. Joint Chief of Staff, 2001년 4월 12일.

4) 합동작전에서 통합은 매우 중요한 개념이다. 한국군에서는 Merge, Integrate, Synchronize, Unify란 영어 단어를 통합으로 번역해 사용하고 있는데, 이들은 공중에서 내리는 눈과 사람의 눈이 다른 것과 마찬가지로 전혀 의미가 다르다.

Merge는 은행처럼 업무 처리 방식이 동일한 조직을 물리적으로 병합함을 의미한다. 군에서는 병합이란 개념이 잘 적용되지 않는다. 참조: 김구섭, 김용석, 권영근 번역, 『전쟁에서의 지휘』, 연경문화사, 2001년 7월, p. 14(지금부터 『전쟁에서의 지휘』로 지칭) 또는 권영근, "C4I 체계 구축을 위한 제언", 『합동군사연구』 제11호, 2001년 12월, pp. 165-167; 이 같은 의미에서의 통합이 필요한 경우가 없지 않지만 이는 사안에 따

구조는 융통성 및 다양성 등 항공력의 특성을 최대한 발휘할 수 있는 형태가 되어야 할 것이다. 더불어 위기에 대처하기 위한 한국군의 군사전략에 따라 항공력 운용을 위한 지휘구조가 영향 받게 될 것이다.

육·해·공군에 의한 합동작전과 이들 작전을 지휘할 목적의 합동지휘통제체계가 강조되고 있는 오늘날에는 특정 군의 지휘구조가 제대로 정립되어 있지 않은 경우는 합동지휘체계의 건설뿐만 아니라 여타 군의 지휘체계 건설이 영향 받을 수 있다.[5] 이 같은 맥락에서 보면, 항공력 운용을 염두에 둔 지휘구조의 올바른 정립은 한국군에서 중요한 의미가 있다.

이 장(章)에서는 오늘날의 합동작전에서 '약방의 감초'에 해당하는 항공력의 능력을 최대한 발휘할 수 있는 항공작전 지휘구조를 한국군이 처해 있는 현실과 국방력 건설의 절대 당위성이란 측면에서 기술해보고자 한다. 또한 본고에서는 중간사령부와 공군작전사령부 간의 관계를 살펴보고 있다.

라 신중히 다루어야 할 것이다.

Integrate란 육·해·공군의 능력을 상호 보완적으로 그리고 승수효과를 유발하는 방식으로 적절히 혼합해 작전을 수행함을 의미한다. 참조 : Capt Frederick L. "Fritz" Baier, USAF, "50 Questions Every Airman Can Answer", U.S. Air Force Doctrine Center, 1999년 10월, pp. 47-48; Synchronize란 결정적인 시점과 장소에 상대적으로 최대의 전투력이 생성될 수 있도록 시간·공간 및 목적 측면에서의 군사 행위들의 배열을 의미한다. 참조: Joint Publication 1-02, "Department of Defense: Dictionary of Military and Associated Terms", U.S. Joint Chief of Staff, 2001년 4월 12일.

Unify란 동일 목표를 향해 육·해·공군의 노력이 결집됨을 의미한다.

오늘날의 합동작전에서 Integrate, Synchronize 및 Unify란 의미에서의 통합은 핵심적인 개념이다. "합동군사령관은 통합 및 합동 전역 또는 '주요 작전'을 통해 전략 및 작전 목표를 달성할 목적에서 공중·지상·해상·우주 및 특수 작전 전력을 Integrate 및 Synchronize하게 된다." 참조 : Joint Pub 3-0, "Doctrine for Joint Operations", Executive Summary, 2001년 9월 10일, p. x. "다국적군 지휘관 및 참모들은 자신들의 노력이 동일 목표를 향해 Unify될 수 있도록 노력하게 된다." 참조: Joint Pub 3-0, "Doctrine for Joint Operations", Executive Summary, 2001년 9월 10일, p. VI-7.

5) 권영근 "C4I 체계 구축에 관한 제언", 합동참모대학, 『합동교리연구』 2001년 11월, pp. 155-159.

제2절에서는 항공우주력의 특성 및 기능뿐만 아니라 전쟁을 바라보는 항공인의 시각 중에서 본 논문의 전개와 관련된 몇몇 사항을 언급해 보고자 한다. 제3절에서는 이상적인 전구 지휘구조와 전 세계 주요 국가의 지휘구조(항공작전 지휘구조 중심)를 살펴보고자 한다. 제4절에서는 한국군의 현 지휘구조를 살펴보고, 국방력 건설을 염두에 둔 지휘구조, 특히 항공작전을 염두에 둔 지휘구조를 제안하게 될 것이다. 더불어 공군작전사령부와 중간사령부와의 관계를 설명하게 될 것이다.

2. 항공력 일반

전쟁에 최초 도입된 제1차 세계대전 이후 전 세계 각 군은 항공력의 임무와 역할이란 문제를 놓고 격렬한 논쟁을 벌여오고 있다. 특히 해상 및 지상군의 경우는 자신들이 수행하는 전역(戰役)의 전술 및 작전적 수준을 직접 지원할 목적으로 항공력을 통제하고자 하였다. 반면에 전 세계 항공인들은 전구 차원의 전역을 지원할 목적의 전략 표적을 공격하는 등 전략 및 작전적 수준에서 항공력이 사용될 수 있기를 염원해 왔다. 소위 말해 항공력은 특정 군이 아니고 한미 연합사령관과 같은 전구사령관의 전역을 지원하는 전략 및 작전적 성격의 전력이란 주장이다.

이처럼 지상 및 해상 전력과 공군이 항공력을 바라보는 인식이란 측면에서 차이가 있는 것은 3차원 공간에서 운용되는 항공력이 갖는 몇몇 특성 때문이다. 이 같은 몇몇 특성이 공군의 지휘구조에도 직접 영향을 끼치고 있다.

가. 전쟁원칙 및 항공 교의(敎義 : Tenet)에 관한 항공인의 시각[6]

일반적으로 전쟁원칙에는 지휘통일(Unity of Command), 목표(Objective), 집중(Mass), 기동(Maneuver), 병력절약(Economy of Force), 보안(Security) 등이 있다. 또한 항공인의 경우는 중앙집권적 통제/분권적 임무 수행, 융통성(Flexibility) 및 다양성(Versatility)이란 교의(敎義)를 신봉하고 있다. 이들 중에서 지휘구조와 직접 관련이 있는 것은 지휘통일, 융통성과 다양성 그리고 중앙집권적 통제/분권적 임무수행으로 생각된다. 따라서 여기서는 이들 4개 요소를 설명해보자.

(1) 지휘통일

지휘통일이란 특정의 군사 활동 또는 조직을 단일 지휘관이 책임지도록 하는 원칙이다. 여타 군과 마찬가지로 항공력 또한 이 원칙을 절대 신봉하고 있다. 여기서는 모든 노력이 동일 목표를 겨냥해 지시 및 조정되어야 할 것임을 강조하고 있다. 작전지역을 중심으로 운용되는 해군 및 육군과 달리 항공력은 전구 차원의 시각을 견지하고 있다. 그 결과 육군과 해군이 작전지역에서의 지휘통일을 생각하는 반면 항공력의 경우는 전구 차원에서의 지휘통일을 요구하고 있다. 전구의 모든 전력을 단일 지휘관이 지휘해야 함과 마찬가지로 전구의 모든 항공력 또한 단일 지휘관이 지휘해야 할 것인데, 이처럼 할 때만이 전략 및 작전적 수준에서 항공우주력을 집중시킬 수 있게 된다.

---

6) United States Air Force, "Air Force Basic Doctrine", Air Force Document 1, 1997년 9월, pp. 11-26; Capt Frederick L. "Fritz" Baier, USAF, "50 Questions Every Airman Can Answer", Air Force Doctrine Center, 1999년 10월, pp. 17-23; Air Force Doctrine Document 2, "Organization and Employment of Aerospace Power", pp. 2-4; 공군본부전발단, 『공군기본교리』.

(2) **융통성**(Flexibility)

융통성이란 새로운 환경과 상황에 적응할 수 있는 능력을 의미한다. 항공우주력의 경우는 변화하는 환경과 상황에 신속히 적응할 수 있다. 예를 들면, 항공기는 제공작전(Counterair)을 수행하던 도중 근접항공지원 작전으로 즉각 임무 전환이 가능하다.

(3) **다양성**(Versatility)

다양성이란 단일의 도구가 하나 이상의 방식으로 사용될 수 있음을 의미한다. 예를 들면, 손칼을 이용해 나무를 깎고, 빵을 자르며, 통조림통을 열 수 있는데, 이는 손칼이 다양성이 있음을 의미한다. 오늘날의 첨단 항공기는 적 종심에 대한 전략공격에서, 전선으로 운반되는 물자에 대한 후방차단, 아군 전력을 위한 근접항공지원 그리고 공중우세 확보를 위한 활동에 이르기까지 다양한 역할을 수행할 수 있다. 소위 말해, 오늘날의 항공기는 다양성이 있다. 걸프전 당시를 보면 근접항공지원을 염두에 두고 개발된 A-10 항공기가 후방차단 임무를 수행한 반면, 원거리 종심에 대한 후방차단을 염두에 두고 개발된 F-111 항공기가 수백 대의 탱크를 정밀유도무기로 격파하였다.

(4) **중앙집권적 통제/분권적 임무수행**[7)]

중앙집권적 통제란 작전 및 전구 수준의 항공작전을 계획・조직 및 시행

---

7) 공군에 중간사령부 개념이 불가능하다고 주장하는 사람들은 이것이 중앙집권적 통제/분권적 임무 수행이란 항공력의 지휘통제 개념에 위배된다는 논리를 전개하고 있다. 이들의 주장과는 달리 일반적으로 중앙집권적 통제/분권적 임무 수행이란 공군의 지

할 수 있도록 단일의 항공인에게 권한을 부여함을 의미한다. 여기서 말하는 통제란 임무 우선순위를 정하고, 임무를 부여하며, 항공력이 추구해야 할 목표를 선정하고, 이들 목표 달성에 필요한 권위 있는 지시를 내릴 뿐더러 항공력을 조직 및 운용할 수 있는 권한을 의미한다. 항공력의 특성인 융통성과 다양성이 보장되려면 중앙집권적 통제는 필수적이다.

분권적 임무수행이란 전술 작전에 관한 시행 권한을 예하 전술지휘관들에게 위임함을 의미한다. 이 같은 개념으로 인해 항공작전을 다수 영역에서 수행할 수 있게 되어 작전 수행 도중 예기치 못한 상황을 수용하고, 전술지휘관들이 상부로부터 경직된 지시를 받지 않으면서 임무를 융통성 있게 수행할 수 있게 된다. 분권적 임무수행을 통해 창의성, 상황에 대한 반응성 그리고 전술 측면에서의 융통성이 신장된다. 또한 많은 항공기를 단일 지휘관이 효과적으로 통제할 수 있는 것은 이 같은 개념 덕분이다. 공군작전사령관과 같은 전구 차원의 항공지휘관이 전구의 제한된 항공자산을 효과적으로 운용할 목적으로 항공배당 및 항공할당과 같은 작전적 수준의 문제에 노력을 집중시킬 수 있는 것은 이 같은 개념 덕분이다.

계획된 항공작전은 통합임무명령서(ITO : Integrated Tasking Order)[8]을 통

휘통제 개념이 가능해지려면 다수 국가의 사례에서 보게 되겠지만 중간사령부는 필수적이다. 영국군 및 미군은 합동군사령관의 지휘통제 개념이 공군의 경우와 마찬가지로 중앙집권적 통제/분권적 임무 수행이라고 주장하고 있다. 출처 : Joint Warfare Publication 0-10, "United Kingdom Doctrine for Joint and Multinational Operations", 1999년 4월, pp. 2c-3, & 2c-4; Joint Publication 3-0, "Doctrine for Joint Operations", U.S. Joint Chiefs of Staff, 2001년 9월, p, II-12.

이들 중간사령부의 설치를 반대하는 사람들의 논리로 본다면 연합사령관과 같은 합동군사령관이 휘하 군사력을 제대로 지휘하려면 예하에는 육・해・공군 구성군사령부가 있어서는 안 될 것이다.

8) 통합임무명령서에는 임무형태, 공격하게 될 특정 표적, 임무 수행에 투입되는 특정 단위 전력, 표적의 공격 시점, 표적 공격에 사용되는 항공기 및 자산의 종류, 임무 번호 그리고 임무 수행에 필요한 무기의 종류가 임무형 명령(Mission Type Order) 형태로 기술되어 있다. 출처 : Maj Frederick L. "Fritz" Baier, USAF, "50 More Questions

해 시행된다. 항공작전의 계획수립 그리고 통합임무명령서를 통한 계획의 반영이란 방식으로 공군구성군사령관과 그의 참모들은 모든 가용 자원을 최적의 방식으로 통합하게 된다. 예기치 못한 사건이나 적의 반응을 고려해 통합임무명령서를 수정하게 된다. 공군구성군사령관은 상황을 고려해 작전수행 단계에서 통합임무명령서의 변화를 감독하게 된다. 그 결과 통합임무명령서를 통해 추구하고자 하는 작전목표들을 염두에 두면서 운용 측면에서 나름의 융통성을 발휘할 수 있게 된다.

비행단과 대대 수준에 통합임무명령서가 분배되면 전쟁의 전술수준이 시작된다. 이들 개개 부대의 임무기획실(Mission Planning Cell)에서는 개개 임무를 상세 계획하게 된다.9) 이 같은 상세 계획을 일군의 편대 또는 공격군이 수행하게 된다. 부여된 임무와 관련된 전술 측면의 상세 사항을 수행하는 과정에서 개개 임무편대장(Flight Leader)이 적지 않은 융통성을 발휘하게 된다. 소위 말해 이들 임무 시행은 분권화되어 있다.

나. 항공력의 기능10)

육군 및 해군과 같은 지면군(Surface force)과 달리 항공인은 군사력 운용을 지리(地理)가 아니고 기능(Function) 측면에서 바라보고 있다. 예를 들면, 항공기가 소속되어 있는 비행장의 위치에 무관하게 경우에 따라서는 한반도의 모든 항공력을 근접항공지원에 투입할 수 있을 것이다. 항공력의 기능은

Every Airman Can Answer", U.S. Air Force Doctrine Center, 2002년 4월, pp. 70-71.

9) 임무 기획에는 표적에 당도하기 위한 가장 안전한 경로, 이륙 시간, 공격 시점, 재급유 요구사항, 비상 절차 그리고 표적을 가장 효과적으로 공격하기 위한 적정 전술이 포함된다. 출처 : *Ibid.*

10) Air Force Doctrine Document 2, "Organization and Employment of Aerospace Power", p. 2; United States Air Force, "Air Force Basic Doctrine", Air Force Document 1, 1997년 9월, pp. 46-60; 공군본부전발단, 『공군기본교리』,

제공작전(Counterair), 전략공격(Strategic Attack), 후방차단(Interdiction), 근접항공지원(Close Air Support) 등으로 나눌 수 있다.[11] 이것 외에 공수(空輸), 공중급유, 정찰 및 감시, 전자전(電子戰), 기지방어작전 등이 있다. 이들 중 일부를 언급해보면 다음과 같다.

(1) 제공작전

제공작전은 공중통제(Aerospace Control)를 통해 아측 공격을 용이케 하고, 아측 전력과 핵심 이익을 보호할 목적의 작전이다. 제공작전에서 추구하는 궁극적인 목표는 공중우세 확보다. 제공작전은 공세 제공작전과 방어 제공작전으로 구분된다. 방어 제공작전과 방공(Air Defense)은 동의다.

공세 제공작전은 적 항공기와 미사일에 의한 위협을 격파・와해 및 제한시킬 목적의 작전이다. 방어 제공작전은 항공기와 미사일을 이용한 적 공격으로부터 아측 전력과 핵심 이익을 보호할 목적의 작전이다.

(2) 전략공격

이는 전쟁 수행 의지 또는 전쟁 지속 능력을 말살할 목적으로 적의 주요 전략 표적을 공격해 전략적 마비를 유도하기 위한 작전이다.

(3) 후방차단

아측 지상 및 해상 전력에 효과적으로 사용되기 이전에 적의 군사적 잠

11) 공군교범, 『공군기본교리』, 공군본부, 1997. 10. 1, p. 30.

재력을 교란·파괴 및 지연시켜 적 전력의 증원·재보급 및 기동을 제한하기 위한 작전이다.

(4) 근접항공지원

근접항공지원은 우군과 근접한 위치에서 대적하고 있는 적 군사력을 공격하는 방식으로 아측 지상 및 해상 전력을 지원하기 위한 작전이다. 근접항공지원을 효과적으로 수행하기 위해서는 전장 지역 상공에서의 공중우세 확보가 필수적이다.

다. 항공력 운용 개념

일반적으로 항공력은 지상 및 해상 지휘관에 의한 지상 및 해상 전역이 아니고 합동군사령관과 같은 전구사령관에 의한 전역을 주로 지원 및 수행할 목적의 전력이라고 항공인들은 생각하고 있다.12)

항공인들은 제공작전을 통한 공중우세 확보를 여타의 모든 항공작전뿐만 아니라 지상 및 해상 작전의 수행에 선결요건으로 간주하고 있다.13) 공중우세가 확보되어 있지 않은 상태에서는 지상 상황이 아무리 긴박하다고 할지

12) Capt Frederick L. "Fritz" Baier, USAF, "50 Questions Every Airman Can Answer", U.S. Air Force Doctrine Center, 1999년 10월, p. 21.

13) 휘하 군사력이 북아프리카에서 비참히 몰락한 사실을 회상하며 독일의 롬멜 장군은 "공중을 장악하고 있는 측과 싸우는 군대는 오늘날의 유럽 군대에 대항한 원시인의 대적과 전혀 다를 바가 없다. 이는 여타 무기를 가장 우수한 형태의 현대 무기로 무장하고 있는지에 상관없이 적용되는 현상이다"라고 말하였다. 노르망디 해안을 따라 달리는 차안에서 아이젠하워 장군은 "공중우세를 확보하지 못했다면 여기에 있을 수 없었을 것이다"라고 자신의 아들에게 말하였다. 출처 : 백문현, 권영근 공역, 『현대전의 알파와 오메가』, 연경문화사, 2001년 4월, p. 38.

라도 지상 및 해상 전력을 지원할 목적의 근접항공지원이 불가능할 것으로 항공인들은 생각하고 있는데, 이 점을 1973년의 중동전에서 이스라엘군이 절감하였다.14) 공중우세가 확보되어 있지 않은 상태에서는 지상군에 대한 근접항공지원이 거의 불가능하다는 점을 제1, 2차 세계대전 사이 기간 중의 독일군 또한 인지하였다.15)

공중우세가 확보된 경우 상황에 따라 항공 전력이 지상 및 해상 작전을 위한 근접항공지원에 대거 투입될 수도 있을 것이다. 그러나 대부분의 경우 이 같은 상황에서 항공력은 적의 전략적 중심을 공격해 전투가 아니고 전쟁을 승리로 이끄는 방향으로 사용되어야 할 것이라고 항공인들은 생각하고 있다.

1943년에는 항공력 운용에 관한 이 같은 인식을 반영한 교리가 미 육군에서 출현하였다.16)

3. 지휘구조 고찰

가. 전구 작전 지휘구조17)

전쟁원칙 중에서 전구 차원의 지휘구조와 가장 관련이 있는 원칙은 지휘

14) *Ibid.*, pp. 114-120.
15) 허남성, 권영근 번역, 『제1, 2차 세계대전 사이의 군사혁신(上)』, 국방대학교, 2002년 3월 15일, p. 159.
16) FM100-20, "Command and Employment of Air Power", U.S. War Department, 1943년 7월 21일.
17) Thomas A. Cardwell, III, *Command Structure for Theater Warfare: The Quest for Unity of Command*, Air University Press, Sep 1984, pp. 129-134. 지금부터 Thomas A. Cardwell, III로 표기.

통일의 원칙이다. 지휘통일의 원칙이란 군의 모든 행위가 동일 목표를 겨냥해 사용될 수 있도록 군사력을 지시 및 조정함을 의미한다. 지휘통일은 동일 목표를 겨냥해 모든 가용 군사력을 지시 및 조정하기 위한 권한을 단일 지휘관에게 부여할 때 가장 잘 달성된다.

군사력 조직에 관한 최상의 방안은 전구의 모든 자산을 단일 지휘관이 지휘토록 하는 통합사령부 구조(Unified Command Structure)란 점을 우리는 역사를 통해 확인할 수 있었다.[18] 전구에 할당된 임무를 육・해・공군에 의한 통합된 팀의 형태로 수행할 때, 이들 군을 가장 잘 통제할 수 있을 것이다.

전구 차원의 전쟁에 대비한 지휘구조를 논의할 때는 전구 차원의 시각을 견지해야 한다. 전구 차원의 시각이란 합동 및 연합의 시각을 의미한다. 전구 차원의 시각에서 지휘구조를 바라보면 전구의 모든 지상 전력을 단일의 지상군구성군사령관, 전구의 모든 해상 전력을 단일의 해상구성군사령관 그리고 전구의 모든 항공력을 단일의 공군구성군사령관이 운용하게 되는 통합사령부 구조를 생각하게 된다.[19] 전구의 모든 군사력은 권한의 축과 책임이 분명한

---

18) 이는 제1, 2차 세계대전 당시 독일군으로부터 나온 개념으로서 영국군 또한 동일한 시각을 갖고 있다. 출처 : 인터넷 자료 Strategic Defence Review, Supporting Essay Eight 'Joint Operation'; 818계획을 통해 한국군은 한미연합사 체계를 구현시켰다. 출처 : 평화민주당, "3군통합의 의도는 무엇인가", 1990년 6월 14일, p. 43; 한미연합사의 지휘구조는 단일의 사령관과 육・해・공군 구성군을 갖는 통합사령부 구조다. 우리 군 일각에서 말하는 통합군과 이것이 전혀 다른 개념이란 점을 주목해야 할 것이다.

19) 항공력을 집중시킬 때 얻을 수 있는 효과가 매우 지대하다는 점을 최초로 입증시킨 것은 독일군이었다. 1918년의 일대 공세에서 독일군은 지상군의 진격을 직접 지원할 목적에서 대략 300대의 항공기를 집중시켰다. …… 일단 공중을 신속히 통제하게 되자 이들은 거의 제약을 받지 않으면서 적 지상군의 이동을 방해할 수 있었다. 출처 : Thomas H. Greer, *The Development of Air Doctrine in the Army Air Arm, 1917-1941* (Washington, D.C.: U.S. Government Printing Office, 1990), 19. 또는 허남성, 권영근 번역, 『제1, 2차 세계대전 사이의 군사혁신(上)』, 국방대학교, 2002. 3.,

통합사령부 구조 아래서 단일의 일관성 있는 팀으로 운영되어야 한다.

국가의 전투력을 가장 효과적이고도 효율적으로 운용하려면 중앙집권적으로 통제하고 분권적으로 임무 수행해야 할 것이다.[20] 동일 목표를 겨냥해 전투력을 집중시키고, 위기 발생시에는 이들 전투력의 방향을 재조정해야 할 것인데, 군사력을 중앙에서 통제하게 되면 이 같은 것이 가능해질 것이다. 분권적 임무수행이란 고위급 제대에서 목표의 우선순위를 결정하고 전략을 구현하는 동안, 하급 제대에서 계획과 시행을 담당할 수 있도록 하는 개념이다. 제한된 자원을 가장 경제적으로 운용하기 위한 방안은 중앙집권적 통제/분권적 임무수행이란 개념이다.

합동군에서 단일팀을 구성하고 있는 지상・해상 및 항공우주 전력은 나름의 독특한 특성이 있는데, 이들 단일팀이 나름의 위력이 있는 것은 이 같은 이유 때문이다. 통합사령부 구조는 각 군 구성군의 특성은 유지하면서 중앙집권적 통제/분권적 임무수행이 가능토록 하는 개념이다.

전구 차원의 지휘조직에서는 둘 이상의 군으로부터 나온 구성군을 이용해 효율적인 팀을 편성해야 할 것인데, 그 과정에서 각 군의 고유 임무와 조직은 가능한 한 영향을 받으면 안 된다. 통합사령부 구조에서 각 군 구성군 전력은 구성군 차원, 즉 지상・해상 및 항공 구성군 차원에서 통합되어

---

p. 151; "전투기의 운용에 관한 독일군의 훈령에는 다음과 같이 기술되어 있다. 전투기는 결정적인 공격 시점에 운용해야 할 강력한 형태의 무기다. …… 이들 전투기는 전장 전반에 균등히 배분해서는 안 되며 결정적인 시점 및 장소에 집중시켜야 할 것이다. 보다 중요하지 않은 지역의 경우는 전투기에 의한 지원을 기대해서는 안 될 것이다." 출처 : Lee Kennett, "Development to 1939," Case studies in the Development of Close Air Support, ed. Benjamin Franklin Cooling (Washington, D.C.: U.S. Government Printing Office, 1990), 19.

20) 오늘날의 군을 분권적으로 지휘할 수밖에 없는 이유를 알고자 하는 경우는 『전쟁에서의 지휘』 참조. 분권적으로 움직이는 휘하 조직이 공동 목표를 향하도록 하려면 중앙집권적으로 기획할 수밖에 없는데, 이 점을 이해하고자 하는 경우는 『합동성 강화』, pp. 22-27.

야 한다.

예하 군사력을 조직하고, 목표를 선정하며, 임무를 할당하고, 임무 수행에 관해 권위 있게 지시하는 등의 지휘 기능을 작전지휘라고 지칭한다. 전구사령관은 작전지휘를, 예하 사령부 또는 구성군사령관은 작전통제를 행사한다.

전구사령관이 동시에 휘하 구성군 중 하나 또는 휘하 구성군의 일부 전력을 지휘해서는 안 된다. 그는 전반적인 전략의 문제, 이들 전략의 수행에 필요한 군사력 할당이란 문제에 관심을 집중시켜야 할 것이다. 전투수행에 관한 세부 사항에 신경 쓸 수 있을 정도의 여유가 그에게는 없다. 그는 전술 수준의 전투에 관여해서는 안 된다. 이들 문제는 가장 전문성이 있는 야전군 지휘관에게 일임해야 한다. 전구 차원의 전쟁과 관련해 다양한 형태의 정치적 문제가 있을 수 있는데, 전구사령관의 경우는 이들에 신경 쓰기에도 시간이 부족할 것이다. 따라서 전구사령관과 구성군사령관의 임무를 동시에 수행할 수 있을 정도의 시간・열정 및 세부지식을 단일의 인간이 갖고 있지 못할 것이다.21)

통합사령부에 할당되어 있는 각 군 간의 노력은 작전지휘, 공통의 전략기획 및 지시 준수, 작전 및 행정 차원에서의 바람직한 형태의 지휘조직이란 방식으로 통합될 수 있을 것이다.

아래에서는 항공력의 지휘구조를 다수 국가의 사례를 통해 살펴보고자 한다.

---

21) 특정 군들의 몇몇 일부 전력을 모아 한국군의 합참의장 또는 한미 연합사령관과 같은 전구 차원의 지휘관이 직접 지휘할 수 없는 것은 이 같은 이유 때문이다. 더욱이 융통성과 다양성이란 항공력이 갖는 특성이 보장되려면 전구의 모든 항공력은 단일의 항공지휘관이 지휘할 수밖에 없다.

나. 주요 외국군의 지휘구조

다수 국가의 지휘구조를 분석해보면서 필자는 오늘날 항공력의 지휘구조는 제2차 세계대전 당시의 독일군의 경우에서 크게 벗어나지 않음을 확인할 수 있었다. 이 점에서 당시 독일공군의 지휘구조는 개개 국가의 지휘구조 분석에 기초가 되고 있다.

(1) 독일공군(제2차 세계대전 이전)

• 폴란드와 체코의 지원을 받는 프랑스에 의한 침공을 독일은 가장 큰 위협으로 간주하였다.[22]

• 1916년 10월 독일의 항공군(Air Service)은 나름의 Commander in Chief, 본부, 일반참모를 구비하고 있었으며, 독일육군의 대부분 항공자산을 중앙집권적으로 통제하였다. 이는 항공기 생산에서, 조종사 양성, 병참 부대의 배치, 육군 대공포 등을 단일의 항공지휘관이 지시할 수 있었음을 의미한다. 육군의 항공지휘관은 통신·작전·정보·인사·무장·수송 등의 참모를 구비하고 있었다. 야전군에 배속되어 있는 항공부대의 경우 단일의 항공지휘관에게 보고하였다.[23]

• 1918년 독일은 독일 서부를 5개 방공 지역으로 분할하고는 산업 지역을 보호할 목적의 몇몇 방공사령부(Air Defence Command)를 설치하였다. 개개 사령부는 단일 지휘관이 지휘하였는데, 휘하에는 적 항공기의 공격을 예보해줄 목적의 통신망, 보고시설 등이 구비되어 있었다.[24]

---

22) Jame S. Corum, *The Luftwaffe: Creating the Operational Airwar(1918-1940)*, University Press of Kansas, 1999년 8월, p. 239.

23) *Ibid.*, p. 26.

24) *Ibid.*, p. 41.

• 독일공군의 지휘구조가 제 모습을 갖춘 것은 히틀러가 등장한 1933년 이후다. 1933년 4월 히틀러는 Luftschutzamt(Air Defense Office)를 설립하였는데, 이는 진정한 의미에서의 독일공군 일반참모의 효시다.[25)]

• 히틀러는 육군과 해군의 모든 항공력을 Luftschutzamt 휘하로 이관시켰는데, 이곳은 국방장관에게 직접 보고하였다. 이곳에서는 모든 훈련 활동, 기술 개발 프로그램, 기상과 같은 항공 기능을 수행하였으며, 항공교리를 개발하였다.[26)]

• 1933년 9월 1일 Luftschutzamt은 Luftkommandoamt(Air Command Office)로 개칭되었다. 이곳은 육군과 해군에서 전군한 장교들을 중심으로 작전·조직·훈련·방공포·병참·통신 등의 병과가 포함된 일반참모로 확장되었다.[27)]

• 1933년 봄 비행교육을 전담하는 사령부가 설립되었다.[28)]

• 1934년 4월 독일을 6개 항공관구(Air District)로 나누고 개개 관구에 중간사령부 성격의 지휘 권한을 부여하였다. 개개 관구에는 해당 관구 내의 모든 항공 부대와 기반구조를 책임지는 단일의 고위급 항공지휘관이 있었다. 항공 관구는 방공지휘관, 통신 장교, 획득, 보급 및 의료 장교를 포함한 완편된 형태의 참모를 또한 갖고 있었다.[29)]

• 항공관구 사령부는 Headquarter, Air Fleet 및 Division 참모들로 발전해갔는데, 이는 독일공군이 염원하던 작전사령부의 골격에 해당하였다.[30)]

• 1934년 4월과 7월 독일공군은 육군을 지원할 목적의 First Air Division

25) *Ibid.*, p. 155.
26) *Ibid.*, p. 155.
27) *Ibid.*, p. 155.
28) *Ibid.*, p. 155.
29) *Ibid.*, p. 156.
30) *Ibid.*, p. 156.

과 해군을 지원할 목적의 유사한 사령부를 설립하였다.[31]

• 1935년 3월 18월 육군의 대공포(Flak Artillery)가 공군으로 이관되었다.[32] 1936년 4월 1일 9개 지역에 군수 및 항공지원 목적의 군수사령부가 설립되었다. 1935년 후반 독일공군 고위급 장교를 양성할 목적의 Lufftwaffe General Staff Academy와 Air Technical Academy가 설립되었다.[33]

• 1938년 독일공군은 해당 지역의 방공(Air Defense), 비행장 및 시설 건설의 감독 등의 임무를 수행하던 항공 관구사령부를 대규모의 전투기 · 폭격기 · 정찰기 및 수송기를 지휘할 목적의 Air Fleet Headquarter로 개편하였다. 개개 Air Fleet에는 나름의 병참 · 엔지니어 · 대공포 및 통신 부대가 있었다. 야전군 성격의 Air Fleet 휘하에는 다수의 Air Division이 있었으며, 몇몇 Air Division이 모여 Air Corps가 되었다. Air Division에는 다수의 비행단과 비행전대가 위치해 있었다. 전시에 이는 매우 효과적인 지휘구조였다.[34]

• 전시 프랑스군에 대항해 지연작전을 수행하는 반면 폴란드와 체코를 신속히 제압한 후 모든 전력을 프랑스로 돌려야 한다고 독일군은 생각하였다. 1938년이 되면서 영국이 새로운 위협으로 등장하였다. 독일군은 이들 4개의 적을 염두에 두고 4개 Air Fleet를 두었다. 제1 Air Fleet와 제4 Air Fleet는 체코와 폴란드를 염두에 두고 동부 지역에, 제3 Air Fleet는 프랑스를 겨냥해 남서부 지역에 그리고 영국을 염두에 둔 제4 Air Fleet는 북서 지역에 위치시켰다.[35]

• 항공력은 2개 부류로 구성되는데, 첫 번째는 전구 차원의 방공과 육군

31) *Ibid.*, p. 156.
32) *Ibid.*, p. 156.
33) *Ibid.*, p. 157.
34) *Ibid.*, pp. 231–232.
35) *Ibid.*, p. 256.

및 해군 작전을 지원할 목적의 전력으로서 전구사령관의 지휘를 받으며, 두 번째는 장거리 폭격기와 장거리 정찰기로 구성되는데 이것이 최고사령부 휘하 항공참모의 지휘를 받는 단일의 통합전력이 되어야 할 것이라고 독일군은 생각하였다.[36)]

• 본토 내부의 방공지역에 대한 방공은 전투기와 대공포가 공조해 수행하며, 이것을 공군이 통제하도록 하였다.[37)]

• 또한 전구 항공력을 근접항공지원, 방공, 근접 정찰기 등 기능 별로 편성하고,[38)] 개개 기능을 단일의 항공지휘관이 지휘토록 하였다. 예를 들면, 독일군은 전구 지상군에 대한 근접항공지원을 전구 항공지휘관 예하의 단일의 항공지휘관이 통합적으로 지휘하도록 하였다. 정찰 자산과 같은 여타 항공력 또한 동일한 개념으로 운용하였다.[39)]

(2) 독일공군(현재)[40)]

• 독일군은 방어적 임무를 부여받고 있다. 통일 이후 독일군은 3개 지역에서의 분쟁에 관심을 모으고 있는데, 구소련 지역, 동유럽 지역, 지중해에서 페르시아만에 이르는 남부 지역이 바로 그것이다.

• 바르샤바동맹이 와해되기 이전 독일공군의 주요 임무는 여타 나토 항공력과 공조해 중부유럽에서의 방공(防空 : Air Defense) 임무 수행이었다. 여기에 적에 의한 기습 공격을 방지할 목적의 정찰, 적 지상 및 항공 전력에

36) *Ibid.*, pp. 81-82.
37) *Ibid.*, p. 169.
38) 독일군의 근접항공지원은 후방차단을 포함하는 개념임.
39) *Ibid.*, p. 61. p. 167; 허남성, 권영근 번역, 『제1, 2차 세계대전 사이의 군사혁신(上)』, 국방대학교, 2002. 3., p. 151. & p. 156.
40) Library of U.S. Congress 자료.

대한 후방차단, 적 항공기가 자국의 전략 표적들에 도달하지 못하도록 하는 활동, 그리고 나토 지상군에 대한 근접항공지원이 포함되었다. 통일 이후에도 독일군의 주요 임무는 여타 나토 국가들과 함께 독일 영토를 보존하는 일이다.

• 독일공군은 전투-지상 공격 임무를 염두에 둔 8개 대대, 7개 전투기 대대를 보유하고 있다. 지상에 기반을 둔 방공은 패트리어트로 무장되어 있는 6개 Group(이들 개개 Group은 6개 대대로 구성되어 있음)과 호크 미사일로 무장되어 있는 6개 Group(이들 개개는 6개 대대로 구성되어 있음) 그리고 Point Defense를 염두에 둔 Roland 미사일로 무장되어 있는 14개 대대로 구성되어 있다. 독일의 방공부대는 평시에도 나토 통합 방공체계의 통제를 받으며 작전을 수행하고 있다.

• 독일공군의 최상급자는 공군참모총장인데, 공군본부는 Cologne에 위치해 있다. 또한 이곳에는 전투사령부(Combat Command)가 위치해 있는데, 전투사령부 예하에는 남부 전술사령부(Tactical Command)와 북부 전술사령부가 위치해 있다. 전투사령부 예하에는 또한 수송사령부와 통신 및 전자 사령부가 위치해 있다. 공군본부는 인력·훈련·통신 및 무장을 책임지고 있다. 공군 군수사령부는 병참과 물자를 책임지고 있다.

• 미국과의 계약에 따라 독일공군 조종사들은 미 본토 기지에서 초등·중등 및 고등 비행 교육을 받고 있다. 따라서 독일공군은 훈련을 전담하는 사령부는 갖고 있지 않다. 방공포 요원들에 대한 교육 또한 미 본토에서 수행된다. 여타 공군 요원들에 대한 교육은 나토 요원들과 함께 나토 기지에서 수행된다.

(3) 미국

• 미군 지휘구조 일반[41] : 미군 전력은 별다른 예외가 없는 한 합동군에 소속된다. 합동군은 둘 이상의 군으로부터 예속 또는 배속된 전력으로 구성된다. 이것을 합동참모를 구비하고 있는 단일의 합동군사령관이 지휘한다. 합동군에는 통합사령부(Unified Command), 예하 통합사령부 및 합동기동부대가 있는데, 이들의 구조는 동일하다. 합동군은 2개 이상의 육・해・공군 구성군으로 편성된다.

미국은 전 세계를 몇몇 전구로 나눈 후 개개 전구에 단일의 전략목표를 염두에 둔 통합사령부를 설치해 임무를 수행하고 있다. 통합사령관의 책임지역 내부에 한국처럼 중요하고도 위협이 상존해 있는 지역에는 예하 통합사령부를 설치하는 반면, 일시적인 위기는 합동기동부대를 파견해 대처하고 있다. 한편 정보능력과 수송처럼 개개 전구에 중복 배치하는 경우 낭비가 예상되는 전력은 특수사령부(Specified Command) 형태로 대응하고 있는데, 이는 1개 군으로 구성되는 사령부다. 예를 들면, 우주사령부와 수송사령부는 미 공군이 관장하고 있는 사령부로서 전 세계 도처에서 발생하는 정보 및 수송 수요에 대처하고 있다.

• 공군 지휘구조 일반[42] : 미 공군은 지휘통일, 중앙집권적 통제/분권적 임무수행을 항공력의 조직과 관련된 핵심 개념으로 간주하고 있다. 모든 항공작전은 미 공군이 지정한 COMAFFOR(Commander, Air Force Forces)을 중심으로 수행된다. 미군의 항공작전 지휘계통은 국가통수기구에서 통합사령

41) Joint Pub 3-0, "Doctrine for Joint Operations", *Executive Summary*, 2001년 9월 10일, p. II-11에서 II-19까지.

42) Air Force Doctrine Document 2, "Organization and Employment of Aerospace Power", USAF, 2000년 2월 p. 33-46.

관, 예하 합동군사령관을 통해 COMAFFOR으로 연결된다. 특정 통합사령관 휘하 공군구성군 내부에 번호공군(Numbered Air Force)을 둘 수 있는데, 이들이 지역 전투사령관의 COMAFFOR로 기능할 수 있다. 예를 들면, 미태평양사령관은 7공군사령관에게 United States Forces Korea Commander의 COMAFFOR로 기능할 수 있는 권한을 부여하고 있다.

• 미군은 육・해・공군 및 해병대가 독자적으로 항공력을 보유하고 있는데, 육군・해군 및 해병대 항공력이 해당 군의 작전을 지원할 목적의 것인 반면 공군의 항공력은 공중・지상 및 해상에서 진행되는 모든 항공작전을 책임지는 전력이다.

• 미군에서 항공력을 단일군으로 모으는 문제는 군의 핵심 사안이다.43) 1996년의 Goldwater-Nichols Act에서는 "해군정찰, 대잠수함전 그리고 함선보호"에 대해 일반적으로 책임지는 군은 해군이란 내용의 법규를 삭제하였다. 이들 활동은 지상에 기반을 둔 항공기들이 요구되는 형태의 것으로서, 지상에 기반을 둔 해군 항공기들을 공군에 병합해야 한다는 주장에 대항해 해군이 근거로 내세우던 주요 내용들이었다.44)

• 미군은 소속 군에 무관하게 전구의 모든 항공력을 단일 지휘관이 지휘해야 한다고 생각하고 있다.45)

---

43) 합동성 강화를 위한 미국의 노력에서 주요 안건 중 하나는 육・해・공군 및 해병대가 보유하고 있는 항공력을 단일군으로 모으는 문제다. 출처 : 『합동성 강화』, pp. 42-45, 51-52, 56, 58, pp. 61-62, 87-89, & 214; 클린턴 미국 대통령의 경우는 각 군의 항공력을 단일군으로 모으는 문제 등 국방력의 중복을 방지할 목적에서 국방을 재조직하겠다는 자신의 희망을 천명하였다. 출처 : Machiel A. Hall, *Defense Policy-making: The Post-Cold War Roles and Mission Debate*, Naval Postgraduate School, 1993년 June, p. 1.

44) 『합동성 강화』, p. 214;

45) "1991년의 걸프전 당시 공군 구성군사령관 호너(Charles Horner) 중장은 500 피트 이상의 상공을 비행하는 헬리콥터 그리고 크루즈미사일을 포함한 육, 해, 공 각 군 항공 자산의 대부분을 통제하였다." 출처 : Eliot A Cohen, "The Mystique of U.S.

• 미군은 여타 군이 방공 전력을 보유하고 있지만 전구 방공을 단일의 항공지휘관이 지휘해야 하는 것으로 생각하고 있다.46)

• 항공작전과 관련해 미군은 중간사령부를 설치해 운영하고 있다(1991년의 걸프전 사례)47) : 1990년 12월 중부사령부의 공군구성군사령관 호너(Horner)는 중부사령부 휘하의 공군 조직과 참모 조직을 갱신하였다. 1990년 12월 5일 그는 14 및 15 Air Division을 추가 창설해 중부사령부 공군구성군 휘하에 4개의 Air Division을 두었다. 전략공격을 담당하는 17 Air Division과 공수를 담당하는 1610 Airlift Division은 1990년 8월 24일과 10월 31일에 조직되었다. 호너는 14 Air Division을 창설하고 이곳 지휘관이 전구의 모든 전술 전투기들을 작전 통제토록 하였다. 또한 15 Air Division 지휘관이 전자전, 지휘 통제 그리고 정찰 자산들을 작전 통제토록 하였다. 기능 중심의 Division을 설치하고 이들 Division의 지휘관에게 작전 통제권을 부여함에 따라 개개 Division에 할당되어 있는 자산들을 보다 융통성 있게 지시해 부여된 임무를 수행할 수 있게 되었다.

Air Power", *Foreign Affairs*, Jan/Feb, 1994년, p. 116. 또는 Dennis J. Reimer and Ronald R. Foggleman, "Joint Warfare and the Army-Air Force Team", *JFQ*, 1996년 Spring, pp. 9-15; J. L. Whitlow, "JFACC is in Charge?", *JFQ*, 1994년 Summer, pp. 64-70; Marcus Hurley, "JFACC Taking the Next Step", *JFQ*, 1995년 Spring, pp. 60-65.

46) Joint Pub 3-01.5, "Doctrine for Joint Theater Missile Defense", 1996년 2월 22일, pp. x-xi.; AADC(Area Air Defense Commander)는 합동군 공군구성군사령관(JFACC)에게 부여할 수 있다. *Ibid.*, p. II-5, II-6

47) Mark D. Mandeles, Thomas C. Hone and Sanford S. Terry, *Managing Command and Control in the Persian Gulf War*, Praeger, 1996년, pp. 23-27.

(4) 일본공군[48)]

• 일본의 자위대는 1954년에 제정된 자위대 관련 법규를 그 근간으로 하고 있다. 자위대 관련 법규에는 직접 및 간접 침략으로부터 일본을 방어할 수 있도록 지상·해상 및 공중 전력이 국가의 평화 및 독립과 국가안보를 유지해주어야 할 것으로 명시되어 있다.

• 재래식 무기에 의한 침공으로부터 자국을 방어한다는 일본의 전략은 일본의 섬들이 길게 배열되어 있다는 점, 산악 지역이 많다는 점, 아시아 대륙에 인접해 있다는 점에 근거하고 있다. 대부분 산악으로 구성되어 있다는 점으로 인해 적 지상군 침입에 대항한 국지 방어에 유리한 측면도 없지 않다. 그러나 15,800마일에 달하는 4개 도서로 구성되어 있다는 점으로 인해 대규모 침공이 있는 경우 나름의 문제에 직면하게 된다.

• 기동 공간이 협소하다는 점, 해상에서 150킬로미터 이상 떨어진 지역이 없다는 점, 혼슈와 여타 주요 도서(島嶼)를 분리해주는 해협으로 인해 섬에서 섬으로 병력을 쉽게 신속히 이동할 수 없다는 점, 산악 지역이 많다는 점으로 인해 지상 방어 전력이 침공 예상 지역에 사전 배치되어 있을 수밖에 없는 실정이다.

• 항공자위대의 임무는 적 미사일과 항공기에 의한 침공을 요격할 능력을 구비하고, 해상 및 지상 작전을 지원할 목적의 전투기 전력을 제공해주며, 육·해·공군 모두를 위한 항공정찰과 공수 능력을 공급하며, 공정 및 조기경보 전력을 유지하는 것이다.

• 항공자위대의 주요 부대는 방공사령부, 비행지원사령부, 비행훈련사령부, 항공 개발 및 검증 사령부 그리고 항공 물자사령부로 되어 있다. 비행지

---

48) Library of U.S. Congress 자료와 일본공군 Home Page.

원사령부는 구조 · 수송 · 통제 · 기상관측 등과 관련해 작전 전력들을 직접 지원하고 있다. 비행훈련사령부는 기본 비행과 기술 훈련을 책임지고 있다. 항공 개발 및 검증 사령부는 장비의 연구 개발 등을 담당하고 있다. 방공사령부는 북부 · 중부 및 서부의 3개 방공사령부와 남서부 혼성 Air Division으로 구성되어 있다. 이들 4곳의 지역 사령부가 해당 지역에 있는 항공 및 육상 자위대의 지대공미사일 전력을 통제하고 있다. 개개 방공사령부는 몇몇 비행단, 항공 통제 및 경보단, 몇몇 방공 미사일 전대 그리고 여타 전력으로 구성되어 있다.

• 일본은 적 항공기의 요격을 전투—요격기와 지대공미사일에 의존하고 있다. 또한 항공 자위대는 지상 및 해상 작전을 지원해주며, 지상 · 해상 및 공중 전력의 기지에 대한 방공(Air Defense)을 담당하고 있다.

(5) 이스라엘공군[49)]

• 이스라엘의 안보전략은 주변 국가와 비교한 막강한 항공력을 그 근간으로 하고 있다.

• 워싱턴포스트지가 언급하고 있는 바처럼 이스라엘은 미국의 절대적인 지지와 지원을 받고 있는 입장이다.

• 전통적으로 이스라엘은 아랍과의 분쟁을 생존을 위한 투쟁, 군사적 측면에서의 단 한 번의 패배가 국가의 종말을 의미하는 것으로 생각하였다.

• 이스라엘은 주변의 모든 아랍 국가들을 자국을 공격해올 가상의 적으로 생각하고 있다.

• 비좁은 지역에 인구가 밀집되어 있다는 점으로 인해 이스라엘 내부에

---

49) Library of U.S. Congress 자료; Martin van Creveld, *Air power and Maneuver Warfare*, Air University Press, July 1994, p. 154, 155, & 160.

서 전쟁이 진행되는 경우 인명 살상뿐만 아니라 경제 기반구조가 입는 피해란 측면에서 희생이 너무나 크다고 이스라엘은 생각하고 있다.

• 그 결과 이스라엘의 전략가들은 적 영토에서 군사적 행위가 이루어져야 할 것으로 확신하고 있다.

• 아랍의 공격을 억제하기 위한 최상의 전략은 방어가 아니고 공세적 성격이 되어야 한다고 이스라엘은 생각하고 있다.

• 이스라엘군은 주변국 동향을 사전 파악해 선제공격한다는 개념을 갖고 있다.

• 이스라엘의 전략가들은 단기전을 선호하고 있다.

• 이스라엘 군 교리에서는 무기의 양이 아니고 질을, 지상 · 해상 및 공중 전력에 의한 합동 화력의 통합, 효과적인 전장 지휘 통신 및 실시간 정보, 정밀 유도무기와 Stand-off 화력의 사용 그리고 고도의 기동성을 강조하고 있다.

• 이스라엘군은 지상군만으로 구성되어 있는 북부 · 중부 및 남부 사령부, 공군, 해군 및 민방위(Civil Defense) 전력이란 6개의 전구사령부를 운영하고 있다. 전시 총사령부는 이들에게 자원을 할당해주며, 수행해야 할 목표들을 지정해주고, 계획을 작성하고 있다.

• 이스라엘 공군은 미사일과 대공포를 포함한 모든 방공(防空) 전력, 공격용 헬리콥터를 포함한 모든 항공기, 항공작전과 관련된 모든 지대지미사일을 운영하고 있다. 소위 말해 날아다니는 모든 무기를 이스라엘은 항공사령관(Commander in Chief Air Force)을 중심으로 집중시키고 있다.

(6) **영국공군**[50)]

● 영국군은 단일의 합동 지휘관 아래 육・해・공군 구성군사령부가 위치해 있는 통합사령부(Unified Command)를 최상의 지휘구조로 간주하고 있다.

● 영국공군은 공격사령부(Strike Command)와 인력 및 훈련 사령부(Personnel and Training Command)를 운영하고 있다. 공격사령부는 3개 Group으로 되어 있는데, 개개 Group는 작전 능력을 중심으로 편성되어 있다.

- Group 1은 모든 공격 전력과 공세적 성격의 지원기들을 포함하고 있다. 이곳은 Eurofighter를 포함한 영국공군의 모든 일선 항공기들을 운용하고 있다.
- Group 2는 전선의 작전을 지원하는 모든 항공기와 전력을 운용하고 있다. 여기에는 공수(空輸), 공중급유, 정찰 및 감시기, 지상에 기반을 둔 방공 시스템들이 포함되어 있다.
- Group 3은 1960년대 당시 폭격기들의 전당이었는데, 오늘날 Joint Force Harrier(항공모함 및 지상에서 운용되는 Harrier들)의 본고장이 되고 있다. 여기에는 해양초계용(Maritime Patrol) 항공기인 Inmrod가 포함되어 있다.

(7) **터키공군**[51)]

● 터키는 시리아・이란・이라크・아르메니아・그루지야・불가리아 및 그리스와 국경을 접하고 있으며, 홍해와 지중해로 둘러싸여 있다.

● 터키는 지형・병참・통신 및 잠재 위협이란 전략 상황에 근거해 국가

---

50) 영국공군 Home Page와 Strategic Review(인터넷 자료).
51) Library of U.S. Congress 자료.

를 4개 Sector로 나누고는 개개 Sector에 1개 야전군(Field Army)을 배치하고 있다.

• 이스탄불에 본부를 두고 있는 제1 야전군은 터키의 유럽 지역에 배치되어 있다. 제2 야전군은 남동부 지역에 배치되어 시리아 · 이라크 및 이란과 대적하고 있다. 제3 야전군은 그루지야 및 아르메니아 국경 지역을 담당하고 있다. 제4 야전군은 그리스와의 분쟁에 대비해 에게 해 지역에 배치되어 있다.

• 제대로 무장되어 있는 지상군 공격에 성공적으로 대응하려면 공중통제(Air Control)가 필수적이란 점으로 인해 터키의 전략 기획에서 공군은 그 우선순위가 매우 높다.

• 터키 공군은 2개 전술공군을 보유하고 있다. 제1 전술공군은 터키의 서부 지역을 담당하고 있는데, 터키 해협을 보호하고 제1육군의 작전지역에서의 공중 엄호를 제공해주고 있다. 제2 전술공군은 터키의 동부 지역을 담당하고 있는데, 제3육군 그리고 제2육군의 일부를 방어하고 있다. 이에 더불어 터키 공군은 군수사령부와 훈련사령부를 운영하고 있다. 공수(空輸) 전력들은 특정의 공군 사령부에 배정되어 있다. 1994년 당시 터키는 14개 전투-지상공격 대대, 6개 전투 대대, 4개 수송대대, 2개 정찰 대대, 1개 대잠전(對潛戰) 대대 그리고 3개 훈련 대대를 보유하고 있었다. 더불어 8개 지대공미사일 대대를 보유하고 있었다.

(8) 폴란드공군[52)]

• 폴란드는 독일 · 체코 · 슬로바키아 · 우크라이나 · 벨로루시 · 리투아니

---

52) *Ibid.*

아 · 러시아 및 흑해로 둘러싸여 있다.

● 1991년 당시 폴란드 군은 지상 · 해상 · 공중 및 방공 전력으로 구성되어 있었다. 항공력에 대한 지휘권이 바르샤바조약기구에서 폴란드로 넘어오고, 폴란드 영토 밖에서의 공중전에 관한 전략적 요구사항이 종료됨에 따라 1992년에는 항공력과 방공 전력이 병합되었다.

● 항공 및 방공 전력에는 1개 전투기 Division, 2개 전투-폭격기 Division, 항공 정찰 연대, 2개 전투 헬리콥터 연대, 1개 수송용 헬리콥터 연대, 5개 훈련 비행 연대가 포함되어 있다.

● 국가를 북동부, 북서부, 남동부 그리고 남서부란 4개 지역을 중심으로 4개 관구(District)를 두고는 개개 관구에 지상군을 배치하고 있다.

● 개개 관구에 각각 하나의 방공군단(Air Defense Corps)을 두고 있는데, 개개 방공군단은 요격기와 로켓 전력으로 구성되어 있다.

(9) 스페인공군[53]

● 스페인 공군은 전투(Combat) · 전술 · 수송 및 Canary Island란 명칭의 4개 작전사령부를 운용하고 있다.

● 전투 항공사령부(Combat Air Command)의 경우는 공세 및 방어적 성격의 요격 작전을 통해 영공(領空) 전반을 통제하고 있다. 1987년 당시 이곳은 F-18, F-4, Mirage F-1 및 Mirage III로 무장되어 있는 7개 대대로 구성되어 있었다.

● 전술 항공사령부(Tactical Air Command)는 지상군 지원 임무를 수행하고 있다. 이곳은 SF-5 10개 대대, Orion P-3A 해양 정찰기 1개 대대, DO-27

---

53) *Ibid.*

연락기 1개 대대로 구성되어 있었다. SF-5는 미 노스럽의 F-5를 개조한 것이다.

• 항공 수송사령부(Air Transport Command)는 항공 철수, 재난 구호 및 공수요원 운반뿐만 아니라 육・해・공군에 대한 공수를 제공하고 있다. 이곳은 60대의 수송기를 보유하고 있는데, 5대의 C-130, 6대의 KC-130(공중급유기) 등을 이용해 대규모 병참 활동을 수행할 능력이 있다.

• Canary Island Air Command는 요격기, 지상 공격기, 수송기, 정찰기 및 대잠기 등으로 구성되어 있는 혼성사령부다.

(10) **북한공군**[54)]

• 북한공군은 구소련 및 중국의 전술과 교리를 반영하고 있다.

• 북한공군의 주요 임무는 방공이다. 두 번째 임무는 지상 및 해상 전력에 대한 전술 항공지원, 수송 및 병참 지원 그리고 특수작전 부대의 투입이다.

• 북한공군은 중화에 위치해 있는 항공사령부(Air Command)로부터 직접 통제 받는 3개 항공 전투사령부(Air Combat Command)와 북동부에 위치해 있는 1개 Air Division, 그리고 Civil Aviation Bureau로 구성되어 있다.

• 전투기・폭격기・수송기・헬리콥터・정찰기 및 지대공미사일 연대로 구성되어 있는 개개 항공 전투사령부는 기존의 Air Division들을 통합 및 재조직하는 방식으로 1980년대 말에 창설되었다.

• 맨 처음 방공은 방공사령부의 임무였다. 이곳은 공군과 동일한 건물을 사용하고 있지만 공군과는 별도 조직이었다. 그러나 1980년대 후반 방공이

54) Ibid.

공군으로 이관되었다.

• 개천에 본부를 두고 있는 제1 항공 전투사령부는 서부 해안에서 중국과의 국경선까지를 책임지고 있다. 덕산에 위치해 있는 제2 항공 전투사령부는 북동부를 담당하며, 임무 지역이 동부 해안에서 소련 국경에 이르고 있다. 황주에 위치해 있는 제3 항공 전투사령부는 남한과의 국경과 동서 해안을 따른 남쪽 지역을 책임지고 있다.

• 항공 전투사령부는 통합 방공을 주요 책임으로 하고 있는 듯 보이며, 지대공미사일, 요격기 및 방공 포병들을 통제할 목적의 반자동 성격의 경보 및 요격 체계들로 조직되어 있다.

• 주요 군사 및 산업 시설들을 대공포로 방어하고 있다.

• 북한공군은 이들 지역 성격의 항공 전투사령부에 보다 많은 권한을 부여하는 분권적 지휘통제 개념을 적용하고 있다.

(11) 소결론

• 군의 지휘구조는 국가가 처해 있는 지정학적 여건, 군사전략, 국민성, 정치적 형태 등과 같은 다수 요소에 의해 영향을 받는다.

• 전구 차원의 전쟁에 대비한 최상의 지휘구조는 단일 지휘관 아래 육・해・공군 구성군이 위치해 있는 통합사령부(Unified Command) 구조다. 여기서 지상・해상 및 항공 구성군사령관은 전구의 모든 지상・해상 및 공중 전력을 각각 지휘하게 된다.

• 전 세계 주요 국가 공군의 경우 작전사령부 아래 기능 성격의 다수의 중간사령부를 두고 있다. 작전사령부는 항공전 측면에서 작전적 수준의 임무를 그리고 중간사령부는 전술 수준의 임무를 담당하고 있다.

• 미국의 경우를 제외하면 대부분 국가의 항공기는 공군이 주로 운영하

고 있다. 소위 말해 대부분 국가는 항공력 측면에서 지휘통일(指揮統一 : Unity of Command)되어 있다. 미국 또한 항공력을 단일군으로 모으는 문제를 합동성 강화와 관련된 국방의 핵심 안건으로 생각하고 있다. 미국은 항공모함 보호 등을 목적으로 하는 일부 항공기를 제외하면 전시 전구의 모든 항공력을 단일의 항공지휘관이 지휘토록 하고 있다.

• 방공(Air Defense)은 공군의 주요 임무다.

• 방공사령부는 몇몇 방공포 및 미사일 전력, 비행단 그리고 레이더사이트로 구성되어 있다.

• 북한공군만이 단일의 적을 겨냥해 다수의 지역 성격의 전투사령부(단순한 방공사령부가 아님)를 운영하고 있다. 반면에 제2차 세계대전 당시 독일공군의 Air Fleet와 오늘날 미 통합사령부 휘하 개개 공군구성군은 개개 전구에서의 서로 상이한 전략목표를 염두에 두고 운영되는 전구사령부 휘하의 항공력이다.

4. 지휘구조 제안

가. 한국군의 작전 지휘구조

(1) 상부 작전 지휘구조

전시 한미연합군은 연합사령관이란 단일 지휘관이 지휘하게 된다. 또한 한반도의 지상・해상 및 공중 전력은 지상・해상 및 항공 구성군사령관이란 단일 지휘관이 각각 지휘하게 되는데, 이는 역사적으로 가장 이상적인 형태의 지휘구조다.

문제는 한국군이 미군과 함께 결합해 이상적인 구조를 이루고 있다는 점이다. 5세 어린이와 20세 청년 모두를 사람으로 보는 이유는 사람으로서 구비해야 할 요건들을 갖추고 있기 때문일 것이다. 이 점에서 볼 때, 미군이 빠져 있는 상태(연합사령관을 중심으로 한 연합사 체계 그리고 각 군 구성군사령관, 특히 7공군사령관을 중심으로 한 7공군 체계가 생략된)에서의 한국군 지휘구조는 올바른 형태라고 말할 수 없을 것이다.

이 같은 한미 지휘관계의 시발점은 한국군에 대한 통제권을 맥아더 장군에게 이관한다는 내용의 1950년 7월 14일의 이승만 대통령의 편지로부터 시작되었다.[55] 당시의 편지에서 이승만 대통령은 "한국을 위한 유엔의 합동 군사 노력 측면에서 모든 유엔군의 지상·해상 및 공중 전력들이 합동 형태로 작전지휘를 받고 있는데, 맥아더 장군 당신이 유엔군사령관으로 지정되어 있습니다. 본인은 현재와 같은 적대 상황이 지속되는 한 한국의 모든 지상·해상 및 공중 전력에 대한 지휘 권한을 귀하에게 이관하고자 합니다. 이 같은 지휘 권한을 귀하 자신이 또는 한국 및 인접 지역에서 이 같은 권한을 귀하로부터 위임받은 사람들이 행사할 수 있을 것입니다"[56]라고 언급하고 있다

이 같은 한미 지휘관계는 휴전 이후에도 지속되었다. 1954년 7월 미국 대통령 아이젠하워와의 회담에서 이승만 대통령은 한미 지휘관계에 관한 합의각서(MOA : Memorandum of Agreement)를 체결하였다. 당시의 합의각서에서 한국과 미국 정부는 유엔군사령부가 한국의 국방을 책임지는 한 한국군을 유엔군사령부가 작전 통제토록 하겠다는 점에 동의하였다.[57]

---

55) Chung Kyung Young, LTC, ROK Army, "An Analysis of ROK-US Military Command Relationship From The Korean War to the Present", U.S. Army Command and General Staff College, 1989, p. 32. 지금부터 Chung Kyung로 표기.

56) 1950년 7월 14일 이승만 대통령이 맥아더 장군에게 보낸 편지.

57) Chung Kyung, *op. cit.*, p. 43.

한미 연합사령부(CFC)가 창설된 1978년 당시까지 유엔군사령부는 남한의 방어를 책임지었는데, 유엔군사령부에는 단 1명의 한국군도 없었다. 이곳에서는 대부분의 한국군 전력을 작전 통제하였다. 한미 연합사령부가 창설된 1978년 이후 일선 임무를 담당하고 있던 한국군에 대한 작전 통제권이 유엔군사령부에서 한미연합사령부로 이관되었다.[58)]

그 후 한국군에 대한 평시 작전통제권이 한국군으로 이관되었으며, 유엔군사령부 시절과 비교해 한국군이 한반도 전쟁 기획에 보다 많이 개입하게 되는 등 한미 군사관계에 일부 변화가 있었다. 그러나 전쟁 기획을 포함한 전시 지휘를 한미연합사령관인 미군이 주도한다는 점에는 변함이 없다. 이 같은 한미 관계로 인해 한국군이 전쟁의 작전적 수준을 등한시하는 등의 문제가 발생하고 있는데, 이는 정보화시대의 국방력 건설에 심각한 문제점으로 부각되고 있다.[59)] 한미 공군 간의 지휘관계 또한 유사한 모습을 띠고 있다.

(2) 한국공군 작전 지휘구조[60)]

(가) 현황

한국공군 작전 지휘구조의 정점에 위치해 있는 작전사령부는 방공・후방차단 및 근접항공지원 임무를 수행하기 위해 3개 단급 비행부대와 3개 전대급 부대를 중심으로 1961년 7월 1일에 창설되었다.[61)] 확장을 거듭해 오늘날 작전사령부는 20여 개 부대를 지휘관리 또는 통제하고 있는 것으로 생

58) Library of U.S. Congress에서 South Korea 관련 자료.

59) 권영근, "한국공군 교리 발전을 위한 제언", 공군본부, 『군사교리연구』, 2002년 7월, pp. 5-44.

60) Library of U.S. Congress에서 South Korea 관련 자료.

61) 공군본부, 『공군사(제4편)』, 1977년 10월, pp. 136-200; Library of U. S. Congress의 South Korea 부분; Chung Kyung, *op. cit.*, p. 84.

각된다.

공군의 전술항공통제본부(TACC : Tactical Air Control Center)[62]는 1983년에 가동되었다. 이곳은 남한 영공을 침공하는 가상의 적기를 정찰기와 다수의 레이더사이트로부터 정보를 받아 인지하고 있다. 한국군과 미군은 전구항공통제본부(TACC : Theater Air Control Center)[63]를 공동 관리하고 있는데, 전시 이곳은 북한 영공과 남한 전체를 책임지게 된다. 한반도의 미 공군은 조기경보, 항공 후방차단, 근접항공지원, 전투 지원 등의 임무를 수행하고 있다.

미 7공군과 한국공군은 전시에 대비해 공군구성군사령부(Air Component Command)를 구성하고 있는데, 이곳의 사령관은 미 7공군사령관이다.

2000년대에 접어들면서 한국군은 남부사령부란 지역 성격의 중간사령부를 설치 운영하고 있다.

(나) 문제점

첫째, 오늘날 한국공군의 작전사령부 지휘구조는 공군의 다수 임무 중 주로 방공(防空)을 염두에 둔 조직으로 생각된다.

창설 당시 작전사령부는 방공, 지상 및 해상 전력에 대한 근접항공지원과 같은 전술 임무 중에서 특히 북한공군의 미사일 및 항공기에 의한 침입을 저지할 목적의 방공을 담당하고 있었던 듯 보인다.[64] 그 후 방공포병사령부

---

62) 전술항공통제 본부는 전통적으로 방공과 지상 및 해상 작전 지원을 그 임무로 하고 있다.

63) 최근 전술항공통제본부는 전구항공통제본부로 명칭이 바뀌었다. 이는 정밀유도무기의 등장으로 인해 오늘날의 전투기가 단순히 방공, 지상 및 해상 전력에 대한 근접항공지원 차원을 넘어 전구의 모든 표적을 공격해 충격을 줄 수 있을 정도로 능력이 발전되었음을 보여주는 것이다.

64) 필자가 이처럼 생각하는 것은 3개 비행단과 방공용 레이더사이트 그리고 몇몇 전대로 구성되어 있던 창설 당시의 작전사령부 모습은 전 세계 방공사령부(Air Defense Command)의 모습과 거의 동일하다는 점에서다. 한국공군 작전사령부에 방공포 및 미사일 전력이 포함되어 있지 않았다는 점이 다른데, 그 후 이들이 육군에서 공군으

가 육군에서 공군작전사령부 예하로 들어오면서 한국공군 작전사령부는 군 구조 측면에서 전 세계의 방공사령부(Air Defense Command)와 본질적으로 거의 유사한 모습을 띠게 되었다고 생각된다.[65]

이처럼 방공을 담당하는 지휘관의 경우 '통제의 폭'이 통상 5를 넘지 않는다.[66] 이 같은 방공작전 수행을 위한 지휘구조 아래서 한국공군 작전사령관은 많은 전투 부대를 직접 통제 및 관리하며, 근접항공지원, 수송, 정찰 등의 다수의 기능을 수행하라는 요구를 받고 있다고 생각된다. 전술항공통제본부(Tactical Air Control Center)가 전구항공통제본부로 명칭이 바뀌었듯이 공군의 작전 지휘구조는 한반도에서 요구되는 항공력의 모든 기능을 수행할 수 있는 형태로 바뀌어야 할 것이다.[67]

둘째, 한국공군의 경우 항공전 기획 문제를 미군에 크게 의존하고 있는 듯 보인다.

이미 언급한 바처럼 한미 연합사령부가 창설된 1978년 이전에는 한국군 중에서 국가 방위와 관련된 기획에 참여하는 사람이 단 한 명도 없었다. 1978년 이후 한국군 중 일부가 미군과 함께 전쟁 계획을 작성하고 있는데, 여기서 기획을 주도하는 군은 미군이다. 연합사령관 예하에는 육·해·공군 구성군사령부가 있는데, 이들 중 특히 미군에 대한 공군의 의존도가 높다. 한반도의 항공전을 계획 수립하는 곳은 항공작전본부(AOC : Air Operation Center)인데, 이곳에서 기획을 주도하는 군은 미군이다.

셋째, 한국의 여타 군의 경우 항공기 및 일부 방공 전력을 보유하고 있는

로 이관되었다.

65) 일본의 개개 방공사령부 예하에 2개 비행단 전력이 포함되어 있는 반면 한국공군 작전사령부 예하에는 2자리 수의 비행단 또는 비행 전대가 그리고 이들 중 수송기 등과 같은 방공과 무관한 전력이 포함되어 있다는 점이 다를 뿐이다.

66) 공군본부, 『외국 군 구조 편람』, 2000년, p. 34.

67) 군의 지휘구조는 시대 및 상황에 따라 끊임없이 바뀌어야 한다. 예를 들면, 냉전 이후 전 세계 다수의 군에서는 군의 지휘구조를 바꾸고 있다.

데, 이들 군의 항공기 및 방공 전력과 공군 전력 간의 지휘통제 관계가 분명치 않다.

지상 및 해상과는 달리 공중은 지역으로 나눌 수 없다는 특성이 있다. 소위 말해 전구의 모든 항공력을 기능 중심으로 통합할 수밖에 없는 실정이다. 미국처럼 전 세계를 상대로 하는 국가도 아니고 항공모함을 운영하는 것도 아니란 점을 고려해 한국군은 항공력을 단일군으로 모으는 활동을 전개해야 할 것이다.

모든 군이 자군의 임무 지원을 목적으로 항공력을 보유하고자 함은 비행장과 항만 경계를 위해 공군과 해군이 몇몇 지상군 사단을 보유하고자 하는 것과 마찬가지로 합동성 측면에서 타당성이 없다. 더욱이 이는 지휘통일이란 전쟁원칙에 어긋날 뿐 아니라 '규모의 경제(Economy of Scale)' 측면에서도 바람직한 현상이 아니다.[68] 따라서 한국군은 육군, 해군 및 공군이 운영하고 있는 모든 항공기 및 미사일과 같은 항공 전력을 단일군으로 모으는 작업을 추진해야 한다.

넷째, 공군이 운영하고 있는 남부사령부는 지역 성격의 사령부인데 이것을 기능 성격의 사령부로 개편할 필요가 있다.

항공력은 지역으로 나눌 수 없는데, 특히 한반도와 같은 비좁은 공간에서 그러하다. 전 세계 항공력의 지휘구조를 통해 확인한 바처럼 공군의 중간사령부는 근접항공지원, 전략공격, 정찰, 공수, 등과 같은 기능 성격의 사령부가 되어야 한다. 1918년 이전 영국은 바다와 육지를 경계로 지상의 항공력을 육군이 해상 항공력을 해군이 운영하도록 하였다. 지상 및 해상과 달리 공중을 이처럼 분할할 수 없다는 점을 인지한 영국은 1918년 해군과 육군의 항공력을 통합해 공군을 창설하였다.

---

68) Thomas A. Cardwell, III., *op. cit.*, p. 132.

나. 지휘구조와 국방력 건설

이미 모두가 잘 알고 있듯이, 오늘날 우리는 컴퓨터 및 데이터통신에 기반을 둔 군사혁신과 변혁의 시대에 진입하고 있다. 표적을 정확히 공격할 수 있는 능력의 출현으로 인해 정보화시대의 전쟁은 단기간에 종료되는 반면, 군사력 건설은 수십 년에 걸쳐 진행된다는 특징이 있다. 따라서 오늘날 군사이론가들은 전쟁 수행의 문제 이상으로 군사력 건설에 지대한 관심을 표명하고 있다.[69)]

전통적으로 군은 근육(항공기 · 탱크 · 함정 및 병력)과 신경(지휘통제체계)을 이용해 전쟁을 수행하고 있는데, 신경이란 무기에서 외교적 수단에 이르기까지 국가안보와 관련되는 근육들 간에 조화를 이루도록 하는 수단이다.[70)]

오늘날에는 컴퓨터 및 데이터통신의 비약적인 발전으로 인해 지휘통제체계와 같은 군의 신경조직이 발전을 거듭하고 있다. 그 결과 이들의 성능 개선이 오늘날의 군에서 중요한 의미가 있게 되었다.

항공기 및 탱크와 같은 주요 무기체계와 군의 지휘통제체계는 몇몇 측면에서 지대한 차이가 있는데, 그 중 하나는 건설의 측면이다.

『전쟁에서의 지휘』라는 책에서 반 크레벨트(Martin Van Creveld)는 "오늘날 군의 지휘통제는 지휘통제를 실제 구사하는 인간 조직(정부, 군대)뿐 아니라 그 사회의 기술 역량과 밀접한 관계가 있다. 현대 경제이론이 그러하듯이 군의 지휘통제는 많은 것이 상호 영향력을 행사하는 가운데 이루어지고 있다. 예를 들면, 가용한 정보기술, 해당 군에서 운용 중인 무기의 유형, 전술과 전략, 군 구조, 인력체계, 훈련 및 교육체계뿐만 아니라, 국가의 정치적

---

69) 권영근 번역, 『중국인이 생각하는 미래전』, 연경문화사, 200년 3월, p. 219.

70) Thomas P. Coakley, *Command and Control for War and Peace*, National Defence University, Jan 1992, pp. 8-9.

형태 등 모든 것들이 군의 지휘통제 과정에 영향을 미치고, 지휘통제 유형에 따라 이들 모두가 영향을 받는다"[71]고 주장하였다.

군 구조가 올바로 정립되어 있지 않은 상태에서 지휘통제체계가 제대로 건설될 수 있을까? 군사력 운용을 위한 기획을 미군이 전담하고 있는 상황에서, 다시 말해 이 같은 일을 한국군이 수행하지 않으면서 이들 일을 하기 위한 지휘통제체계의 건설이 가능할까?[72]

이처럼 지휘통제체계와 같은 정보화시대의 국방체계가 건설되려면 올바른 지휘구조 아래 건설하고자 하는 시스템(일)을 한국군이 수행해야 할 것이다.

다. 지휘구조 제안

(1) 전구 작전 지휘구조

장기적으로 보면 한국군은 미군과 별도의 독자적인 지휘구조를 유지해야 할 것이다.[73] 한국군의 지휘구조는 인류가 발견한 최상의 지휘구조인 통합사

71) "전쟁에서의 지휘", p. 425.

72) 예를 들면, 항공력의 지휘통제 개념은 중앙집권적 통제. 분권적 임무 수행인데, 이는 통합임무명령서(ITO)를 통해 구현된다. 출처 : Air Force Doctrine Document 2, "Organization and Employment of Aerospace Power", pp. 2-4. 자동화란 사람이 수작업으로 하는 일을 컴퓨터를 이용해 처리하는 것인데, 이 같은 임무를 한국군이 수행하지 않는 경우 이들 임무 수행을 위한 체계 건설이 가능할까? 자동화가 되려면 제도 및 절차가 정립되어 있어야 하며, 이들 제도 및 절차에 따라 처리하는 업무가 있어야 할 것이다.

73) 스틸웰(Richard Stilwell) 대장은 "한미 지휘관계는 세계적으로 볼 때 국가의 주권을 가장 놀라운 형태로 양보한 경우다"는 취지의 말을 자주 했다고 한다. 출처 : *Ibid.*, p. 105 또는 Stilwell, Richard G. "Challenge and Response in North East Asia of the 1980s", *Military Balance* (New York: Crane Russsek, 1979), p. 27; 월남전 당시 미군은 월남에서의 지휘구조를 한국에서와 같은 미 · 월연합사(Combined U.S.-Vietnamese Command) 체계로 구성하고자 하였다. 당시 미군이 이 같은 형태의 지휘구조를 유지할 수

령부 구조를 견지해야 한다. 이스라엘군의 경우 총사령부 예하에 3개 지상군 사령부, 공군 및 해군 등을 두고 있는데, 이는 이스라엘이 6개의 전구를 운영하고 있기 때문이다. 단일의 전략목표를 갖는 단일의 전구를 운영하는 한국군의 경우 여타 국가의 경우와 마찬가지로 단일 지휘관 아래 육・해・공군을 대표하는 육・해・공군 구성군을 유지함이 바람직할 것으로 생각된다.

(2) 항공작전 지휘구조

이미 언급한 바처럼 군 구조는 국가의 지리・전략과 같은 다수 요소에 의해 영향을 받는다. 예를 들면, 대만의 경우는 영토가 비좁다는 점과 군사전략 또는 지정학적 입지로 인해 항공력의 특정 기능만이 강조되고 있다. 이 점에서 대만의 경우는 중간사령부를 설치할 필요가 없는 입장이다. 반면에 제1차 걸프전 당시 미국은 중간사령부를 운영하였다.

한국군의 경우는 북한과 휴전선을 사이에 두고 직접 대치하고 있다는 점에서 지상 작전이 중요한 의미가 있다. 따라서 한국공군에서 지상 및 해상 전력에 대한 근접항공지원과 후방차단은 중요한 의미가 있다. 한편 방어적 성격을 견지하고 있다는 점으로 인해 한국군의 경우는 적 항공기와 미사일로부터 자신을 방어할 목적의 방공 임무 또한 중요한 의미가 있다. 한국 전쟁에서도 목격되었듯이 전시 공군은 상대방 국가의 중심(重心)을 공격할 수밖에 없는 입장이다. 따라서 한국공군은 유사시 후방차단・근접항공지원・전략공격・방공 등과 같은 항공력의 모든 임무를 수행해야 할 것이다.

없었던 것은 이것이 식민지 시대의 지휘구조로 비춰질 가능성이 있다는 일부 반대의견 때문이었다. 참조 : 김덕현, 권기춘, 주호태, 권영근 번역, 『합동작전의 역사』, 국방대학교 합동참모대학, 2001., p. 231; 병행적인 지휘구조의 모습에 관해서는 Joint Publication 3-0, "Doctrine for Joint Operations", 2001년 9월 10일, pp. VI-6에서 VI-8까지를 참조하시오.

오늘날의 고성능 전투기는 놀라울 정도의 융통성과 다양성이 있다. 이 점으로 인해 항공력에 요구되는 모든 임무를 이들이 수행할 수 있을 것이다. 그럼에도 불구하고 전 세계 각국은 항공력의 개개 임무를 담당하는 중간사령부를 설치하고는 휘하 조종사들에게 해당 기능을 숙지토록 하고 있는데, 이는 임무 수행 측면에서 제도 절차에 대한 숙지가 중요하다는 점과 기획 및 지휘의 효율성 때문이다.[74]

새로운 작전 지휘구조에서는 이 같은 사실을 고려해야 할 뿐 아니라 항공작전 지휘구조의 '통제의 폭'을 가능한 한 줄일 수 있어야 할 것이다. 다수 국가의 사례와 항공력 운용 개념에 근거해 항공작전 지휘구조를 제안해 보면 다음과 같다.

• 공군작전사령부 예하의 전력은 항공작전에 필수적인 요소들만으로 구성되어야 할 것이다. 다시 말해 임무 수행 측면에서 필수적이지 않은 전력이 있다면 이는 공군의 여타 사령부 또는 기관으로 이관해야 할 것으로 생각된다.

• 작전사령관은 비행단장, 30단장 또는 방공포병사령관과 같은 단위 전력의 부대장이 아니고 항공력 측면에서의 기능(전략공격, 방공, 근접항공지원, 후방차단 등)을 담당하는 사령관을 상대해야 할 것으로 생각된다. 즉 공군작전사령부 예하에는 이들 기능을 담당하는 기능사령부 유형의 중간사령부가 있어야 한다. 작전사령관은 개개 기능 간의 전력 배분과 같은 작전적 수준의 지휘를 그리고 개개 기능사령관은 방공(Air Defense) 등과 같은 작전통제

74) 항공 기능의 수행 측면에서 절차 및 제도의 정립이 항공기 이상으로 중요한 의미가 있다. 예를 들면, 근접항공지원과 관련된 제1, 2차 세계대전 사이 기간 중의 경험에 따르면 중요한 것은 항공기가 아니고 올바른 제도 절차, 그리고 이들 제도 절차에 대한 숙지 정도였다. 참조 : 허남성, 권영근 번역, 『제1, 2차 세계대전 사이의 군사혁신(上)』, 국방대학교, 2002년 3월 15일, pp. 195-200.

또는 전술 수준의 지휘를 담당해야 할 것이다.

• 작전사령부 예하에 방공포, 레이더사이트 및 몇몇 비행단을 책임지는 방공사령관(이들 전력으로 구성되는 방공사령부가 몇 개가 적합한지는 추후 연구 대상일 것이다)이 있어야 할 것이다.

• 작전사령부 예하에 지상 및 해상 전력에 대한 근접항공지원과 후방차단 임무를 담당할 사령부가 필요할 것이다.

• 작전사령부 예하에 수송, 정찰 및 감시, 구조 및 탐색을 담당할 지원사령부를 설치하여 수송 전력, 정찰 및 감시 전력 그리고 구조 및 탐색 전력들을 관장할 필요가 있을 것이다.

• 작전사령부 예하에 지휘통제 및 전자전을 담당할 사령부를 설치할 필요가 있을 것이다.

• 작전사령부 예하에 전략공격을 담당할 사령부를 설치할 필요가 있을 것이다.

라. 공군작전사령부와 중간사령부의 관계[75)]

공군작전사령관은 합참의장과 같은 작전적 수준의 지휘관이 작성한 전역계획을 지원할 목적에서 항공력의 배치와 운용에 관한 계획을 작성하게 되며, 전역 목표를 달성할 목적에서 항공력에 대한 임무 부여를 주도하는 등

75) 항공작전의 기획 및 수행 측면에서 중간사령부와 작전사령부의 관계를 매우 잘 보여주는 자료에 Mark D. Mandeles, Thomas C. Hone and Sanford S. Terry, *Managing Command and Control in the Persian Gulf War*, Praeger, 1996년, pp. 1-156이 있다. 여기서는 1991년 걸프전 당시의 4개 중간사령부와 작전사령부의 관계가 소상히 기술되어 있다. 또한 Air Force Doctrine Document 2, "Organization and Employment of Aerospace Power", 200년 2월 17일이 도움이 될 것이다. 한편 본 논문의 "3.1 전구 지휘 구조" 부분이 도움이 될 것이다.

항공전의 작전적 수준의 임무를 수행하게 된다. 공군작전사령관은 '항공작전 본부'의 도움을 받아 항공작전을 기획·지시 및 관찰하며, 작전 효과를 분석 및 평가하는 등의 임무를 수행하게 된다. 한편 작전사령관은 상황에 따라 중간사령부에 배정되어 있는 전력들을 융통성 있게 배당하는 역할을 수행해야 할 것이다. 중간사령관은 기능 임무를 상세 기획하고, 기능 임무를 분권적으로 관리 및 통제하며, 평소 이들 기능 임무를 휘하 요원들에게 훈련시키게 된다. 이처럼 하는 경우 공군의 특성인 다양성과 융통성이 최대한 보장되면서 전력을 효과적으로 지휘 통제할 수 있게 될 것이다.

5. 결론

지휘통제체계 건설에 기반이 되는 요소란 점에서 뿐만 아니라 군 요원의 능력 함량을 위한 핵심 요소란 측면에서 군 구조의 올바른 정립은 정보화시대의 군에 필수 요소다. 오늘날 전승을 좌우하는 핵심 요소인 지휘통제체계와 같은 정보능력을 건설되려면 한국군은 미군과 무관하게 독자적인 지휘구조를 유지해야만 한다. 한반도는 단일의 전구를 형성하고 있다. 단일 지휘관 아래 육·해·공군 구성군사령부가 위치해 있는 통합사령부(Unified Command) 구조는 다수의 전쟁을 통해 입증된 가장 이상적인 형태의 전구 지휘 구조다.

오늘날의 첨단 항공기는 지상 및 해상 전력에 대한 근접항공지원, 후방차단 작전, 제공작전, 적 종심에 대한 전략공격 등 항공력의 모든 기능을 수행할 수 있다. 또한 항공력의 경우는 특정 임무를 수행하는 도중에도 여타 임무로 신속히 전환 가능하다는 특성이 있다. 항공력의 특성인 융통성과 다양성을 최대한 이용하려면 전구의 모든 항공력을 단일의 항공지휘관이 통합적으로 지휘해야 할 것이다.

일찍이 이탈리아의 유명한 항공사상가 길리오 듀헤는 미국과 같이 큰 나라는 예외지만 대부분 국가의 경우는 항공력을 단일 조직이 운영해야 한다고 주장하였다.[76] 미국의 경우는 공군을 포함한 각 군이 특정 항공력을 운영하고 있는데, 이들의 사용 목적은 전혀 다르다. 예를 들면, 공군의 경우 모든 유형의 항공작전 수행을 염두에 두어, 여타 군의 경우 자군의 작전환경인 해상 및 지상에서의 작전을 지원한다는 차원에서 이들 항공력을 운영하고 있다. 정보화시대인 오늘날 이들 항공기는 합동군 차원에서 통합적으로 운영된다. 1947년의 국방논쟁에서 뿐 아니라 그 후에도 지속적으로 미국은 각 군의 항공력을 한 곳으로 모으기 위한 노력을 진행하고 있다. 러시아군 또한 지상·해상·공중·우주 및 미사일이란 5개 군으로 운영되던 군 조직을 육군·해군 및 공군으로 재편성한 실정이다. 한국군은 모든 항공력을 단일군으로 모으는 노력을 전개해야 한다.

항공력 운용을 위한 지휘구조는 국가의 지정학적 입지, 군사전략 등 다수의 요인에 의해 영향을 받게 된다. 예를 들면, 해상으로 둘러싸여 있을 뿐 아니라 자신의 가상 적국인 중국이 엄청나게 영토가 넓다는 점으로 인해 대만공군의 경우는 지상군에 대한 근접항공지원과 후방차단 작전 그리고 전략공격이 별다른 의미가 없다. 따라서 적 항공기와 미사일의 공격에 대항하는 방공작전이 대만공군의 주요 임무가 되어야 할 것이다. 한편 지정학적 특성

76) 1920년 대 당시 길리오 듀헤는 미국처럼 자원이 풍부한 나라에서는 육군과 해군을 지원하는 항공력을 이들 군이 보유할 수도 있지만, 여타 국가의 경우는 군의 모든 항공력을 공군이 보유하고 있어야 한다고 주장하였다. 출처 : Philips S. Meilinger, *The Paths of Heaven: The Evolution of Airpower Theory(The School of Advanced Airpower Studies)*, USAF Air University Press, 1997, p. 11. 사실, 이 같은 개념에 근거하여 유럽 국가의 경우는 항공모함 상의 항공력도 공군이 보유하고 있는 반면에 미국의 육군과 해군은 자군을 지원하는 별도의 항공력을 보유하고 있다.

으로 인해 대만의 경우는 다수의 방공사령부 설치가 의미가 없다. 소위 말해 대만공군의 경우는 중간사령부가 별다른 의미가 없다.

한국공군의 경우는 적 항공기와 미사일의 공격에 대비할 목적의 방공사령부 외에, 아측 지상 및 해상 전력을 지원할 목적의 근접항공지원 및 후방차단, 적 종심 공격을 염두에 둔 전략공격, 수송기, 정찰기, 탐색 및 구조용 항공기, 그리고 지휘통제 및 전자전 항공기를 망라하는 5개의 중간사령부가 필요할 것으로 생각된다.

한국공군의 작전사령부는 한반도 공군구성군사령관인 미 7공군사령관의 주요 관심 사안인 항공전 기획 및 지휘의 문제를 놓고 고민하는 방향으로 그 임무가 전환되어야 할 것이다. 공군작전사령부 예하에는 앞에서 언급한 몇몇 중간사령부가 있어야 하며, 공군작전사령관은 이들을 중앙집권적 기획/분권적 임무수행이란 개념에 근거해 지휘 통제해야 할 것이다. 평소 이들 중간사령부는 휘하 전력을 작전 통제하며, 기능별 훈련과 개념을 발전시키고, 전시(戰時) 상세 기획 및 지휘에 매진하며, 여타 군의 항공무기와 공군의 무기를 통합하는 문제를 놓고 고심해야 할 것이다.[77)]

이처럼 한국공군의 지휘구조가 나름의 모습을 갖추고, 전쟁기획 및 지휘의 문제를 놓고 고심할 때만이 지휘통제체계와 같은 정보화시대의 국방력 건설이 가능해질 뿐 아니라 자주국방의 토대가 마련될 수 있을 것이다.

---

77) 권영근, "합동전과 중간사령부", 공군교리 Workshop, 2002년 3월 5일, pp. 36-52.

제3부 교리

제 1 장

개 요

교리에 관한 첫 번째 논문에서는 작전술과 교리의 문제를 다루고 있다. 교리는 각 군 교리와 합동교리로 구분된다. 또한 교리에는 전략, 작전 및 전술 수준의 교리가 있다. 합동교리는 본질적으로 전략 및 작전적 수준의 교리인 반면, 각 군 교리는 전략, 작전 및 전술 수준으로 구분된다. 전쟁의 작전적 수준 교리의 핵심은 작전술이다. 합동교리의 경우 기본교리에 해당되는 합동기본교리가 전략 수준의 것이라고 한다면 나머지 합동교리는 전쟁의 작전적 수준의 것이다. 따라서 합동교리의 핵심은 작전술이다. 특히도 합동교리는 육군, 해군 및 공군의 '주요 작전'들을 적절히 결합해 어떻게 전역(戰役)을 계획할 것인지의 문제를 다루고 있는 반면 각 군의 작전적 수준의 교리에서는 전역 내부의 '주요 작전'들의 계획수립의 문제를 다루고 있다.

합동교리의 문제를 놓고 군 차원에서 토론하는 과정에서 필자가 지난 10여 년 동안 경험한 바에 따르면, 가장 큰 문제는 개념이 통일되어 있지 않다는 점이었다. 예를 들면, 합동교리와 각 군 교리의 관계, 전역(戰役)과 작전의 관계, 교리와 작전술의 관계, 등 많은 부분과 관련해 한국군 내부에서 다양한 시각이 존재하고 있다. 필자는 이들 관계를 이미 여러 논문에서 언급하였다. 그러나 너무나 중요한 의미가 있다는 점에서 이들 관계에 관한 세계적인 군사이론가들의 관점을 직접 확인함이 중요한 의미가 있다고 생각된다. 한편 이들 관계는 이미 세계적인 군사이론가들이 정립한 사항이다. 즉 선진국의 군대에서는 이들 관계를 매우 분명히 인식하고 있다. 선진 군대의 군인들이 각 군 대학, 합동참모대학 등에서 작성한 논문을 읽게 되면 이들 관계에 일관성이 있다는 점을 발견하게 된다. 즉 근본적인 개념과 관련해 모든 사람이 동일한 관점을 견지하고 있음을 발견하게 된다. 본 글은 전역, 작전술, 합동교리, 각 군 교리 등 한국군 내부에서 많은 논란이 되고 있는 근본 개념에 관한 세계적인 석학의 글들을 정리한 것이다.[1)]

'교리'에 관한 두 번째 논문은 필자가 합동교리 책임연구관으로서 각 군과 합동교리를 작성하는 과정에서 주요 논란이 되었던 사안들에 대한 필자의 사고를 정리한 것이다. 본 논문에서는 합동작전과 각 군 작전의 관계, 합동교리와 각 군 교리의 관계, 합동군 지휘통제의 문제, 전쟁(Warfare)과 작전의 관계 등 당시 한국군 내부에서 논란이 되었던 사안들에 관한 것이다. 이들은 합동정보작전 책임연구관(2003년)과 합동정보 책임연구관(2004년)으로 근무하면서 제기되었던 사안들인데, 각 군이 필자의 관점에 동의해 교리를 성공적으로 마칠 수 있었다.

'교리'에 관한 세 번째 논문에서는 한국군 교리 발전을 위한 제언을 담고 있다.

전쟁의 경우와 마찬가지로 교리에는 전략·작전 및 전술 수준이 있다. 전술 수준 교리의 대표적인 사례에는 공군의 조종사들이 야전에서 열심히 숙독하는 교범과 절차가 있다. 작전 및 전략 수준의 교리는 군사력 운용과

---

1) 본 글은 Anthony D. McIVOR, *Rethinking the Principles of War*, Naval Institute Press, Annapolis Maryland, 2005년 12월, pp. 167-187에 실려 있는 "Operational Art and Doctrine"이란 제목의 논문을 정리한 것이다.

건설 측면에서 지침이 되는 성격의 것인데, 군사사상과 밀접한 관계가 있다. 한국군의 경우는 전쟁기획의 문제를 미군이 주도적으로 수행해오고 있다는 점, 지금까지 군의 주요 무기인 항공기·탱크 및 함정 등을 군 외부로부터 구입해 운용할 수 있었다는 점으로 인해, 전술 수준의 교리와 비교해 작전 및 전략 수준의 교리를 간과할 수 있는 입장이었다. 그러나 지휘통제체계와 같은 군의 정보능력이 전쟁에서 중요성을 더해가고, 이들 체계 건설에 군사이론을 포함한 작전 및 전략 수준의 교리가 필수 요소가 된 오늘날, 한국군은 이들 교리의 문제를 심각히 고려하지 않을 수 없는 실정이다. 이들 교리를 활성화하고, 정보화시대의 군사력을 건설할 수 있으려면 한국군은 전쟁계획의 문제를 고민해야 한다. 그리고 외국의 군사사상을 보급하기 위한 활동을 적극 전개해야 하며, 공군대학과 같은 전문군사교육 기관을 발전시키고, 야전생활에 군사이론 교육을 접목시켜야 할 것이다.

제 2 장

작전술과 교리 *

1. 서론

나폴레옹전쟁 이후의 거의 모든 주요 분쟁에서는 작전술(Operational art)이란 개념이 목격된다. 그럼에도 불구하고 작전술이 무엇인지에 관해서 사람들은 의견을 일치시키지 못하고 있다. 종종 사람들은 전략과 작전술을 혼동하고 있다. 그러나 적어도 19세기 후반 이후에는 진정한 의미에서의 전략은 군사력 운용이란 문제를 다루지 않고 있다. 전략의 하위 부분이 몰트케(Helmutz von Moltke)가 말하는 작전 또는 오늘날 통상 말하는 작전술이 된 것은 바로 그 시점이다. 한편 전략의 상위 부분은 정책과 보다 많이 연계되었다. 군의 많은 장교들이 각 군의 작전 교리(작전적 수준의 교리)를 작전술과 동일한 것으로 인식하고 있는데, 이는 잘못된 것이다. 작전술은 어떠한 교리와 비교해도 훨씬 포괄적이고 심도가 깊다. 각 군의 작전 교리의 개발과 관련해 보다 포괄적인 골격을 제공해주는 것도 작전술이며, 그 중의 일부분이

* 권영근, 김덕현 번역, 『전쟁원칙에 관한 새로운 사고』, 국방대학교, 2006년 12월 자료의 제10장 내용이다.

각 군의 작전 교리와 간략한 형태로 통합되는 것도 작전술이다.

추구하는 주요 목적에 따라 우리는 교리를 각 군 교리와 합동/연합 교리로 구분하고 있다. 한편 교리는 전략, 작전 및 전술이란 전쟁의 수준에 의해 분류된다. 합동 및 연합 교리는 전쟁의 작전 및 전략 수준인 반면, 각 군 교리에는 전쟁의 전술 수준, 작전 수준 및 전략 수준이 있다. 각 군의 작전 및 전략 교리와 합동 및 연합 교리의 경우는 작전술 이론으로부터 많은 부분을 받아들일 필요가 있다. 이처럼 하지 않으면 이들 교리는 의도했던 목적을 이룰 수 없게 된다. 각 군의 작전 및 전략 교리는 '주요 작전(Major operations)'의 계획수립, 준비 및 수행을 통해 작전목표 내지는 전략목표들을 달성할 목적에서의 특정 군의 운용에 관한 포괄적인 지침을 제공해주기 위한 것이다. 제대로 작성된 각 군의 작전 및 전략 교리는 합동군 내지는 연합군의 일부로서 '전쟁의 작전적 수준(Operational level of war)'에서의 전구(戰區 : Theater) 전력 내지는 구성군 전력의 운용이란 문제를 어느 정도 상세히 설명해야 한다. 시각이 보다 넓다는 점에서 보면 각 군의 작전 및 전략 교리는 전술 교리와 비교해 훨씬 융통성이 있다.

각 군의 작전 및 전략 교리를 통해 해당 군의 모든 요원들이 전쟁 수행과 관련된 동일한 법칙, 원칙 및 기준을 공유하게 된다. 각 군의 작전 및 전략 교리는 해결되어야 할 군사 문제의 성격과 이들 문제의 해결 방안을 설명하고 있다. 각 군의 작전 및 전략 교리는 특정 군이 여타 군과 또는 다국적군 전력과 협조해 그리고 독자적으로 '주요 작전'들을 계획하고, 준비하며 수행하는 방법에 관해 설명해야 한다. 이는 개개 전투 병과, 플렛홈(항공기 등의 유형을 의미) 및 센서들에 관한 교리인 전술교리의 골격을 정립해주어야 한다. 이는 또한 해당 군이 보유해야 할 미래 능력의 방향을 제시해야 한다. 이는 또한 개인 및 단위 부대 훈련과 관련된 기준을 언급하게 된다. 이들 작전 및 전략 교리를 통해 전문(專門 : professional) 장교들의 교육이 크게 영향 받게 된다. 이들 교리는 모든 유형의 전쟁에서 그리고 모든 물리적 환경에서의 자군 전력의 운용을 설명해야 한다. 바람직한 형태의 각 군의 작전 및 전략 교리는 특정 작전환경 내지는 전략 환경에 적절히 적용해 사용할 수 있는 형태여야 한다.[1)]

각 군의 작전 및 전략 교리와 비교해보면, 합동교리는 전략목표 달성을 목적으로 하는 전역(戰役 : Campaign) 또는 주요 합동/연합 작전의 계획수립, 준비 및 수행과 관련해 2개 군 이상의 군사력 운용에 관한 지침을 제시하고 있다. 일반적으로 합참의장이 합동교리를 공표하게 된다. 합동교리는 전쟁의 작전 및 전략 수준에서의 2개 군 이상의 군사력 운용의 문제에 초점을 맞추게 된다. 합동교리는 전략과 정책 그리고 작전술 간에 교량 역할을 하게 된다. 합동교리는 각 군 교리의 작성과 관련된 골격을 제공해주어야 한다. 합동교리는 계획수립 및 작전(Operation)과 관련된 공통의 시각을 제공해주며, 전쟁 관련 훈련과 전쟁 관련 사고(思考) 방식에 지대한 영향을 끼치게 된다. 합동교리가 추구하는 바는 전쟁 경험에서 얻은 통찰력과 지혜를 다듬어 합동군의 운용(Employment)과 관련된 기본 원칙들을 도출해내는 것이다.[2)] 합동교리는 육군, 해군, 및 공군 등 모든 군에 권위 있는 공통의 시각을 제시해준다. 합동교리는 모든 군이 사고하고, 계획하며 훈련하는 방식에 근본적으로 영향을 끼친다. 합동교리는 합동 차원에서 군사력을 성공적으로 운용하고자 하는 과정에서 핵심 요소다.[3)] 연합교리는 연합국들이 승인하였으며 전구(戰區) 전략목표들의 달성을 겨냥하고 있는 다국적군의 운용에 관한 근

---

1) George T. Donovan, *The Structure of Tactical Revolution in the U.S. Army From 1968 to 1986* (Fort Leavenworth, Kan.: School of Advanced Military Studies, U.S. Army Command and General Staff College, 17 December 1998), pp. 12-14.
2) Micahel C. Vitale, "Jointness by Design, Not Accident," *Joint Force Quarterly* Autumn 1995, p. 27.
3) Vinod Anand, "Evolution of a Joint Doctrine for Indian Armed Forces," *Strategic Analysis*, July 2000, No. 4, pp. 733-750.

본 원칙들로 구성되어 있다.

제대로 작성된 각 군의 작전 및 전략 교리 내지는 합동교리는 각 군 또는 합동군이 작전을 수행하는 전략 환경을 명쾌하고도 분명하게 설명해야 한다. 따라서 각 군 교범 또는 합동 교범에서는 국가정책, 국가안보전략 및 군사전략의 주요 특성들을 간략히 기술해야 한다. 전략과 정책 그리고 작전술과의 관계 또한 설명해야 한다. 전략 환경의 주요 측면들(특히 정치, 외교, 군사, 경제, 사회, 정보, 법 및 여타 사항들)이 각 군 내지는 합동군이 작전을 수행하는 골격을 제공해준다. 해당 군 내지는 전반적으로 군 전체의 전략 역할과 임무가 또한 설명되어야 한다.

바람직한 형태의 합동교리의 경우는 평시의 상호 경쟁에서 저강도 분쟁과 고강도 분쟁에 이르는 '분쟁의 범주(Spectrum of Conflict)'를 설명할 필요가 있다. 일반적으로 합동교리는 '전쟁의 본질'뿐만 아니라 미래 전쟁의 모습에 관한 해당 군 내지는 합동 공동체의 관점을 제시해야 한다. 이외에도 각 군의 작전 및 전략 교리는 해당 군이 작전을 수행하는 물리적 매체(공중, 지상 및 해상)에서의 '전쟁의 본질'에 관한 자군의 관점을 설명해야 한다.

2. 작전술이 합동교리와 각 군 교리에 기여하는 부분

궁극적인 승리는 군사 및 비군사적 성격의 국력의 원천들을 적절히 순서화(Sequencing)하고 동시통합 함으로써 얻어진다. 따라서 작전술은 각 군의 작전 및 전략 교리 내지는 합동교리에 매우 중요한 부분을 제공해준다. 작전술을 교묘히 적용하게 되면 전술 행위들과 전략 및 정책 목표들이 '주요 작전'과 전역의 수행이란 방식으로 적절히 연계될 수 있다.

작전술에 관해서는 많은 정의가 있다. 특정 정의에서는 작전술을 전역(戰

役) 및 '주요 작전'들의 구상(Design), 조직 및 수행(Conduct)을 통해 전쟁전구(Theater of war) 내지는 작전전구(Theater of operation)에서 전략목표들을 달성할 목적에서의 군사력의 운용으로 설명하고 있다. 작전술은 전투를 수용할 것인지 또는 거부할 것인지의 문제와 언제, 어디서 전투를 수행해야 할 것인지에 관한 근본적인 결심들과 관련이 있다. 작전술의 본질은 결정적인 승리를 달성할 목적에서의 적 중심(重心 : Center of Gravity)의 식별과 우수한 전투력의 집중이란 문제다.[4] 일반적인 용어로 표현하면 작전술은 군사술(Miitary Art)에서 전략과 전술 사이에 있는 부분으로 이해될 수 있다. 작전술은 특정 전구 내지는 전구의 일부에서 작전목표 또는 전략목표들의 달성을 겨냥하고 있는 '주요 작전'과 전역들의 계획을 수립하고, 수행하며 지속 유지하기 위한 이론과 실제의 문제를 다루고 있다.

가. 주요 전쟁 영역

올바로 작성된 교리의 경우는 공격과 방어(지상전의 경우), 타격전(Strike warfare)과 상륙전(해전의 경우) 그리고 근접항공지원(近接航空支援) 및 제공작전(Counter air operation)(항공전의 경우)과 같은 주요 전쟁(Warfare) 영역에서의 '전쟁의 본질'에 관한 해당 군의 인식을 어느 정도 상세히 기술해야 한다. 개개 주요 전쟁 영역에 관한 현재 상태와 미래의 동향에 관한 자군의 관점을 전술 수준의 시각이 아니고 작전적 수준의 시각에서 표현함이 중요한 의미가 있다.

---

4) Scott A. Marcy, "Operational Art: Getting Started," *Military Review* 9 (September 1990), p. 107.

나. 목표(Objective)

교리에서는 달성해야 할 전략목표와 작전목표들을 언급해야 하는데, 이는 작전술이 교리에 기여할 수 있는 가장 중요한 부분 중 하나다. 통상 합동교리는 전략목표들의 달성에 관한 것인 반면 각 군의 작전 및 전략 교리는 전역(戰役)의 일환으로서 작전목표들의 달성을 겨냥하게 된다. 지상군 교리에서는 지상전의 주요 목표들(적 육군의 격멸, 적 영토의 점령 등)을 기술해야 한다. 마찬가지로 해군 및 공군 교리에서는 해전 및 항공전의 주요 목표들을 포괄적인 용어로 기술해야 한다. 전통적으로 해전의 주요 목표는 해상통제, 해상패권(Sea supremacy), 해상거부(Sea denial), Choke point 통제/거부, 기지(Basing)/전개 지역 통제를 확보해 유지하는 것이다. 마찬가지로 항공전의 주요 목표는 통상 공중우세 내지는 공중패권(Air Supremacy)과 제공 우세/패권(Counter air Superiority/Supremacy)을 확보해 유지하는 것이다. 이들 목표를 일반적인 관점에서 논의해야 한다. 이들 목표는 특정의 구체적인 적(敵) 또는 상황과 연계되어서는 안 된다.

다. 전투력 운용 방법

달성해야 할 군사 목표들의 정도에 따라 사용되어야 할 전력들의 규모와 종류가 결정된다. 이외에도 목표에 따라서 전투력 운용 방법으로 전술 행위, '주요 작전' 또는 전역(戰役)을 강구해야 할 것인지가 결정된다. 각 군의 작전 및 전략 교리는 단일군 중심 내지는 몇몇 군 전력들에 의해 수행되는 '주요 작전'들의 계획수립, 준비, 시행 및 유지에 초점을 맞추어야 한다. 일반적인 관점에서 보면 '주요 작전'은 특정 작전전구에서 작전목표를 달성할 목적으로 시간과 공간 측면에서 단일군 내지는 몇몇 군의 다양한 전투 병과들에 의해 수행되는 일련의 전투, 교전, 타격(Strike) 그리고 여타의 전술 행위들로 기술될 수 있다. 통상 '주요 작전'들의 계획을 수립하게 되는데, 이들 작전은 해상 또는 지상 전역(戰役)에서 필수적인 부분이다.

제대로 작성된 합동교리는 전역계획(戰役計劃 : Campaign plan)의 수립, 준비 및 시행(Execution)에 초점을 맞추어야 한다. 오늘날의 관점에서 보면 고강도 정규전에서의 전역은 일련의 주요 공중/지상(또는 지상), 해상 및 공중 작전으로 구성된다. 이들 작전은 군사전략 목표 내지는 전구 전략 목표들을 달성할 목적에서 시간과 공간 측면에서 순서화(Sequencing)되고 동시통합된다. 오늘날의 전역은 본질적으로 합동 또는 연합 성격의 것이다. 따라서 단일군이 전역을 계획하고 수행할 수 없다. 물론 이는 경우에 따라서 공군 내지는 해군이 지상 또는 해상 전역에서 주요 역할 내지는 결정적인 역할을 수행한다는 점을 부인하는 것이 아니다.

각 군의 작전 및 전략 교리와 합동교리는 또한 해당 군 내지는 합동군이 고강도 분쟁이 아닌 형태의 작전, 특히 대테러, 반란 및 대반란전, 대마약, 평화작전(평화유지/평화 강제) 그리고 비전투 철수작전과 같은 작전에서 수행하는 작전들의 유형과 주요 특성들을 간명히 기술할 필요가 있다.

라. 전구(戰區)와 전구 지휘구조

투입되는 전력의 규모와 종류에 따라서 이들 전력이 배치되어 전투를 수행하고 병참을 지원하며 재배치되는 모든 3차원(공중, 지상 및 해상)에서의 해당 전구의 크기가 결정된다. 따라서 각 군의 작전 및 전략 교리와 합동교리 모두에서는 전구의 종류(지상, 해상, 도서 등)와 이들의 분할(작전전구, 작전지역 및 전투지역 등)에 관해 간략히 기술해야 한다. 여기서는 작전전구와 작전전구 구조의 설명에 초점이 맞추어져야 한다. 왜냐하면 '작전적 수준의 전쟁'

이 수행되는 곳은 바로 이곳이기 때문이다.

마. 사령부의 수준과 전쟁의 수준

작전술이 각 군의 작전 및 전략 교리 내지는 합동교리에 제공해줄 수 있는 주요 부분에는 '전쟁의 수준(Levels of War)'이란 개념에 관한 이론이 있다. 따라서 전쟁의 전략, 작전 및 전술 수준 그리고 이들 수준을 담당하는 사령부의 수준을 간략하고도 명쾌하게 기술할 필요가 있다. 전쟁의 수준들 간의 구분은 고강도 분쟁에서 가장 분명해진다.[5] 분쟁의 범주와 복잡성으로 인해 군사 및 비군사적 성격의 국력의 원천들을 완벽히 이용할 필요가 있는 곳은 이 같은 고강도 분쟁의 경우다. 그러나 정치, 외교, 사회, 경제, 심리 및 여타 요인들이 지배적인 요인이 되는 저강도 분쟁에서는 그렇지 않다. 따라서 이 같은 분쟁에서의 전쟁의 작전적 수준은 전략 및 전술 수준과 비교해 범위(Scope)와 복잡성 측면에서 크지 않다.

전쟁의 수준은 추구하는 군사적 목표와 해당 목표를 달성하기 위해 선택되는 전투력 운용 방법에 의해 주로 결정된다. 전쟁의 수준은 해당 사령부의 수준과 연계되어야 하지만 반드시 그러한 것은 아니다. 개개 사령부는 전술 행위들, '주요 작전'들 그리고 전역들의 수행을 통해 군사적 목표들을 달성할 목적에서 설립된다(예 : 작전사령부는 작전목표를 달성할 목적에서 그리고 전술사령부는 전술 목표를 달성할 목적에서 설립된다). 작전 지휘관들은 '주요 작전' 및 전역의 계획수립과 수행에 충분할 정도의 권한을 갖게 된다. 그러나 항상 그러한 것은 아니다. 종종 사람들은 작전술과 전쟁의 작전적 수준

---

5) Gary P. Petrole, *Understanding the Operational Effect* (Fort Leavenworth, Kan.: School of Advanced Military Studies, U.S. Army Command and General Staff College, 8 May 1991), p. 7.

을 동일시하고 있다. 그러나 이는 사실이 아니다. 작전술은 군사술의 일부분으로서 이론과 실제 모두를 망라하게 된다. 그러나 전쟁의 작전적 수준은 작전술의 실제 적용이란 부분만을 담당하게 된다. 또한 작전술은 특정의 물리적 환경과 연계되어 있지 않다. 이는 작전-전술, 국가-전략처럼 몇몇 전쟁의 수준에 걸쳐 적용된다.

바. 작전적 수준의 리더십

전략, 작전 및 전술이란 모든 수준에서의 전쟁의 핵심은 인적 요소다. 따라서 모든 각 군의 작전 및 전략 교리 내지는 합동교리에서는 이처럼 중요한 전쟁의 측면을 어느 정도 상세히 언급해야 한다. 과학기술의 역할 또한 조명되어야 한다. 그러나 이것이 주도적인 역할을 하는 것처럼 기술되어서는 안 된다. 올바른 형태의 각 군의 작전 및 전략 교리 내지는 합동교리는 지휘관의 개인적 특성 및 전문 교육과 같은 성공적인 작전적 수준 리더십에 요구되는 주요 사항들에 관한 합의(콘센서스)를 제시해야 한다. 성공적인 작전적 수준의 리더십에 요구되는 가장 중요한 요소인 "작전적 수준의 사고(思考)" 또는 전술이 아니고 작전적 수준에서 사고하는 능력을 크게 강조해야 한다. 평시와 전투 당시의 지휘관의 책임 그리고 의사결정의 유형과 중요성을 간명하게 설명해야 한다. 정책 및 전략의 주도적인 역할, 목표 고수의 중요성, 추구하는 목표와 수단의 조화, 행동의 자유 확보 및 유지 그리고 주도권 발휘의 중요성과 같은 성공적인 리더십의 교의(教義 : Tenet)를 간명하고도 분명하게 기술해야 한다. 마지막으로 바람직한 형태의 교리에서는 모든 군사 조직의 성공적인 수행이란 측면에서 육군, 해군 및 공군 요원들이 수행하는 핵심적인 역할을 조명해야 한다.

사. 작전적 수준의 지휘통제

각 군의 작전 및 전략 교리와 합동교리 모두에서는 국가의 지휘구조(Command structure)를 개관할 필요가 있다. 합동교리는 전구 수준(전구-전략 내지는 작전전구)에 초점을 맞추어야 하는 반면 각 군의 작전 및 전략 교리는 전구 및 구성군 지휘관들에 초점을 맞추어야 한다. 이들 교리는 지휘관계(Command relationship : 작전통제, 전술통제, 지원 등) 및 지휘종속(Command subordination : 예속, 배속 등)의 유형과 본질을 간략히 기술해야 한다. 바람직한 형태의 각 군의 작전 및 전략 교리 또는 합동교리의 경우는 올바른 형태의 조직에 관한 교의(教義)들을 명시해야 한다. 이들 교리에서는 지휘조직에서 선택할 수 있는 대안들의 성격을 규정해서는 안 된다.

너무나 자주 사람들은 지휘통제를 지휘조직을 다루는 문제로 이해하고 있다. 이들 둘은 관련이 있으며 긴밀히 연계되어 있다. 그러나 이들은 같지 않다. 주로 지휘통제는 부여된 군사적 목표들을 달성하는 과정에서 지휘조직을 사용하는 과정(Process)이다. 효과적인 형태의 리더십의 필요성과 예하 지휘관들이 수행하는 핵심 역할들이 조명되어야 한다. 지휘관과 부하 간의 인적 관계의 중요성이 특히 강조되어야 한다. 중앙집권적 지휘통제와 분권적 지휘통제의 장점과 단점이 또한 설명되어야 한다. 지휘통제 측면에서의 새로운 정보기술의 중요성을 강조해야 하는 반면 이것을 인적 요인의 중요성이란 불변의 사실과 조화를 이루어 설명해야 한다. 바람직한 형태의 지휘통제에서 과학기술은 주요 요인이 아니고 지원 수단이다. 그 발전 정도에 무관하게 전쟁에서 과학기술이 인적 요인을 대체할 수는 없다.

아. 작전적 수준의 의사결정과 계획수립

각 군의 작전 및 전략 교리와 합동교리에 작전술이 제공해줄 수 있는 주요 요소 중 하나는 작전적 수준의 의사결정과 계획수립이란 부분이다. 제대로 작성된 교리는 계획수립과 관련된 전략적 배경(Strategic context)을 간략히 기술하고 '주요 작전'과 전역들을 계획 수립하는 과정에서의 작전 지휘관들의 책임과 권한을 명시해야 한다. 분명히 말하지만 '작전적 수준에서의 합동기획(Joint operational planning)'[6]은 각 군 구성군 지휘관들의 기획을 위한 골격을 제시해준다. 바람직한 형태의 작전적 수준의 결심을 내리는 과정에서의 해당 지휘관의 장기(長期) 상황판단의 역할과 중요성을 설명해야 한다. 합동군사령관의 전역계획 수립과 합동군 예하 각 군 구성군사령관에 의한 '주요 작전'들의 계획수립 간의 차이를 어느 정도 상세히 기술해야 한다.

계획수립 과정에서 정치, 외교, 경제, 정보 및 법적 측면의 고려사항뿐만 아니라 여타 고려사항들이 간략히 기술되어야 한다. 전투 단계와 전투 이후 단계(Phase)들의 설명에 각별한 비중을 두어야 한다. 전투 단계와 전투 이후 단계들은 분리될 수 없다. 즉 이들을 구분하는 분명한 경계는 있지 않다. 전략목표들은 전투 단계에서 달성된다. 그러나 이들 목표는 분쟁 이후의 단계에서 강화되고 보다 더 확대되어야 한다. 그렇지 않으면 전투 단계에서의 전투가 의미를 상실하게 될 것이다. 각 군의 작전 및 전략 교리와 합동교리의 경우는 전투 및 전투 이후 단계 모두를 위한 계획수립 과정을 기술해야 한다. 작전적 수준의 계획수립 과정에서의 기관 간 협조와 조정의 핵심 역할이 강조되어야 한다. 훌륭한 교리에서는 이 같은 계획수립 과정의 산물들, 즉 작전계획(OPLANs), 작전명령(OPORDs) 그리고 FRAGOs들을 설명해야

---

6) 합동작전 기획은 Joint operation planning이다.

한다. 일련의 지원계획들, 특히 전개, 군수, 기만, 작전적 수준의 화력, 민군작전 등에 관한 계획이 포함되어 있지 않다면 계획수립은 완전한 상태가 아니다.

오늘날에는 효과기반작전(EBO)이 강조되면서 작전적 수준의 계획수립의 기본으로서의 목표의 중요성이 감소되거나 의미를 상실하고 있다. 이 같은 점으로 인해 이 문제가 복잡해지고 있다. 그러나 모든 작전술 관련 이론과 실제는 달성되어야 할 작전목표 또는 전략목표들을 중심으로 이루어진다. 효과기반작전을 옹호하는 사람들은 '전역구상(Campaign design)' 과정에서 합동군사령관 내지는 구성군사령관들이 제시하는 목표들이 '요망 효과(Desired effects)'의 형태를 띠게 된다고 주장하고 있다. 이들 효과가 정의되면 계획가들은 개개 효과에 내포되어 있는 요소들로 구성되는 골격을 고안하게 된다. 달성되어야 할 개개 효과에 나름의 방안을 적용한 이후 다양한 방식으로 과업들이 할당된다.7) 달리 말하면, 먼저 목표를 결정하고, 그 후에 과업과 표적(標的)들을 결정한다는 검증되어 있을 뿐더러 효과적인 방법을 사용하는 것이 아니고 효과기반작전을 옹호하는 사람들은 목표에서 시작해 효과를, 그 후 효과를 구성하고 있는 요소들을(사실 이는 표적이다) 그리고 마지막으로 과업들을 다루게 된다. 효과기반 기획이 작전적 수준 기획의 일부분이 되면 지휘관들의 경우 해당 상황에 대한 판단이 매우 어려워질 것이다. 이 경우는 임무기술(Mission statement)에 들어가야 할 내용과 지휘관 의도가 획기적으로 바뀔 필요가 있을 것이다. 더욱이 목표와 목표에 상응하는 중심(重心 : Center of gravity) 간의 연계가 근본적으로 깨질 것이다. 그러나 전역 내지는 '주요 작전'을 고려한 모든 바람직한 계획은 적 중심의 파괴, 섬멸 내

---

7) David B. Lee and Fouglas Kupersmith, *Effects Based Operations: Objectives to Metrics Methodology–An Example* (Vienna, Va.: Military Operations Research Society, Analyzing Effects-Based Operations Workshop, January 2002), pp. 8, 10.

지는 무력화와 아측 중심의 보호를 겨냥하게 된다.

자. 작전구상

제대로 작성된 교리에는 '작전구상(Operational design)'에 관한 부분이 있어야 한다. 합동교리는 전역구상에 초점을 맞추는 반면 각 군의 작전 및 전략 교리는 자군이 수행하는 '주요 작전'들의 구상에 초점을 맞추어야 한다. '작전구상'은 계획이 아니다. 이는 계획수립 과정에서 지휘관과 참모들이 고려해야 하는 전역 또는 '주요 작전'에 관한 일련의 연관된 요소들의 집합이다. 이들 모든 요소가 동일하게 중요한 것은 아니다. 또한 이들 모두가 계획수립 과정에서 고려되어야 하는 것도 아니다. 바람직한 교리는 '작전구상'에 관한 핵심 요소들, 특히 '요망 최종상태(Desired End State)', 전략목표 또는 작전목표들, 전략/작전 목표들에 대한 시간, 공간 및 군사력의 균형이란 문제, 작전/전략 축(Axis)뿐만 아니라 '핵심 요인(Critical factor)' 및 중심(重心)들의 식별을 간명한 형태로 제시해야 한다. '작전구상'의 핵심은 작전개념 내지는 작전 구도(Scheme)다. 바람직한 형태의 각 군의 작전 및 전략 교리 내지는 합동교리는 '주요 작전' 또는 전역을 고려한 작전적 수준의 구도(작전구도)에 관한 주요 요소들을 간략히 기술해야 한다. 특히 적의 전략 또는 작전적 중심의 격파 방안, 작전적 수준의 기동 및 화력, 기만, 순서화 및 동시통합 방법, 분기계획(Branch)과 후속계획(Sequel), 단계화(Phasing) 및 예비 전력의 문제를 어느 정도 상세히 기술해야 한다.

차. 작전적 수준의 기능

작전술이 각 군의 작전 및 전략 교리와 합동교리에 제공해줄 수 있는 또

다른 중요한 부분은 전구 차원의 기능(Function) 또는 작전적 수준의 기능이라고 지칭되는 몇몇 기능이란 부분이다. 작전적 수준의 주요 기능에는 지휘구조, 정보, 지휘통제전, 화력, 군수 그리고 방호(Protection)란 부분이 있다. 전역 또는 '주요 작전'들을 지원하는 과정에서 이들 기능의 설정, 유지 및 운용에 관한 권한과 책임이 있는 사람은 전구사령관뿐이다. 이들 기능은 또한 적절히 순서화(Sequence)되고 동시 통합될 필요가 있다.

3. 작전개념(Operational Concepts)[8)]

각 군의 작전 및 전략 교리 내지는 합동교리는 특정 작전개념[9)]을 중심으로 작성되어야 한다. 한편 이들 작전개념은 미군이 오늘날 말하는 운용개념(Operating concept), 즉 군사력의 작전 방식에 관해 가장 포괄적으로 기술하고 있는 운용개념의 예하 개념이다.[10)] 운용개념은 포괄적(Generic)인 용어다. 왜냐하면 이는 전쟁의 특정 수준과 연계되어 있지 않기 때문이다. 사실 일부 운용개념은 전략, 작전 및 전술이란 전쟁의 몇몇 수준에 적용될 수 있다.[11)] 목적과 규모(Scale)에 따라서 운용개념은 전술, 전략 또는 작전적 성격

---

8) 미 합동전 교리의 핵심 작전개념(Operational concept)은 "통합 및 합동 전역(戰役) 그리고 '주요 작전'들을 통해 전략목표 또는 작전목표들을 달성할 목적에서 합동군사령관이 공중·지상·해상·우주 및 특수작전 전력들의 행위들을 통합하고 동시통합한다는 점이다." Doctrine for Joint Operation (JP 3-0), 2001년 9월 10일, p. II-4.

9) 엄밀히 말해 이는 '작전적 수준의 개념'이다. 그러나 Tactical concept를 전술개념 그리고 Strategic concept를 전략개념으로 일반적으로 사용하고 있다는 점에서 여기서는 이것을 작전개념으로 표현하였다. 그러나 진정 작전개념은 Concept of operation을 의미한다. Operational concept와 Concept of operation은 전혀 다른 개념이다. 이 책에서 말하는 작전개념은 Operational concept를 의미한다.

10) Operational Concept는 전쟁의 작전적 수준에서의 개념을 의미하는 반면, Operating concept는 전쟁의 전략, 작전 및 전술 수준 모두를 망라하는 일반적인 용어다.

일 수 있다. 이는 기본 목적 측면에서 공격 또는 방어적 성격일 수 있다. 전술개념(Tactical concept)은 특정 전투 지역에서의 전투, 교전, 공격(Attack) 그리고 여타의 전술 행위들의 수행에 관한 것이다. 전략개념(Strategic concept)은 국가-전략목표들의 달성을 목적으로의 군사 및 비군사적 수단들의 사용에 관한 것이다.

정확히 말해 작전개념(Operational concept)은 전투력의 전구 차원에서의 운용(Employment)에 관한 것이다. 작전개념은 전쟁의 작전적 수준에서의 군사술의 적용이란 문제로 국한해 사용되어야 한다. 작전개념은 구체적인 과업 및 상황과 관련이 없다. 이는 부여된 작전목표 그리고 경우에 따라서는 전략목표들의 달성을 위해 군사력을 가장 효과적으로 적용하는 방법에 관한 청사진을 제시할 목적의 것이다. 이는 작전목표 또는 전략목표들을 달성할 목적에서 개개 전투 병과들에 의한 다양한 전술 행위들을 효과적으로 연계시킬 수 있어야 한다. 작전개념이 작전개념의 실제 시행과 어느 정도 조화를 이루고 있는지가 전략적 차원의 승리와 긴밀한 관계가 있다.[12]

가. 작전개념의 요구조건

작전개념은 보다 크고 포괄적인 전략개념의 일부가 되어야 한다. 이는 미래의 적들에 관한 올바른 평가에 근거해야 한다. 해당 상황에 관한 군사적 측면뿐만 아니라 비군사적 측면들도 완벽히 고려되어야 한다. 작전개념은 국가안보 측면에서의 미래 위협에 관한 몇몇 전략적 수준의 가정(假定)들뿐

11) John F. Schmitt, *A Practical Guide for Developing and Writing Military Concepts* (McLean, Va,: Hicks & Associates Inc., DART Working Paper # 02-4, December 2002), pp. 7-8.

12) David A. Fastabend, "That Elusive Operational Concept," *Army Magazine*, June 2001, p. 40.

만 아니라 과학기술 발전에 관한 현재 상태 및 예상 상태에 근거해야 한다. 그러나 사용 가능한 작전개념[13] 개발의 관건은 우수한 이론이다.

나. 작전개념의 구성 요소

바람직한 형태의 작전개념은 계획된 작전목표 또는 전략목표들이 아측 전력의 최소 손실로 신속히 달성될 수 있도록 해주는 몇몇 기능 개념(Functional concept)들로 구성되어야 한다. 전통적으로 주요 기능 개념에는 지휘통제, 기동, 화력, 순서화와 동시통합, 보급(Sustainment), 방호 그리고 전투력 복원이란 부분이 포함된다. 승리의 관건은 1개군 이상의 전투 병과들의 순서화와 동시통합이다. 기능 개념의 사례에는 해상 군수지원, 근접항공지원 그리고 해상 화력지원이 포함된다. 한편 개개 기능 개념의 경우 특정 기능 개념이 이행되는 방식에 관한 '전술, 전기 및 절차(TTP : Tactics, techniques and procedure)'를 기술해주고 있는 몇몇 개념들을 포함하고 있다.

다. 작전개념의 교의(敎義 : Tenet)

교리는 특정 작전개념의 시행 방식에 관한 교의들을 구체적으로 또는 암시적으로 기술해야 한다. 인적 요인이 주요 역할을 하게 되는 곳은 바로 이 부분이다. 포괄적(일반적)인 용어로 표현하면 작전개념의 주요 교의는 주도권(Initiative), 종심(Depth), 민첩성(Agility) 그리고 동시통합이다. 주도권은 행위

---

13) 매우 종종 미 해군에서 이 용어는 부정확하게 사용되고 있다. "작전적 수준(Operational)"의 진정한 의미를 제대로 이해하고 있지 못함이 분명하다. 작전개념의 근간은 전술개념(Tactical concept)이다. 그러나 이들은 목적이 다르다. 왜냐하면, 작전개념은 전투와 교전이 아니고 '주요 작전'과 전역에 적용되기 때문이다.

를 통해 전투 조건을 결정하거나 변화시킬 수 있는 능력을 의미한다. 주도권을 장악하려면 지휘관들이 공세정신을 견지할 필요가 있다. 종심은 시간, 거리 및 자원 측면에서 측정된다. 민첩성은 적보다 신속하게 사고하고 행동할 수 있는 능력을 의미한다. 이는 적을 격파할 목적에서 상황, 지형 및 기후를 이용하고 신속히 적응할 수 있는 심적 측면, 지휘통제 및 조직 측면의 능력에 관한 것이다. 기회가 도래한 경우 지휘관이 반응할 수 있도록 계획은 간명하고 융통성이 있어야 한다.

라. 작전개념의 유형

작전개념은 역사적(과거), 현재 또는 미래 성격일 수 있다. 역사적 성격의 작전개념은 과거에 적용된 형태의 것이다. 과거의 작전개념에서 몇몇 사실을 도출할 필요가 있을 수도 있다. 각 군의 작전 및 전략 교리 내지는 합동교리는 현재 및 미래의 작전개념에 근거해야 하는데, 그 이유는 자명하다. 현행 작전개념은 현행 조직과 '전술, 전기 및 절차(TTP)'에 근거해 적용된다. 통상 이는 기존 교범들에 반영되어 있다. 이것의 경우는 현재의 관행과 교훈에 근거한 몇몇 부상(浮上)하는 요인들을 수용할 수도 있다. 각 군의 작전 및 전략 교리 또는 합동교리의 일부가 되는 경우 현행 작전개념은 조직, 계획수립 및 시행, 교육 및 훈련의 근간을 제공해주어야 한다.[14)]

미래의 작전개념은 미래 어느 시점에서의 군사력 운용을 염두에 두고 있다. 엄격한 시험과 격렬한 논쟁 그리고 실험을 통해 검증되지 않은 경우 이는 각 군의 작전 및 전략 교리 내지는 합동교리에 포함되어서는 안 된다. 모든 미래 개념은 시험되지 않은 가설(假說)로 시작되어야 한다. 이는 어느

14) Schmitt, *Developing and Writing Military Concepts*, pp. 3-4.

정도 자신 있게 검증되는 순간까지 시험되어야 한다. 이 같은 시점에서 이는 각 군의 작전 및 전략 교리 내지는 합동교리의 일부가 된다. 미래 개념의 많은 부분은 평시 환경에서 완벽히 시험해볼 수 없다. 그 성격상 이들은 과거의 경험으로부터 도출될 수 없으며, 현재의 경험에서 관찰될 수도 없다.[15]

마. 작전개념의 특징

작전개념은 간단하고 융통성이 있어야 한다. 간명성이 바람직한 것은 간명하지 않은 작전개념의 경우 실제 적용이 어려워지고 군사 훈련이 매우 복잡해질 수 있기 때문이다. 융통성이 결여되면 예기치 못한 적의 취약점 내지는 작전상황의 급격한 변화를 이용할 수 없기 때문이다. 작전개념은 아측의 의사결정 및 행위의 속도를 대폭 증진시켜 적이 선택할 수 있는 대안들을 대거 줄일 수 있는 형태여야 한다. 바람직한 형태의 작전개념은 물리적 측면에서의 적의 혼란(Dislocation)을 유도할 뿐만 아니라 적의 지휘관과 군사력에 부정적인 형태의 심리적 영향을 끼칠 수 있는 형태여야 한다. 올바로 이해되도록 하려면 작전개념은 분명하고도 간명한 형태로 표현되어야 한다. 그 후 이는 작전개념의 발전 과정에 영향을 줄 수 있도록 논의 및 시험되어야 한다.[16]

1930년대 후반에 출현한 독일군의 전격전(電擊戰) 개념은 매우 성공적인 반면 기이한 형태의 공지전투(Air-land battle)[17] 개념인데, 비교적 간단하면서도 융통성이 있었다. 이 개념에서는 공세전력들이 흐르는 물의 원칙을 따르

---

15) *Ibid.*, p. 4.

16) *Ibid.*

17) 이는 1980년대 중반 미 육군에서 등장한 공지전투(Airland battle)와는 다른 개념이다. 이는 항공력과 지상군을 근거로 한 전투 개념이란 의미다.

는 것으로 구상하고 있었다. 즉 가능한 모든 경우에서 적의 저항을 피하도록 되어 있었다. 이 개념의 핵심은 적 방어의 취약한 부분을 찾아내는 것이었다. 그 후 이 같은 취약 부위에 노력이 집중되었다. 그 후 공격 전력들은 주요 목표들을 점령해 격파할 목적에서 적진 돌파를 이용하였다. 전격전 개념의 중심 요소는 속도, 이동, 기습 그리고 기회의 이용이었다. 이 개념에서 추구한 바는 '전방 집중(Forward concentration)'을 통한 국지적 우위 확보였다. 두 번째의 주요 요소는 집중시켜야 할 부위를 선정한 후 이 지역에 전력을 집중시키는 것이었다. 적의 방어에서 취약 부위를 파악할 목적으로 공중 및 지상 정찰을 이용하였다. 그 후 적의 측면과 배후를 공격하였다.

1980년대 초반에 발전된 소련의 '작전 기동단(Operational maneuver group : OMG)' 개념은 몇몇 측면에서 독일군의 전격전 개념과 유사하였다. 이 개념에서는 나토의 '작전적 종심(Operational depth)'에 OMG들을 조기 투입함으로써 나토가 효과적으로 방어하지 못하도록 하고 나토군이 전술핵무기를 사용하지 못하도록 할 목적의 것이었다. 제2차 세계대전에서 사용된 소련의 '이동 집단(Mobile group)'과 달리 OMG에서 추구한 주요 목표는 물리 또는 심리적으로 적을 이탈시켜 궁극적인 파괴를 위한 사전 조건을 조성하는 것이었다. 몇몇 바람직한 상황에서만 포위란 개념이 고려되었다.[18)]

바. 미래의 작전개념들

제대로 작성된 각 군의 작전 및 전략 교리는 새롭고도 발전 도중에 있는

---

18) Darrell E. Crawford, *Deep Operations in Airland Battle Doctrine: The Employment of U.S. Ground Forces in Deep Operational Maneuver* (Fort Leavenworth, Kan: School of Advanced Military Studies, U.S. Army Command and General Staff College, 16 May 1989), p. 7.

작전개념의 일환으로서 예상되는 능력들을 완벽히 고려해야 한다. 미래 작전개념은 시험되지 않았을 뿐더러 검증되지 않은 형태의 것이다. 따라서 작전개념은 엄격한 시험, 실험 및 토론 과정을 거쳐 완벽히 또는 부분적으로 검증하든가 아니면 무효화해야 한다. 시험 과정을 통해 미래 작전개념이 가설에서 보다 단정적인 형태의 결론으로 발전하게 된다. 시험을 거친 이후에나 미래 작전개념은 '군사력 기획(Force planning)'을 위한 근간으로 기능하게 된다.

바람직한 형태의 작전개념은 미래 전쟁에 관한 특정 비전에 근거해야 한다. 한편 이는 전쟁에 관한 역사적 관점을 반영해야 한다. 바람직한 형태의 개념은 이론적 성격의 추상적인 전제(前提)로부터 거의 도출되지 않는다. 전쟁과 전쟁의 미래에 관한 완벽한 이해는 역사를 통한 실제적인 교훈들에 근거하게 된다. 이들 교훈을 간과하는 작전개념은 신뢰성을 상실하게 된다. 사전 생각한 이론들을 지원할 목적으로 역사를 의도적으로 왜곡하거나 잘못 사용하는 형태의 개념은 최악의 경우다. 특정 미래전 개념이 독특한 형태의 것이라고 생각해서는 안 된다. 이 같은 경우가 거의 없었음을 역사는 보여주고 있다.

반영을 목적으로 미래 작전개념을 혁명적인 것으로 묘사해서도 안 된다. 혁명적인 형태의 발전은 거의 없다. 과학기술 측면에서의 거의 모든 변화는 실제로는 진화적 성격의 것이다. 이는 예외적인 경우라기보다는 일반적인 현상이다.[19] 그러나 독일군의 전격전 개념이 보여주고 있는 바처럼 기존의 과학기술과 인적 요인들을 적절히 통합함에 근거한 새로운 형태의 개념들이 있을 수도 있다. 성공적인 형태의 미래개념에서 변함없이 목격되는 부분이 있는데, 이는 이 같은 개념의 경우 군사조직, 교육 및 훈련 측면에서 많은

---

19) Schmitt, *Developing and Writing Military Concepts*, pp. 12-13.

변화가 요구된다는 점이다. 몇몇 경우는 군사문화 측면에서 심각한 변화가 또한 요구되었다. 몇몇 미래 작전개념들의 중요성과 가치를 지나치게 과장함으로써 이 같은 개념을 옹호하는 사람들의 신뢰성이 실추되고 있다. 이처럼 과장하면 해당 개념의 장점에 관한 논쟁이 불가능해져 그 잠재 가치가 크게 저하될 수도 있다.

바람직한 형태의 작전개념은 '전쟁의 본질' 및 전쟁 이론과 일관성이 있어야 한다. '전쟁의 본질'에 관한 클라우제비츠(Karl von Clausewitz)의 가르침은 세월의 흐름에도 불구하고 아직도 타당성이 있다. 한편 전쟁의 일부 속성들은 변화될 가능성이 있다. 따라서 미래의 작전개념에서는 본질적으로 시간의 흐름에 무관하게 적용되는 부분들을 위배하지 않는 상태에서 이들 변화 가능한 속성을 도출해내어야 한다.[20]

전쟁에 관한 예전의 법칙들이 더 이상 적용되지 않는다고 주장하는 한편 전쟁 수행 측면에서 근본적인 변화를 가능케 해준다고 주장하는 미래 작전개념은 그 사실 여부를 확실히 입증해야 한다. 증거가 부재한 주장은 적용될 수 없다. 미래 작전개념은 작전적 수준의 전쟁의 술(術 : Art)에 해당하는 부분과 과학 간에 적절히 균형을 유지해야 한다. 과학뿐만 아니라 술 또한 간과되어서는 안 된다. 불행히도 신기술을 옹호하는 사람들은 과학을 지나치게 강조하고는 술에 해당하는 부분을 전적으로 간과하거나 무시하는 경향이 있다. 경험을 통해 보면 이는 분명히 잘못이다. 현재도 그러하지만 미래에도 전쟁은 술과 과학이 결합된 형태일 것이다. 어떠한 형태의 신기술도 이 같은 점을 변화시킬 수 없다.[21]

'네트워크 중심전쟁(NCW)' 개념을 선도적으로 옹호하는 사람들의 주장과 달리, '네트워크 중심전쟁'에는 미래 작전개념의 오직 몇몇 요소들만이 포함

---

20) *Ibid.*, p. 13.
21) *Ibid.*, p. 14.

되어 있다. '네트워크 중심전쟁'이 바람직한 형태의 전술개념의 주요 속성들 모두를 포함하고 있는 것은 아니란 주장이 제기될 수도 있다. 본질적으로 '네트워크 중심전쟁'에서 말하는 지휘통제는 방대한 규모의 센서와 발사체들을 연결하는 것에 다름이 없다. 그러나 모든 효과적인 지휘통제는 인적 및 기술적 체계들을 통합하는 형태다. '네트워크 중심전쟁'의 경우는 정보기술에 전적으로 의존함으로 인해 모든 지휘통제 과정이 간단히 붕괴될 가능성이 매우 높은데, 이는 정보의 과부하 또는 네트워크의 일정 부분을 와해, 무력화 내지는 파괴할 목적의 적대 행위들 때문이다. 바람직한 형태의 전술개념 또는 작전개념은 아측의 전력과 이들 전력의 군수 지원을 적절히 보호해줄 수 있어야 한다. 이는 오늘날 말하는 '네트워크 중심전쟁' 개념의 심각한 취약점 중 하나다. '네트워크 중심전쟁' 개념에서 목격되는 취약점을 보완할 목적의 효과적인 행위들이 강구될 때만이 '네트워크 중심전쟁' 개념은 작전개념으로 격상될 수 있다. 다음 단계는 '주요 작전'과 전역(戰役)의 수행을 목적으로 전구의 육군, 함대 및 항공력이란 전술 전력들을 연결하는 일이다. 달리 말하면 '네트워크 중심전쟁'이란 신 개념의 경우는 작전술의 핵심 요인들을 반영해야 한다. 그렇지 않으면 이는 자신의 능력을 제대로 발휘하지 못할 것이다.

미래의 작전개념은 적정 기술에 기반을 두어야 한다. 이것의 경우 기술 자체를 목적으로 신기술을 추구해서는 안 된다. 미래의 작전개념은 이들 기술이 전쟁의 여타 측면들과 적절히 통합되는 방식을 기술해야 한다. 이 같은 방식으로 전쟁 수행과 관련된 새로운 방법을 모색해야 한다. 각 군의 작전 및 전략 교리 내지는 합동교리가 매우 먼 미래에나 가능할 것으로 생각되는 기술에 근거해 작성되는 위험이 있을 수 있다. 한편 미래의 작전개념은 기존의 기술에 근거해서는 안 된다. 따라서 현재 가용한 부분과 바람직한 부분 간에 적정 균형점을 찾아야 한다. 모든 미래의 작전개념을 개발하는 과정에서는 인적 요인들을 최우선적으로 고려해야 한다. 한편 작전적 수준의 전쟁에 영향을 끼치는 정치, 사회, 문화 및 경제적 요인들을 최대한 고려해야 한다. 미래의 모든 작전개념은 국가의 전쟁 방식에 근거해야 한다. 전쟁 방식은 국가의 문화와 국민의 가치관에 그리고 전쟁 수행과 관련된 국가의 경험에 근거하게 된다. 따라서 미래의 모든 작전개념은 이 같은 보다 큰 골격과 조화를 이루어야 한다. 그렇지 않은 경우 각 군/합동 공동체가 그리고 더 나아가서는 해당 사회가 작전개념을 수용하지 않을 가능성이 있다.[22)]

미래의 모든 작전개념이 각 군의 작전 및 전략 교리 또는 합동교리의 핵심이 되는 것은 아니다. 많은 작전개념들이 시험 및 검증 과정을 통과하지 못할 가능성이 있다. 그러나 미래의 특정 작전개념이 실효성이 없음이 판명되었다고 해당 개념의 개발 과정이 잘못된 것으로 간주해서는 안 된다.[23)] 많은 경우 시험과 실험을 통해 검증된 요인들이 개정된 작전개념 또는 전혀 새로운 형태의 작전개념의 일부가 될 수 있다. 현재와 미래의 작전개념들은 고정된 것이 아니고 상황과 능력 측면에서의 변화에 반응해 일정 기간에 걸쳐 진화하게 된다.

미래의 작전개념이 완벽히 검증되지 않았거나 요구되는 능력이 향후 얼마 동안 가용하지 않음에도 불구하고 몇몇 경우는 각 군의 작전 및 전략 교리가 공포될 수도 있다. 미 상륙작전 개념의 경우가 그러하였다. 미 해병대는 주요 상륙작전 수행을 위한 고도의 성공적인 작전개념을 발전시켰다. 1934년 1월에는 Tentative Manual For Landing Operations란 명칭의 교범이 발간되었다. 일련의 상륙연습 이후 미 해군은 이것을 공식 채택하였다. 일부 내용을 수정한 이후 이 교범의 명칭이 동년 8월에 Manual for Naval Over-

---

22) *Ibid.*
23) *Ibid.*, p. 4.

sea Operations로 바뀌었다.

앞에서 언급한 상륙작전 교범의 개발은 1931년에 시작되었다. 초기 연구에서는 주로 화물 처리, 신호 전달 그리고 함정 능력의 문제를 다루었다. 당시 미 해군의 상륙작전 교범은 훈련(Drill)과 Formation 측면에서 상세 내용을 담고 있었다. 그러나 이는 함상에서 해안으로의 이동에 관한 내용은 담고 있지 않았다. 당시의 상륙작전 교범을 작성하며 사용된 가장 중요한 자료는 1933년에 미 합동위원회가 작성해 발간한 것이었다. 이 교범에는 주요 상륙작전을 염두에 둔 계획수립 절차, 해상 화력지원 그리고 전투 상륙 관련 내용이 포함되어 있었다.[24] 그러나 수업이 중단된 1933년 11월 이후 상륙작전 교범과 관련된 대부분의 사전 작업을 수행한 사람은 미 해병학교의 학생들이었다. 이들 학생과 이들의 교관들은 새로운 상륙교범을 작성하라는 지시를 받았다. 상륙작전교범(The Landing Operations Manual)은 1940년에 미 육군이 채택해 사용할 정도로 성공적이었다. 제2차 세계대전 당시 미 육군과 해병대가 수행한 상륙작전은 이 교범에 근거하였다.

마찬가지로 미 육군의 공지전투(Airland Battle) 개념은 '작전'이란 명칭의 FM 100-5가 발간될 당시 존재해 있지 않았다. 그러나 결과적으로 보면 FM 100-5는 향후 몇 년 이후의 능력을 정확히 예견할 정도로 올바른 교범이었다. 공지전투 개념에서는 주도권을 장악해 유지할 목적의 공세적 행위를 염두에 두었다. 적군은 예기치 못한 방향에서 수행된 강력한 형태의 초기 일격으로 인해 균형을 상실해 격파될 예정이었다. 이 같은 격파 이후 적의 복구를 방지하기 위한 행위들이 예정되어 있었다. 최상의 결과는 적의 제1제대에 대한 가격(加擊)보다는 상실하는 경우 상대방의 응집력이 크게 저하되는 핵심 부대와 지역에 대한 초기 가격을 통해 달성될 예정이었다.[25]

---

24) Barry P. Messina, *Department of U.S. Joint and Amphibious Doctrine, 1898-1945* (Alexandria, Va.: Center for Naval Analysis, September 1994), pp. 30-31.

잠수함 전력이 충분치 않았다는 점과 이들 전력을 효과적으로 통제하기 위한 신뢰성 있는 장거리 통신이 결여되어 있었다는 점에도 불구하고 1930년대 중반과 후반 독일군은 상선(商船)에 대항해 U보트(U-boat)를 운용하기 위한 새롭고도 독창적인 전술개념을 개발해 일대 성공을 거두었다. U보트를 이용해 상선을 공격한다는 개념은 1917년과 1918년에 출현하였다. 집단 차원에서 U보트를 이용한다는 개념은 몇몇 이유로 이론적 수준을 벗어나지 못했다. 이 개념은 독일해군 최고사령부가 "Strategic game"을 수행한 1934년에 어느 정도 주목을 받았다.[26] 카를 되니츠(Karl Dönitz)가 U보트 Flotilla를 지휘하게 된 1935년이 되어서야 잠수함 전단(Group)을 운용한다는 개념이 실현되었다.

이 개념은 1937년 가을에 있었던 대규모 차원의 독일해군 연습에서 최초 시험되었다. 되니츠는 킬(Kiel)에 위치한 해군기지의 잠수함 모함에서 발트해에 전개되어 있던 휘하 잠수함들을 단파를 이용해 통제하였다. 1937년의 연습에 근거해 되니츠는 전시 U보트들의 지휘통제 목적으로 최신 통신 수단을 장착한 지휘함이 구축되어야 한다고 요구하였다.[27] 1939년 5월에 북해에서 개최된 대규모 연습이 있은 이후 U보트들은 비스케이만(Bay of Biscay)에서 집단(Group) 차원에서 연습하였다. 1939년 7월 되니츠는 발트해에서 유사한 연습을 하였다. 이들 모든 연습을 통해 그는 집단으로 U보트들을 운용한다는 자신의 개념이 타당성이 있음을 확신하였다. 그럼에도 불구하고 독일해군 최고사령부는 장차전에서 U보트들이 집단이 아니고 개별적으로 운용될 것으로 계속 믿고 있었다.[28] U보트의 운용과 관련된 되니츠의 개념은

25) U.S. Department of the Army, FM100-5 Operations (Washington, D.C.: August 1982), p. 2-21.

26) Karl Doenith, *Memoirs, The Years and Twenty Days*, Translated by R. H. Stevens (Annapolis, Md.: Naval Institute Press, 1990), p. 32.

27) *Ibid.*, pp. 21, 32.

특정 순간에 작전수행 지역에 전개되어 있는 충분히 많은 숫자의 U보트들에 의존하였다. 따라서 영국의 상선에 대항한 성공적인 전역(戰役)의 경우 적어도 300척의 U보트들이 필요할 것이란 점을 강조할 목적으로 그는 1938-39년의 연습을 이용하였다.[29] 전쟁 초반에 가용했던 U보트들의 숫자가 많지 않았다는 점으로 인해 되니츠는 U보트의 운용과 관련된 자신의 개념을 1941년이 되어서야 사용할 수 있었다.

1990년대 미 해병은 "해상으로부터의 작전적 기동(Operational Maneuver from the Sea)"란 개념을 발전시켰는데, 다수 측면에서 이는 작전개념으로 말할 수 있는 수준이다. 그러나 이 같은 개념을 구현하기 위한 능력, 특히 군사력을 투입해 내륙 깊숙한 곳에 위치한 작전목표들을 확보하고 지속적으로 군수 지원하기 위한 능력이 아직 결여되어 있다. 이 개념은 적 해안 깊숙한 곳에 위치한 작전목표들을 달성할 목적의 상륙작전을 염두에 두고 있다. 이것의 교의에는 해안의 작전목표에 초점을 맞추고, 해상을 기동 공간으로 이용하며, 높은 템포와 모멘트, 적의 취약 부위에 아측의 강점을 대적시키고, 해병 자산과 합동군 자산을 통합하며, 기만의 사용이 포함되어 있다.[30] 공격은 25마일에서 50마일 떨어진 지평선 너머에서 감행될 예정이었다. 첫 번째 목표를 해변에 설정해 적의 반격으로부터 이것을 보호하는 것이 아니고 최초 목표는 200마일 정도 내륙에 위치한 적의 진지(陣地)들을 공격하는 것

---

28) Holger H. Herwing, "Innovation Ignored: The submarine problem, Germany, Britain and the United States, 1919-1939," in Williamson Murray and Allan R. Millet, editors, *Military Innovation in the Interwar Years* (Cambridge, UK: Cambridge University Press, 1996), p. 239.

29) Headquarters, U.S. Marine Corps, Department of the Navy, MCDP 3: Expeditionary Operations (Washington, D.C.: U.S. Government Printing Office, 1998), p. 89.

30) Michael P. Mahaney, *Operational Durability, The Marines and Operational Maneuver from the Sea* (Fort Leavenworth, Kan,: School of Advanced Military Studies, U.S. Army Command and General Staff College, 1 May 2001), p. 29.

이 될 수 있었다.

완벽히 시험되지 않은 경우 통상 미래의 작전개념은 각 군의 작전 및 전략 교리 내지는 합동교리에서 필수적인 부분이 되어서는 안 된다. 미래 작전개념의 이론적 근간이 실제 능력을 크게 앞서가는 경우는 심각한 문제가 발생할 수 있다. 1930년대 초반 및 중반의 소련의 작전개념은 이와 같았다. 당시 소련의 이론가들은 작전적 측면에서 최상의 두뇌집단이었다. 그러나 소련은 산업화의 초기 단계에 있었다. 소련 경제는 매우 낙후되어 있었다. 따라서 소련의 경제력은 작전적 수준의 이론들을 야전에서의 바람직한 형태의 수행으로 전환시킬 수준이 되지 못했다. 1935년 소련의 '붉은 군대'는 '종심전투(Deep battle)'란 개념을 채택하였다. 이 개념에서는 군단 이하 규모의 전력들을 이용해 적 야전군의 종심 전반(全般)을 동시 공격하는 상황을 염두에 두고 있었다. 먼저 적을 고립시키고는 포위해 격파한다는 개념이었다. 이 개념은 거의 진전이 없이 고착화된 전선(戰線)에 기동을 부활시킬 목적으로 개발되었다.[31)]

투카체프스키(Mikhail Tukhachevskiy) 원수와 트리안디필로프(V. K. Triandifilov) 대장의 개념을 받아들인 소련은 종심작전(Deep operation) 개념을 채택함으로써 종심전투(Deep battle) 개념을 발전시켰다. 1936년의 '붉은 군대' 야전교범에 채택된 이 개념에서는 적군의 주요 부분을 격파할 목적에서 적의 '작전적 종심(Operational depth)'으로 침투해 들어간 이후에서의 포위 기동을 염두에 두었다.[32)] 이 개념은 군(육군의 1군, 2군 등)이 수행하는 '주요 작전'들을 염두에 두고 있었다. 종심전투와 비교해보면 이것의 경우는 적의 전반적인

---

31) Richard W. Harrison, *The Russian Way of War: Operational Art, 1904–1940* (Lawrence, Kan,: University Press of Kansas, 2001), pp. 188–194.

32) Wayne A. Parks, *Operational-level Deep Operations: A Key Component of Operational Art and Future Warfare* (Fort Leavenworth, Kan,: School of Advanced Military Studies, U.S. Army Command and General Staff College, 21 May 1998), pp. 24–25.

'작전적 종심'에 걸쳐 상대방을 동시 가격할 목적에서 지상, 공중 및 공정 전력의 운용을 염두에 두었다.33)

사. 다양한 형태의 작전개념들

현재 위협 또는 미래 위협, 적의 각 군/합동 교리 그리고 아측 전력이 운용되는 물리적 환경의 성격에 근거해 몇몇 작전개념들을 개발하여 이들 개념이 각 군의 작전 및 전략 교리 또는 합동교리에 반영되도록 해야 한다. 바람직한 형태의 각 군의 작전 및 전략 교리는 자군의 주요 전쟁 영역을 고려해 개발된 몇몇 작전개념들에 근거해야 한다. 반면에 합동교리는 공격과 방어 모두에서 2개 군 이상의 전력의 운용을 염두에 두고 있는 몇몇 작전개념을 중심으로 작성되어야 한다. '주요 작전'을 수행하는 과정에서의 각 군 전력의 운용과 전역(戰役)에서 합동군의 운용은 해당 작전개념의 교의(教義)들에 의해 인도되어야 한다.

경험적으로 보면 단일의 작전개념을 개발해 채택하는 현상은 통상 바람직하지 않다. 이처럼 하면 작전지휘관이 선택할 수 있는 대안들이 제한받게 된다. 또한 이처럼 하면 군인들의 시각이 좁아지며 모든 유형의 분쟁을 고려한 훈련을 군이 받지 못하게 된다. 1982년에 발간된 미 육군 교범 FM 100-5의 핵심 개념은 공지전투다. 이는 수적으로 우세한 소련 중심의 바르샤바동맹국의 군사력에 대항해 유럽에서 벌어지는 고강도 분쟁에서 싸울 목적의 것이었다. 그러나 이 개념은 또 다른 유형의 물리적 환경에서 그리고 보다 미약한 수준의 적에 대항해서는 오직 부분적으로만 적용 가능하거나 거의 적용될 수 없었다. 반면에 제2차 세계대전 당시 연합군은 다양한 전구

---

33) Harrison, *The Russian Way of War*, pp. 194-195.

에서 색다른 형태의 작전개념들을 적용하였다. 유럽 전구에서 미 육군은 특정 개념을 적용하였다. 뉴기니와 필리핀 전역(戰役) 당시의 진격 도중 맥아더(Douglas MacArthur) 장군은 합동 차원의 작전개념을 개발하였다. 간략히 설명하면, 당시의 개념에서는 아측의 해상 전력과 공중 전력이 지원하고 다음번의 상륙목표 지역을 고립시키는 한편 지상군들이 공중 및 해상 기지들을 확보해주었다.[34]

4. 결론

바람직한 형태의 각 군의 작전 및 전략 교리와 합동교리의 필요성은 자명하다. 각 군의 작전 및 전략 교리와 합동교리는 작전술의 관점에서 작성되어야 한다. 교리는 전쟁의 작전적 수준에서의 구성군 및 전구 전력들의 운용에 초점을 맞추어야 한다. 각 군의 작전 및 전략 교리는 '주요 작전'들의 계획수립, 준비 및 시행에 초점을 맞추어야 하는 반면 합동교리는 전역(戰役)에 초점을 맞추어야 한다. 새로운 형태의 작전개념은 새로운 정보기술을 수용하는 한편 인적 요인들과 전투 수행에 근거해야 한다. 다시 말해, 관리보다는 리더십에 근거해야 한다.

전투 전력의 운용을 염두에 둔 작전개념이 부재한 상태에서는 전쟁의 작전적 수준에서 성공을 거둘 수 없다. 바람직한 형태의 각 군의 작전 및 전략 교리 또는 합동교리는 군사력 운용에 관한 핵심 영역들을 망라하는 몇몇 작전개념들을 포함해야 한다. 전구 차원에서의 군사력 운용을 염두에 둔 바람직한 형태의 교리는 전략과 전술 간에 교량 역할을 하게 된다. 이 같은

34) Fatabend, "The Elusive Operational Concept," p. 39.

교리는 "어떻게 싸울 것인가(How to fight)"에 관한 사고(思考)의 기준이 되어야 한다. 제대로 작성되었으며 제대로 초점이 맞추어진 각 군의 작전 및 전략 교리와 합동교리로 인해 군의 모든 수준의 사령부에 근무하는 지휘관과 참모들의 전문성과 능력이 증진된다. 이 같은 교리로 인해 "작전적 수준의 사고(思考)"가 증진된다. 한편 전술지휘관들 또한 작전술을 알고 이해할 필요가 있다. 그렇지 않은 경우 이들은 보다 높은 수준의 작전지휘관들이 의도하는 바를 이해하는 과정에서 적지 않은 어려움을 겪게 될 것이다. 각 군의 작전 및 전략 교리와 합동교리는 군에서 사용되는 작전적 수준 용어의 의미를 올바로 이해하도록 하여 군 내부에서 그리고 합동군 내지는 연합군 내부에서의 의사소통을 용이케 하는 요소다.

제 3 장

합동교리와 관련된 논쟁 *

1. 서론

1991년의 걸프전 등 최근의 전쟁에서 입증된 바처럼 향후의 전쟁은 육・해・공군에 의한 합동전(Joint Warfare)의 형태로 수행될 것이다. 전쟁 양상은 예측할 수 없다. 이 같은 점에서 보면 오늘날의 합동전은 육・해・공군 전력을 적절히 결합한 형태로 수행되어야 할 것이다. 한편 공중・지상 또는 해상에서 군사력을 운용하기 위한 최선의 방안은 육・해・공군의 군사력 운용 방안, 즉 지상의 경우는 클라우제비츠(Karl von Clausewitz) 및 조미니(Antoine-Henry Jomini)와 같은 지상군 이론가들이 정립한 개념이다. 이 같은 점에서 보면, 육・해・공군 무기의 특정 작전환경, 즉 공중・지상 또는 해상에서의 통합(Integration)은 공군, 육군 및 해군의 군사력 운용 방안에 근거해야 할 것이다.

합참과 같은 전구(戰區 : Theater) 차원의 조직에서는 육・해・공군이 보유

---

* 권영근, "합동교리와 관련된 논쟁", 합동참모대학, 『합동군사연구』 제14호, 2004년 12월, pp. 135-174에 이미 발표된 원고이다.

하고 있는 몇몇 작전 능력을 조합해 전구 위협에 대처해야 할 것이다. 소위 말해, 합참은 위기에 대처할 목적에서 전역(戰役 : Campaign)을 계획하게 되는데, 이는 위기 대처란 단일 목표를 여러 목표로 나눈 후 이들 개개 목표를 적정 구성군[1]에 부여하고, 각 군 구성군에 의한 결과를 통합하는 과정으로 생각할 수 있다. 각 군 구성군에서는 부여된 목표(보통 작전으로 표현됨)의 달성을 위해 나름의 계획을 작성하게 되는데, 그 과정에서도 여타 군의 전력이 통합될 수 있다.

합동교리는 공동 목표를 겨냥한 조정된 활동에서 2개 군 이상의 군사력 운용을 인도하는 근본적인 원칙들을 담고 있다. 합동교리는 역사적 경험과 군사 이론가들의 이론에 근거하고 있는데, 육·해·공군 전력을 통합해 위기에 대처할 목적의 것이다.

최근 들어 한국군은 합동교리의 중요성을 인식해 합동교리와 관련해 육·해·공군 및 합참에서 열띤 논쟁을 전개하고 있다. 본고에서 필자는 지난 몇 년 간의 교리 관련 논쟁에서 제기되었던 사안들을 정리하고 있는데, 합동이란, 각군 작전술과 합동작전술의 관계, 작전과 전쟁(Warfare)의 관계, 각군 교리와 합동교리의 관계, 합동지휘 통제의 문제 등이 바로 그것이다.

본고의 2절에서는 이론적 배경을, 3절에서는 합동교리와 관련해 크게 문제시되었던 사안들에 대한 논의를 그리고 4절에서는 결론을 제시하고 있다.

---

1) 한미연합사의 관점에서는 육·해·공군 구성군사령부를 생각할 수 있는 반면, 한국군만을 고려하는 경우는 구성군사령부란 개념보다는 작전사령부가 보다 더 현실에 가까울 것이다. 그러나 편의상 구성군이란 용어를 사용하도록 하자.

2. 이론적 배경

여기서는 오늘날의 합동작전 개념과 관련된 근본 사항인 전략・작전 및 전술이란 전쟁의 수준과 전역계획의 문제를 상세히 기술하고자 한다.

가. 전쟁의 수준[2)]

오늘날의 군 교리에서는 전쟁 활동을 전략・작전 및 전술이란 3개 수준으로 구분해 설명하고 있다. 전쟁의 전략적 수준은 또한 대전략과 군사전략으로 구분된다.

전쟁의 대전략이란 국가에서 가장 높은 수준의 지휘를 대변하는데, 전쟁에 돌입할 것인지의 여부, 전쟁에서 추구하는 정치적 목표, 군사력 사용을 통해 조성해야 할 군사적 상황, 정치 및 군사적 측면에서 준수해야 할 제한사항, 동맹국/적국 관계, 그리고 전쟁에 투입하게 될 군사력과 여타 국가 자원을 결정하는 문제들이 여기에 해당한다.

군 지휘 측면에서 가장 높은 수준은 군사전략 수준이다. 여기서는 대전략을 군사전략 지침으로 전환시키고 있다. 군사전략 수준에서는 대전략 수준에서 결정된 제한사항을 준수하며, 어디서 어떻게 싸울 것인지, 전쟁에 투입되는 노력의 정도 그리고 하나 이상의 전구(戰區 : Theater)[3)]에서 전쟁이 진

---

2) 박덕희 번역, 『항공전역』, 연경문화사, 2001년 5월, pp. 19-26; 권영근 외 3명 번역, 『미 합동작전 교리』, 합동참모본부, 2002년 12월, pp. 49-56. 지금부터 권영근 외 3명, 『미 합동작전 교리』으로 표기.

3) 전구는 합동군사령관 및 공군구성군사령관 수준에서 매우 중요한 개념이다. 지상 및 해상과 같은 지면군의 경우는 작전지역(Area of Operation)의 시각에서 전쟁을 바라보지만, 한반도에서 연합사령관과 공군구성군사령관은 전구 차원에서 전쟁을 바라보게 된다. "전구의 모든 항공력은 단일표적에 집중될 수 있다"라는 표현에서 보듯이 항공력과 관련된 내용을 기술하고자 하는 경우 전구란 개념은 필수적이다. 출처 : Air

행되는 경우 개개 전구에 배정되는 노력의 정도 등에 관해 의사를 결정하게 된다. 여기서는 대전략 수준의 지침에 근거해 정치지도자가 마련해준 국력의 수단인 외교・경제・정보 및 군사적 자산들의 운용에 관한 조건을 부여하게 된다.

또한 군사전략 수준의 지휘관들은 정치적 목표를 군사적 목표들로 전환시킬 책임을 갖게 된다. 이들은 또한 분쟁의 최종 상태, 즉 국가 전략목표들을 지원하고자 할 때 달성되어야 할 군사적 조건들을 정의하게 된다.

전쟁의 작전적 수준에서는 전략지침에 명시된 제한사항들을 준수하며 작전을 수행하게 되는데, 이는 할당된 군사력으로 전쟁의 전략목표를 달성하기 위한 방안에 관한 것이다. 전략지침이 전술목표로 전환되고, 작전 수행을 고려한 군사력 운용 계획이 작성되는 곳은 전쟁의 작전적 수준에서다. 이 같은 계획 과정의 결과로 인해 전술목표들 그리고 전술 수준의 지휘관들에게 부여되는 임무들이 만들어지게 된다. 전역계획과 개별 임무를 생성해내는 과정에서 작전적 수준에서는 전술 및 군사전략 수준과 긴밀한 관계를 유지하게 된다.

전쟁의 작전적 수준에서 발전된 전역계획이 구체적으로 수행되는 수준은 전쟁의 전술 수준이다. 여기에는 작전적 수준의 지휘관이 명시한 임무목표를 달성할 목적에서 전투를 계획 및 수행하는 일이 포함된다.[4] 전술 수준의

Force Doctrine Document 2, "Organization and Employment of Aerospace Power", USAF, 2000년 2월 p. 1.

합동작전에서는 육・해・공군의 전력이 특정지역을 중심으로 끊임없이 통합되는데, 해군과 공군의 무기가 육군을 지원하는 경우는 작전지역, 공군과 육군의 무기가 해군을 지원하는 경우 작전해역에서 통합되고 있다. 그런데 공군의 입장에서 육・해・공군의 무기가 통합되는 장소는 어디인가? 이는 전구이다. 따라서 합동 및 공군 교리에서 전구는 매우 중요한 개념이다. 한반도는 단일의 전구를 형성하고 있다.

4) 비행단의 조종사들이 수행하는 전쟁은 전술적 수준이다. 월남전 당시만 해도 무기의 정밀성 때문에 전투기 1대를 이용해 얻을 수 있는 효과는 지극히 미미하였다. 그 결과 전투기는 주로 전선의 육군을 전술 지원하는 반면, 적의 심장부를 공격하는 전략

지휘관들은 부여된 임무뿐만 아니라 시간 · 공간 및 군사력 그리고 전투 및 지원 자원 측면에서의 제한사항들을 검토하게 된다. 문제 또는 결함이 예견되는 경우 전술 수준의 지휘관들은 그 해결을 위해 작전 수준의 지휘관들에게 이들 문제와 제한사항을 제기할 수 있다. 필요한 경우 이들 사안은 지휘계통을 통해 군사전략 및 대전략 수준으로까지 보고된다.

나. 전역계획[5)]

전역이란 전략 및 작전 목표를 달성할 목적의 전술 · 작전 및 전략 행위를 담고 있는 일련의 '주요 작전(Major Operation)'이 연속적으로 진행되는 과정으로 볼 수 있다. 전역은 육 · 해 · 공군에 의한 합동의 형태로 수행된다. 한국군의 합참의장 또는 연합사령관은 전역(戰役 : Campaign)과 '주요 작전'을 수행하게 된다. 이는 전역에서 추구하는 전략목표와 '주요 작전'에서 추구하

공격은 폭격기들이 담당하였다. 정밀유도무기의 등장으로 인해 "제2차 세계대전 당시 수백 대의 폭격기가 수행하던 일을 걸프전에서는 단 한 대의 전투기가 수행할 수 있게 되었다." 출처 : Donald M. Snow, Dennis M. Drew, *From Lexington to Desert Storm and Beyond: The American Experience at War*, M. E. Sharpe, Inc. 2000년, p. 251 지금부터 Donald M. Snow and Dennis M. Drew, *From Lexington to Desert Storm*로 표기; 권영근, 『미국은 왜 전쟁을 하는가 : 전쟁과 정치의 관계』, 연경문화사, 2003년 10월, p. 352. 지금부터 권영근, 『미국은 왜 전쟁을 하는가』로 표기.

그 결과 전투기가 전략 · 작전 및 전술표적 모두를 공격할 수 있게 되었다. 다시 말해 한반도 내부의 모든 표적을 공격해 전투기가 나름의 효과를 유발할 수 있게 되었다. 공군의 '전술항공통제본부(TACC : Tactical Air Control Center)'가 '전구항공통제본부(TACC : Theater Air Control Center)'로 명칭이 바뀌게 된 것은 이 같은 이유 때문이다. 이 같은 현상을 보면서 몇몇 사람들은 공군의 경우 전쟁의 전략 · 작전 및 전술 수준이란 구분이 의미가 없게 되었다고 주장한 바 있는데, 이는 전쟁의 효과와 전쟁의 수준을 혼돈함에 따른 현상이다. 참조 : 공군대학, "제6회 항공전략 국제학술 심포지엄", 2001년 2월 1일, p. 62.

5) 권영근 번역, 『합동전역계획』, 국방대학교 합동참모대학, 2003년 12월 또는 Joint Pub 5-00.1, "Joint Doctrine for Campaign Planning", 2002. 1. 25.

는 작전목표의 달성에 이들이 노력을 집중시킨다는 의미다.

현 시점에서 볼 때 전시 한반도에서 작전적 수준의 최고지휘관은 한미연합사령관이다. 한미연합사령관은 한반도의 한국군과 미군의 운용을 위한 전역계획을 책임지고 있는데, 작계-5027은 몇몇 상황을 가정한 가운데 작성된 정밀기획(Deliberate Planning) 성격의 전역계획에 해당한다. 몇몇 상황을 가정하고 있다는 점에서 가정이 바뀌게 되면 작계-5027 또한 변하게 될 것이다. 전역계획과 관련된 연합사령관의 책임에는 전역에서 추구해야 할 목표를 결정하고, 이들 목표의 상대적 우선순위와 이들 목표달성에 투입될 노력의 경중(輕重)을 결정하는 일이 포함된다. 일반적으로 연합사령관은 항공력의 배당(Apportionment) 및 할당(Allocation)[6] 비율, 지상군의 기동기획 그리고 적정 해군작전을 인가하게 된다.

전쟁의 작전적 수준을 담당하는 지휘관은 군사적 목표의 달성을 위한 세부 방안을 열거하고 있는 개략적 성격의 전역계획을 발전시킬 책임이 있다. 또한 이 같은 성격의 전역계획에서는 적의 능력과 배치, 아측 전력의 가용정도 그리고 작전 측면에서의 제한사항을 포함한 일부 가정들을 언급하는 한편, 육·해·공군 작전(구성군)사령관에게 전역 목표와 군사력을 할당하게 된다.

이 같은 개략 성격의 전역계획에 근거해 각 군의 작전사령관은 전역계획에 포함되어 있는 작전에 대한 세부 계획을 작성하게 된다. 작전사령관이 작성한 작전계획에서는 작전목표(전역목표를 고려해 식별)와 적의 중심(重心 : Center of Gravity)을 식별하고, 임무에 투입되는 전력을 대응시키며, 이들 군

6) 할당이란 전쟁의 작전적 수준 지휘관이 배당한 항공 노력을 개개 임무 측면에서 가용한 항공기 별 총 쏘티 숫자로 전환함을 의미한다. 예를 들면, 항공자산의 30%를 근접항공지원에 배당한다고 할 때, 이것이 F-4 팬텀 50쏘티 그리고 F-5 70쏘티에 해당할 수 있을 것이다. 출처 : Joint Pub 3-03, "Doctrine for Joint Interdiction Operations", 1997. 4. 10., p. GI-2.(권영근 외 2명이 번역)

사력의 배치와 운용에 관한 시간별 계획을 발전시키게 된다. 전쟁이 진행되면서 작전계획과 전역계획은 결과에 따라 수정 또는 변경된다.

3. 합동교리와 관련된 논쟁

가. 합동작전이란?

합동이란 2개 군 이상에서 나온 부분이 참여하는 활동·조직 및 작전을 의미한다.[7] 합동 조직의 기본 원칙은 지휘통일(Unity of Command), 노력통일(Unity of Effort), '중앙집권적 계획수립 및 분권적 임무수행(Centralized Planning, Decentralized Execution)'이다.[8]

한국군의 합참 또는 한미연합사처럼 합동 조직의 지시에 따라 수행되는 군의 모든 행위는 합동의 성격일 수밖에 없다. 그 이유는 한국군의 합참의장 또는 연합사령관의 시각에서 보면 휘하 군의 모든 행위가 공동의 동일한 목적을 겨냥해 움직일 수밖에 없기 때문이다. 예를 들면, '서해교전'에 참전하고 있던 해군 수병(水兵)의 입장에서 보면 북한 해군에 의한 위협을 육·해·공군이 합동 차원에서 대처하고 있다고 말하면 전혀 이해되지 않을 것이다. 이들은 해군 독자적으로 임무를 수행하고 있다고 생각할 것이다. 그러나 합참의장 또는 연합사령관이 달성하고자 하는 군사전략목표 측면에서 보면 육·해·공군의 모든 노력이 통일되어 있다고 생각할 수 있다.[9]

---

7) Joint Publication 1-02, p. 225.

8) 권영근 번역, "전구 차원의 전쟁에 대비한 지휘구조", 미출간 또는 Thomas A Cardwell, *Command Structure in Theater Warfare*, U.S. Air University Press, 1984, p. 1. 지금부터 Cardwell, *Command Structure in Theater Warfare*로 표기.

9) "합동전은 팀 차원의 전쟁이다. 이것이 모든 작전에 모든 군사력이 동등한 수준에서

서해교전 당시 육・해・공군이 합동 차원에서 문제에 대처했는지의 여부는 육・해・공군의 대응 방식에 따라 달라지는 문제다. 당시 교전하고 있던 해군의 일부 전력을 제외한 한국군의 모든 전력이 상황에 수수방관(袖手傍觀)하고 있었는가? 아니면 상황에 대비하고 있었는가? 아니면 전공(戰功)을 고려해 상대방 군에 무관하게 육・해・공군이 행동하였는가? 당시의 상황을 중앙에서 적절히 조정하는 기구가 존재하지 않았더라면 공군은 항공기를 이용해, 해군은 함정을 이용해, 아마도 육군은 해안의 포를 이용해 북한해군의 해상 침투에 경쟁적으로 대응하고자 노력했을 것이다.

두 사람이 권투하는 경우 A 선수의 오른손이 상대방을 가격(加擊)하는 동안 왼손이 얼굴을 가리고 있다면, 오른손의 입장에서 보면 왼손이 자신과 함께 상대방을 공격하고 있지 않다고 생각할 것이다. 그러나 오른손과 왼손은 공격으로부터 자신을 보호하면서 상대방을 격파한다는 권투에서 추구하는 목표란 측면에서 행동이 통일되어 있다고 볼 수 있다. 이들 왼손과 오른손의 행위는 두뇌란 중앙통제 기구의 판단에 따라 움직이고 있다. 두뇌는 상대방을 격파하는 과정에서 이들 양손의 노력이 통일되어 있다고 생각할 것이다. 권투를 수행할 당시 양손은 지휘통일(Unity of Command : 단일의 두뇌에 의한 판단에 의해 움직임), 노력통일(Unity of Effort : 적의 격파란 측면에서 양손이 적절히 움직이고 있음), 중앙집권적 계획수립과 분권적 임무수행(Centralized Planning, Decentralized Execution : 양손의 활동을 두뇌에서 계획하는 반면, 계획된 내용은 손의 신경과 근육에 의해 움직임)이란 합동 조직의 원칙을 준수하며 움직이고 있다. 다시 말해, 한국군의 합참 또는 한미연합사처럼 2개 군 이상으로

참여할 것이란 의미는 아니다. 합동군사령관의 경우는 예하의 공중・지상・해상・우주 및 특수 작전 전력 중에서 필요한 능력들을 선택해 사용하게 된다." 출처 : 권영근 외 3명, 『미 합동전 교리』, p. iv; 즉 위협의 성격으로 인해 한국군 내부의 특정군의 특정 전력이 투입되어 위기에 대처하는 경우도 합동전으로 볼 수 있다. 선택되는 과정에서 군의 모든 전력이 고려 대상이 되었음을 생각해보아야 한다.

구성되어 있으며, 단일 지휘관이 지휘하는 조직의 전쟁은 본질적으로 합동일 수밖에 없다.

우리 주변의 일부 사람들은 상륙작전, 근접항공지원, 공정작전 등과 같은 몇몇 작전만을 합동으로 그리고 여타 작전은 합동이 아닌 것으로 생각하는 경우도 없지 않다. 이는 작전목표 달성 측면에서 2개 군 이상의 전력이 통합되는 경우만을 합동으로 생각함과 다름이 없다. 합동의 문제를 전략목표 달성 차원으로 확대해 생각해야 한다. 합참 또는 한미연합사령부가 추구하는 전략목표를 달성하는 과정에서 한국군의 모든 전력이 나름의 방식으로 기여하지 않을 수 없을 것이다.

나. 작전사령관에 대한 합참의장의 합동 지휘통제 개념은?

이미 언급한 바처럼 합동조직이 구비해야 할 두 번째 조건은 중앙집권적 계획수립과 분권적 임무수행이다. 이는 합참의장 차원에서 전략목표 달성을 염두에 둔 전역계획(육·해·공군의 '주요 작전'으로 구성)을 작성하고, 전역계획 내부의 '주요 작전'들을 각 군 작전(구성군)사령부가 계획 및 수행하도록 한다는 개념이다.

한국군의 합참의장 또는 한미연합사령관이 작전사령관(구성군사령관)을 지휘통제하기 위한 개념은 바로 이것이다. 이는 공중·지상 및 해상에서 싸우는 방식이 서로 다르다는 점, 육·해·공군에 의한 노력이 동일한 목표를 겨냥해 통일되도록 해야 한다는 점, 오늘날의 전쟁이 육·해·공군의 '주요 작전'을 적절히 배열한 합동 전역(戰役)의 형태로 수행될 수밖에 없다는 점에 근거하고 있다. 즉 한국군의 합참의장 또는 한미연합사령관은 군사전략 목표를 달성할 목적에서 육·해·공군의 몇몇 작전을 적절히 배열하는 방식으로 전역을 구상하고는 이들 '주요 작전'을 작전사령부(구성군사령부)를 통

해 계획 및 수행하게 된다.[10)]

다. 합동작전에서 작전사령부들 간의 지휘관계는?

오늘날의 합동작전에서 중요한 개념에 지원(Supporting)과 피지원(Supported)이 있는데, 이는 작전사령관들(구성군사령관들) 간의 관계에 관한 것이다. 오늘날의 무기는 경우에 따라 여타 군의 작전에 사용된다. 예를 들면, 미 해군이 항공모함을 보유하고 있는 것은 태평양과 같은 대양(大洋)에서의 해전 때문이다.[11)] 미 해병대가 항공기를 보유하고 있는 것도 상륙작전에 항공기가 매우 중요하다는 점, 평시 상륙 전력과 항공력이 긴밀한 협조 아래 상륙작전을 연습해볼 필요가 있다는 점에 근거하고 있다. 그런데, 전쟁이 대양에서의 해전 또는 상륙작전의 형태로 진행되지 않는 경우, 즉 이라크와 같은 지역에서 전쟁이 발발하는 경우 미 해군과 해병대의 항공력은 무엇을 해야 할 것인가? 전쟁에서는 가용한 모든 전력이 사용되어야 한다. 이 경우 이들 항공력은 공군이 보유하고 있는 항공력과 함께 전구(戰區)의 전략 표적들을 공격하는 등 전구 차원의 전쟁을 수행해야 할 것이다.[12)]

---

10) 이라크에 대항한 1991년의 걸프전은 전략공격, 쿠웨이트 작전전구 상공에서의 공중우세 확보, 전장 준비(항공력을 이용해 쿠웨이트 작전전구 내부의 적 중무장 화력의 50% 격파), 지상 작전이란 4개 '주요 작전'으로 구성되어 있었다. 이들 중 앞의 3개 작전은 공군구성군사령관이 그리고 마지막 작전은 지상군구성군사령관이 수행하였다.

11) 태평양전쟁에서 목격되었듯이 오늘날의 해전은 본질적으로 항공전의 성격을 띠고 있다. 출처 : Donald M. Snow and Dennis M. Drew, *From Lexington to Desert Storm*의 제5장인 제2차 세계대전 부분.

12) 미 해군의 경우를 보면 냉전이 종식되면서 태평양과 같은 대양에서의 해전의 가능성은 지극히 희박해졌다. 1992년 가을, 미 해군은 냉전 이후 세계에서의 미 해상 전력의 역할에 관한 비전을 공식 발표하였다. 'From the Sea'란 명칭의 교리에서 미 해군은 공해(公海)에서 전투를 수행한다는 개념에서 대거 탈피(脫皮)해 해상으로부터 수행되는 합동작전(合同作戰 : Joint Operation)으로 방향을 전환한다고 선언하였다.

이 경우 이들 항공력을 누가 지휘 통제해야 할 것인가? 고대시대부터 내려오는 전쟁원칙에 지휘통일의 원칙이 있다. 전구의 모든 전력을 단일 지휘관이 지휘해야 함과 마찬가지로 공중·지상 및 해상에서 진행되는 전쟁(Warfare) 또한 단일 지휘관이 지휘해야 한다고 이 원칙은 주장하고 있다. 지금까지 인류가 수행한 전쟁의 관점에서 볼 때, 이 원칙은 반드시 준수되어야 한다는 주장이다. 즉 공중에서 벌어지는 항공전을 단일 지휘관이 지휘해야 할 것인데, 여기서의 단일 지휘관은 누구인가? 대략 짐작이 가겠지만 공중에서 진행되는 전쟁에 정통해 있는 항공지휘관이 이들 항공력을 지휘 통제해야 할 것이다.

이 경우 공군 지휘관과 해군 및 해병대 지휘관과의 관계는 무엇인가? 공군 지휘관은 해군 및 해병대의 항공력을 어떠한 방식으로 지휘 통제하는가? 여기서 등장하는 개념이 통합(Integration)이다. 즉 공군 지휘관은 여타 군의 항공력을 통합적으로 지휘한다. 통합이란 (1) 임무 수행 이전에 특정 작전지휘관의 전력에 단위 부대를 동시통합(Synchronization)된 형태로 이관하는 행위, (2) 전체로서 교전하는 단일의 작전 전력을 창출해낼 목적에서의 다수 군사력과 이들의 행위에 대한 배열[13]로 정의된다. 즉 항공력을 통합적으로 지휘한다 함은 공군의 항공기와 여타 항공기를 통합해 임무형 명령의 형태로 상대방 항공기를 지휘함을 의미한다.

이 경우 공군 지휘관은 전구 차원에서 항공력 운용을 계획하는 지휘관이 되며, 항공작전에 참여하는 항공기를 보유하고 있는 여타 군의 지휘관들은 항공력 운용 계획을 지원해주는 지휘관이 된다. 일반적으로 여기서 공군 지휘관을 피지원사령관 그리고 여타 군의 지휘관을 지원사령관으로 지칭하게 된다. 근접항공지원의 경우 피지원사령관은 지상군지휘관이며, 지원사령관은

---

13) 권영근 외 3명, 『미 합동작전 교리』, pp. 337–338.

공군지휘관이 된다. 일반적으로 피지원사령관은 군사력 운용을 계획하게 된다. 또한 피지원사령관은 지원사령관에게

가. 지원 노력에 할당되는 전력과 자원들
나. 지원 노력이 요구되는 시점・장소 및 기간
다. 지원 전력의 여타 임무와 비교한 지원 임무의 우선순위
라. 예외적이거나 비상 상황에서 지원 노력의 수정과 관련된 지원전력의 권한
마. 지원 관련 노력에 관해 피지원 사령관에게 인가된 권한의 정도[14] 등의 내용을 담고 있는 설정지시(Establishing Directive) 형태로 지원을 요청하게 된다.

JP 3-0이란 미 합동작전(Joint Operation) 교리 예하에는 근접항공지원, 전략공격, 상륙작전, 공정작전, 방공(Air Defense), 도시지역작전 등 수십 종류의 교리가 있는데, 이들 교리는 개개 작전에서 육・해・공군 전력을 통합적으로 운용하고, 이들 전력의 운용을 계획하는 피지원사령관과 자군 전력이 특정 군의 작전에 사용되도록 지원해주는 지원사령관 간의 지휘관계에 관한 것이다.

라. 합동작전과 각 군 작전의 관계는?

합동작전과 각 군 작전의 관계를 설명하기 이전에 먼저 합동작전의 정의를 살펴보자. 이미 언급한 바처럼 합동작전은 합동군이 수행하는 군사작전

---

14) *Ibid.*, pp. 68-69.

또는 합동군은 편성하지 않았지만 지원 및 조정권한(Coordinating Authority)과 같은 각 군 간의 관계에 따라 각 군 전력이 수행하는 작전을 의미한다.

합동군이란 2개 군 이상으로부터 예속 또는 배속된 전력으로 구성되어 있으며, 단일 지휘관의 지휘를 받는 군을 의미한다.[15] 한국군의 합참의장, 합참 예하의 공군작전사령부, 해군작전사령부 그리고 육군의 군사령부들은 합동군을 구성하고 있는 것으로 생각할 수 있다.[16] 합동작전의 정의에 따라 한국군 내부에서 수행되는 모든 군사작전은 합동작전일 수밖에 없다.

합동작전에 관한 미군의 정의에는 합동군은 편성하지 않았지만 각 군 간에 지원 및 피지원 관계에서 수행하는 작전이란 부분이 언급되어 있는데, 이는 한국군에는 해당되지 않는 사항이다. 이 부분을 이해하고자 하는 경우는 미군의 체제를 이해할 필요가 있다.

미군은 전 세계를 몇몇 전구로 나누어 개개 전구에 전투사령부란 합동군 사령부를 설치하고 있다. 예를 들면, 태평양사령부, 중부사령부 등은 전투사령부다. 태평양 전구에서 전쟁이 발발하는 경우 여타 전구를 책임지는 전투사령관들이 태평양사령부를 지원할 수 있다. 이 경우 지원해주는 사령관은 지원사령관이, 그리고 태평양사령관은 피지원사령관이 된다. 그런데 여기서 지원하는 사령부의 전력이 태평양사령부와 함께 새로운 합동군을 편성하는 것은 아니다. 즉 이들은 지원 및 피지원 관계에서 태평양사령부의 군사작전을 지원해주고 있는데, 이들 작전 또한 육·해·공군이 공동 목적을 겨냥해 작전을 수행한다는 점에서 합동작전으로 말할 수 있다는 의미다.

합동작전을 또 다른 시각, 합동과 작전이란 2개 단어의 합성어란 측면에

---

15) Joint Publication 1-02, p. 229.

16) 한국군의 합참의장은 미군의 합참의장과 전투사령관의 모자를 쓰고 있다. 여기서는 전투사령관으로서의 합참의장을 의미한다. 한편 한국군은 각 군 작전사령부를 통제할 수 있는 합동군사령부의 창설을 고려하고 있는 듯 보인다. 참조 : 2006년 9월 국방대학에서 발표된 전시 작전통제권 관련 설명 자료.

서 생각해보자. 이미 언급한 바처럼 합동이란 2개 군 이상에서 나온 부분이 참여하는 활동·조직 및 작전을 의미한다. 일반적으로 우리들 군인은 작전을 전투 또는 전역 목표 달성을 염두에 둔 군사력의 이동·보급·공격·방어 및 기동을 포함하는 전투 수행으로 인지하고 있다. 그러나 작전에는 전략·작전·전술·서비스·훈련 또는 행정 측면에서의 군사임무 수행(Conduct)이란 의미가 또한 있는데[17], 정보작전(Information Operation), 정보운용(Intelligence Operation), 합동작전(Joint Operation), 또는 걸프전(Operation Desert Storm), 제2차 세계대전 당시 유럽전쟁을 지칭하는 횃불작전(Operation Torch)에서의 Operation이 이 같은 경우다. 합동과 작전이란 2개 단어의 합성어란 측면에서 보면 합동작전은 전쟁의 전술·작전 및 전략 수준에서 2개 군 이상이 함께하는 활동·조직 및 작전을 의미한다.

합동작전에 관한 미군의 정의 측면에서 그리고 합동과 작전이란 2개 단어를 합성한 경우로서의 합동작전에 대한 해석 측면에서 보면 한국군의 모든 작전은 합동작전으로 생각할 수 있다. 그러면 한국군의 경우 각 군 작전은 존재하지 않는가? 그것이 아니다. 육·해·공군이 마치 독자적으로 작전을 수행한다고 생각하는 형태의 작전이 있을 수 있는데, 예를 들면 서해교전이 바로 그것이다. 서해교전은 해군의 입장에서 보면 해군작전이다. 그러나 이는 앞에서 언급한 바처럼 합참의장의 입장에서 보면 합동작전이다.

육·해·공군 작전들은 서로 구분되는 반면 합동작전과 각 군 작전은 분명하게 구분할 수 없는데, 이는 육·해·공군 장교들은 상호 구분되지만 대한민국 사람과 육·해·공군 장교들을 분리해 생각할 수 없는 바와 마찬가지다. 어느 측면에서 보면 합참의장과 각 군 작전사령부를 중심으로 하는 한국군의 작전 지휘구조 안에서 합동작전이 각 군 작전을 포함하는 개념으

17) Joint Publication 1-02, "Department of Defense Dictionary of military and Associated Terms", 2001년 4월, p. 306.

로 생각할 수 있다. 즉 합참의 지시에 의한 지상 작전은 합동작전이지만 합동작전이 지상 작전인 것은 아니다. 그러면 각 군 교리와 합동교리의 관계는 무엇인가란 질문이 제기될 것이다. 합동작전이 각 군 작전을 망라하는 개념이라고 한다면 합동교리만 있으면 되는 것인지, 즉 각 군 교리는 필요가 없는 것인지 의문이 제기될 것이다.

마. 합동교리와 각 군 교리의 관계는?

합동교리 관련 논쟁에서 종종 등장하는 논리에 합동교리[18]는 합동작전을, 각 군 교리는 각 군 작전을 지원할 목적의 것이란 주장이 있다. 즉 합동 정보작전 교리 또는 합동 정보 교리는 합동작전을 염두에 둔 것인 반면, 각 군 정보작전 교리 또는 각 군 정보 교리는 각 군 작전을 염두에 둔 교리라는 주장이 바로 그것이다.[19]

사실 이는 정확한 표현인 듯 보인다. 필자는 합동교리와 관련해 발생하는 혼란의 많은 부분이 이 같은 인식 때문이라고 생각하고 있다. 문제는 합동작전은 무엇인가란 부분이다. 합동은 육·해·공군의 구성 요소 중 2개 이상이 참여하는 활동·조직 및 작전을 의미한다고 미 국방 용어사전에 정의되어 있다. 이미 언급한 바처럼 한미연합사와 같은 합동군[20] 내부의 모든

18) 미 군사용어사전에서는 합동교리를 "공동의 목표를 겨냥한 조정된 활동에서 2개 군 이상의 군사력 운용을 인도하는 근본적인 원칙들"로 정의하고 있다.

19) 이 같은 논리는 전략공격, 근접항공지원 등처럼 특정 군에만 있는 교리가 합동교리에도 포함되어 있는 경우는 사실이다. 예를 들면, 합동 전략공격 교리는 2개 군 이상이 참여하는 전략공격을 염두에 둔 교리인 반면, 공군의 전략공격 교리는 공군 작전을 염두에 둔 것이다.

20) 미국은 육·해·공군 전력으로 구성되어 있으며, 이들 전력 모두를 단일 지휘관이 지휘하고, 공중·지상 및 해상 전력을 단일의 공중·지상 및 해상 지휘관이 지휘하는 구조를 합동군(Joint Force)으로 지칭하고 있다.

군사작전은 합동작전일 수밖에 없다는 점에 문제가 있다. 즉 합동작전과 각 군 작전을 구분할 수 없다는 점에 문제가 있다.

한편 우리 군의 일부 사람들이 생각하듯이 합동작전을 근접항공지원, 공정작전, 상륙작전 등과 같은 몇몇 작전을 그리고 나머지를 각 군 작전으로 생각하는 경우는 문제가 보다 심각해진다. 합동작전을 이처럼 생각하고는 합동 정보작전 또는 합동 정보와 같은 합동교리를 합동작전을 지원할 목적의 것으로 인지하는 경우 이들 교리는 상륙작전 등 우리 군이 합동작전이라고 생각하는 일부 작전을 위한 교리일 것이다. 이 경우의 문제는 전역(戰役)과 '주요 작전'을 계획하기 위한 합참 차원에서의 교리 또는 이 같은 교리를 지원해주는 운용교리가 존재하지 않게 된다는 점이다. 한국군의 합동작전 교리에는 일반적으로 전역의 문제가 기술되어 있지 않은데, 이는 합동작전을 상륙작전 등과 같은 작전목표를 염두에 두어 2개 군 이상이 참여하는 활동으로 국한시킨 결과로 생각된다.

합동을 각 군에 의한 분권적인 활동을 중앙에서 통합(Integration)하는 개념으로, 통합을 단일 계획을 통해 달성하는 것으로 인식할 수 있는데[21], 이처럼 생각하는 경우 문제가 쉽게 해결된다.

이미 언급한 바처럼 전쟁은 전략・작전 및 전술이란 3개 수준으로 생각할 수 있다. 육・해・공군에 의한 분권적 임무수행을 통합할 목적의 계획이 이루어지는 곳은 이미 살펴본 바처럼 각 군 작전사령부(여기서는 전략공격과 같은 특정군의 단위 작전에 여타 군의 무기가 사용되는 방식으로 전력이 통합된다)와 한국군의 합참 또는 한미연합사(여기서는 육・해・공군의 몇몇 '주요 작전'들

21) 김동기, 권영근 번역, 『합동성 강화 : 미 국방개혁의 역사』, pp. 21-26; 권영근 번역, 『전구 차원의 전쟁에 대비한 지휘구조』, p. 1 또는 Thomas A. Cardwell, *Command Structure for Theater Warfare: The Quest for Unity of Command*, Air University Press, 1984년 9월, p. 1.

이 전략목표를 염두에 두어 전역계획이란 방식으로 통합된다)다.

따라서 합동교리는 전쟁의 작전적 수준을 담당하는 각 군 작전사령부와 합참을 염두에 둔 교리로 생각할 수 있을 것이다. 우리 군이 합동작전으로 인식하고 있는 상륙작전, 근접항공지원과 같은 단위 작전에서 각 군 전력이 통합되는 곳은 각 군 작전사령부다. 따라서 합동교리를 각 군 작전사령부와 합참을 염두에 둔 교리로 인식하면 우리 군이 합동작전으로 생각하고 있는 부분 또한 망라될 수 있다.

이미 언급한 바처럼 합동교리를 합동작전을 그리고 각 군 교리를 합동작전과 구분되는 별도의 각 군 작전을 염두에 둔 교리로 인식하는 경우 심각한 문제가 발생하게 된다.

바. 합동작전에 대한 이견과 반론

이미 언급한 바처럼, 한국군은 전쟁의 전술 수준에서 육・해・공군이 함께 하는 근접항공지원, 공정작전(空挺作戰) 등의 활동만을 합동작전으로 생각하였다. 이들 작전을 제외한 나머지 작전을 한국군은 각 군 작전으로 생각하였다. 합동교리는 합동작전이라고 생각되는 이들 몇몇 작전에 관한 것, 그리고 각 군 교리는 이들 합동작전을 제외한 나머지 작전에 관한 것이라고 한국군은 생각하였다. 이 같은 관점으로 인해 한국군의 경우 육・해・공군의 '주요 작전'을 적절히 연계해 전략목표를 달성한다는 합동 전역이란 개념이 정착될 수 없었다[22]고 생각된다.

---

22) 이처럼 '주요 작전'을 결합해 전역을 수행하는 문제를 지금까지 한미연합사가 담당한 반면, 한국군은 전쟁의 전술 수준만을 담당하고 있었다. 한국군이 이처럼 합동을 전술 수준으로 국한시키고 있는 것은 아마도 이 같은 이유와 무관하지 않다고 생각된다.

합동에 관한 최근의 논의에서 또한 몇몇 사람들이 합동에 관한 본 논문 또는 미군의 견해에 이견을 제기하고 있는데, 이 같은 이견의 골자는 군의 모든 작전이 합동작전이 아니고 합동작전과 구분되는 각 군 작전이 엄연히 존재한다는 것이다.[23] 이는 합동작전에 관한 한국군의 예전의 관점과 크게 다를 바가 없는 주장이다.

여기서 우리는 오늘날의 모든 작전이 합동작전이라고 함이 오늘날 각 군 작전이 존재하지 않는다는 의미가 아니란 점을 인지해야 한다. 엄밀히 말해 전쟁의 전술 수준에서 보면 각 군 작전은 존재한다. 그러나 전쟁의 작전적 수준, 즉 전략목표 달성이란 측면에서 보면 이 같은 작전 또한 합동작전일 수밖에 없다. 한편 이처럼 각 군 작전의 존재를 주장하는 경우 전혀 도움이 되지 않을 뿐더러 앞에서 언급한 바와 같은 심각한 문제가 발생할 수 있음을 인지해야 한다.

이처럼 각 군 작전의 존재를 주장하는 이유는 무엇인가? 예전과 마찬가지로 이처럼 주장하는 사람들은 합동교리는 합동작전에 관한 것인 반면 각 군 교리는 각 군 작전에 관한 것이란 논리를 전개하고 있는데, 이는 사실이 아니다.

이처럼 각 군 작전이 존재한다고 주장함으로 인해 체계 획득에 도움이 되는가? 1990년대 후반, 한국군은 '합동전장운영개념'이란 것을 정립하고는 향후의 체계는 합동전장에 도움이 되는 것을 중심으로 획득해야 한다고 하였다. 당시 각 군, 특히 해군과 공군은 합동 영역 외에 각 군 영역이 존재한다며 합참과 격렬한 논쟁을 벌였다. 체계 획득과 관련해 생각하는 경우에도 합동작전과 각 군 작전을 구분함은 전혀 도움이 되지 않는다. 왜냐하면, 전쟁의 전술 수준에서 보면 모든 군사작전이 공중 · 지상 또는 해상(오늘날에는

23) 2004년 7월 14일에 있었던 합동작전 교리 관련 논의에서 육군대학에서 온 참석자는 이처럼 주장하였다.

우주 및 사이버공간으로 확장)에서 발생하고 있는데, 이들 개개 영역에서의 작전은 그것이 각 군 독자적으로 또는 2개 군 이상이 수행하는 작전인지에 무관하게 육·해·공군 중 특정 군이 작전을 계획 및 지휘해야 하기 때문이다.[24] 또한 군의 체계 중에 2개 군 이상이 공동으로 사용할 수 있는 것이 없지 않지만, 이들 체계는 이들 체계를 가장 주도적으로 사용하는 군이 운용해야 할 것이기 때문이다.[25] 군의 대부분 체계는 육·해·공군 중 특정 군이 운용함이 타당하다는 점에서 보면, 체계 획득 측면에서 또한 합동작전이 아닌 각 군 작전의 존재를 주장해 얻을 수 있는 추가의 이점은 없다. 이처럼 합동작전과 각 군 작전을 구분하고, 여기에 근거해 사고하고자 하는 경우는 앞에서 언급한 바처럼 심각한 문제만 야기될 뿐이다.

반면에 육·해·공군으로 구성되어 있으며, 단일 지휘관이 지휘하는 군 예하의 모든 작전을 합동작전으로 정의하고, 전쟁의 수준 측면에서 각 군 교리와 합동교리를 생각하면 합동작전에 관한 예전의 개념에서 목격되는 형태의 문제가 생기지 않게 된다. 합동작전에 관한 미군의 정의 또는 본 연구의 정의로 인해 야기되는 문제는 무엇인가?

사. 작전술이란?[26]

(1) 이론적 고찰

작전술은 전략·전역·주요작전 및 전투의 구상·조직·통합 및 수행이

---

24) 지휘통일(Unity of Command)란 전쟁원칙에 따라 동일한 전략목표를 겨냥한 전쟁(War) 또한 단일 지휘관이 지휘하는 바와 마찬가지로 공중·지상 및 해상에서 진행되는 전쟁(Warfare) 또한 단일 지휘관이 지휘해야 한다.

25) 비행장 경비에 필요하다며 공군이 보병 사단의 보유를 주장함은 타당성이 없다.

26) Newell, *What is Operational Art*, pp. 3-16.

란 방식으로 전략 및 작전 목표 달성을 위한 군사력 운용에 관한 것이다. 전략·작전 및 전술이란 전쟁의 모든 수준에서의 주요 활동들을 통합하는 방식으로 작전술의 경우는 합참의장의 전략을 작전구상(Operational design)으로 그리고 궁극적으로 전술 행위로 전환하게 된다.

1990년대의 코소보 전쟁 당시 미국은 항공력만으로 위기에 대응하였다. 다시 말해, 미군은 국가 전략목표를 달성할 목적의 전역을 항공전역(Air Campaign)으로 대체하였다. 이는 당시의 전쟁에서 항공 작전술이 사용되었음을 의미한다. 육·해·공군을 이용해 전략목표를 달성할 목적에서 전역을 계획하는 과정을 합동작전술이라고 말한다면[27], 특정 군을 이용해 전략목표를 달성할 목적에서 전역을 계획하는 과정을 각군 작전술이라고 말할 수 있다.

육·해·공군의 '주요 작전'들을 중심으로 합동 차원에서 전역을 계획하는 과정에서 작전술, 즉 합동작전술이 요구되는 바와 마찬가지로, 지상·해상 및 공중 작전을 계획하는 과정에서는 각군 작전술이 개입된다.

소위 말해, 지상·해상 및 공중에서 나름의 임무와 역할을 수행하고 있는 육·해·공군의 군사전략은 서로 상이하다. 육군의 군사력 운용 개념은 조미니 및 클라우제비츠 등이 정립한 지상전 이론에, 해군의 경우는 마한(Alfred Thayer Mahan) 등과 같은 사람들이 정립한 해양력 이론에 그리고 공군의 경우는 길리오 듀헤(Giulio Douhet) 및 미첼(Billy Mitchell)과 같은 사람들이 정립한 항공력 이론에 크게 의존하고 있다.

지상전에 관한 조미니와 클라우제비츠의 사상, 해양 통제에 관한 마한의 개념, 제공권 확보에 관한 듀헤의 개념은 지상·해상 및 공중이란 이들의 작전환경에서 적과 대적해 격파하고자 할 때 필요한 무기와 수단이 무엇인

27) 합동작전술은 공중·지상·해상·우주 그리고 특수작전 전력의 동시통합 및 통합과 관련된 근본 방법 및 문제에 초점을 맞추고 있다. 출처 : 권영근 외 3명, 『미 합동작전교리』, p. 54

지에 관한 구체적인 지침을 담고 있다.

이미 언급한 바처럼, 작전술에는 육·해·공군을 묶어서 합동전역을 구상할 목적의 합동작전술뿐만 아니라 육·해·공군 작전술이 있다.[28] '작전(Operation)'이란 명칭의 미 육군교범 FM 100-5는 미 육군의 작전술에 관한 것이다.[29] 육군 작전술의 근간은 1870년대 당시의 몰트케(Helmuth von Moltke)에 의해 정립되었다.[30] 해군과 공군의 작전술이 제대로 정립된 기간은 1920년대와 1930년대 당시다.[31] 미 공군은 2계열 교리 즉 '항공전(Air Warfare)'이란 명칭의 Air Force Doctrine Document 2-1, '항공우주력의 조직과 운용(Organization and Employment of the Aerospace Power)'이란 명칭의 Air Force Doctrine Document 2 등의 다수 교범을 작전교리로 간주하고 있는데, 작전교리에 관한 미 공군의 시각은 다음과 같다.

> 작전교리는 전역(戰役 : Campaign)과 '주요 작전'에서 항공우주력의 사용을 인도하는 원칙(原則)을 정립해주고 있다. 여기서는 항공우주 작전이 부여된 목표의 달성에 기여하도록 할 목적에서 목표·군사력·환경 및 행위 간의 관계를 조사해보고 있다.[32]

---

28) Stewart, *Military Strategy: Theory and Application*, p. 3-68.

29) 인터넷자료(http://en.wikipedia.org/wiki/Operational_art), Wikipedia 사전의 작전술(Operational Art)에 관한 정의 참조. Naval Doctrine Publication 1, Naval Warfare, 1994년 3월 28일, Forward. Air Force Doctrine Document 2-1, Air Warfare, 2000년 1월 22일, p. v.

30) Colonel Michael D. Krause, US Army, "Moltke and the Origins of Operational Art", *Military Review*, 1990년 9월, p. 28.

31) 인터넷 자료(http://www.nwc.navy.mil/JMO/ROOP/OPSO4.htm)의 2페이지.

32) APM 1-1, Basic Aerospace Doctrine of the United States Air Force, March 1992, vol. 2, 296. The definition from the USAF Dictionary of 1956 for "operational air doctrine" is simply "doctrine on how to use air power in particular operations."

즉 미 공군의 작전교리는 미 공군의 작전술에 관한 내용을 담고 있다.

미 해군의 경우도 마찬가지다. 해전(Naval Warfare)이란 명칭의 미 해군 교범 Naval Doctrine Publication 1 등은 미 해군의 작전술에 관한 것이다. 반면에 합동작전(Joint Operation)이란 명칭의 미 합동교범 Joint Publication 3-0 등, 미 합동교리의 대부분은 합동 전역계획을 작성할 목적의 것이란 점에서 합동작전술에 관한 것이다.[33]

작전술을 항공력의 입장에서 설명하면 다음과 같다. 공군은 전쟁을 전략 · 작전 및 전술 수준으로 구분하고 있다. 전쟁의 작전적 수준에서는 전구 또는 작전전구 내부에서 전략목표들을 달성할 목적으로 전역과 '주요 작전' 들이 계획 및 시행된다.[34] 작전적 수준의 전쟁에서는 공격할 부분(표적), 이들 부분(표적)의 순서 그리고 이들 표적의 공격 기간을 결정하게 된다. 합동항공작전 계획을 발전시키고, 통합임무명령서(ITO)를 통해 이것을 시행하는 과정이 항공작전술에 해당한다.[35] 이 같은 과정을 통해 항공 구성군사령관과 그의 참모들이 모든 가용 자산을 최적화된 산물로 전환하게 된다. 통합임무명령서가 비행단과 비행대대로 배포되면 전쟁의 전술 수준이 시작된다.

33) 합동작전술의 거장인 맥아더와 니미츠는 다수의 개념을 정립하였다. 예를 들면, 맥아더는 육 · 해 · 공군의 전력 통합이란 측면에서 중요한 개념인 지원(Supporting) 및 피지원(Supported)이란 개념을 정립하였다. 출처 : Lieutenant Commander, David M, McFarland, U.S. Navy, Major Monty Ray Perry, U.S. Air Force, and Lieutenant Colonel Steven R, Miles, U.S. Army, 'Joint Operation Art is Alive', The Naval Institute Proceedings, 2002년 10월. 미 합동작전 교범 3-0 예하에 있는 수십 권의 교리는 지원 및 피지원 관계에 근거해 개개 작전별로 육 · 해 · 공군의 전력을 통합할 목적의 것이란 점에서 합동작전술에 관한 교리로 생각할 수 있을 것이다.

34) Air Force Doctrine Document 2, Organization and Employment of Aerospace Power, 2000년 2월 17일, p. 2.

35) *Ibid.*, pp. 3-4; 항공력의 작전술은 전투사령관의 의도에 대한 항공력의 기여를 극대화할 목적에서의 항공우주 전력의 운용에 대한 기획을 의미한다. 출처 : 인터넷자료 (http://www.cadre.au.af.mil/ar/MENTOR/voll/sec14.pdf) *Air and Space power mentoring guide*, Air University Press, 1997년, pp. 154-167.

이들 단위 부대에 있는 임무기획 Cell의 경우 개개 임무를 염두에 둔 세부 계획을 작성하게 되는데, 이들 임무는 개개 공격 Package, 편대 등이 시행하게 된다.[36]

(2) 작전술에 관한 우리 군의 시각

우리 군의 일부 사람들은 작전술은 육군에만 있는 것으로 생각하고 있다.[37] 이 같은 현상이 발생하게 된 것은 한국군의 해군과 공군의 경우 전쟁의 작전적 수준의 문제를 주로 미군이 담당하고 있는 반면[38], 한반도에서의 지상 작전을 한국 육군이 주도적으로 수행하고 있다는 점[39], 한국군의 다수가 지상군이란 점 때문으로 생각된다. 한국군의 경우 공중과 해상에서의 작전술을 미군이 주로 고민하고 있을 따름이지, 공군과 해군에 작전술이 없는 것은 아니다. 또한 전쟁의 작전적 수준에서 근무하는 사람은 지극히 적다. 왜냐하면 대부분의 군인들이 전쟁의 전술 수준에서 근무하고 있기 때문이다. 이 같은 몇몇 이유로 인해 공군과 해군의 경우 작전술이 존재하지 않는

---

36) *Ibid.*

37) 합동작전 교리 작성의 문제를 놓고 육・해・공군 장교들이 진지하게 토론하던 2000년 당시 합동참모대학 교리발전부가 작성한 합동작전 교리에는 작전술이란 용어가 포함되어 있었다. 토론에 참여했던 육군의 모 고위급 인사는 작전술은 육군에만 있는 용어인데 육・해・공군이 공통적으로 적용해야 하는 합동작전 교리(합동교리에 육・해・공군의 공통적인 개념이 들어간다는 주장은 잘못된 것임)에 작전술이란 용어를 넣으면 어떻게 하는가란 질문을 제기하였다. 여기에 대해 토론에 참석했던 해군과 공군 장교가 동조하였다. 이 같은 질문을 몇몇 육군 장교들이 그 후에도 제기하였다.

38) 오산의 Air Operation Center에는 Strategy Division, Combat Plans Division, Combat Operations Division 등이 있는데, 통합임무명령서가 생산되고 있는 곳은 바로 여기다. 이곳에서는 미군과 일부 한국군 장교들이 이들 통합임무명령서의 문제를 놓고 고민하고 있다.

39) 연합사 내부에서 지상군 구성군사령관은 연합사부사령관인 한국 육군 대장인데, 이는 지상 작전의 경우 한국군이 주도함을 의미한다.

다는 잘못된 인식이 있게 되었다고 생각된다.

마찬가지로 한국군은 미군과 함께 연합사에서 전역계획(戰役計劃 : Campaign Plan)을 작성하고 있는데[40], 이 같은 과정에 종사하는 한국군 장교들은 많지 않다. 이 같은 점으로 인해 전역계획 과정에 대한 한국군의 이해는 높지 않다고 생각된다. 즉 한국군의 경우 공군 작전술과 해군 작전술이 존재하지 않는다고 말하는 장교가 일부 있는 것처럼 합동작전술의 존재를 알지 못하는 장교가 다수 있을 것으로 생각된다.[41]

자주국방이란 한국의 육・해・공군이 공중・지상 및 해상에서 나름의 작전술을 구사해 자군의 작전을 계획하고, 합참 차원에서 국가 전략목표를 달성할 목적에서 합동작전술을 구사함을 의미한다. 소위 말해, 항공기・탱크 및 함정과 같은 하드웨어도 중요하지만 이들 하드웨어를 이용해 전략목표를 달성하기 위한 전역을 계획하기 위한 체계를 우리 군이 보유하고, 이 같은 일을 수행함이 자주국방의 본질이란 생각이다. 오늘날 우리가 말하는 자주국방의 핵심에는 이 같은 문제가 도사리고 있다.

한편 오늘날에는 작전술과 합동작전술이 동일한 의미라고 말하는 사람도 없지 않다. 즉 합동작전이 강조되고 있는 오늘날에는 각 군의 경우 작전술이 없다는 주장을 이들은 전개하고 있다. 이는 지구상의 모든 색깔을 빨강・노랑 및 파랑을 적절히 배합해 표현할 수 있는 바처럼 국가가 직면하

---

40) 작계(OPLAN) 5027은 한반도 전구에서의 전역계획이다.

41) 국방개혁위원회에 근무할 당시 필자는 국방정보화에 문제가 있다면 이는 육・해・공군 및 합동 정보체계의 건설을 한국군의 경우 지상군 개념, 즉 지상 작전술에 근거해 건설하기 때문이라고 언급하였다. 예나 지금이나 필자는 한국군의 경우 해상 및 공중 작전술 그리고 합동작전술에 대한 이해 부족이 오늘날 국방체계를 건설하는 과정에서의 가장 커다란 걸림돌로 생각하고 있다. 즉 작전적 수준의 공군 및 해군 교리 그리고 합동교리에 대한 인식 부족이 한국군이 안고 있는 주요 문제 중 하나로 생각된다. 이 같은 작전적 수준의 해군 및 공군 교리 그리고 합동교리에 대한 인식이 부족한 것은 이 같은 일을 미군이 주도적으로 하고 있기 때문이란 생각이다.

게 되는 모든 위협을 육・해・공군의 전력을 적절히 결합해 대처해야 한다는 점, 빨강을 빨강이란 단색으로 표현할 수 있는 바처럼 국가가 직면하게 될 위기를 단일군 전력을 이용해 대처하는 경우도 없지 않다는 점, 이 같은 경우 국가 전략목표를 달성할 목적의 전역을 단일군의 작전술을 이용해 계획해야 한다는 점을 제대로 이해하지 못한 결과로 생각된다.

오늘날 대부분 주요 전역을 합동작전술에 근거해 구상해야 함이 사실이지만 각군 작전술이 위력을 발휘해야 하는 경우가 없지 않다는 점을 우리는 알아야 한다. 다시 말해, 각군 작전술의 존재를 인식할 필요가 있다. 또한 전역 내부의 '주요 작전'을 계획하는 과정에서도 각군 작전술이 개입된다는 점을 상기해보면, 오늘날의 전쟁에서는 육・해・공군을 적절히 결합해 전역을 계획하기 위한 합동작전술뿐만 아니라 개개 '주요 작전'을 계획하기 위한 각군 작전술에 대한 이해가 필수적이다.

아. 한국군의 How to fight 개념과 공지전투 신드롬

(1) 한국군의 How to fight 개념

지난 10여 년간 한국군은 육・해・공군에 의한 합동전 수행 개념, 즉 How to fight의 문제를 놓고 진지하게 고민해왔다. 이 같은 노력의 대표적인 산물에 고속기동전이 있다. 주지하는 바처럼 이 개념으로 인해 한때 한국군 내부에 적지 않은 논쟁이 있었다. 마침내 이는 한국군의 전쟁 수행 개념으로 합동작전 교리에 반영되었다.[42] 2000년 중반에 시작된 합동작전 및 군사기본 교리 개정 과정에서는 고속기동전이란 개념이 합동작전 교리에 들

42) 합동참모본부, '합동작전', 합동교범 3-0, 1998년 2월, pp. 63-68

어갈 수 있는 성격의 것인지에 관한 문제를 놓고 적지 않은 논쟁이 있었다. 이 같은 개념이 합동작전 교리에 들어가서는 안 된다고 주장하는 사람들은 다음과 같은 논리를 전개하였다.

첫째, 합동작전 교리는 국가가 직면하게 될 모든 유형의 분쟁에 대비하기 위한 무수히 많은 계획을 작성할 목적의 것인데, 분쟁이 고속기동전으로 대처할 수 없는 형태로 전개되는 경우 어떻게 할 것인가? 예를 들면, 독도에서 발생하는 상황에 그리고 북한과의 분쟁이 게릴라전의 양상을 띠는 경우 고속기동전이 유용한 개념인가?

둘째, 고속기동전에서는 지상에서의 고속 기동을 가정하고 있는데, 지상에서 고속으로 기동해 적의 전력을 우회할 수 있을 정도의 평지가 한반도에 존재하는가?

셋째, 아측의 싸우는 개념을 인지한 적은 이 같은 개념을 무력화하는 방식으로 대응해올 것인데, 이 경우 어떻게 할 것인가?

이들 몇몇 이유로 인해 고속기동전은 2002년에 발간된 합동교범 3-0에서 제외되었다.

그 후에도 한국군은 합동 How to fight의 문제를 놓고 고민해오고 있다. 한국군의 전쟁 수행 개념에 지대한 영향을 끼치고 있는 것에 미국의 공지전투(Airland Battle) 개념이 있다. 한국군의 고속기동전 개념이 미 육군의 공지전투 개념을 발전시킨 형태의 것이라고 말하는 사람들이 있는가 하면, 대한민국의 안보에 적지 않은 영향을 끼치고 있는 미군의 전쟁 개념이 최근까지만 해도 공지전투라고 주장하는 사람들도 없지 않다.[43] 또한 우리 군에서는

43) 합참대학의 고위급 장교 수십 명이 참석한 한 모임에서 2003년 중반 합참의 모 인사는 예전의 미군의 전쟁 수행개념이 공지전투인 반면, 오늘날의 전쟁 수행 개념은 Full Spectrum Dominance라고 언급하였다. Full Spectrum Dominance란 평화유지활동에서 핵전쟁에 이르는 모든 형태의 분쟁에서 적과 상황에 무관하게 미국이 상대방을 주도하겠다는 개념이다. 출처 : Concept for Future Joint Operations, 1997년 5

합동비전에 언급되어야 할 How to fight 개념을 공지전투와 같은 작전적 수준에서에서의 군사력 운용 개념으로 또는 작계-5027과 같은 전역계획의 근간이 되는 특정 방책(Course of Action) 측면에서 생각하는 사람들도 다수 없지 않다.

(2) 공지전투 이론의 적용과 관련된 논쟁

공지전투 이론의 출현배경, 개요, 문제점뿐만 아니라 이들 개념의 출현 이후의 진행 사항은 무수히 많은 논문에 언급되어 있다. 이들에 관한 언급은 본 논문이 추구하는 바에 크게 도움이 되지 않는다.

오늘날 우리 군에서는 전쟁 수행과 관련된 미군의 예전 개념이 공지전투였던 반면, 최근에는 이것이 Full spectrum Dominance로 바뀌었다고 주장하는 사람들이 없지 않다.

먼저 예전의 미군의 전쟁 수행 개념이 공지전투였는지를 확인해볼 필요가 있다. 『미래전 어떻게 싸울 것인가(*Command, Control, and Common Defense*)』[44] 란 자신의 저서(著書)에서 미 육군사관학교를 졸업한 케네스 알라드(Kenneth Allard)가 언급하고 있는 바처럼 공지전투는 육 · 해 · 공군 전력을 통합해 합동 차원에서 전쟁을 수행하기 위한 개념이 아니고 육군교리에 불과하였다.[45] 여하튼 1989년에 동구권이 몰락하면서 공지전투 개념은 원래 의도했

월, p. 56. 반면에 공지전투는 중부유럽에서 바르샤바조약기구에 대항해 전쟁을 수행할 목적에서 미 육군이 정립한 미 육군교리다. 출처 : 인터넷자료(http://www.cfc.dnd.ca/papers/armsc1/037.htm) Colonel W. Sterniamow, *Western Operational Theory: Breaking the Industrial Paradigm.*

44) 이것을 『미래전 어떻게 싸울 것인가』란 제목으로 필자가 번역하였다. 다음을 참조하시오. 권영근 번역, 『미래전 어떻게 싸울 것인가』, 연경문화사, 1999년.

45) Allard, *Command, Control, and the Common Defense*, p. 183 또는 권영근, 『미래전 어떻게 싸울 것인가』, p. 314.

던 중부유럽에서의 바르샤바조약국들과의 일전(一戰)에 사용되지 못했다.

1990년 이후 미국은 몇몇 전쟁에 참전했는데[46], 이들 전쟁 중에서 공지전투 개념의 적용 가능성이 암시된 경우는 1991년의 '걸프전(Desert Storm)'뿐이다. 따라서 본고에서는 걸프전을 중심으로 전개된 공지전투 논쟁에 관해 언급해보고자 한다.

(가) 1991년의 걸프전과 공지전투 논쟁

1991년의 걸프전 이후 당시의 전쟁이 미 육군의 공지전투 이론에 근거해 수행되었다는 주장이 제기되었다. 이들 주장 중에서 가장 보편적일 뿐더러 많은 사람에게 영향을 끼친 경우는 『전쟁과 반전쟁(*War and Anti-war*)』란 제목의 책을 저술한 토플러(Alvin Toffler)의 경우일 것이다. 자신의 저서에서 토플러는 미 육군에서 공지전투 교리가 출현하게 된 배경을 상세히 언급하고 있다.[47] 그는 1991년의 걸프전이 다수 측면에서 공지전투를 초월하는 형태의 것이란 점, 전통적인 보조 역할을 초월해 항공력이 걸프전에서 선도적 역할을 수행했다는 점, 이 같은 역전이 너무나 극적이었다는 점에서 항공력이 길리오 듀헤(Guilo Douhet), 미첼(Billy Mitchell) 및 트렌차드(Hugh Trenchard)와 같은 사람들이 주장한 바를 마침내 실현하게 되었다는 점을 언급하고 있다.[48] 그럼에도 불구하고 책의 전반적인 흐름은 월남전 이후 미 육군이 공지전투 교리를 발전시켰다는 점, 이 같은 교리 덕분으로 1991년의 걸프전에서 미군이 승리를 거두었다는 점에 초점을 맞추고 있다.

---

46) 1990년대 이후에 수행한 미군의 주요 전쟁에 관해 알고자 하는 경우는 Donald M. Snow, Dennis M. Drew, *From Lexington to Desert Storm*, 제10장 또는 권영근, 『미국은 왜 전쟁을 하는가』, pp. 375-410 참조.

47) Alvin and Heidi Toffler, *War and Anti-War*, Little, Brown and Company, 1993년, pp. 44-56.

48) *Ibid.*, p. 67.

1991년의 걸프전이 공지전투 이론에 근거해 수행되었다고 주장한 또 다른 부류의 사람은 미 육군의 이론가들이다.[49] 이들을 중심으로 한 몇몇 사람들의 주장으로 인해 1991년의 걸프전 이후에는 당시의 전쟁이 미 육군의 공지전투 이론에 근거해 수행되었는지의 문제를 놓고 진지한 논쟁이 벌어졌다. 이 같은 논쟁을 통해 1991년의 걸프전의 전쟁계획이 공지전투 이론이 아니고 항공전역(Air Campaign)이란 제목의 책을 저술한 미 공군대령 존 와든(John Warden)의 작품임이 확인되었다.[50] 당시의 전쟁이 공지전투에 근거하고 있지 않음을 러시아의 군사이론가들 또한 확인하였다.

Voroshilov 일반참모대학의 교수부장인 고르바초프(Gorbachev) 중장은 전쟁이 시작된 지 1주가 되지 않은 어느 날, "미국을 중심으로 한 다국적군이 주도권을 장악하고, 개전 초반부터 공중우세를 확보했기 때문에 전쟁의 결과는 결정된 것과 다름이 없다. 후세인은 기회를 상실하였다"[51]고 퉁명스런 어조로 기술하고 있다.

국방개혁론자이며 러시아 육군의 알렉산더 쟈르코(Alexander Tsalko) 대령은 "이라크 육군이 순식간에 붕괴된 것을 보면 러시아의 육군교리에 의문을 제기하지 않을 수 없다"고 적고 있다. "1991년의 걸프전은 대규모 지상군

---

49) *Foundations of Military*, U.S Air Force Academy, 1998년에 포함되어 있는 다음의 논문 참조. 퇴역 미 육군중장 Edward M. Flanagan Jr. "The 100 Hour War", pp. 525-531; 퇴역 미 육군대령 Harry G. Summers Jr. *Leadership in Adversity: From Vietnam to Victory in Gulf*, pp. 531-536.

50) 오늘날 1991년의 걸프전은 미 육군이 말하는 공지전투가 아니고 미 공군대령 와든(John Warden)이 구상한 Five Ring Model에 의해 수행되었음이 일반적인 인식이다. 출처 : 백문현, 권영근, 『현대전의 알파와 오메가』, pp. 256-264, & 449-452; 김동기, 권영근, 『합동성 강화』, pp. 250-255; 권영근, 『미래전 어떻게 싸울 것인가』, pp. 484-485; 이은수, 권영근 번역, 『쾌속성공 : 프로메테우스 경영전략』, 연경문화사, 2002년, pp. 24-40. 지금부터 이은수, 권영근, 『쾌속성공』으로 표기; 권영근, 『미래전과 군사혁신』, pp. 214-245; 권영근, 『미국은 왜 전쟁을 하는가』, pp. 344-347.

51) "Tanks Will Not Save the Day," *Izvestiya*, January 21, 1991을 참조하시오.

간의 격돌을 통해 전승(戰勝)을 보장한다는 발상이 크게 잘못되었음을 보여주는 분기점이다"[52]라고 쟈르코는 말하고 있다.

그 후 영향력 있는 언론매체와의 대담에서 아나톨리 마리우코프(Anatoliy Malyukov) 중장은 다음과 같이 말했다. "1991년의 걸프전은 공중우세(空中優勢 : Air Superiority)를 확보한 국가와 이것을 양보한 국가에게 공중우세가 갖는 의미가 무엇인지를 보여준 대표적인 사례다."

자. 합동교리 시행체계란?

한국군의 합동교리는 일정한 패턴을 유지하고 있다. 예를 들면, 한국군의 모든 합동교리에는 시행(수행 또는 실시)이란 부분이 있다. 예를 들면, 필자가 합동정보작전 교리를 작성하던 2003년 당시 또한 시행의 문제, 특히 시행체계에 대한 상세 정립이 요구되었다. 미 육군 정보작전 교리의 예를 들면서 합동 정보작전 교리에 시행체계의 정립이 절대적으로 필요하다고 주장하는 사람도 없지 않다. 문제는 이처럼 주장하고 있는 사람을 포함해 합동 정보작전에서 말하는 시행체계가 무엇인지 모습을 제대로 그리지 못하고 있다는 점이다.

한미연합사령관 그리고 전투사령관으로서의 한국군의 합참의장은 전술행위를 전략목표와 연계시키는 작전술의 문제, 특히 합동작전술의 문제를 고민하는 사람이다. 작전사급 이상의 부대, 특히 합참 차원에서의 정보작전을 계획하고 시행하는 문제를 다루고 있는 합동 정보작전 교리에서 수행[53](Execution)은 어떤 의미인가?

---

52) Quoted in TASS, March 3, 1991.
53) 한국군에서는 수행을 수행, 시행 등으로 또한 표기하고 있다.

(1) 미 합동교리에서 말하는 수행의 의미

미 합동교리는 중앙집권적 계획수립(Centralized Planning) 및 분권적 임무 시행(수행)(Decentralized Execution)이란 개념에 근거하고 있다. 따라서 미 합동교리는 국가 군사전략목표를 달성할 목적으로 육·해·공군의 전력을 통합적으로 계획하는 문제를 다루고 있다.

그 결과 미 합동교리에는 수행(Execution)이란 부분이 오직 한 군데(합동기획 교리)에 언급되어 있다. 여기서는 국가통수기구의 지시가 있는 경우 전역계획에 포함되어 있는 '주요 작전'들이 명령과 지휘계통(구성군들)을 통해 시행된다는 점을 1페이지에 걸쳐 간략히 언급하고 있다. 미 합참에서 말하는 수행은 계획을 수행한다는 의미다.

(2) 미 공군교리에서 말하는 수행

미 공군 또한 합동작전의 경우처럼 중앙집권적 계획수립 및 분권적 임무수행이란 개념으로 지휘통제하고 있다. 따라서 미 공군의 작전적 수준의 교리들에서는 항공전(Air Warfare)이란 명칭의 교리에만 수행이 언급되어 있다.

이는 전역계획에 포함되어 있는 특정 항공작전에서 추구하는 목표를 달성할 목적의 추상적인 개념이 표적선정과 무기배당을 통해 통합임무명령서(ITO)로 전환됨을 의미한다. 미 공군에서의 수행은 계획해 수행한다는 의미를 갖고 있다.

(3) 미 육군 교리에서 말하는 수행의 의미

합동작전 또는 항공작전의 지휘통제와는 달리 육군의 경우는 개개 제대

(梯隊)에서 계획과 수행이 이루어진다. 미 육군 정보작전 교리에서는 작성된 정보작전 계획의 수행을 참모 간 협조, 정보작전 분석, 수행 상황 관찰, 정보작전 결과 평가의 관점에서 기술하고 있다. 미 육군에서 수행은 계획을 수행한다는 의미를 갖고 있다.

앞에서 살펴본 바처럼 미군교리에서의 수행은 계획해 수행한다는 의미에서의 수행이다.

(4) 한국군 합동교리에서 말하는 수행의 의미

한국군의 모든 합동교리에는 수행이란 부분이 목격된다. 중앙집권적 계획수립, 분권적 임무수행이란 합동 지휘통제 개념에서 보면, 한국군의 합동교리에서 또한 수행이란 개념이 여러 곳에 등장할 수 없을 것이다. 따라서 이론적으로 보면 한국군의 합동교리에서 말하는 수행은 계획해 수행한다는 의미에서의 수행이 될 수 없다.

(가) 합동작전 교리에서의 수행의 의미

한국군 합동작전 교리에서는 수행을 다양한 방식으로 인식하고 있다. 합동교범 3-0(1994년 12월), pp. 75-112에서는 실시를 합동작전 기획시 고려사항 측면에서 기술하고 있다.

합동교범 3-0(1998년 2월), pp. 62-83에서는 실시를 전략목표와 전술활동을 연계하는 작전술과 고속기동전(How to fight)의 관점에서 언급하고 있다. 동 책자의 pp. 117-169에서는 수행이란 제목으로 상륙작전 등을 지휘관계 및 작전수행의 측면에서 기술하고 있다.

합동교범 3-0(2002년), pp. 83-128에서는 합동작전 실시란 장에서 상륙작전 등을 지휘통제, 작전수행, 고려사항의 측면에서 기술하고 있다.

(나) 기존 합동교리(예 : 합동정보 작전 교리)에서의 수행의 의미

합동교범 3-9, 합동정보작전(1999년 12월) pp. 48-61에서는 공세 및 방어적 정보작전의 수행을 정보작전 원칙과 능력의 관점에서 언급하고 있다. 동 책자의 pp. 125-133에서는 공세 및 방어적 연합 정보작전의 수행을 표적선정의 측면에서 기술하고 있다.

다시 말해, 한국군의 합동교리에서 말하는 수행은 계획해 수행한다는 의미에서의 수행이 아니며, 수행의 의미에 일관성이 없다.

(5) 합동교리에서 생각할 수 있는 수행의 의미

전투 수행기구란 측면에서의 합참은 전략목표를 염두에 두어 계획하는 부서이지 시행하는 부서가 아니다. 또한 모든 합동교리는 합참의장의 전역계획의 일부로 통합되고 있다. 따라서 원칙적으로는 계획해 수행한다는 의미에서의 수행의 내용을 합동기획 교리를 제외한 어떠한 합동교리에서도 언급할 수 없을 것이다.

차. 전쟁(Warfare)과 작전(Operations)의 관계는?

합동교리와 관련된 주요 문제에 전쟁(Warfare)과 작전(Operation)의 관계가 있다. 아직까지도 우리군 주변에는 포괄적 의미에서의 전쟁(War)과 군사적 의미에서의 전쟁(Warfare)을 혼돈한 결과로 인해 그리고 미군 교리에서 말하는 작전(Operation)의 의미를 제대로 이해하지 못한 결과로 인해 Warfare를 Operation과 비교해 커다란 개념으로 생각하는 사람들이 없지 않다. 대표적인 사례에 정보전(Information Warfare)과 정보작전(Information Operations)이 있다. [그림 1]에서 보듯이 미국은 정보전을 전시의 정보작전으로 정의하고

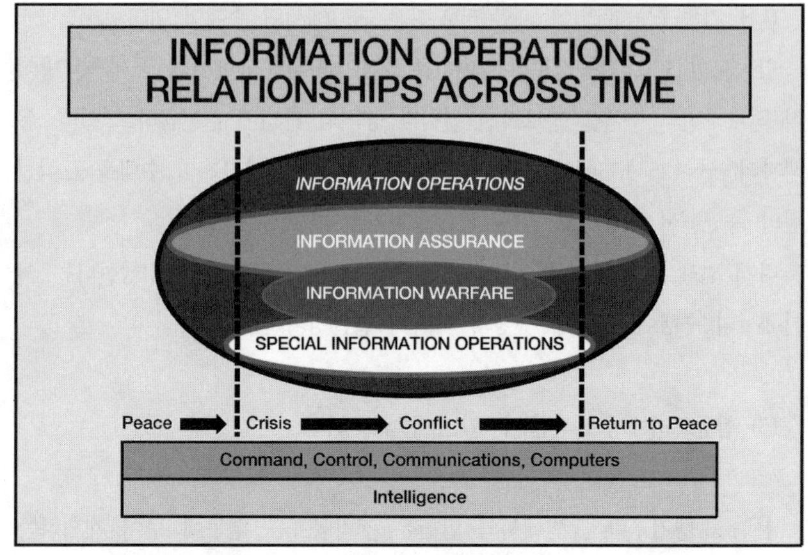

[그림 1] 시간 영역에 따른 정보작전 유형의 관계(출처 : 미 합동 정보작전 교리)

있다. 그러나 우리 군의 일부 사람들의 경우 정보전이 정보작전과 비교해 커다란 개념으로 생각하고 있는 실정이다.

(1) 작전(Operation)의 의미

이미 언급한 바처럼 일반적으로 전쟁은 전략 · 작전 및 전술 수준으로 구분된다. 전쟁의 전략적 수준은 대통령을 포함한 국가통수기구가 주도하게 된다. 전쟁의 작전적 수준은 한국군의 합참의장, 한미연합사령관과 같은 전구 사령관과 육 · 해 · 공군 작전(구성군)사령관이 주도하게 된다. 전구 사령관은 국가통수기구가 설정한 전략목표 달성을 위해 노력하게 된다.

구성군사령관 또는 한국군의 작전사령관(공군작전 및 해군작전 사령관, 육군의 군사령관)은 전략목표 달성을 염두에 둔 전역(戰役 : Campaign)에 포함되어 있는 각 군의 작전목표 달성을 위해 노력하게 된다.

합동작전 관련 교리는 전쟁의 전략·작전 및 전술 수준 모두에서 진행되는 형태의 활동에 대한 작전 및 전략적 수준의 것과 작전목표 달성 측면에서의 전력 통합(Integration)에 관한 것으로 크게 구분된다.

작전목표 달성을 염두에 둔 전력통합 형태의 합동작전 교리에는 전략공격(Strategic Attack), 후방차단(Interdiction), 근접항공지원(Close Air Support) 교리 등이 있다. 이들 교리는 각 군에 이미 존재해 있다는 특성이 있다(예 : 후방차단이란 공군교리가 존재). 이들 교리에서는 육·해·공군의 특정 작전(예 : 공군의 후방차단)에 여타 군의 무기를 통합적(Integrate)으로 운용하고자 할 당시의 지휘통제의 문제를 언급하고 있다.

전쟁의 전략·작전 및 전술 수준 모두에서 진행되는 활동에 관한 합동교리에 정보작전(Information Operations), 정보운영(Intelligence Operation), 합동작전(Joint Operation) 등이 있다. 여기서 작전(Operation)이란 용어가 중요한 의미가 있다. 일반적으로 우리들 군인은 작전을 전투 또는 전역 목표 달성을 염두에 둔 군사력의 이동·보급·공격·방어 및 기동을 포함하는 전투 수행으로 인지하고 있다. 그러나 작전에는 전략·작전·전술·서비스·훈련 또는 행정 측면에서의 군사임무 수행(Conduct)이란 의미가 또한 있는데[54], 정보작전, 정보운용, 합동작전, 또는 걸프전(Operation Desert Storm), 제2차 세계대전 당시 유럽전쟁을 지칭하는 횃불작전(Operation Torch)에서의 Operation이 이 같은 경우다.

정보작전·정보운용 및 합동작전 교리는 (1) 전쟁의 전략·작전 및 전술 수준에서의 교리 관계 기술, (2) 전쟁의 전략 및 작전 수준에서의 전력 통합의 문제 기술, (3) 각 군 교리에 공통 시각 제시, 마지막으로 (4) 전구 및 구

54) Joint Publication 1-02, "Department of Defense, Dictionary of military and Associated Terms", 2001년 4월, p. 306.

성군사령관이 기획 및 수행하는 과정에서 필요한 지식을 제공하고 있다.

(2) 전쟁(Warfare)의 의미

전쟁(Warfare)이란 특정 작전매체(공중 · 지상 · 해상 및 정보 공간)에서 분쟁과 위기시에 수행되는 특정 기능 활동을 의미한다.[55] 우리에게 친숙한 용어인 기갑전(Armored Warfare), 항공전(Air Warfare), 상륙전(Amphibious Warfare), 참호전(Trench Warfare), 정보전(Information Warfare), 기동전(Maneuver Warfare), 전자전(Electronic Warfare), 심리전(Psychological Warfare) 등에서 전쟁을 War가 아니고 Warfare로 표현하고 있는 것은 이 같은 이유 때문이다.

카. 합동교리에 합동이란 용어 사용의 문제점

합동참모본부에서 발행된 교리의 명칭에는 합동이란 명칭이 첨부되어 있다. 예를 들면, 합동정보작전, 합동정보, 합동인사 등이 바로 그것이다. 합동교리에 합동이란 명칭을 첨부해야 할 이유는 있는가? 이 같은 이유가 있다면 육군, 공군 및 해군에서 발간된 교리에도 육군, 공군 또는 해군이란 명칭을 첨부해야 할 것이다. 개개 교리의 첫 페이지 하단에 합동참모본부란 명칭이 붙어있다는 점에서 이들 교리에 합동이란 명칭을 추가하지 않아도 합동교리임을 어느 누구나 인지할 수 있을 것이다.

그러면 이처럼 개개 교리 명칭에 합동이란 명칭을 붙임에 따른 문제는 무엇인가? 필자가 합동정보작전 교리를 작성하던 2003년 당시에는 정보작전과 구분해 합동정보작전을 정의할 필요성이 제기되었다. 즉 교범의 명칭을

55) AFDD1, Air Force Basic Doctrine, September 1997, p. 6.

합동정보작전으로 정의한 이상 정보작전과 구분되는 합동정보작전을 정의해야 한다는 주장이었다.

재미있는 것은 한국군의 합동 정보작전에 해당하는 미 합참의 정보작전 교리에는 합동정보작전이란 표현이 전혀 등장하지 않는다는 점이다. 이는 육군과 공군의 정보작전 교리에 육군 정보작전 또는 공군 정보작전이란 용어가 등장하지 않고 있는 것과 마찬가지로 생각된다.

한국군의 합동정보작전 교리에 해당하는 미군 교리는 "정보작전을 염두에 둔 합동교리(Joint Doctrine for Information Operation)"다.56) 여기서는 국가 군사전략을 지원할 목적으로 연합사, 합참과 같은 조직이 어떻게 정보작전을 운용할 것인지의 문제를 정의하고 있다. 이는 합동작전(합동군의 작전이란 의미임)에서의 정보작전 수행을 염두에 둔 교리적 근간에 해당한다. 또한 여기서는 전구사령관의 전역과 작전을 계획 및 수행하는 과정에서의 공세 및 방어적 정보작전 수단을 통합 및 동시통합하는 문제를 다루고 있으며, 정보작전을 계획 및 수행하고 훈련하는 과정에서 합동군사령관과 구성군사령관에 필요한 지식을 제공하고 있다.

이미 살펴본 바처럼 각 군 정보작전 교리는 자군 작전사령부 이하에 적용되는 반면 합동정보작전 교리는 각 군 정보작전 교리에서 다루지 않는 영역, 즉 구성군사령부 이상의 영역을 망라하게 된다.

우리 군이 합동정보작전이란 용어를 정의해야만 하는 것은 작전사령부 이상에서의 사용을 염두에 둔 정보작전 교리를 합동정보작전 교리로 표기함에 따른 문제다. 따라서 교리의 제목을 합동정보작전이 아니고 합동 정보작전으로 또는 단순히 정보작전으로 표기하고 본문에는 정보작전으로 통일해

56) 마찬가지로 미 육군의 정보작전 교리는 "정보작전을 염두에 둔 육군교리"로 생각할 수 있을 것임. 또한 미 공군의 정보작전 교리는 "정보작전을 염두에 둔 공군교리"로 생각할 수 있을 것임.

표기해야 할 것이다.

미군의 '정보작전을 염두에 둔 합동교리(Joint Doctrine for Information Operation)'의 경우처럼 교리의 성격과 본질이란 측면에서 합동정보작전을 정의할 수는 있을 것이다. 그러나 본문에서 정보작전이란 용어 대신에 합동정보작전을 표기하는 경우 적지 않은 혼란이 야기된다.

정보작전과 구분되는 합동정보작전이란 표기는 사용해서는 안 될 것이다. 그러나 여타 한국군의 합동교리와 일관성을 유지한다는 차원에서 당분간 합동정보작전이란 용어를 정의할 수 있을 것인데, 여기서 합동정보작전은 해당 교범의 성격을 정의하는 것으로 만족해야 할 것이다.

장기적으로 보면, 한국군의 합동교리에서 끊임없이 목격되는 합동인사, 합동군수, 합동정보작전 등 합동이란 표현은 배제해야 한다. 합동참모본부에서 발간된 인사교리는 어느 누구나 합동교리란 점을 잘 알고 있기 때문이다. 불필요한 용어의 사용으로 인해 교리가 이상한 방향으로 변질되지 않도록 해야 할 것이다. (1999년의 합동정보작전 교리에서는 본문에서 합동정보작전이란 용어가 끊임없이 등장하고 있는데, 미군의 합동교리에는 합동 정보작전이란 표현이 전혀 없다. 그 대신 정보작전이란 용어가 사용되고 있다.)

타. 전구란 용어의 사용 필요성

전구란 동일한 전략목표를 염두에 두어 육·해·공군이 작전을 수행하는 공간으로 정의된다. 육군은 작전지역에서, 해군은 작전해역에서 작전을 수행한다. 그러면 항공작전이 수행되는 공간은 어디인가? 이는 바로 전구(戰區 : Theater)다.[57)]

57) 공군은 공역, 즉 공중에서 벌어지는 작전을 지휘할 뿐 아니라 적의 전략 종심 지역에서 벌어지는 전략공격(Strategic Attack)과 후방차단(Interdiction) 작전을 지휘하고 있

미국은 세계를 몇몇 전구로 나누고 개개 전구를 담당하는 통합사령부(Unified Command)를 설치하고 있는데, 이들 사령부는 상이한 전략목표를 갖고 있다. 전구 내부에서 분쟁이 직접 진행되는 곳을 미국은 작전전구(Theater of Operation)로 표현하고 있다. 미국의 입장에서 보면 한반도는 태평양 전구 내부의 일개 작전전구에 불과하다. 미국의 경우를 본 우리 군의 일부 사람들은 전구는 미국처럼 방대한 국가와 태평양처럼 방대한 지역에 적용되는 개념이란 주장을 전개하고 있다.

전구는 미국 사람들이 아니고 군사 이론가들이 정립한 개념이란 점, 전구란 개념은 오랜 역사가 있다는 점, 이스라엘처럼 조그만 국가 또한 5개의 전구사령부를 운영하고 있다는 점[58]을 명심해야 할 것이다. 미국의 입장에서 보면 한반도가 별다른 의미가 없을 수 있지만 한국의 입장에서 한반도는 중요한 전략목표가 있는 지역임을 상기해야 할 것이다.

필자가 앞에서 언급한 작전지역·작전해역 및 전구는 육·해·공군 작전 측면에서 뿐만 아니라 합동작전에서 매우 중요한 개념이다. 그 이유는 무엇인가? 예를 들면, 근접항공지원은 육군이 수행하는 작전에 공군의 무기가 통합되는 경우인데, 여기서는 항공무기가 작전지역에서 통합된다. 육군과 공군의 무기가 해군작전에 통합되는 장소는 어디인가? 이는 작전해역이다. 그러면 육군과 해군의 무기가 공군작전에 통합되는 장소는 어디인가? 이는 전구다. 필자가 합동작전 교리에 매진하고 있던 2000년에서 2001년의 기간 중 일부 장교들은 전구란 개념을 이해하지 못했다. 이들은 인접 지역에서 육·해·공군 무기가 통합되는 경우만을 합동작전으로 인지하였다.[59] 예를 들

다. 즉 공군의 작전은 공중으로 국한되지 않는다.

58) Martin van Creveld, *Air power and Maneuver Warfare*, Air University Press, July 1994, p. 154, 155, & 160.

59) 합동이 작전목표 및 전략목표(전역을 통해 추구)를 달성하는 과정에서 2개 군 이상이 참여하는 활동으로 본다면, 이는 작전목표를 겨냥하는 다수 형태 중 하나에 불과하다.

면, 적의 중심을 마비시킬 목적에서 진행되는 전략공격(Strategic Attack)의 경우 육·해·공군의 무기가 함께 운용될 수 있음에도 불구하고, 상호 멀리 떨어진 곳에서 동시에 진행된다는 점에서 합동이 아니라고 주장하였다. 전략공격을 염두에 둔 육·해·공군 무기가 한미연합군 차원에서 통합임무명령서를 통해 통합되고 있다는 점을 이들은 인지하지 못했다. 근 2년에 걸친 토론 이후에도 이들 중 일부는 전략공격이 합동 차원에서 진행된다는 점을 이해할 수 없다고 필자에게 말하였다. 공군의 작전적 수준 교리 및 합동교리와 전구란 개념은 불가분의 관계에 있다.

전구는 전쟁원칙 측면에서도 필수적인 용어다. 전쟁원칙에 지휘통일이 있는데, 이는 전구에서 단일의 전략목표를 염두에 둔 전역(戰役)을 단일 지휘관이 지휘해야 한다는 의미다. 전구는 전략목표를 염두에 두어 군사력을 운용해야 할 합참의장 또는 한미연합사령관과 같은 사람에게 필수적인 개념이다. 이들은 작전지역 또는 작전해역이 아니고 전구 차원의 시각에서 전쟁을 지휘해야 할 것이다.

파. 합동교리를 읽지 않는 이유는?

전시 작전통제권 전환의 문제가 발등에 떨어져 있는 한국군에서 합동교리는 대단히 중요한 의미가 있다. 왜냐하면, 작계-5027을 미군교리에 근거해 작성했다면 독자적으로 전역계획을 수립하고자 하는 경우 합동교리가 필수적이기 때문이다. 따라서 한국군은 합동교리를 등한시할 수 없을 것이다. 그러나 책임연구관으로서 필자가 합동정보 및 합동정보작전 교리를 작성할 당시에는 읽지도 않는 합동교리를 만들 이유가 도대체 무엇인가란 의문이 끊임없이 제기되었다.

한국군이 합동교리를 읽지 않는 것은 수준 이하의 문장으로 작성되어 있기 때문에 또는 읽어서 이해할 수 없는 내용을 담고 있기 때문에 등등 다수의 이유가 있다고 사람들은 말했다.

여기에 대해 필자는 나름의 반론을 제기하고자 한다. 한국군이 합동교리를 읽지 않는 것은 필요가 없기 때문이라고 생각된다. 왜 필요가 없는가?

먼저 합동교리를 읽는 사람이 매우 제한된다는 점을 말하고자 한다. 이미 언급한 바처럼 항공작전의 지휘통제 개념과 합동 지휘통제 개념은 중앙집권적 계획수립, 분권적 임무수행이다. 이는 단 한 곳에서 계획을 수립한다는 의미다. 그 결과 이들 교리는 읽는 독자가 제한된다. 예를 들면, 한반도에서의 항공작전 계획수립은 공군구성군 내부의 몇몇 사람들(미군 주도로)에 의해 이루어지고 있다. 비행단의 조종사들은 계획된 내용을 수행하는 사람들이다. 이 같은 점으로 인해 대부분의 한국공군 조종사들은 작전적 수준의 항공교리를 읽어야 할 필요성을 느끼지 못하고 있다.[60] 마찬가지로 미군 장교 중에서 합동교리를 읽는 사람은 지극히 제한된다. 한국에 나와 있는 미군 장교 중에서 합동교리를 읽는 사람은 주로 한미연합사에 근무하는 계획가(Planner)들이다.

이미 언급한 바처럼 합동교리는 전략목표 달성을 염두에 둔 전략・작전 및 전술 행위들을 적절히 배열한 전역계획을 작성할 목적의 것이다. 그런데 한반도에서 이 같은 일을 수행하는 사람은 누구인가? 지금까지 한반도 전역계획의 문제를 놓고 고민한 사람은 주로 미군이다.[61] 따라서 대부분 현행 작전 중심의 업무를 수행하고 있는 한국군 작전장교들의 경우는 합동교리를 읽을 필요성을 거의 느끼지 못하고 있는 실정이다.

---

60) 개개 제대(梯隊)에서 계획과 시행이 이루어진다는 점으로 인해, 그리고 자신들의 계획이 육군 차원에서 일관성을 유지해야 한다는 점으로 인해 육군 장교들은 전술 및 작전적 수준의 교리를 탐독할 수밖에 없는 실정이다.
61) 한반도에서의 항공작전 계획 또한 동일하다고 필자는 생각하고 있다.

한국군은 이처럼 전역계획과 합동 지휘통제의 문제를 수행하지 않는 상태에서, 그 결과 합동교리에 친숙해 있지 않은 상태에서 이들 모두를 염두에 둔 합동 C4I체계를 건설하고자 노력하고 있는데, 이는 한국군이 안고 있는 일종의 아이러니다.

하. 여타 합동교리를 어느 정도 언급해야 할 것인가?

합동 정보교리에는 통합(Integration), 동시통합(Synchronization), 전역(戰役 : Campaign) 등과 같은 다수의 개념이 등장하고 있다[62]. 사실, 이들 개념은 합동 정보교리에만 해당되는 사항은 아니다. 예를 들면, 미 합동교리에서는 한미연합사령관, 태평양사령관과 같은 합동군사령관은 "육·해·공군 전력을 통합 및 동시통합한다"는 점을 교리 곳곳에서 강조하고 있다. 또한 미국의 모든 합동교리에는 통합 및 동시통합, 중앙집권적 계획수립, 분권적 임무수행이란 용어가 끊임없이 등장하고 있다. 다수의 교리에서 공통적으로 언급되고 있으며, 무수히 많은 전쟁을 통해 얻어진 결과인 이들 개념을 합동 정보교리와 같은 하위 교리에서 어느 정도까지 상세히 언급해야 할 것인가?

한미연합사령관과 한국군 합참의장의 입장에서, 육·해·공군 작전이 분권적으로 수행될 수밖에 없다는 점을 이해하려면 반 크레벨트(Van Creveld)가 저술한 불후의 명저인 『전쟁에서의 지휘(*Command in War*)』[63]란 책을 탐독해야 할 것이다. 이들 분권적으로 수행되는 각 군 작전이 동일 목표를 겨냥해 노력 측면에서 통일되도록 하려면 중앙집권적으로 계획해야 한다는 점

62) 여기서는 합동 정보교리의 경우를 사례로 들었다. 그러나 이는 모든 교리에 적용되는 현상이다.

63) 이것을 필자가 번역하였다. 다음을 참조하시오. 김구섭, 김용석, 권영근 번역, 『전쟁에서의 지휘』, 연경문화사, 2001년 6월 12일,

또한 합동작전술과 각군 작전술의 관계 등 많은 이론가들에 의한 연구의 결과다. 합동 정보교리에 등장하는 개개 용어에 대한 배경 지식을 교리에 모두 다 언급할 수 없을 것이다. 그런데 이들 용어를 사용하지 않고는 교리를 작성할 수 없을 것이다. 문제는 이들 개개 용어를 이해하려면 나름의 군사 지식이 요구된다는 점이다.

여타 합동교리에서도 사용되는 이들 용어를 합동 정보교리에서 상세 설명하는 경우 교리가 방대해질 것이다. 군사 이론가들의 이론 또는 전쟁 경험을 수용해 이들에 대한 상세 설명 없이 교리를 기술하는 경우 직면하게 되는 또 다른 문제가 있다. 이처럼 개념적으로 기술된 합동 정보교리를 이용해 정보 운용을 기획한다는 것이 쉬운 일은 아니다. 미군은 각 군 대학 졸업생 중에서 10% 이내에 속하는 엘리트 장교들을 선발해 2년의 특수 교육을 시키고 있다.[64] 미군이 수행하는 전쟁은 이 같은 사람들이 계획하고 있다.

우리 주변에는 합동 정보교리만 읽으면 정보 운용을 계획할 수 있을 정도로 실무적 시각에서 상세하게 교리를 작성해야 한다고 말하는 사람도 없지 않다. 이는 8세의 모든 어린이들이 그 책만 보면 대학 입시에 요구되는 수학을 정복할 수 있을 정도의 내용을 한 권의 책에 담으라고 하는 바와 다름이 없다고 생각된다. 고3 수험생이 대학입시를 준비하는 과정에서 사용하는 수학책의 경우 다수의 수학 지식을 전제로 작성되어 있다는 점을 명심해야 할 것이다.

합동 정보교리에 더불어 이것의 내용을 해설해주는 해설서를 몇 권 만들어야만 이해될 수 있는 상황이 되지 않도록 우리들 모두는 군사지식 습득에 각고의 노력을 경주해야 할 것이다.

---

64) 미 공군의 SAAS(School of Advanced Airpower Studies)와 미 육군의 SAMS가 바로 그것이다.

거. 합동교리의 종류가 너무나 많다!

합동작전 교리와 군사기본 교리 관련 논쟁이 격렬히 진행되던 2000년 당시, 한국군은 20여 권에 달하던 합동교리를 군사기본, 합동작전, 합동정보 등 10개 미만으로 줄이고자 노력하였다. 합동교리가 너무나 많다 보니 사람들이 읽으려 하지 않는다는 것이 하나의 이유였다. 그 후 대폭 줄어든 합동교리 체계가 20여 권으로 재차 복구되었다. 필자가 합동정보 교리 책임연구관으로서 관련 부서와 논쟁을 벌인 2004년 당시에도 합동교리의 종류가 많다고 생각하는 사람들이 없지 않았다. 한국 육군 교리가 미 육군 교리에 못지않게 종류가 많다는 점, 미군과 영국군의 합동교리가 각각 92종류에 이른다는 점에서 보면 피상적으로 생각해보아도 한국군의 합동교리는 그 종류가 너무나 빈약하다.

그러면 미군과 영국군의 합동교리가 그처럼 종류가 많은 것은 무슨 이유 때문인가? 이는 전략목표 달성 측면에서 군의 무기가 최대한 사용되어야 한다.[65]는 원칙에 근거하고 있다. 예를 들면, 육군은 특정 작전에 관한 자군의 소요(所要)를 충족시킬 목적으로 무기를 구입할 것이다. 그런데 육군의 특정 작전이 필요치 않는 방향으로 전쟁이 진행되는 경우 이 무기는 어떻게 될 것인가? 특정 작전으로 그 사용을 국한시킨 경우 해당 무기는 전쟁 기간 내내 사용되지 않을 것이다.

이미 언급한 바처럼 전쟁은 몇몇 '주요 작전(Major Operation)'에 근거한 전역(戰役), 지원 작전 및 예하 작전의 형태로 진행된다. 특정 무기를 구입할 당시 육군이 염두에 두었던 특정 작전이 이들 '주요 작전'에 포함되어 있지 않은 경우 해당 무기는 사용되지 않을 것이다. 그러나 앞의 원칙(군의 무기가

---

65) Thomas A. Cardwell III, *Command Structure for Theater Warfare: The Quest for Unity of Command*, Air University Press, 1984년, pp. 59-60.

최대한 사용되어야 한다)은 군의 모든 무기는 어떠한 형태로든 전쟁에서 사용되어야 한다고 언급하고 있다.

전쟁 양상은 예측이 불가능하기 때문에 전역에 포함될 '주요 작전'과 예하 및 지원 작전이 어떠한 성격인지는 어느 누구도 예측할 수 없다. 경우에 따라서는 육군 작전 중심으로 전쟁이 수행될 수 있는 반면, 육군 작전이 80%, 공군과 해군 작전이 각각 10% 비중으로 전쟁이 수행될 수도 있을 것이다. 공군 또는 해군 작전 중심으로 전쟁이 수행되어야 하는 경우도 있을 것이다. 여기서 우리는 군의 무기는 사용될 수 있는 모든 작전에 통합(Integration)되어야만 사용 가능성이 극대화된다는 결론에 도달하게 된다. 예를 들면, 공군의 특정 무기는 전략공격, 후방차단뿐만 아니라 육군 및 해군에 대한 근접항공지원 등 가능한 모든 작전에 사용될 수 있도록 평소 교리적으로 통합되어 있어야 할 것이다. 영국군과 미군의 JP 3-0 예하의 합동작전 교리는 특정 작전에 육・해・공군 무기를 통합적으로 사용할 목적의 것이다. 예를 들면, Doctrine for Joint Interdiction Operation이란 미 합동교리 3-03은 후방차단 작전 당시 육・해・공군의 가능한 모든 무기들의 사용과 이들 사용에 따른 지휘관계를 명시한 교리다. 미 합동작전 교리 예하에 각 군에 있는 작전 명칭(예를 들면, 후방차단은 공군에 이미 존재하는 교리임)의 무수히 많은 교리가 있는 것은 이 같은 이유 때문이다. 합동교리를 몇 권으로 압축해 작성할 수 있다는 주장은 군의 무기는 가능한 모든 경우에 사용되어야 한다는 앞의 원칙에 위배된다. 이 같은 점에서 보면 합동교리의 종류가 많지 않은 한국군은 교리체계 측면에서 개선의 여지가 많다.

4. 결론

오늘날의 전쟁이 육·해·공군에 의한 합동작전의 형태로 수행된다는 점에서 보면, 육·해·공군 전력을 통합해 위기에 대처할 목적의 교리인 합동교리의 중요성은 아무리 강조해도 지나친 바가 없다. 『군인과 국가(*Soldier and State*)』란 제목의 불후(腐朽)의 명저를 저술한 하바드대학의 정치학교수인 헌팅턴(Samuel Huntington)은 군인·변호사 및 의사를 전문가(Professional)로 정의하고 있다. 그런데 그는 "합동작전에서 지상·해상 및 공중 전력을 효과적으로 결합할 능력이 있는 사람이 군이란 전문직업에서 가장 높은 수준에 있다"[66]라고 말하고 있다. 지상·해상 및 공중 전력의 결합이란 합동작전 계획수립을 의미하는데, 이들 작전 계획의 수립은 합동교리에 근거하고 있다. 이 점에서 보면 합동교리의 작성은 군에서 가장 높은 수준의 전문성이 요구되는 일이다. 더욱이 전시 작전통제권의 전환을 추구하고 있는 한국군에서 합동교리의 중요성은 아무리 강조해도 지나친 바가 없을 것이다.

이 같은 합동교리의 중요성은 전사(戰史)를 통해서도 확인된다. 1940년 당시 독일군의 공격 앞에 프랑스군이 무기력하게 붕괴된 것은 보유하고 있던 무기 때문이 아니고, 잘못된 교리 때문이었다는 점은 일반적으로 잘 알려진 사실이다. 이처럼 교리는 전쟁에서 매우 중요한 요소다.[67] 미 퇴역 육군대령이자 저명한 군사이론가인 두피(T.N. Dupuy)는 『전쟁의 천재(*A Genius For War*)』란 자신의 명저(名著)에서 1807년부터 1945년 기간 중 독일군을 이끌어간 천재들(참모총장들)을 거론하며, 이들이 군 역사와 군사이론에 해박한

---

66) Samuel F. Huntington, *The Soldier and the State* (Cambridge, MA: Harvard University Press, 1959), p. 12.

67) 당시 영국·프랑스 및 독일군의 교리와 관련된 문제를 보려면 다음을 참조하시오. 허남성, 권영근 번역, 『제1, 2차 세계대전 사이의 군사혁신(上)』, 국방대학교, 2002. 3, pp. 31-66.

지식이 있었다는 점을 언급하고 있다. 또한 그는 19세기 중반 이후, 독일군이 세계적으로 공포의 대상이 되었던 것은 독일민족이 호전적이었기 때문이 아니고, 전쟁사를 포함한 전문군사교육(Professional Military Education)을 크게 강조하였기 때문이라고 말하고 있다.[68] 당시 독일군을 이끌어간 천재들인 일반참모들의 주요 임무는 전쟁기획, 전시 부대지휘 그리고 교리작성이었다.[69] 전쟁기획과 부대지휘가 교리에 기반을 두고 있다는 점에서 독일군의 최고 지휘부는 교리를 포함한 군사이론에 대가들일 수밖에 없었다. 제1차 세계대전 직후 독일군 개혁에 착수한 섹트(Hans von Seeckt)는 제1차 세계대전에서의 교훈을 조사해볼 목적에서 일반참모 출신 장교와 특정분야의 전문가들로 구성된 57개 이상의 위원회를 구성하였다.[70] 대부분의 경우 이들 위원회를 이끈 사람은 독일군 일반참모들이었다. 결과적으로 보면 이들 작업에 400명 이상의 장교들이 참여하였는데, 이들은 이미 1916-1917년 당시 교리를 작성해본 경험이 있었다.[71] 사실 제2차 세계대전 당시 독일군이 작전 및 전술 측면에서 일대 승리를 거둘 수 있었던 것은 교리에 관한 이 같은 연구 덕분이었다.

본고에는 이처럼 중요한 합동교리 중에서 합동작전 및 군사기본 교리가 작성되던 2000년 당시 논란이 되었던 사안, 필자가 합동정보작전(2003년) 및 합동정보(2004년) 교리의 책임연구관으로 일하며 각 군 및 합참과 논쟁할

---

68) Colonel T. N. Dupuy, USA, Ret, 'A Genius For War', NOVA Publication, Sixth Printing, June 1995, pp. 1-12, & pp. 300-313.

69) James S. Corum, *The Luftwaffe: Creating the Operational Airwar(1918-1940)*, University Press of Kansas, 1999년 8월, p. 18.

70) James S. Corum, *The Roots of Blitzkrieg*, University Press of Kansas, 1992, p.37.

71) 자군의 교리 및 전술개념을 발전시키는 과정에서 전후 독일군과 영국군이 보인 노력에는 엄청난 차이가 있었다. 독일군의 경우 자군 장교단의 10% 이상에 해당하는 300명 이상의 장교들을 이들 목적에 투입한 반면, 영국군은 자군의 보병전술 교범을 재차 작성하는 문제를 군사 경험이 일천한 24세의 보병중위인 리델하트(B. H. Liddell Hart)에게 일임하였다.(*Ibid.*, p. 39)

당시 중점 논의되었던 사안에 대한 필자의 관점이 기술되어 있다.

한국국방연구원에서 몇몇 과제의 책임연구관으로 근무한 경험을 회고해 보면 합동교리 책임연구관은 그 임무가 보다 막중할 뿐 아니라 어려운 측면이 다수 없지 않다. 왜냐하면, 연구소에서의 보고서 작성은 제기 부서의 요구사항을 충족해주면 일대 성공인 반면, 합동교리 작성은 합참의 관련 부서, 육・해・공군 관련 부서 등 20여 곳을 만족시켜 주어야 하기 때문이다. 최종적으로 이들 관련 부서의 동의를 통해 교리가 발간된다는 점에서 보면, 교리 작성자가 견지해야 할 근본 사항은 이론과 원칙에 충실해야 한다는 점일 것이다.

앞의 시각에 근거해, 필자는 합동정보작전 교리와 합동정보 교리를 성공적으로 마칠 수 있었다. 이 점에서 보면 앞의 논리는 우리 군이 이미 수용한 개념이다. 따라서 이들 개념은 필자의 개인적인 사견이 아니고 우리 군의 교리 관련 요원들 내부에서 공감대가 형성된 형태의 것이다. 필자가 이들 내용을 정리해 글로 발표해야겠다고 생각하게 된 근본 동기는 합동정보작전 교리를 작성할 당시인 2003년에 이미 각 군이 동의한 개념들이 합동정보 교리를 작성하던 2004년 당시에도 재차 논의되었다는 점 때문이다. 이 같은 현상이 발생하게 된 것은 합동정보 교리에 관여한 요원들과 합동정보작전 교리 작성에 관여한 요원들이 서로 다르다는 점, 교리 관련 요원들이 또 다른 부서로 이전해갔다는 점 때문으로 생각된다.

합동교리 책임연구관으로서 필자는 작성된 초안에 대한 각 군 및 관련 부서의 의견 중 쟁점 사안들과 관련해 수용할 수 없는 경우 그 이유를 글로 작성해 설득하고자 노력하였다. 필자가 수용할 수 없다는 이유로 제기한 글에 재차 이견이 있는 경우 관련 부서는 서면을 통해 반박해야만 하였다. 반박하지 못하는 경우 이는 수용한 것으로 간주되었다. 앞의 내용들은 당시 관련 요원들과의 논쟁에서 필자가 제기한 원고에 근거하고 있다.

제 4 장

한국군 교리 발전을 위한 제언 *

1. 서론

오늘날의 군에서는 컴퓨터 및 데이터통신과 같은 정보기술에 기반을 둔 군사혁신(RMA : Revolution in Military Affairs)[1]이 진행되고 있다. 미 국방장관실의 마살(Andrew Marshall)은 군사혁신을 "군사교리와 운용 및 조직개념 측면에서의 극적인 변화와 새로운 과학기술이 혁신적으로 적용되면서 군사작전의 성격과 수행이 근본적으로 바뀌도록 하는 주요 변화"[2]로 정의하였다. 이 같은 정의에서 보듯이 교리는 오늘날의 군사혁신에서 중요한 요소다. 그럼에도 불구하고 지금까지 우리 군 일각에서는 교리, 특히 합동교리와 같은 작전적 수준의 교리를 경시해온 측면도 없지 않다고 생각된다.[3]

---

* 권영근, "한국공군 교리발전을 위한 제언", 공군본부, 『군사교리연구』, 2002년 7월, pp. 5-45에 발표된 원고를 일부 수정한 것입니다.

1) 부시 대통령이 취임한 이후 클린턴 대통령 당시의 군사혁신이 변혁(Transformation)으로 명칭이 바뀌었다.

2) Andrew W. Marshall, director of net assessment, Office of the Secretary Of Defense, memorandum, 23 August 1993.

3) 지난 몇 년 간 합동교리를 작성해 오면서 필자는 미군과 같이 작전을 수행하게 될

지난 20여 년간 국방정보화 분야에 근무해 오면서, 특히 1996년 이후 국방정보체계연구소, 국방대학교 합동참모대학 등에서 국방 지휘통제체계를 연구하면서 필자는 오늘날 국방력건설, 특히 정보체계 건설에 문제가 있다면, 가장 큰 걸림돌은 교리를 포함한 군사이론에 관한 개념 부족이라고 생각하고 있다.[4] 이 같은 맥락에서 필자는 지난 수년간 지휘통제 · 합동교리 등 군사이론의 문제를 연구해왔으며, 이들과 관련된 다수의 글을 기고하였다.[5]

여기서는 교리란 무엇인가(제2절), 교리와 전쟁의 관계(제3절), 선진 군대에서 교리의 위상(제4절), 미군과 무관하게 한국군이 독자적인 교리를 가져야 하며, 교리와 군사이론을 강조해야만 하는 이유(제4절), 한국군에서 교리와 군사이론이 보편화되도록 하기 위한 방안(제5절) 등과 같은 문제에 초점을 맞추어 논리를 전개하고자 한다.

2. 교리란?

교리에 관해 언급하기 이전에 몇몇 용어를 정의해볼 필요가 있다. 전구(戰區 : Theater)[6]란 단일의 군사전략목표 달성을 위해 지상 · 해상 및 공중

한국군에 합동교리가 필요한 이유는 무엇인가란 질문이 제기되는 것을 목격하였다. 한국군은 전시작전통제권의 행사를 추구하고 있다. 전시작전통제권을 직접 행사하는 경우 교리, 특히 합동교리는 우리 군에서 가장 중요한 문제가 된다.

4) 컴퓨터 및 데이터통신과 같은 정보기술이 체계건설 과정에서 중요한 문제인 것은 사실이지만 한국군, 특히 한국공군 정보통신 장교들의 전문지식 수준은 충분히 높다고 생각된다. 문제는 기술이 아니고 개념이다.

5) 권영근, "Information Potential for the Realization of ROK C4I", DAS 국제심포지엄, 1997년 10월; 권영근, "합동전력 발휘를 위한 지휘통제체계 구축 방안", Morsk, 1998년 12월, pp, 191-210; 권영근 "C4I 체계 구축에 관한 제언", 합동참모대학, 『합동교리연구』, 2001년 11월, pp. 129-168.

6) 전구는 합동군사령관 및 공군구성군사령관 차원에서 매우 중요한 개념이다. 지상 및

작전이 실시되는 지리적 영역을 의미한다. 전역(戰役 : Campaign)[7]이란 단일의 전략 또는 작전 목표를 달성할 목적에서 주어진 시간과 공간의 범주 안에서 수행되는 일련의 연계된 군사작전을 의미한다.[8]

본질적으로 전쟁은 상대방을 격파할 의지를 갖고 있는 무장한 군인들 및 리더들 간의 충돌로 생각할 수 있다. 따라서 전쟁에 관한 책에서는 리더와 무기를 항상 강조하게 된다. 그러나 전쟁은 또한 사상과 사상의 충돌로 생각할 수 있다. 전쟁을 염두에 두고 휘하 전력을 조직하는 과정에서 군 리더에게 지침이 되는 것은 군사이론이다. 군사이론은 장교 교육의 근간이다. 미래전 수행을 염두에 둔 무기체계를 선정하는 과정에서 중추적 역할을 하는

해상과 같은 지면군의 경우는 작전지역(Area of Operation)의 시각에서 전쟁을 바라보지만, 한반도에서 연합사령관과 공군구성군사령관은 전구 차원에서 전쟁을 바라보고 있다. "전구의 모든 항공력은 단일표적에 집중될 수 있다"라는 표현에서 보듯이 항공력과 관련된 내용을 기술하고자 하는 경우 전구란 개념은 필수적이다. Air Force Doctrine Document 2, "Organization and Employment of Aerospace Power", USAF, 2000년 2월 p. 1. 지금부터 Air Force Doctrine Document 2, "Organization and Employment of Aerospace Power"로 지칭.

합동작전에서는 육·해·공군의 전력이 특정지역을 중심으로 끊임없이 통합되는데, 해군과 공군의 무기가 육군을 지원하는 경우는 작전지역, 공군과 육군의 무기가 해군을 지원하는 경우 작전해역에서 통합되고 있다. 그런데 공군의 입장에서 육·해·공군의 무기가 통합되는 장소는 어디인가? 이는 전구이다. 따라서 합동 및 공군 교리에서 전구는 매우 중요한 개념이다. 한반도는 단일의 전구를 형성하고 있다.

7) 산업화시대 이전의 전쟁에서는 "단일 지점을 겨냥한 전략, 그리고 나폴레옹에 의한 결정적인 형태의 전투"가 전형적인 유형이었다. 18-19세기 당시의 산업화시대의 등장으로 인해 전쟁에서 추구해야 할 목표들이 다수 출현하게 되었다. 소위 말해 적 육군의 격멸만으로는 적에게 아측의 의지를 강요할 수 없게 되었다. 따라서 장기간 동안 도처에서 진행되는 전역(戰役)이 단일의 전투란 개념을 대체하게 되었다. 정보화시대인 오늘날에는 전구(戰區) 전반에 걸쳐 적군, 적의 전쟁 수행 능력 그리고 정보망을 거의 동시에 마비시키고, 파괴하는 형태의 동시적 성격의 전역이 출현하고 있다. 소위 말해 육·해·공군 작전을 적절히 결합한 합동 전역이 오늘날의 추세다. 출처 : General Gordon R. Sullivan, US Army 외 2명, "War in the Information Age", *Military Review*, 1994년 4월, pp. 46-58.

8) 합동참고교범 10-2, 『합동·연합작전 군사용어사전』, 합동참모본부, 1998년 12월.

것도 군사이론이다. 교리는 군사이론으로부터 도출되는데, 지속적으로 진화하는 성격의 것이다. 교리는 전역 또는 전쟁을 성공적으로 수행할 목적에서의 휘하 부대들의 이동·군수 및 전투 수행에 관해 지휘관들이 기대하고 있는 바를 담고 있다는 점에서 군사이론을 실제적으로 표현한 것이다.[9)]

이처럼 교리는 군사행위의 핵심이다. 전쟁 수행과 관련해 중심을 이루는 일군의 신념이란 점에서 교리는 군의 행위·구조·조직 및 발전을 인도하는 주요 요소다. 교리는 지적(知的) 측면에서의 국방의 근간을 묘사하고 있는 가장 수준 높은 표현이다. 그런데 교리란 용어가 사람에 따라 의미가 달라질 수 있다.[10)] 이 점에서 이들 개념에 관한 몇몇 국가들의 정의를 살펴볼 필요가 있다.

가. 미 공군[11)]

미 공군은 교리를 전략(기본)·작전 및 전술이란 3개 수준에서 생각하고 있다. 기본교리는 항공우주력에 관해, 그리고 공군에서 최상의 방식으로 임무를 수행하기 위한 방안에 관해 진실이라고 생각되는 부분이 담겨져 있다. 모든 항공우주 교리의 근간이란 점에서 이는 미 공군의 신념을 가장 높은 수준에서 표현한 것이다.

작전 교리에서는 기본교리에서 언급하고 있는 원칙들을 군사행위에 적용시키고 있는데, 특히 항공우주 전력의 준비와 운용을 위한 상세 수준의 임

---

9) James S. Corum, *The Luftwaffe: Creating the Operational Airwar(1918-1940)*, University Press of Kansas, 1999년 8월, pp. 2-3. 이후부터 Corum, *The Luftwaffe*로 표현.

10) Group Captain Peter W Gray, "Air Power and Joint Doctrine: An RAF Perspective", 2000년 여름, Volume Three Number Four, p. 1.

11) Air Force Doctrine Document 1, "Air Force Basic Doctrine", 1997년 9월, p. 3, & pp. 8-11.

무 기술(記述)을 염두에 두고 있다.

전술교리에는 상세 목표를 달성할 목적에서 특정 행위와 체계를 적절히 사용하기 위한 방안이 기술되어 있다. 이론보다는 행위에 중점을 두고 있다는 점에서 전술교리는 기본교리와 구분된다. 비행대대에서 조종사들이 사용하는 내규는 전술 수준의 교리로 생각할 수 있다.

미 공군은 기본교리에서 전쟁원칙 외에 지휘관들을 염두에 둔 주요 인도지침뿐만 아니라, 고려되어야 할 7대 교의(教義 : Tenet)를 주장하고 있다. 이들 교의는 군사적 목표들을 달성할 목적에서의 항공우주력의 운용 방안에 관한 것인데, 중앙집권적 통제(Centralized Control)/분권적 임무수행(Decentralized Execution) 등이 바로 그것이다.

나. 영국공군[12)]

영국공군은 교리를 '경험에 관한 연구와 분석을 통해 주로 얻어지는 지식의 축적'으로 정의하고 있다. 미 공군과 마찬가지로 영국공군은 전략 · 작전 및 전술이란 3개 수준에서 교리를 인지하고 있다. 본질적으로 교리는 최상의 운영 방법에 관해 항공인들에게 정보를 제공하는 형태의 것이다. 영국공군에서 교리는 교조(教條 : Dogma)가 아니다. 다시 말해 이것의 적용은 강제적인 성격이 아니다. 영국공군은 항공력을 성공적으로 운영하고자 할 때 중요한 의미가 있는 10대 요소를 언급하고 있는데, 효과적인 지휘통제의 행사 등이 바로 그것이다.

---

12) AP 3000, "British Air Power Doctrine", Directorate of Air Staff, 1999년, 제3장.

다. 오스트레일리아 공군[13)]

오스트레일리아 공군은 교리를 '군사력 운용에 관한 근본 철학', '전투력 적용을 인도해 주는 일군의 핵심 신념들'로 정의하고 있다. 근본 원칙 및 혁신적인 개념들로부터 도출된 오스트레일리아의 공군 교리는 권위적이지만, 적용에 나름의 판단을 요구하고 있다. 오스트레일리아 공군 또한 교리를 전략・작전 및 전술 수준으로 구분하고 있다. 오스트레일리아 공군 교리에서는 전략・작전 및 전술 수준 모두에 적용되는 항공력의 4대 좌우명(Maxim)을 규명하고 있는데, 병행적인 전역 수행, 단일화(Unity) 등이 바로 그것이다.

이들 분석에서 보듯이 교리는 폭넓은 형태의 보편적인 교의(教義), 즉 고급 수준의 교리에서 시작해 저급 수준의 전술활동을 기술할 목적의 것에 이르기까지 보편적으로 사용되는 개념이다. 본고에서 필자는 작전 및 전략 교리, 특히 작전 교리에 중점을 두고자 한다. 사실 전술 수준 교리의 경우 한국군 장교들이 매우 잘 숙지하고 있다고 생각된다. 이미 언급한 바처럼 작전 및 전략 수준 교리에 관한 상대적 관심 미흡이 오늘날의 국방에 적지 않은 문제를 유발하는 요소이며, 전시작전통제권 전환 측면에서 한국군에 가장 문제가 되는 부분으로 필자는 생각하고 있다.

이들 작전 교리는 군사력 운용에 필수 요소다. 이들 교리가 전쟁에서 차지하는 위치를 전쟁기획 측면에서 살펴보도록 하자.

---

13) AAP 1000, "The Air Power Manual", Royal Austrian Air Force, 1998년, 제1장(The Introduction to Doctrine).

3. 작전적 수준 교리와 전쟁기획

가. 전쟁 개관[14)]

전쟁에서 적군의 격파는 그것 자체가 목표는 아니다. 전쟁에서는 정치적 목표달성의 사전 여건을 조성해주는 군사적 측면에서의 최종상태(End State)의 달성을 그 목표로 하고 있다. 전쟁이 추구하는 궁극적인 목표는 국가 전략목표 달성에 도움이 되는 형태의 분쟁 이후의 상태를 만들어내는 것이다. 따라서 전쟁에서 추구하는 궁극적인 목표는 정치적 성격의 것이다.

전쟁은 단순한 군사분쟁 이상의 것이다. 이는 대립하는 의지와 의지 간의 대결이다. 전쟁에서 추구하는 목표는 자신의 의지를 적에게 강요하는 것이다. 아측 의지를 수용토록 하려면 적의 저항 능력을 격파하거나 적의 저항 의지를 말살시켜야 할 것이다.

나. 전쟁 수준[15)]

오늘날의 군 교리에서는 전쟁수행 활동을 전략·작전 및 전술이란 3개 수준으로 구분해 설명하고 있다. 전쟁의 전략적 수준은 또한 대전략과 군사전략으로 양분된다.

14) Donald M. Snow and Dennis M. Drew, *From Lexington to Desert Storm*, M. E. Sharpe, 2000년, pp, 3-29. 지금부터 Donald M. Snow and Dennis M. Drew, *From Lexington to Desert Storm*로 지칭.

15) 전쟁의 수준에 관해 보다 상세히 알고자 하는 경우는 이 책의 1부 2장 2절을 참조하시오.

다. 전쟁의 개개 수준에서 추구하는 목표들[16)]

군이 전력을 배치 및 운용하는 것은 군사목표를 달성할 목적에서다. 군사적 성격의 전역 및 작전의 계획과 수행은 이들 목표를 염두에 두고 이루어진다. 전쟁의 개개 수준에서는 바로 위의 단계에서 설정된 목표들을 염두에 두고 행동하게 된다. 따라서 전쟁 개개 수준에서 추구하는 목표들은 계층적인 성격을 띠고 있다.

전쟁의 대전략 수준을 놓고 고민하는 사람은 주로 대통령과 관계 부처의 장관들이다. 여기서 정의하는 전략목표에는 국익을 촉진시킬 목적의 국가안보 목표와 정치 및 군사적 측면에서의 제한사항이 포함된다. 전쟁의 군사전략 수준을 놓고 고민하는 사람은 주로 국방장관과 합참의장이다. 여기서 정립된 군사목표에서는 군사적 측면에서의 최종상태를 정의하고, 군사력 적용과 관련된 지침을 제공하게 된다. 전쟁의 작전적 수준을 놓고 고민하는 사람은 합동군사령관이다.[17)] 여기서 설정되는 전역목표에는 전역 전반의 일부로서 개개 구성군사령관이 계획 및 수행하게 될 작전들에서 추구해야 할 목표 및 정도가 개관(槪觀)되어 있다. 공군구성군사령관의 경우 항공임무지시를 내리는데, 여기에는 개개 항공작전에서 추구해야 할 목표들이 상세 열거되어 있으며, 단위 지휘관들, 예를 들면, 임무편대장(Flight Leader)에 대한 책임 부여와 권한위임 내용이 포함되어 있다. 전술 수준의 지휘관인 임무편대장들에게는 통합임무명령서가 하달되는데, 여기에는 개개 항공임무에서 추구해야 할 목표와 세부 요구사항들이 정의되어 있다.

---

16) Joint Pub 1, "Joint Warfare of the Armed Forces of the United States", 2000년 11월 14일. 권영근 외 3명이 번역 중임.

17) 한국군 합참의장은 전쟁의 군사전략 수준과 작전적 수준 모두를 담당하고 있다. 다시 말해 미국의 합참의장과 합동군사령관의 역할을 모두 수행하고 있다.

1991년의 걸프전을 예로 들어 설명해 보도록 하자. 당시 전쟁에서 미국 대통령 부시가 정의한 주요 전략목표는 쿠웨이트를 해방시키는 것이었다.[18] 이 같은 목표를 달성하기 위해 미국은 외교적으로 이라크 정권을 고립시키고, 경제 제재를 가했으며, 이라크의 군사력을 쿠웨이트로부터 몰아내기 위한 방안들을 수행하기로 결정하였다. 이들 방안으로부터 '사막의 방패(Desert Shield)' 작전과 '사막의 폭풍(Desert Storm)' 작전에서 적용된 군사목표들이 발전되었다.

예를 들면, 경제 제재를 가한다는 목표를 충족시킬 목적에서 미국을 포함한 다국적군은 이라크를 군사적으로 봉쇄하였다. '사막의 폭풍' 작전 당시 이라크를 쿠웨이트로부터 몰아내야 한다는 필요성으로 인해 다국적군을 지휘하고 있던 슈워츠코프 대장은 쿠웨이트 작전전구(Theater of Operations)의 이라크 군사력을 고립시키고, 항공 공격을 통해 이들의 전투력을 50% 이하로 저하시키며, 최종적으로 지상 작전을 통해 이들을 무력화시킨다는 내용의 전역 목표를 설정하였다.[19]

슈워츠코프 대장이 설정한 전역목표를 달성할 목적의 항공작전을 기획한 사람은 합동군 공군구성군사령관인 호너(Chuck Horner) 중장이었다. 그는 항공작전을 기획하는 과정에서 항공력의 배당(Apportionment)[20] 및 표적선정에 관한 슈워츠코프의 지침을 그 근거로 하였다. '사막의 폭풍' 작전이 시작되기 이전 다국적군은 슈워츠코프의 지침을 그 근거로 하여 Master Attack Plan을 구상하였는데, 항공력에 의한 당시의 전략공격과 후방차단 작전은

---

18) 이 외에 부시는 가능한 한 인명 피해를 최소한으로 줄여야 할 것이라고 언급하였다.

19) Donald M. Snow and Dennis M. Drew, *From Lexington to Desert Storm*, pp, 241-257.

20) 특정 순간에 다양한 항공작전 또는 지역에 투입되어야 할 총 노력을 %로 표시한 것임. 예를 들면, 가용 항공자산 중 20%를 근접항공지원에 30%를 전략공격에 그리고 50%를 제공작전에 투입하겠다고 결정할 수 있을 것이다. 출처 : Joint Pub 3-0, "Doctrine for Joint Operations", 2001. 9. 10., GL-4.

이들로부터 나온 것이었다. 마찬가지로 당시의 근접항공지원 작전은 항공력 배당에 관한 슈워츠코프 대장의 결정 그리고 전반적인 전역계획에서의 항공 지원 요구사항들, 특히 지상군 기동기획의 관점에서 기획되었다.[21]

라. 전역 기획 및 수행

(1) 지휘관계

현 시점에서 볼 때 전시 한반도에서 작전적 수준의 최고지휘관은 한미연합사령관이며, 항공력에 대한 지휘는 7공군사령관이 담당하게 된다. 한미연합사령관은 한반도의 한국군과 미군의 운용을 위한 전역계획을 책임지고 있는데, 작계-5027은 몇몇 상황을 가정한 가운데 작성된 정밀기획 성격의 전역계획이다. 몇몇 상황을 가정하고 있다는 점에서 가정이 바뀌게 되면 작계-5027 또한 변하게 될 것이다. 1991년의 걸프전에 대비한 항공 전역계획이 3일 만에 작성되었다는 점에서 볼 때, 유사시 전혀 새로운 방식으로 전쟁이 진행될 가능성도 배제할 수 없을 것이다.[22]

전역계획과 관련된 연합사령관의 책임에는 전역목표를 결정하고, 이들 목표의 상대적 우선순위와 이들 목표달성에 투입될 노력의 경중(輕重)을 결정

---

21) Donald M. Snow and Dennis M. Drew, *From Lexington to Desert Storm*, pp.241-257.

22) 일반적으로 뿐 아니라 한반도의 경우에서 또한 전쟁 양상은 예측을 불허한다는 점, 그리고 육・해・공군의 일부 작전 능력을 결합해 위기에 대처해야 할 것이란 점에서 이는 충분히 가능한 일이다. 출처 : 권영근 번역, 『미래전 어떻게 싸울 것인가』, 연경문화사, 1999년 4월, pp. 449-458; "슈워츠코프 대장이 미 공군참모차장 로(Loh)와 통화한 지 정확히 3일이 지난 시점, 와든과 그의 기획 집단은 사담의 운명을 바꾸어놓을 항공전역을 개발해내고는 그 내용을 주요 인사들에게 설명해 나름의 지지를 획득하였다." 출처 : John A Warden III, Leland A. Russell, *Winning in Fast Time: Create the Future with Prometheus*, Harper Business, 2001년 9월, p. 13; 이은수, 권영근 번역, 『쾌속성공 : 프로메테우스 경영 전략』, 연경문화사, 2002년, p. 16.

하는 일이 포함된다. 일반적으로 연합사령관은 항공력의 배당 및 할당(Allocation)[23] 비율, 지상군의 기동기획 그리고 적정 해군작전을 인가하게 된다.

(2) **전역계획 과정**[24]

전쟁의 작전적 수준을 담당하는 지휘관은 군사목표 달성을 위한 상세 방안을 열거하고 있는 개략적 성격의 전역계획을 발전시킬 책임이 있다. 또한 이 같은 성격의 전역계획에서는 적의 능력과 배치, 아측 전력의 가용 정도 그리고 작전 측면에서의 제한사항을 포함한 일부 가정들을 언급하는 한편, 육·해·공군 구성군사령관에게 전역목표와 군사력을 배정하게 된다.

이 같은 개략 성격의 전역계획에 근거해 구성군사령관은 전역계획에 포함되어 있는 작전에 대한 상세 계획을 작성하게 된다. 구성군사령관이 작성한 작전계획에서는 작전목표(전역목표를 고려해 규명)와 적의 중심(重心 : Center of Gravity)을 규명하고, 임무에 투입되는 전력을 대응시키며, 이들 군사력의 배치 및 운용에 관한 시간별 계획을 발전시키게 된다. 전쟁이 진행되면서 작전계획과 전역계획은 결과에 따라 수정 또는 변경된다.

전역계획은 전략목표와 전략지침의 준비에서 시작해 전술작전의 수행과 함께 종료되는 계층적 성격의 과정이다. 정책 및 전략 지침이 변하는 경우 전술 결과들을 관찰한 이후의 갱신된 정보와 지휘관의 평가 및 조언을 고위급 사령부에 전달하게 된다. 그 결과 전역계획의 변경 또는 수정이 요구될

23) 할당이란 전쟁의 작전적 수준 지휘관이 배당한 항공 노력을 개개 임무 측면에서 가용한 항공기 별 총 쏘티 숫자로 전환함을 의미한다. 예를 들면, 항공자산의 30%를 근접항공지원에 배당한다고 할 때, 이것이 F-4 팬텀 50쏘티 그리고 F-5 70쏘티에 해당할 수 있을 것이다. 출처 : Joint Pub 3-03, "Doctrine for Joint Interdiction Operations", 1997. 4. 10., p. GI-2. 권영근 외 2명이 번역 중임.

24) Joint Pub 5-00.1, "Joint Doctrine for Campaign Planning", 2002. 1. 25.

수 있을 것이다. 전역계획이 수정되면 갱신된 전역계획을 반영해 예하 계획을 수정 또는 갱신하게 된다.

(3) 공군구성군사령관의 임무[25)]

공군구성군사령관은 연합사령관 또는 합참의장이 작성한 전역계획을 지원할 목적에서 항공력의 배치 및 운용에 관한 계획을 작성하게 되며, 전역목표를 달성할 목적에서 항공력에 대한 임무 부여를 주도하게 된다. 공군구성군사령관은 항공작전본부(AOC : Air Operation Center)의 도움을 받아 항공작전을 계획·지시 및 관찰하며, 작전 효과를 분석 및 평가하는 등의 임무를 수행하게 된다.

(가) 항공작전 기획

가용 항공력의 배치 및 운용 계획을 작성한다. 이들 계획을 통해 공군구성군사령관은 달성해야 할 목표와 전력을 예하 지휘관들에게 배정하게 된다. 이는 합동군사령관에 의한 개괄적인 전역계획 그리고 항공력 배정과 관련된 합동군사령관의 결정에 근거해 이루어진다. 항공작전 기획은 매일 있는 항공작전 지시의 근간이 된다.

(나) 항공작전 지시 및 관찰

'항공작전본부'는 항공임무명령의 생산 및 배포를 통해 매일의 항공작전을 지시하게 된다. 또한 이곳은 항공작전의 결과뿐만 아니라 적 행위로 인해 아측 능력이 입은 손실을 관찰하게 된다.

25) Air Force Doctrine Document 2, "Organization and Employment of Aerospace Power", pp. 71–75.

(다) 작전효과 분석 및 평가

작전수행지역에서의 진행 상황, 항공작전의 결과, 고위급 사령부에서 내려오는 지침의 변화, 정보평가 그리고 휘하 부서에서 올라오는 보고서를 분석하게 된다. 항공작전 기획이 지속적으로 타당성을 유지하도록 한다는 차원에서 이들 정보를 분석하게 된다. 그 내용을 보다 상세히 언급하면 다음과 같다.

- 합동군 공군구성군사령관(JFACC : Joint Forces Air Component Commander)[26]이 추구하는 목표와 지침을 충족시킬 목적의 항공・우주 및 정보작전을 통합하기 위한 기획문서와 항공우주작전 관련 전략을 발전시킨다.
- 매일 항공작전 임무를 부여하고, 이를 수행한다. 신속히 대응하며, 모든 영공 관련 노력을 통합할 뿐 아니라 무기 운용을 조정하고 이것이 상충되지 않도록 한다.
- 항공우주 작전의 계획・시행 및 평가를 지원할 목적의 전출처(All Source) 정보 및 기상 정보를 수신・조합・분석・정제 및 전파한다.
- JFACC가 ACA(Aerospace Control Authority)로 지정된 경우 ACA를 위해 공중통제 절차를 발행하고 공중통제 활동을 조정한다.
- JFACC가 지역방공사령관(AADC : Area Air Defence Commander)으로 지정된 경우 TMD를 포함 방공에 관한 전반적인 지시를 한다.
- 전구 정보・감시 및 정찰(ISR) 자산에 관한 임무를 계획・부여 및 수행한다.

26) 전쟁이 발발하는 경우 전구의 모든 항공력을 지휘할 목적의 단일사령관을 지칭. "걸프전에서는 단일의 항공지휘관이 대부분의 다국적군 항공력을 지휘함에 따라 작전이 매우 효율적으로 수행될 수 있었다." 출처 : Dennis M. Drew, "From Lexington to Desert Storm", pp. 253-254.

- 합동군사령관은 전구 차원의 전투평가 지원을 요구하게 된다. 그 일환으로 JFACC는 임무와 항공우주 작전의 전반적인 효과를 결정할 목적의 작전적 수준의 평가를 수행한다.
- 항공임무명령서(ATO : Air Tasking Order)를 생산 및 배포하며, 그 내용을 수정하게 된다.
- 모든 항공이동 임무를 통합 및 지원하게 된다.

4. 교리의 중요성

제3절에서는 분쟁에 대비한 대통령・국방장관 및 합참의장의 임무와 역할, 고위급 지휘부서의 지침에 근거해 합동군사령관이 전역계획을 그리고 공군 구성군사령관이 전역계획에 근거해 작전계획을 작성하는 문제, 이들 계획을 통해 통합임무명령서가 발급되어 공군의 조종사가 전쟁의 전술 수준을 수행하게 되는 과정을 살펴보았다. 이들 과정의 중심에 작전적 수준의 각 군 교리와 합동교리가 위치해 있는데, 이 점을 어느 정도 인지하였을 것이다.[27)]

우리들 모두가 잘 알고 있는 바처럼 유사시 한국군은 한미연합사령관의 지휘 아래 운용되는데, 그 운용개념은 미군교리에 근거하고 있다. 또한 한국군의 전역계획은 한미연합사령관이 그리고 항공력 운용에 관한 계획은 7공군사령관이 중심이 되어 작성된다.

한국군이 합동교리와 같은 작전적 수준의 교리에 관심을 기울여야 하는 것은 군사력 운용과 건설 측면에서다. 전시작전통제권 전환을 추구하고 있

---

27) 제3절에서 필자가 작전적 수준의 미군 교리에 나와 있는 내용을 중심으로 논리를 전개하였음을 주목해볼 필요가 있을 것이다.

는 한국군은 일정 기간이 지나면 미군과 무관하게 독자적으로 전역을 계획해야 하는데, 이 같은 전역계획의 근간이 합동교리와 작전적 수준의 각 군 교리다. 뿐만 아니라 작전적 수준의 교리는 국방력 건설의 근간이다. 한국군은 군사력 건설을 국방부·합참 및 각 군 중심으로 한국군 내부에서 독자적으로 하고 있다. 이 같은 교리가 부재하고 교리 작성을 가능토록 하는 군사이론에 친숙해 있지 않은 경우, 정보화시대의 국방력 건설이 매우 어려워진다는 것이 문제다.

우리는 군사력 운용 측면에서의 작전적 수준 교리의 중요성을 살펴보았다. 정보화시대 국방력 건설과 교리의 관계를 언급하기 이전에 제1차 세계대전 이후부터 시작해 제2차 세계대전 이전의 독일군의 사례를 통해 교리의 중요성을 재차 살펴보도록 하자.

가. 교리의 중요성 : 독일군의 사례

1940년 당시 독일군의 공격으로 인해 프랑스군이 무기력하게 붕괴된 것은 보유하고 있던 무기 때문이 아니고, 잘못된 교리 때문이었다는 점은 일반적으로 널리 알려진 사실이다. 이처럼 교리는 전쟁에서 매우 중요한 요소다.[28)]

미 예비역 육군대령 출신의 저명한 군사이론가인 두피(T.N. Dupuy)는 『전쟁의 천재(*A Genius For War*)』란 자신의 명저(名著)에서 1807년부터 1945년 기간 중 독일군을 이끌어간 천재들(참모총장들)을 거론하며, 이들이 군 역사와 군사이론에 해박한 지식이 있었다는 점을 언급하고 있다. 또한 그는 19

---

28) 당시 영국·프랑스 및 독일군의 교리와 관련된 문제를 보려면 다음을 참조하시오. 허남성, 권영근 번역, 『제1, 2차 세계대전 사이의 군사혁신(上)』, 국방대학교, 2002. 3., pp. 31-66.

세기 중반 이후, 독일군이 세계적으로 공포의 대상이 되었던 것은 독일민족이 호전적이었기 때문이 아니고, 전쟁사를 포함한 전문군사교육(Professional Military Education)을 크게 강조했기 때문이라고 말하고 있다.[29]

당시 독일군을 이끌어간 천재들인 일반참모들의 주요 임무는 전쟁기획, 전시 부대지휘 그리고 교리작성이었다.[30] 전쟁기획과 부대지휘가 교리에 기반을 두고 있다는 점에서 독일군의 최고 지휘부는 교리를 포함한 군사이론에 대가들일 수밖에 없었다.

제1차 세계대전 직후 독일군 개혁에 착수한 섹트(Hans von Seeckt)는 제1차 세계대전에서의 교훈을 조사해볼 목적에서 일반참모 출신 장교와 특정분야 전문가들로 구성된 57개 이상의 위원회를 구성하였다.[31] 이들 위원회를 이끈 사람은 독일군 일반참모들이었다. 결과적으로 보면 이들 작업에 400명 이상의 장교가 참여했는데, 이들은 1916-1917년 당시 교리를 작성해 본 경험이 있었다.[32] 제2차 세계대전 당시 독일군이 작전 및 전술 측면에서 일대 승리를 거둘 수 있었던 것은 교리에 관한 이 같은 연구 덕분이었다.

독일군에서 교리는 일반참모들만의 전유물이 아니었다. 소위 말해 독일군의 모든 장교가 교리를 포함한 군사이론에 정통하였다. 필자는 오늘날 미국의 전문군사교육[33] 체계, 그리고 미군을 이끌어가는 엘리트들을 보며 미국

---

29) Colonel T. N. Dupuy, USA, Ret, 'A Genius For War', NOVA Publication, Sixth Printing, June 1995, pp. 1-12, & pp. 300-313.

30) Corum, *The Luftwaffe*, p.18.

31) Corum, *The Roots of Blitzkrieg*, p.37.

32) 자군의 교리 및 전술개념을 발전시키는 과정에서 전후 독일군과 영국군이 보인 노력에는 엄청난 차이가 있었다. 독일군의 경우 자군 장교단의 10% 이상에 해당하는 300명 이상의 장교들을 이들 목적에 투입한 반면, 영국군은 자군의 보병전술 교범을 재차 작성하는 문제를 군사 경험이 일천한 24세의 보병중위인 리델하트(B. H. Liddell Hart)에게 일임하였다.(*Ibid.*, p. 39)

33) 미국의 War College, General Staff College, National Defense University 등에서의 교육이 여기에 해당함. 한국군의 경우는 육 · 해 · 공군 대학, 국방대학의 합동참모대학,

이 독일군을 거의 답습하고 있다고 확신하고 있다.[34] 그 내용을 보다 자세히 음미해 나름의 시사점을 얻는다는 측면에서 독일군 장교의 교육과정, 특히 일반참모의 경우를 중심으로 교리의 중요성을 재차 확인해 보도록 하자.

(1) 독일육군의 일반참모[35]

프로이센의 일반참모 제도는 샤론호스트(Sharnhorst) 장군에 의한 1800년대 초반의 개혁의 결과였다. 이들 일반참모가 크게 부각된 것은 1866년 및 1870년 당시의 전쟁에서다. 독일육군의 일반참모 장교들은 별도 부서로 이관되어 별도 관리되었다. 이들은 진급과 지휘 측면에서 특별대우를 받았으며, 야전장교들과 비교해 상급 부서로 진출할 가능성이 훨씬 더 높았다.

제1차 세계대전 이후 독일 육군참모총장인 섹트는 군 개혁을 시작하였다. 이 같은 개혁으로 인해 군의 모든 장교들은 임관한 지 대략 10년이 되는 순간, 일반참모 양성 목적의 학교에 입교하기 위한 시험을 보아야만 하였다. 이들 중 매년 40명을 선발해 독일군은 베를린에 있던 전쟁학교(War Academy)에서 강도 높은 교육을 시켰다. 3년에 걸친 과정에서는 군사기획 및 위

그리고 국방대학의 안보과정이 전문군사교육을 전담하는 조직이다.

34) 군사이론 분야의 세계적인 석학인 이스라엘의 반 크레벨트는 장교 교육과 관련해 미국에 대해 다음과 같이 권고하고 있다. "General Staff College, War College 등과 같은 전문군사교육 기관 과정에 엄선된 장교들을 입과시키고, 경쟁에 근거해 졸업시킨 후, 이곳을 졸업한 사람들에게 진급 측면에서 특전을 부여해야 한다. 민간대학 교육과 비교해볼 때 전문군사교육의 비중을 강조해야 한다. 이들 교육을 통해 장교들의 진급 가능성을 사전에 결정해 주어야 한다. 이들 과정에서 우수한 성적을 보인 장교들에게 1년의 기회를 더 주어 논문을 작성하도록 해 석사학위를 부여해야 할 것이다." 출처 : Van Creveld, *Training on the Officers*, The Free Press, 1990년, pp. 105-110. 지금부터 Van Creveld, *Training of the Officers*로 표기. 한편 2001년 당시 미국의 Air War College와 School of Advanced Airpower Studies에서 논문을 제출한 사람은 21명에 불과하다. 미 공군대학 자료 참조,

35) Corum, *The Luftwaffe*, pp. 66-67.

게임뿐만 아니라 군사이론과 군 역사를 교육시켰다. 창의성이 강조되었으며, 틀에 박힌 듯 보이는 답변이 요구되지 않았다.

1914년 당시 독일육군에는 대략 29,000명의 장교가 있었는데, 이들 중 622명(2.14%)이 일반참모 출신이었다. 일반참모 출신 장교들은 규모가 작았다는 점으로 인해 서로를 매우 잘 알고 있었다. 그 결과 이들 간에는 자유스런 논쟁과 토론이 가능했으며, 일반적인 인식에서 벗어나는 견해 또한 수용되었다. 명성으로 인해 육군의 고위급 인사들은 계급에 무관하게 일반참모들의 견해를 경청하였다. 독일육군의 일반참모 과정에서는 항공이론이 크게 강조되었다.

당시 독일군은 모든 장교에게 일반참모 과정 입교 시험에 응시토록 하였으며, 시험에서 일정 점수를 얻어야 만이 군에 잔류할 수 있도록 하였다. 한편 독일군은 적어도 하나 이상의 외국어 능력평가 시험을 통과해야 장교로 임관할 수 있었다. 군 교육에 대한 이 같은 요구사항으로 인해 군의 모든 장교가 일반참모과정 입교시험을 준비할 목적으로 많은 시간을 소비하였다. 연대장은 휘하 장교들이 일반참모 시험에서 좋은 성적을 얻을 수 있도록 노력해야만 하였다. 그 결과 모든 육군 부대에서 연대별로 독서모임, 세미나 그리고 군사문제에 관한 강연이 주기적으로 개최되었다.

(2) 독일공군의 일반참모[36]

제1차 세계대전 이후, 독일공군이 성장하는 과정에서 공군의 지휘부는 장교 교육의 중요성을 인지하였다.

항공기가 갖는 나름의 매력으로 인해 당시 독일공군에 지원하는 요원들

---

36) Corum, *The Luftwaffe*, p. 8, p. 10, pp. 135-137, 249-255.

의 자질은 매우 높았다. 당시 독일공군은 장교 지망생들에게 3년의 교육 기간을 거쳐 임관시켰다. 3년간의 교육과정이 종료될 시점 장교 후보생들은 일종의 종합시험을 보았는데, 이것을 통과하는 사람만이 장교로 임관할 수 있었다. 1937-1939년 당시 독일공군에서는 매년 2,500명 정도의 장교가 임관하였다. 이들 장교 후보생은 조종·통신 및 방공포란 3개 부서로 나누어졌다. 임관 당시 조종 장교들은 대략 200시간의 비행 경험이 있었다.

개개 비행단에는 훈련 목적의 대대 또는 전대가 있었는데, 비행단에 전입한 신임 장교들이 이곳에서 전술 및 항법에 관해 집중 교육을 받았다. 이들 교육 외에 독일공군의 모든 장교들은 장교생활 전반에 걸쳐 전술·항공이론 및 군 역사에 관한 강의를 지속적으로 들어야만 하였다. 군사과학과 군 역사에 관한 강의 또는 세미나가 끝날 때마다 의문점을 해소하고, 표현력을 함양한다는 차원에서 독일공군은 장교들이 상호 토의토록 하였다. 이 같은 노력을 지원할 목적에서 독일공군은 군 항공과 역사를 독일어로 번역한 수백의 외국 논문을 비치해 장교들이 전문 연구와 독서 목적으로 활용할 수 있도록 하였다.

임관 후 8년이 되는 순간 독일공군의 모든 장교가 베를린에 있던 Air District School에 입교해 4개월 동안 교육을 받았다. 이곳은 독일공군 일반참모학교 입교시험을 보게 될 장교들에게 공통 과목을 가르칠 목적으로 개설되었다. 여기서는 35명에서 40명에 달하는 장교들에게 기본 과정을 교육시켰는데, 교과과목은 군 역사, 항공 전술 및 작전, 기본항법기술 그리고 독일공군 참모 절차를 중심으로 구성되었다. 과정이 종료될 당시 모든 장교가 종합시험을 치렀는데, 이곳에서 1등한 사람만이 독일공군의 일반참모 학교에 입교할 수 있었다.

일반참모 교육은 3년 동안 진행되었는데, 이들 교육기관은 전술과 작전 중심의 항공전사관학교(Air War Academy)와 대학 수준의 공학을 가르치는 항공기술사관학교(Air Technology Academy)로 양분되었다. 일반참모 양성을 목적으로 독일공군이 항공기술사관학교를 설립한 것은 섹트에 의한 개혁의 결과였다. 그는 육·해·공군 중에서 가장 기술 중심의 군대인 공군의 경우 기술에 해박한 지식을 구비한 일반참모가 절실히 요구된다고 생각하였다.

독일공군에서 이들 교육기관의 위상은 대단하였다. 항공기술사관학교의 교수들은 전원이 이학 및 공학 분야의 박사로 구성되었다.[37] 항공전사관학교의 교수진은 매우 우수하였다. 군사문제의 경우 우수한 수준의 고위급 일반참모 장교들이, 그리고 지리·경제 등과 같은 경우는 민간의 저명한 교수들이 담당하도록 하였다. 예를 들면, 제1, 2차 세계대전 사이의 기간 중 독일에서 가장 저명할 뿐 아니라 가장 많은 책을 저술(著述)한 독일육군 일반참모 출신의 코헨하우젠(Cohenhausen)은 전역 후 항공전사관학교의 전술 교관으로 근무하였다.

1935-1939년의 기간 중 항공전사관학교에는 매년 25명에서 32명, 항공기술사관학교에는 9명에서 10명의 장교가 입교하였다. 이들 사관학교에 입교한 장교들은 적어도 하나 이상의 외국어를 공부해야만 하였다. 대부분의 독일공군 일반참모들은 외국어에 능통하였다. 1939년 당시 독일공군에는 220명의 일반참모 장교들이 있었는데, 이들 중 99명이 프랑스어, 77명이 영어, 28명이 이탈리아어, 23명이 스페인어, 14명이 러시아어, 17명이 여타 언어에 능통하였다. 또한 일반참모 장교 중 55명은 번역 또는 통역 자격증을 구비

---

37) 미 국방을 위한 제언에서 반 크레벨트 또한 유사한 말을 하고 있다. "학교의 명성을 높이고, 이들 학교가 나름의 역할을 수행할 수 있도록 하려면 군 교수들의 자질을 개선해야 할 것이다. 1년 과정의 장교들에게 전쟁술(Art of War)을 가르치는 사람들은 경험이 풍부하고 진급 가능성이 높은 중령 및 대령급 장교여야 할 것이다. 2년 과정의 학생들에게 군사이론 및 군 역사를 가르치는 사람들은 박사학위를 소지한 중령 및 대령급 장교가 되어야 할 것이다." 출처 : Van Creveld, *Training of the Officers*, p. 107.

하고 있었다. 독일공군은 고급 학교에 다수의 외국 서적과 논문을 비치해 장교들이 그 내용을 공개적으로 논의할 수 있도록 하였다. 독일공군이 이처럼 외국어를 강조하였던 것은 외국의 발전상에 장교들이 친숙해 있어야 한다는 섹트의 견해 때문이었다.

독일공군의 최고지휘관들은 항공교리의 중요성을 강조하였다. 예를 들면, 1935년 당시의 공군참모총장인 웨버(Weber)는 항공교리 연구에 매우 열정적이었다. 그는 솔선수범하여 항공교리를 연구 및 학습하였을 뿐 아니라 독일공군의 모든 장교들이 열정적으로 연구하도록 유도하였다.

독일공군의 고위급 장교 중에는 유능한 항공지휘관과 항공사상가가 매우 많았다. 독일공군은 교리와 작전술에 정통한 장교들에게 항공교리를 작성하도록 하였다.

나. 군사력 건설의 문제 : 정보화시대의 군사력 건설

이미 모두가 잘 알고 있듯이, 오늘날의 군은 컴퓨터 및 데이터통신에 기반을 둔 군사혁신의 시대에 진입하고 있다. 정보화시대의 전쟁은 단기간에 종료되는 반면, 군사력 건설은 수십 년에 걸쳐 진행된다는 특징이 있다. 따라서 오늘날의 군사 이론가들은 전쟁수행의 문제 이상으로 군사력 건설에 지대한 관심을 표명하고 있다.[38)]

전통적으로 군은 근육(항공기 · 탱크 · 함정 및 병력)과 신경(지휘통제체계)을 이용해 전쟁을 수행하고 있는데, 신경이란 무기에서 외교적 수단에 이르기까지 국가안보와 관련된 근육들 간에 조화를 이루도록 하는 수단이다.[39)] 인

---

38) 권영근 번역, 『중국인이 생각하는 미래전』, 연경문화사, 200년 3월, p. 219.

39) Thomas P. Coakley, *Command and Control for War and Peace*, National Defence University, Jan 1992, pp. 8–9.

간의 경우를 보면, 눈과 같은 오감을 통해 감지된 사항이 신경을 통해 뇌로 전달되고 있다. 뇌에서는 이미 알고 있는 사실과 새로운 정보를 이용해 상황을 파악하게 되는데, 그 결과가 재차 신경을 통해 근육으로 전달된다. 근육에서는 신경을 통해 전달된 정보에 근거해 나름의 행동을 취하게 된다.

『전쟁론』이란 자신의 저서에서 클라우제비츠(Karl von Clausewitz)는 전쟁을 두 사람의 격투에 비유하였다.[40] A 선수와 B 선수가 권투를 하는데, A 선수가 B 선수와 비교해 신경계통이 10,000배 빠르다고 가정하면 A 선수의 입장에서 보면 B 선수는 모래주머니와 다름이 없을 것이다. 오늘날에는 컴퓨터 및 데이터통신의 비약적인 발전으로 인해 지휘통제체계와 같은 군의 신경조직이 발전을 거듭하고 있다. 그 결과 이들의 성능 개선이 오늘날의 군에서 중요한 의미가 있게 되었다. 항공기 및 탱크와 같은 주요 무기체계와 군의 지휘통제체계는 몇몇 측면에서 지대한 차이가 있는데, 그 중 하나는 건설의 측면이다.

『전쟁에서의 지휘』란 책에서 반 크레벨트(Martin Van Creveld)는 "오늘날 군의 지휘통제는 지휘통제를 실제 구사하는 인간 조직(정부, 군대)뿐 아니라 해당 사회의 기술 역량과 밀접한 관계가 있다. 현대 경제이론이 그러하듯이 군의 지휘통제는 많은 것이 상호 영향력을 행사하는 가운데 이루어진다. 예를 들면, 가용한 정보기술, 해당 군에서 운용 중인 무기의 유형, 전술과 전략, 군 구조, 인력체계, 훈련 및 교육체계뿐 아니라, 국가의 정치적 형태 등 모든 것이 군의 지휘통제 과정에 영향을 미치고, 지휘통제 유형에 따라 이들 모두가 영향을 받는다"[41]라고 주장하였다.

---

40) Carl Von Clausewitz, *On War*, translated by Michael Howard and Peter Paret, Princeton University Press, 1984년, p. 75.

41) 김구섭, 김용석, 권영근 번역, 『전쟁에서의 지휘』, 연경문화사, 2001년 7월, p. 425. 지금부터 김구섭, 김용석, 권영근 번역, 『전쟁에서의 지휘』로 표기.

이미 언급한 바처럼 교리는 군 구조, 무기의 유형 등을 결정해주는 핵심 요소다. 군 구조가 제대로 정립되어 있지 않은 상태에서 지휘통제체계가 건설될 수 있을까? 군사력 운용을 위한 계획수립을 미군이 전담하고 있는 상황에서, 다시 말해 이 같은 일을 한국군이 수행하지 않으면서 이들 일을 하기 위한 지휘통제체계의 건설이 가능할까?[42)]

이 같은 근본적인 문제 외에 오늘날 국방정보화 사업을 하는 과정에서는 국방부에서 육·해·공군의 체계를 일괄 설계 및 개발해야 할 것인가, 아니면 국방부 및 합참의 기획에 의거해 각 군이 독자적으로 체계를 건설하고, 이들 체계를 통신 및 소프트웨어 측면에서 통합하는 방식으로 국방체계를 건설해야 할 것인지의 문제가 중요한 사안으로 부상하고 있다. 이들은 '합동이란 무엇인가?', '육·해·공군 전력을 이용해 승수효과를 발휘하기 위한 방안은 무엇인가?'라는 교리적 측면의 문제다. 지난 몇 년 간 한국군은 메가센터(Mega-Center)란 개념을 놓고 고민한 바 있는데, 이것 또한 지상군에게 친숙한 개념인 지역 중심으로 전력을 통합하는 것이 옳은가? 아니면 공군이 주장하는 목표 및 노력 중심으로 전력을 통합하는 것이 옳은가의 논쟁에 관한 것이다.[43)]

이처럼 지휘통제체계와 같은 정보화시대의 국방체계가 건설되려면 건설하고자 하는 시스템(일)을 한국군이 수행하고 있어야 할 것인데, 이들 군사

---

42) 예를 들면, 항공력의 지휘통제 개념은 중앙집권적 통제. 분권적 임무 수행인데, 이는 통합임무명령서(ITO)를 통해 구현된다. 출처 : Air Force Doctrine Document 2, "Organization and Employment of Aerospace Power", pp. 2-4. 자동화란 사람이 수작업으로 하는 일을 컴퓨터를 이용해 처리하는 것인데, 이 같은 임무를 한국군이 수행하지 않는 경우 이들 임무 수행을 위한 체계 건설이 가능할까? 자동화가 되려면 제도 및 절차가 정립되어 있어야 하며, 이들 제도 및 절차에 따라 처리하는 업무가 있어야 할 것이다.

43) 권영근, "전력통합 : 작전지역중심 통합과 목표중심 통합", 『합참』, 2001. 7. 1., pp. 112-121.

력 운용에 관한 절차와 개념을 제시해주는 것은 교리다. 따라서 교리가 제대로 정립되어 있지 않은 경우, 그리고 이들 교리에 따라 업무를 수행하고 있지 않은 경우 지휘통제체계와 같은 정보화시대의 핵심 체계의 건설은 매우 어려운 일이다.

5. 개선 방안

가. 한국군 독자적인 지휘구조 구성

전시 한미연합군은 연합사령관이란 단일 지휘관이 지휘하게 된다. 또한 한반도의 지상・해상 및 공중 전력은 지상・해상 및 항공 구성군사령관이란 단일 지휘관이 각각 지휘하고 있는데, 이는 역사적으로 볼 때 가장 이상적인 형태의 지휘구조다.44)

문제는 한국군이 미군과 함께 결합해 이상적인 구조를 이루고 있다는 점이다. 5세 어린이와 20세 청년 모두를 사람으로 보는 것은 사람으로서 구비해야 할 요건들을 갖추고 있기 때문일 것이다. 이 점에서 보면, 미군이 빠져 있는 상태(연합사령관을 중심으로 한 연합사 체계 그리고 각 군 구성군사령관, 특히 7공군사령관을 중심으로 한 7공군 체계가 생략된)에서의 한국군 지휘구조는 올바른 형태로 말할 수 없을 것이다.

월남전 당시 미군은 월남에서의 지휘구조를 한국에서와 같은 미・월연합사(Combined U.S.-Vietnamese Command) 체계로 구성하고자 하였다. 당시 미군이 이 같은 형태의 지휘구조를 유지할 수 없었던 것은 이것이 식민지시대

---

44) 권영근, "C4I 체계 구축에 관한 제언", 합동참모대학, 『교리』, 2001년 11월, pp. 146-150.

의 지휘구조로 비춰질 가능성이 있다는 일부 반대의견 때문이었다.[45)]

제1, 2차 세계대전 당시 독일군 일반참모들이 주로 전쟁을 기획하고 전시 전쟁을 지휘했다는 점, 한반도에서 미군이 이 같은 임무를 수행하고 있다는 점에서 보면, 한미연합군의 일반참모들은 주로 미군(적어도 전구 전력의 운용 및 항공력 운용 측면에서)이라고 생각된다.

한국군이 전쟁기획 및 지휘통제에 관한 작전적 수준의 교리를 등한시하고, 군사이론과 군 역사에 대한 연구를 진지하게 생각하지 않고 있다면, 근본적인 이유는 앞에서 언급한 점 때문일 것으로 생각된다. 이 같은 점을 고려해 한국군은 미군과 별도의 지휘구조, 즉 통합사령부(Unified Command)[46)] 구조를 구성해야 할 것이다. 향후 얼마 동안은 한미연합사 체계에 근거해 위기에 대처해 나가야 하겠지만, 독립적인 형태의 통합사령부 구조가 어느 정도 성숙되는 시점에는 일본 내부에서의 자위대와 주일미군의 관계처럼 한국군은 미군과 병행적이고도 독립적인 성격의 지휘구조를 유지해야 할 것이다.

한국공군의 작전사령부는 7공군사령관의 주요 관심사인 항공전 기획과 지휘의 문제를 놓고 고민하는 방향으로 그 임무가 전환되어야 할 것이다. 한국공군이 구상하고 있는 중간사령부는 공중우세 · 전략공격 · 근접항공지원 · 공수 · 전자전 · 방공포와 같은 기능 중심의 사령부에 일부 지역 중심이 가미된 형태가 되어야 할 것이다.[47)] 평소 이들 중간사령부는 휘하 전력의

45) 김덕현, 권기춘, 주호태, 권영근 번역, 『합동작전의 역사』, 국방대학교 합동참모대학, 2001., p. 231.

46) 한미연합사는 통합사령부 구조다. 통합사령부 구조의 본질을 이해하고자 하는 경우는 Thomas A Cardwell II, *Command Structures for Theater Warfare: The Quest for Unity of Effort*, Air University Press, 1984년 9월; 또는 권영근 번역, "전구 차원의 전쟁에 대비한 지휘구조", 『군사교리 연구』(공군본부), 2000년 11월, pp. 139-184.을 참조하시오. 지금부터 Thomas A Cardwell II, *Command Structures for Theater Warfare: The Quest for Unity of Effort*로 지칭.

47) 전 세계적으로 볼 때 기능 중심의 중간사령부를 운용하는 나라(영국 등)가 있는가 하면 지역 중심의 중간사령부를 가미한 나라(독일 등)가 있다. 이는 국가가 처해 있는

기능별 훈련과 개념 발전에 매진하고, 육군 및 해군의 항공무기와 미사일을 공군의 항공무기와 합동차원에서 통합하는 문제를 놓고 고심해야 할 것이다.48)

이 같은 형태로 한국군의 지휘구조가 모습을 갖추고, 전쟁기획 및 지휘의 문제를 놓고 고심하게 되는 경우 한국군은 작전적 수준 교리의 중요성을 보다 더 강조하게 될 것이다. 이처럼 하지 않는 경우 한국군은 지휘통제체계와 같은 오늘날의 핵심 국방체계들을 제대로 건설할 수 없을 것이다.

나. 외국군 군사사상 관련 책자 적극 소개

나중에 출발한 주자(走者) 또는 국가가 상대방을 따라잡기 위한 최선의 방안은 모방이며, 연구는 모방에서 출발한다는 것은 모두가 잘 알고 있는 사항이다. 학문은 탑을 쌓는 것과 같아서 여타 사람들이 이루어 놓은 업적을 근간으로 하여 한 층 더 높이는 과정이라고 필자는 생각하고 있다. 군사이론과 군 역사의 경우도 예외는 아니라고 생각된다. 이 같은 관점에서 선진국의 군사서적 소개는 중요한 의미가 있다.

필자는 장기적으로 볼 때 한국군이 독자적인 지휘구조 아래 독자적으로 전쟁을 계획할 수 있어야 한다고 언급하였다. 그런데 여기서 문제가 되는 것이 있다. 어떻게 이 같은 일을 할 수 있을 것인가? 지난 몇 년 간 국방지휘통제이론, 합동이론을 연구하고 교리를 작성하며 필자가 절감한 사실이 하나 있는데, 이는 작전적 수준의 교리와 군사이론에서 언급되는 용어는 나름의 심오한 의미가 있기 때문에 아무나 그 내용을 쉽게 이해할 수 없다는

전략환경과 밀접한 관계가 있다. 필자는 현재 공군의 중간사령부/공작사 지휘구조의 문제란 제목으로 논문을 작성하고 있다.

48) 권영근, "합동전과 중간사령부", 공군교리 Workshop, 2002. 3. 5, pp. 36-52.

점이다.

예를 들어보자. 합동작전의 지휘통제에서 가장 중요한 개념에 중앙집권적 기획(Centralized Planning)/분권적 임무수행(Decentralized Execution)[49]이란 용어가 있다. 미 합동교리는 수십 권에 달하는데, 교리 곳곳에 등장할 정도로 미군은 이것을 매우 중요한 개념으로 간주하고 있다. 소위 말해, 합동군 내부에서의 지휘 통제는 이 같은 개념에 근거해야 한다는 것인데, 이것이 의미하는 바는 무엇이며, 이처럼 지휘 통제하지 않으면 안 되는 이유는 무엇인가?

대부분의 지휘관들은 자신이 모든 것을 움켜쥔 채 휘하 부대의 일거수일투족을 감시 및 감독하고자 하는 성향을 견지하고 있는데, 이는 인간의 본성일 것이다. 이 같은 인간 본성에 위배되는 형태, 즉 오늘날의 군을 분권적으로 지휘 통제할 수밖에 없는 이유를 알고자 하는 경우는 반 크레벨트(Martin Van Creveld)가 저술한 『전쟁에서의 지휘』[50]란 책을 숙독(熟讀)해야 할 것이다. 분권적으로 움직이는 휘하 조직이 공동 목표를 겨냥하도록 하려면 중앙집권적으로 계획할 수밖에 없는데, 이 점을 이해하고자 하는 경우는 또 다른 책을 읽어보아야 할 것이다.[51]

---

49) 영국군 합동교리에서는 이것을 합동작전과 관련된 주요 원칙에 포함시키고 있다. 출처 : Joint Warfare Publication 0-10, "United Kingdom Doctrine for Joint and Multinational Operations", 1999년 4월, pp. 2c-3, & 2c-4; 미 합동교리에서는 이것을 합동군 조직에서 가장 중심적인 사항으로 간주하고 있다. 출처 : Joint Publication 3-0, "Doctrine for Joint Operations", US Joint Chiefs of Staff, 2001년 9월, p. II-12; 미국의 Goldwater-Nichols Act에 발동을 건 미 공군중령 카드웰은 합동조직의 핵심 원칙을 노력통일(Unity of Effort), 지휘통일(Unity of Command) 그리고 이것으로 표현하고 있다. 출처 : Thomas A Cardwell II, *Command Structures for Theater Warfare: The Quest for Unity of Effort*, 1984년 9월, pp.1-2.

50) 김구섭, 김용석, 권영근 번역, 『전쟁에서의 지휘』에서 반 크레벨트는 고대 전쟁에서 월남전까지의 지휘통제의 역사를 기술하면서 전승을 위해서는 분권적으로 지휘 통제할 수밖에 없다는 점을 밝히고 있다.

51) Gordon Nathaniel Lederman, *Reorganizing the Joint Chiefs of Staff: The Goldwater-Nichols*

앞의 사실에서 보듯이 전쟁의 작전 및 전략 수준의 교리는 전술 수준의 경우와는 달리 군 역사와 군사이론에 관한 해박한 지식이 있어야만 이해가 가능하다. 더욱이 이들 이론을 연구하고, 교리를 작성하며, 전쟁을 기획 및 지휘하는 사람들에게는 보다 높은 수준의 군사이론과 군 역사에 관한 지식이 요구된다. 그러나 문제는 이들 군사학에 관한 주요 연구가 외국어로 작성되어 있다는 점이다. 따라서 한국군은 군 차원에서 군사서적을 번역해야 할 것이다.[52)]

이미 살펴보았듯이, 외국 서적의 번역을 독일군이 매우 중요하게 생각했는데, 일본의 경우도 마찬가지다. 오늘날 일본의 발전은 활발한 번역사업 덕분이었다. 명치유신 당시 일본에는 수만 권의 번역 서적이 있었다.[53)] 이 같은 번역 사업을 특히 한국공군이 적극 추진해 나아가야 할 것인데, 이는 다음의 두 가지 이유 때문이다.

첫째, 오늘날에는 정보기술에 의한 군사혁신이 진행되고 있는데, 이들 혁신의 문제가 항공기 및 우주자산 등 공군과 밀접한 관계를 맺고 있기 때문이다. 오늘날 미래전 관련 책자에서는 항공우주 문제가 핵심적으로 거론되고 있는데, 이들 내용을 가장 잘 소개할 수 있는 군은 공군이다.[54)] 특히 공

Act of 1986, Greenwood Press, 1999년 8월, pp. 1-15.

52) 군사서적의 번역은 군 내부의 인력만으로 해결할 수 있는 문제가 아니다. 민간의 전문가들 또한 국방 문제에 관심을 갖도록 하고, 이들 전문가가 군사 서적을 번역할 수 있는 분위기의 조성이 시급한 문제다. 이처럼 되려면 번역된 책이 적정 수준 판매되어야 할 것이다. 육군, 해군 및 공군 대학과 합참참모대학 그리고 국방대학의 안보과정과 같은 전문군사교육 기관에 입과하는 학생 개개인에게 전쟁에 관한 책을 몇 십 권 구입해주는 것도 한 방안으로 생각된다. 미군이 이처럼 하고 있는데, 국방예산 측면에서 보면 이 같은 교육 예산은 미미한 수준으로 생각된다.

53) 한겨레신문, "일본은 없었을 거다 : 번역이 없었다면", 2000. 9. 4., p.33.

54) 번역은 단순한 언어능력의 문제가 아니다. 번역하고자 하는 분야에 대한 확실한 지식이 없이는 불가능한 일이다. 필자는 중위 시절, 지금의 공군 전투발전단의 전신인 연구분석부에 근무하였다. 당시 공군은 월남전에서의 미 공군 에이스의 활약상을 번역해 공군 에이스 지를 만들고 있었다. 당시 연구분석부에는 민간대학을 졸업한 우

군은 합동작전 관련 서적을 어렵지 않게 이해할 수 있는 입장인데, 이는 오늘날의 합동전이 항공력과 긴밀한 관계가 있기 때문이다. 다시 말해 오늘날의 합동전 이론에는 공군 관련 개념이 적지 않다. 예를 들면, 앞에서 언급한 중앙집권적 기획/분권적 임무수행이란 용어는 항공력의 지휘 통제에서 핵심적인 개념이다.

둘째, 일부 사람들이 알고 있는 바와 달리 오늘날에는 항공력과 관련된 엄청난 분량의 책이 쏟아져 나오고 있는데, 이들 외국의 사상과 개념의 이해가 중요한 일이기 때문이다.[55)]

그러면 누가 이 같은 책을 번역해야 할 것인가? 대학원만 졸업하면 아무나 할 수 있을 정도로 번역은 하찮은 일이란 말을 필자는 많은 사람들로부터 듣고 있다. 이 같은 인식은 번역에 대한 이해가 부족하기 때문으로 생각된다. 언론인이자 다수의 책을 번역한 바 있는 이한우는 번역의 중요성과

수한 단기 복무자가 다수 있었다. 이들에게 번역을 시켰는데, 이들이 번역한 내용 중에 아직도 기억에 생생한 재미있는 부분이 있다. 영어 원문은 기억이 나지 않지만, 그 내용을 요약하면 다음과 같다. "미그기가 자신이 타고 있던 팬텀기의 꼬리 부분으로 다가옴에 따라 Throttle을 최대한 넣어 자신의 항공기를 공중으로 치솟게 만들었다."는 의미의 문장인데 장교는 다음과 같이 번역하였다. "미그기가 자신이 타고 있던 팬텀기의 꼬리 부분으로 다가옴에 따라 갑자기 목구멍이 조여오기 시작하였다." 장교가 이처럼 번역하였던 것은 Throttle란 단어가 갖는 의미 때문이었다. 영어 사전에서 Throttle은 목구멍을 조여온다는 의미를 갖고 있다. 반면에 항공기에서 이는 항공기 엔진에 투입되는 연료를 증감시켜 항공기의 추력에 변화를 주기 위한 장치다. 이처럼 분야에 대한 지식이 없는 경우는 번역이 전혀 엉뚱한 형태가 될 수밖에 없다. 이는 단순한 한 사례다. 필자는 군사학 관련 번역 서적에서 이 같은 경우가 적지 않음을 목격하고 있다.

55) 항공기가 출현한 지 얼마 되지 않았다는 점을 거론하며 항공력 관련 책이 얼마 되지 않을 것으로 생각하는 사람들도 없지 않다. 오늘날 군사이론 및 군 역사에 관한 책 중에서 필자는 항공력 관련 책이 가장 많고, 상대적으로 지상 및 해상 관련 책은 그 대부분이 1900년대 중반 이전으로 거슬러 올라갈 뿐 아니라, 일반적인 생각과는 달리 상대적으로 적음을 확인하고 있다. 반드시 소개될 필요가 있는 항공력 관련 책이 적어도 수십 권에 달한다고 필자는 생각하고 있다. 인터넷의 Amazon Bookstore를 참조하시오.

어려움을 잘못 번역되어 있는 주요 서적들의 사례를 들어가며 설명하고 있는데[56], 군사서적의 경우도 예외는 아니다.[57]

독일어 · 영어 · 프랑스어 · 이탈리아어 등 서구 언어는 많은 부분이 서로 유사하다. 이 점에서 이들 국가의 국민들은 주요 외국어를 어렵지 않게 터득할 수 있다. 그러나 한국어는 이들 언어와 전혀 다르다. 이 점에서 이들 외국 서적을 번역할 수 있을 정도의 능력의 구비는 쉬운 일이 아니다. 따라서 공군은 번역 능력을 구비한 전문요원을 다수 양성해야 할 것이며, 이들이 양질의 책을 번역할 수 있도록 온갖 지원을 아끼지 말아야 할 것이다.[58]

다. 전문군사교육 기관의 능력 함양

전문군사교육은 리더십과 관련된 임무를 수행하고, 점차 어려워지고 있는 지휘참모 직위에서 올바로 의사를 결정하고자 할 때 요구되는 기술 · 지식 및 이해를 제공해줄 목적의 강의와 연구과정으로 구성되어 있다. 이곳에서

56) 이한우, 『우리의 학맥과 학풍 : '번역 제발 제대로 합시다'』, 문예출판사, 1995년 9월, pp. 291-306; 도올 김용옥 또한 번역의 어려움과 중요성을 논어에 관한 TV 강연에서 설파하였다.

57) 모 사관학교에서 3년간 클라우제비츠의 전쟁론을 강의한 바 있는 모 장교는 필자에게 다음과 같이 말하였다. "전쟁론을 번역한 책이 다수 있는데, 이것이 퀴즈와 같아서 생도들이 읽어 전혀 이해할 수 없는 실정이다. 생도시절부터 군사학 분야에 심취해 몇십 년간 공부하였음에도 불구하고 번역된 전쟁론을 읽으면 이해되지 않는 부분이 적지 않다. 그 내용이 매우 심오한 칸트의 순수이성비판도 제대로 번역된 책을 반복적으로 숙고해 읽는 경우 이해가 가능한 것처럼 전쟁론도 제대로 번역되어 있다면 이해가 가능할 것이다."

58) 외국어를 전공한 단기자들에게 군사서적을 번역시키고는 장기자들이 그 내용을 교정하면 된다고 생각하는 사람이 있는데, 이는 바람직한 현상이 아니다. 왜냐하면 올바로 번역하려면 외국어뿐만 아니라 군사지식 등 다수 분야에 폭넓은 지식을 구비해야 하며, 국어도 잘해야 하기 때문이다. 이 같은 능력은 단기간에 얻어질 수 있는 성질의 것이 아니다.

는 리더십 · 관리기법 · 의사전달능력 · 군사력운용 그리고 국가안보 측면에서의 군사 · 정치 · 경제 · 사회 및 심리적 문제를 다루고 있다. 또한 이곳에서는 해당 군의 조직, 합동 및 다국적군 작전뿐만 아니라 전략을 다루게 된다. 전문군사교육은 군 요원의 전문성을 발전시키는 과정에서 필수 요소다.[59] 간단히 말해 이는 육 · 해 · 공군대학, 국방대학의 합동참모대학 등에서 실시하는 교육으로 생각할 수 있다.

반 크레벨트가 『장교교육(*Training of the Officers*)』이란 제목의 책에서 언급한 바처럼 전문군사교육 기관에는 우리 군의 실력가들이 포진해 있어야 한다. 미국은 각 군 대학에 군사이론 분야의 세계적인 석학들을 포진해 놓고 있는데, 이는 작전 및 전략 수준의 전쟁이 매우 중요하다는 점 때문이다. 소위 말해 미사일을 잘못 발사하는 등 전술 수준에서의 실패는 극복이 가능하지만, 전략 및 작전적 수준의 전쟁에 관한 개념이 부족한 경우는 국가의 존망이 위태로울 수 있기 때문이다.

우리 군은 군인이 아니라도 잘 할 수 있는 부분을 직접 하고자 노력하는 경우는 없는지 살펴보아야 할 것이다. 반면에 군사이론에 관한 교육처럼 군인만이 할 수 있는, 해야 하는 일 중에서 게을리 하고 있는 부분은 없는지 살펴보아야 할 것이다.[60] 전자(前者)에 우수 인력이 많이 포진되어 있는 반면, 후자(後者)에 우수 인력이 부족하다면 제도를 바꾸어 후자에 우수 인력이 충분히 구비될 수 있도록 해야 할 것이다.

한편 과거와는 달리 오늘날의 전쟁은 육 · 해 · 공군의 노력을 통합해 수

59) United States Air Force, 'Education and Training', Air Force Doctrine 2-4.3, 9 September 1998, p. 12.

60) 전쟁의 작전 및 전략 수준을 미군이 주도적으로 수행하고 있다는 점에서 한국군 내부에는 이 같은 현상이 상존할 가능성이 농후하다. 예를 들면, 육 · 해 · 공군 대학과 육 · 해 · 공군 사관학교가 자군에서 차지하는 상대적인 위상을 고려해볼 필요가 있을 것이다. 생도 교육이 중요한 것은 사실이지만 전쟁의 작전적 수준을 기성 장교들에게 교육시키는 각 군 대학은 사실 각 군 사관학교 이상으로 중요한 곳이다.

행하는 합동전의 양상을 보이고 있다. 이 같은 점에서 오늘날의 군에서는 각 군 대학과 비교해 합동참모대학과 같은 합동교육 기관이, 각 군보다는 국방부 및 합참과 같은 합동조직이 보다 중요해질 수밖에 없는 실정이다.

오늘날 국방부와 합참에서 논란이 되고 있는 각 군 간의 문제는 각 군 내부에서 해결될 수 있는 성질의 것이 아니다. 특히 항공력 이론만으로는 공군이 직면하고 있는 주요 문제들을 해결할 수 없을 것이다. 대부분의 경우 국방의 주요 사안들, 예를 들면 군 구조, 어느 군에서 무엇을 운영해야 할 것인가 등과 같은 문제는 합동 차원에서 접근해야 해결이 가능하다. 더욱이 오늘날 국방에서 벌어지는 문제에 공군이 항상 개입될 정도로 공군과 합동은 밀접한 관계가 있다. 이 점에서 공군은 합동참모대학과 같은 합동조직에 보다 많은 관심을 보여야 할 것이다.[61]

라. 야전생활과 군사이론 교육의 접목

얼마 전 공군의 모 비행단을 방문해 젊은 조종사들의 생활 모습을 접한 적이 있다. 비행 중에 있는 일부 장교들을 제외하면 대부분의 장교들이 조용히 앉아 책을 읽고 있었는데, 이들 책은 비행과 직접 관련된 교범들이라고 생각된다. 짧은 비행생활이었지만 필자의 경험에 비추어 보면, 이들 장교는 전술 수준의 교리를 달달 외울 정도로 반복해 읽고 있음에 틀림이 없다.

---

61) 2000년 후반기 육군 교육사령부에서 진행된 교리토론회에 참석하였다. 당시 합동참모대학을 졸업한 육군 모 장교는 한국해군의 경우 합동참모대학 출신 중에서 대령 진급 비율이 70% 정도라고 필자에게 말해주었다. 이 수치가 어떻게 나왔는지, 그리고 이것이 정확한 것인지는 확인하지 못했다. 이것이 사실이라면 한국해군은 매우 바람직한 방향으로 움직이고 있다고 필자는 생각한다. 분명한 것은 과거 전례를 놓고 보면 육군 및 공군의 경우와 비교해볼 때 해군장교의 경우 합동참모대학에 보다 높은 경쟁률을 뚫고 입교하고 있다는 점이다.

이처럼 완벽히 숙지해도 공중에서 제대로 조치하지 못하는 경우가 많다는 점을 보면 이들의 노력은 충분히 이해가 간다.

그런데 필자는 이들 장교가 일부 노력을 할애해 전쟁의 작전 및 전략적 수준 교리를 연구할 수는 없는지 궁금하였다. 필자가 이 같은 의문을 갖게 된 것은 전술교범과 비교해 작전 및 전략 수준의 교리 내지는 군사이론에 관한 우리 군 장교들의 관심이 미흡하다는 생각 때문이다.

3차원 공간에서의 비행은 쉬운 일이 아니다. 지상 및 해상과 달리 공중에서는 체공 중에 있는 항공기에 이상이 생기면 최악의 경우 고가의 항공기뿐만 아니라 소중한 인명이 손실되는 등의 심각한 상황이 발생하게 된다. 또한 공군의 항공기 사고는 자칫하면 대형 사고로 연결된다는 문제가 있다. 이 점에서 보면 야전요원들이 비행에만 전념해야 할 것이란 생각에도 나름의 일리가 없지 않다.

그런데 필자는 미국의 전투조종사 중에는 한국공군 조종사들과 비교해 비행시간이 결코 적지 않음에도 불구하고, 전쟁의 작전 및 전략 수준에 관한 권위 있는 책을 저술한 장교들, 권위 있는 논문들을 기고하는 장교들이 다수 있음을 목격하고 있다.[62] 매우 높은 수준의 책 또는 논문을 작성하고 있다는 점에서 보면, 이들은 군사이론 분야에 관해 평소 열심히 연구하고 있음에 틀림없을 것이다.[63] 그래도 필자는 이것이 예외적인 현상일 것이며,

---

62) 예를 들면, *Thunder and Lightening: Desert Storm and Air Power Debates*란 제목의 2권의 명저를 저술한 미 공군대령 Edward C. Mann III는 52,000시간의 비행시간과 1,000시간 이상의 전투 경력을 갖고 있는 조종사다. *The Air Campaign*이란 전 세계적으로 유명한 책을 저술하였을 뿐 아니라, 오늘날 항공력 이론의 1인자로 거론되고 있는 John A. Warden은 F-15 등 항공기를 3,000시간 이상 비행한 바 있는 조종사다. 이들 외에 세계적으로 저명한 *Aerospace Power*란 잡지에 기고하는 사람들의 대다수는 현역 미 공군장교다.

63) 사실 미국의 고위급 작전 장교들은 너나 할 것 없이 전쟁의 작전 및 전략 수준에 관해 해박한 지식을 갖고 있다고 생각된다. 2000년 연세대학교에서 개최된 항공력 심포지엄에는 7공군 참모장이, 2001년 여의도 63빌딩에서 개최된 항공력 심포지엄에

대부분의 장교들은 비행에만 전념하고 여타의 군사서적은 읽지 않을 것이라고 생각하고자 노력하였다. 그런데 필자는 전쟁의 와중에도 야전에서 비행과 직접 관련된 전술 수준의 교리 내지는 지식 외에, 작전 및 전략 수준의 교리를 연구 및 토론토록 한 독일공군의 사례를 보며 우리 공군의 요원들도 비행단에서 이들 이론을 공부함이 불가능한 일이 아님을 확신할 수 있었다.

사실 한국공군 장교들이 하루 종일 그리고 매일같이 전술 수준의 교리만 읽는 것은 아닐 것이다. 혹자는 자신의 취미생활 측면에서 음악에 관한 책을, 문학서적을 또는 스포츠에 관한 책을 읽는 사람도 있을 것이다. 아마도 대부분의 공군장교들이 업무와 직접 관련이 없는 여타 책들을 읽을 것이라고 생각된다.[64] 그렇다면 이런 종류의 책은 읽으면서 고급장교가 되어 매우 중요한 요소인 전쟁의 전략 및 작전 수준의 교리 내지는 군사이론을 읽지 못할 이유는 없을 것이다.

이들 장교가 여타 책을 읽는 것은 자신에게 필요하기 때문일 것이다. 전쟁의 작전 및 전략 수준에 관한 교리 내지는 군사이론을 공부하지 않는다면, 이는 시간이 없어서 또는 비행 외에 신경 쓰면 안 되기 때문이 아니고 비교적 필요성을 느끼지 못하기 때문일 것이다.[65] 이처럼 필요성을 느끼지

는 7공군사령관이 발표한 바 있는데, 필자는 전쟁에 관한 두 사람의 해박한 지식에 탄복하였다.

64) 우리 주변에는 분야별로 대단한 경지에 오른 사람들이 적지 않다. 예를 들면, 성경 및 법구경과 같은 종교 분야에 해박한 지식을 갖고 있는 장교들이 우리 군에는 적지 않다.

65) 동서고금을 막론하고 진급을 싫어하는 사람은 거의 없다. 진급에 교리를 포함한 군사사상 관련 지식이 중요한 요소라고 한다면 많은 사람들이 밤을 새워 이들 관련 책을 읽을 것이다. 작전 및 전략 수준의 교리에 대한 지식이 없더라도 전쟁의 전술 수준과 관련된 능력이 뛰어나고 사람들과 잘 어울리는 경우 군에서 별다른 어려움 없이 승진할 수 있다고 한다면 이들 책을 읽을 사람은 많지 않을 것이다. 이처럼 특정 조직이 바람직한 방향으로 나아가도록 하려면 평가기준이 정확하고도 바람직해야 할 것이다.

못하는 것은 전쟁의 작전 및 전략 수준을 미군이 주도적으로 수행하고 있기 때문일 것이다.

그러나 정보화시대의 군사력을 건설해야만 하는 한국군의 경우는 모든 무기를 외부에서 구입해 운용하던 예전과는 달리 이 같은 개념을 연구하지 않으면 안 되는 상황이 되었다. 우리 군도 독일공군과 독일육군의 경우처럼 부대 내부에서 전술 수준의 교리 외에 작전 및 전략 수준의 교리 그리고 군사이론의 문제를 놓고 논의하고 토론해야 할 것이다. 이 같은 분위기에서만이 고명한 사상가와 국방을 주도할 수 있는 이론가들이 배출될 수 있을 것이다.

바쁜 야전 생활에서 장교들이 전략과 작전의 문제를 논의할 수 있도록 불필요하다고 생각되는 교육 내지는 훈련을 과감히 줄여 나가야 할 것이다. 또한 통계적으로 볼 때 날아다니는 항공기는 사고가 날 수밖에 없다는 점을 인지해 몇몇 항공기 사고에 공군이 크게 영향 받는 일이 없어야 할 것이다.

6. 결론

우리들 모두가 잘 알고 있는 바처럼 오늘날의 군은 컴퓨터 및 데이터통신과 같은 정보기술이 주도하는 군사혁신의 시대를 맞이하고 있다. 이들 군사혁신이 제대로 꽃피울 수 있으려면 군의 장교들이 전쟁의 작전 및 전략 수준의 교리와 군사이론의 문제를 놓고 진지하게 고민하지 않으면 안 된다. 제1차 세계대전 이후 독일의 육군참모총장인 섹트는 장교들이 교리와 같은 군사이론에 전념토록 함으로써 독일군을 일대 개혁하였다.

이처럼 전쟁의 작전 및 전략 수준의 교리는 고급 장교들에게 매우 중요한 요소다. 특히 이들 교리는 전쟁 기획과 지휘 측면에서 뿐 아니라 군사력 건설에 기반이 되는 요소다. 한국군은 전쟁기획과 전시 지휘의 문제를 미군이 주도하고 있다는 점으로 인해 이들 작전 및 전략 수준의 교리에 비교적 무관심할 수 있는 상황이었다. 더욱이 항공기·탱크 및 함정과 같은 주요 무기체계가 군의 전력을 좌우하던 산업화시대의 경우는 이들 무기를 외부에서 구입해 운용할 수 있었다는 점으로 인해 이들 교리를 등한시해도 별다른 문제가 없었다.

그러나 지휘통제체계와 같은 정보능력이 군에서 중요한 의미가 있으며, 이들 체계를 건설하는 과정에서 군사이론이 절실히 요구되는 오늘날, 교리에 관한 무지(無知)는 체계건설의 실패로 직결된다는 점에서 그 문제점이 외부로 표출될 수밖에 없을 것이다. 독일군의 사례에서 보듯이 장교에게 있어 교리 연구의 중요성은 아무리 강조해도 부족함이 없을 것이다.

이 장(章)에서 필자는 교리 활성화와 관련해 몇몇 사항을 제안한 바 있는데, 그 내용을 재차 살펴보면 다음과 같다.

먼저 미군과 무관하게 한국군 독자적인 지휘구조를 구비해야 할 것이다. 이는 두 가지 측면에서인데, 이들 구조가 미비 되어 있는 경우 지휘통제체계처럼 군 구조에 의존하는 체계의 건설이 거의 불가능해질 것이란 점, 미군이 주도적으로 전쟁을 계획하고 전시 지휘 통제하는 경우 한국군 장교들이 전쟁의 작전 및 전략적 수준의 교리를 놓고 고민할 필요가 없을 것이란 점이 바로 그것이다. 한편 이들 교리를 등한시해 군사이론에 관한 개념이 부족한 경우는 정보화시대의 체계 건설이 매우 어려운 문제가 될 수밖에 없을 것이다.

다음으로 외국군 군사사상의 도입의 중요성을 언급하였는데, 이는 한국군이 독자적으로 전쟁을 계획하고 지휘 통제하기 위한 능력을 함양하는 과정에서 필수적이란 점 때문이다.

제대로 번역되어 있는 책도 읽을 풍토가 조성되어 있지 않다면 별다른 의미가 없을 것이다. 군사이론이 활성화되도록 하려면 이들 이론을 전파하는 전문군사교육 기관이 군에서 확고한 입지를 점유하고 있어야 할 것이다. 이 같은 맥락에서 각 군 대학과 같은 전문군사교육 기관에 한국군은 지대한 관심을 표명해야 할 것이다.

한편 교육이 매일의 생활 속에서 진행되어야 한다는 점에서 보면, 야전에서 작전 및 전략 수준 교리의 문제를 놓고 토론 및 논의하는 풍토가 조성되어야 할 것이다. 이 같은 개념을 촉진시키는 과정에서 작전 및 전략 수준 교리와 군사이론이 커다란 도움이 될 수 있을 것이다.

특정인이 군을 이끌어가도록 만들 수는 없지만 바람직한 성격의 특정 부류의 인물 중 한 사람이 군을 이끌어가도록 할 수는 있을 것인데, 군사혁신은 이 같은 방식으로 가장 잘 달성될 수 있을 것이다.[66] 한국군은 교리, 즉 전쟁에 해박한 지식을 구비한 사람들이 군에서 주도적인 역할을 수행하고 이들 중 일부가 군의 최고지휘관이 될 수 있도록 나름의 제도와 절차를 정립해야 할 것이다.

66) Williamson Murray and Allan R. Millet, *Military Innovation in the Interwar Period*, Cambridge University Press, 1996년, pp. 325-328, pp. 367-368 & pp. 405-415. 이들 내용은 허남성, 권영근 번역, 『제1, 2차 세계대전 사이의 군사혁신(下)』이란 제목으로 2002년 12월에 출간되었다.

제4부 지휘통제

제 1 장

개 요

'지휘통제체계(C4I : Command, Control, Communication, Computer and Intelligence)'는 "임무 수행을 목적으로 할당된 군사력에 대해 지휘관이 권한과 지시를 행사하는 과정에서 도움을 주는 체계"로 정의되는데, 오늘날 군의 지휘통제는 지휘통제를 실제 구사하는 인간 조직(정부 · 군대)뿐만 아니라 그 사회의 기술역량과 긴밀한 관계가 있다. 현대 경제이론이 그러하듯이 군의 지휘통제는 많은 것이 상호 영향력을 행사하는 가운데 이루어지고 있다. 예를 들면, '가용한 정보기술' · '해당 군에서 운용 중인 무기의 유형' · '전술과 전략' · '군 구조' · '인력체계' · '훈련 및 교육체계' · '국가의 정치적 형태' 등 모든 것들이 군의 지휘통제 과정에 영향을 미치고, 지휘통제 유형에 따라 이들 모두가 영향을 받게 된다.

지휘통제에 관한 첫 번째 논문인 '정보화시대의 지휘통제'에서는 컴퓨터 및 데이터통신을 중심으로 하는 정보기술의 발전에 따라 지휘통제 개념이 어떻게 바뀌어야 할 것인가의 문제를 다루고 있다.

지휘통제를 바라보는 육 · 해 · 공군의 시각은 매우 상이하다. 예를 들면, 미 육군은 "지휘란 상관의 뜻과 의지를 부하에게 주입시키기 위한 지시의 과정이다. 지휘가 가능하려면 부하의 행동이 신뢰할 수 있을 정도로 믿음직스러워야 한다. 통제란 상관의 뜻과 의지에 위배되는 부하의 행위를 규명해 교정하는 과정이다. 통제란 부하의 행동에 바람직하지 않은 요소가 있다는 점을 전제로 하는 개념이다. 지휘관의 입장에서 볼 때 부하가 바람직하지 않은 행동을 하는 주된 이유는 태만함이 그 첫째이고, 전투를 바라보는 시각의 차이, 임무 또는 지휘관의 의도를 잘못 이해하거나 '전쟁의 안개(Fog of War)'가 둘째다"라고 밝히고 있다. 지휘통제를 바라보는 육군의 시각 가운데 해・공군이 공감하는 부분도 있을 것이다. 그러나 이들 정의는 전장에 상존하는 수십만에 달하는 개체를 전술 및 전략적 차원에서 일관성 있게 유지할 필요가 있는 육군에게만 적용되는 독특한 것이다.

"지휘의 속성은 영원하다"고 반 크레벨트(Van Creveld)는 말한 바 있는데, "지휘관계에서 가장 역점을 두어야 할 사항은 지휘축선을 짧고 간명하게 정의하여 누가 무엇을 담당하고 있는지를 분명히 알 수 있도록 하는 것이다."는 미 합참의 견해가 아마도 여기에 해당될 것이다. 지휘통제 과정은 '관찰・지향・의사결정・행위(OODA : Observation, Orientation, Decision, and Action)'이란 4 단계 측면에서 바라볼 수 있다.

"지휘의 본질은 변함이 없지만, 지휘수단은 끊임없이 바뀌고 있다"고 반 크레벨트는 말했다. "그는 지휘수단을 조직・절차 및 기술의 입장에서 바라보았다." 군의 통신수단은 전보에서 시작해 다량의 정보를 신속히 전달할 수 있을 정도로 발전하였지만, 군은 이들 통신수단을 프리드리히(Frederick) 대제와 나폴레옹이 고안한 중앙집권적 통제와 계층적 구조에 근거해 운영하고 있다.

OODA는 정보수집과 의사결정이란 2개 사이클이 동시에 진행되는 과정으로 생각할 수 있다. 첫 번째 사이클은 진행 상황을 파악하기 위해 정보를 수집하는 과정이고, 두 번째 사이클은 이들 정보를 이용해 무엇을 할 수 있을 것인가 또는 해야만 하는가를 결정하는 과정이다. 이 모델에서 정보수집 사이클은 관찰과 지향을, 그리고 의사결정 사이클은 의사결정과 구체적인 행동을 포함하는 개념이다.

정보수집 주기와 의사결정 주기 간에 적절히 균형을 유지해야 만이 작전을 신속히 추진할 수 있다. 오늘날에는 정보수집 주기가 획기적으로 단축되고 있는데, 그 이유는 공중조기경보통제기(AWACS), 지상표적정찰기(JSTARS) 및 지상의 레이더와 같은 첨단 정보수집 능력과 획득된 정보를 신속히 전송할 수 있는 데이터통신 분야가 급속히 발전하고 있기 때문이다.

그러나 불행히도 의사결정에 도움을 주는 인공지능(Artificial Intelligence) 기술 등은 정보수집 기술과 비교해 그 발전 속도가 매우 느리다. 따라서 의사결정 주기는 알렉산더 대왕 당시와 별다른 차이가 없다. 이 같은 이유로 정보수집 주기와 의사결정 주기 간의 불균형을 기술을 통해 해결할 수 없는 실정이다. 그러므로 지휘통제에 영향을 미치는 또 다른 요소인 조직과 운용개념을 갱신할 수밖에 없다.

정보화시대에 대비해 육군·해군 및 해병대는 분권적인 지휘통제를 지향하고 있는 반면, 공군은 '중앙집권적 통제, 분권적 임무수행'이란 전통적인 교리를 고집하고 있다. 정보화가 크게 진전된 국가의 경우는 공군의 지휘통제교리가 '중앙집권적 지휘, 분권적 통제 및 분권적 임무수행'이란 방향으로 바뀌어야 할 것이다.

지휘통제에 관한 두 번째 논문인 'C4I 체계 구축에 관한 제언'에서는 오늘날 합동작전의 수행에 요구되는 지휘통제체계를 건설하기 위한 방법의 문제를 설명하고 있다.

오늘날 육·해·공군은 지상·해상·공중이란 서로 상이한 작전환경에서 임무와 역할을 수행하고 있다. 작전환경이 다르기 때문에 전쟁을 바라보는 이들 군의 시각, 소위 말해 군사전략은 같지 않다.

예를 들면, 전쟁을 바라보는 육군의 시각은 클라우제비츠(Karl von Clausewitz), 조미니(Antoine-Henry Jomini) 등의 지상전 이론가의 이론에 근거하고 있다. 각 군의 모든 행위는 이들 군의 군사전략과 밀접한 관계가 있다. 각 군이 서로 상이한 군 구조·인사체계·군수체계 등을 유지하고 있는 것은 이들 군의 군사전략이 서로 다르기 때문이다.

그 특성상 현대전은 육·해·공군 전력의 단일화(Unified)[1)]를 요구하고 있다. 해·공군과 달리 육군에는 보병·포병·기갑·공병 및 통신이란 다수의 전투병과들이 있는데, 이들 병과는 지상전 이론에 의해 통합(Integrated)되고 있다. 다시 말해, 이들 전투병과는 지상전 이론에 근거해 통합전력을 발휘하고 있다. 육군이 국방부와 합참에서 자군의 예산을 획득하고, 획득된 예산을 이들 전투병과에 배정할 때 사용하는 '주요 무기'도 지상전 이론이다. 육군의 모든 병과가 단일의 체계(예 : 인사·군수 등)에 의해 지원받을 수 있는 것도 이들 병과가 단일의 전쟁이론에 의해 움직이기 때문이다.

지상전 이론에 의해 육군의 전투병과들이 통합되듯이 육·해·공군을 단일화(Unified)할 수 있는 이론(미국에서는 '전략의 일반이론(General Theory of Strategy)'이라고 지칭)이 존재한다면, 이 이론에 근거해 육·해·공군에 자원을 효율적으로 배분할 수 있을 뿐 아니라, 이들 군의 전투력을 극대화할 수 있을 것이다. 그러나 불행히도 이 같은 이론은 존재하지 않는다. 따라서 각 군은 서로 상이한 체계를 유지할 수밖에 없다. 오늘날 각 군이 독자적인 정보체계(인사·군수·C4I 등)를 유지해야 하는 것도 육·해·공군을 통합할 수 있는 단일의 군사전략이 존재하지 않기 때문이다. 따라서 합동작전 또는 통합작전을 위한 체계는 각 군이 건설한 체계를 기반으로 구축되어야 한다.

오늘날 미국을 비롯한 정보화 선진국들이 각 군의 정보체계(인사·군수·

---

1) 이는 합동군사령관의 입장에서 육군, 공군 및 해군 전력이 사람의 수족처럼 움직이는 구조를 의미한다.

C4I 체계 등)를 기반으로 합동작전을 위한 체계를 건설하고 있는 것은 이 같은 이유 때문이다. 한편 각 군을 위한 체계가 구축되어 있다면 합동작전 또는 통합작전을 위한 체계는 컴퓨터 및 데이터통신의 특성인 체계통합(System Integration)을 이용해 어렵지 않게 구축할 수 있다.

한편 C4I와 같은 정보체계를 개발하는 과정에서는 군이 주요 역할을 담당해야 할 것인데, 이는 항공기・탱크 및 함정과 같은 주요 무기체계를 개발할 당시에는 생각할 수 없었던 현상이다. 이 같은 현상은 정보체계가 갖고 있는 나름의 특성에 기인하고 있다. 다시 말해, 오늘날의 군에는 주어진 C4I체계를 개발할 수 있는 능력, 즉 '정보화잠재 능력'이 절실히 요구된다.

한국군에 요구되는 주요 '정보화잠재 능력'에는 '합동성 강화 방안', '각 군 간의 관계', '정보체계 획득은 누가 관리해야 할 것인가?' 등에 관한 군사지식이 있는데, 이들 지식이 부족한 경우는 정보체계의 획득이 쉽지 않다.

C4I와 같은 정보체계가 전력의 배가(倍加) 요소로 간주되고 있는 정보화 시대에는 각 군 간의 균형된 시각이 매우 중요하다. C4I체계를 성공적으로 획득할 수 있으려면 군의 '정보화잠재 능력'을 함양하고, 국방부 및 합참과 같은 합동조직의 참모 구성 간에 균형을 유지하며, 우리 군이 전쟁의 작전 및 전략적 수준을 수행하고, 체계에 대해 가장 큰 이해가 있거나 가장 높은 전문성을 견지하고 있는 군이 체계 획득 과정을 관리토록 해야 할 것이다.

지휘통제에 관한 세 번째 논문인 '공군과 지상군의 경계'는 공군과 지상군 간의 미묘한 문제인 항공작전 지휘통제에 관한 미 공군의 관점을 요약한 것이다. 여기서는 지상 및 항공 구성군사령관에게 부여된 통제권의 측면에서 종심 및 근접 전투를 구분하고 있다. 자신의 작전전구 내부에서 진행되는 모든 군사작전에 대한 책임은 합동군사령관에게 있다. 지상군구성군의 경우는 군단을 중심으로 전구(戰區 : Theater)를 여러 지역으로 분할하고 있지만 공군구성군의 경우는 전구 전체의 영공(領空)을 책임지고 있다.

근접전투를 주도적으로 수행하는 군이 지상군구성군인 것과 마찬가지로 전략공격 등 종심전투는 공군구성군을 중심으로 수행된다. 오늘날 육・해・공 각 군은 근접 및 종심 전투를 지원할 목적의 자산을 보유할 수 있다. 궁극적으로 전쟁을 결정짓는 것은 근접전투이며, 종심전투는 근접전투를 지원할 목적의 것이라고 생각하는 사람들이 있는데, 이는 지상군 중심의 시각이다. 한국군은 이 같은 단견에서 조속히 벗어날 필요가 있을 것이다.

종심 및 근접 전투는 화력지원협조선을 중심으로 구분함이 적절하다. 그러나 종심 및 근접 전투의 중요성을 동등하게 취급하고 화력지원협조선의 설정에 공군구성군사령관과 지상군구성군사령관이 책임을 공유할 수 있도록 화력지원협조선의 정의(定意)를 변경할 필요가 있다. 공군 및 지상군 구성군 사령관은 화력지원협조선을 '규제' 차원에서 바라볼 필요가 있을 것이다. 즉 화력지원협조선 내부 또는 너머의 표적에 대한 모든 작전에서 노력이 통일될 수 있도록 지원전력의 행위를 피지원 구성군이 통제해야 한다. 화력지원협조선 내부에서 진행되는 작전의 경우는 적정 지상군지휘관과 협조해야 하며, 화력지원협조선 너머 지역에서의 작전은 전구 차원의 시각에서 작전을 수행하는 공군구성군사령관과 협조해야 한다.

지상군 정서(情緖)에서 보면, 육군은 근접전투에 초점을 맞출 수밖에 없다. 합동군사령관이 설정한 우선순위에 근거해 전승(戰勝)을 염두에 둔 가장 바람직한 여건을 공군이 조성해줄 수 있을 것이란 점을 육군은 믿어야 할 것이다. 합동군사령관은 종심전투에 관한 책임을 합동군공군구성군사령관에게 위임해야 한다. 전구 차원의 종심전투를 수행하는 과정에서 여타 구성군은 합동군공군구성군사령관을 지원해야 한다.

화력지원협조선 내부에서 진행되는 작전은 적정 지상군지휘관을 근접 지원할 목적의 것이다. 빈약한 근접지원 상황을 최대한 활용할 수 있도록 가용한 모든 자원을 근접지원 분야에 투입해야 하는 경우도 없지 않을 것이다. 공군은 합동군사령관이 설정한 우선순위에 입각해 근접전투를 지원할 수 있어야 할 것이다.

제 2 장

정보화시대의 지휘통제 *

1. 서론

오늘날 우리 군에서도 군사혁신(Revolution in Military Affairs)과 변혁에 관한 열기가 고조되고 있다. 오늘날의 군사혁신은 미국이 주도하고 있다. 오늘날의 군사혁신과 변혁은 정보통신 기술과 많은 관련이 있다. 그러나 새로운 기술을 군에 접목한다고 군사혁신과 변혁이 유발되는 것은 아니다. 기술의 발전으로 일의 효율성은 높아지겠지만, 일처리 방식과 조직 구조가 근본적으로 바뀌지 않으면 혁신은 가능하지 않다. 기업에서 정보기술에 의한 혁신은 리엔지니어링, 다시 말해 조직을 바꾸고 업무를 재분배하며 나타났다. 이는 군의 경우에도 똑같이 적용되는 논리다. 유명한 군사 전문가인 크레피네비치(Krepinevich) 박사는 "군사혁신은 다수의 군 체계에 새로운 기술을 적용함과 동시에 작전개념과 조직을 혁신적으로 변화시켜 분쟁의 성격과 수행방법을 근본적으로 갱신할 때만이 가능해진다"[1]라고 말하고 있다.

* 권태영 외 8인, 『21세기 군사혁신과 한국의 국방비전』, 한국국방연구원, 2003년 2월, pp. 263-288에 게재된 내용입니다.

컴퓨터와 데이터통신의 접목(接木)이 보편화되기 시작한 1980년대 이전까지만 해도 군 조직은 계층적 구조를 유지하고 있었다. 정보 또한 계층적으로 구성되어 있는 통신망을 따라 유통되었다. '통제의 폭(Span of Control)'을 확장한다는 차원에서 지휘관들이 정보기술을 이용해 계층적 구조와 중앙집권적 통제를 강화하였다.

그러나 "1991년의 걸프전에서 다국적군은 통신체계의 전형적 유형인 계층적 구조가 아닌 새로운 방식으로 통신 문제를 해결하였다. 여러 단위 부대들이 팩스와 컴퓨터를 이용해 분권적으로 통신하였다."[2] 이는 컴퓨터와 데이터통신에 기반을 두고 있는 오늘날의 정보통신 기술이 순수 계층적 구조보다는 중간 계층의 단순화, 분권적 관리 그리고 범세계적으로 연결되는 속성이 있기 때문이다.

이러한 현상은 민간 기업에서도 목격된다. 오늘날의 민간 기업은 이 같은 정보기술의 속성을 최대한 활용해 피라미드 계층을 대폭 줄이고, 분권적으로 업무를 수행할 수 있도록 조직을 리엔지니어링하고 있다. 세계 경제의 주도권도 제너럴모터스와 같은 피라미드 구조의 산업화시대 기업에서 마이크로소프트와 같은 분권화와 중간 계층이 단순화된 정보화시대의 기업으로 이전되고 있다.

장차 군의 조직 구조도 정보화시대의 민간 기업이 나아가는 방향으로 변모해갈 것으로 보는 견해도 있다. 그러나 군 조직이 변화를 거부하는 성향이 있다는 점과 "가장 우수한 천재는 신무기를 발명하는 집단이 아니고 새로운 전투조직을 창출해내는 집단"[3]이란 풀러(J. F. C. Fuller)의 주장을 고려해 볼 때, 군 조직의 갱신은 결코 쉬운 일이 아닐 것이다.

---

1) Andrew F. Krepinevich, Cavalry to Computer: The Pattern of Military Revolution, (*The National Interest*, No. 37(Fall) 1994), p. 30.
2) 권영근, 『미래전 어떻게 싸울 것인가』, 연경문화사, p. 508, 1999.
3) J. F. C. Fuller, *Armament and History* (New York: Charles Scriber and Sons), p. 158.

본고에서 필자는 정보기술에 의한 오늘날의 군사혁신을 한국군이 조만간 겪게 될 것으로 보지 않는다. 왜냐하면 "한국군의 정보기술 수준은 선진국 군대의 수준에 훨씬 못 미치기 때문이다."[4] "지난 수십 년간 국방 예산의 10% 정도를 C4I 분야에 투자해 10,000개 이상의 지휘통제체계를 보유하고 있는 미국"[5]의 경우와 달리 "정보기술 분야에 대한 우리 군의 투자는 미미한 수준이다."[6] "향후 얼마 동안 정보기술에 의한 군사혁신을 체험할 나라는 오직 미국뿐"[7]일 것이라 견해도 있다. 그럼에도 불구하고 정보기술에 기반을 둔 군사혁신이야말로 한국군이 지향해야 할 이상적인 가치이자 목표로 생각된다. 본고에서는 오늘날의 정보기술의 속성을 살펴보고 미국의 사례를 조명해 우리군 지휘구조의 갱신 방향을 논하고자 한다.

정보기술에 기반을 둔 군사혁신이 의미가 있으려면, 군의 조직 구조가 오늘날의 정보기술 속성을 반영할 수 있어야 한다. 즉, "중앙집권적 통제 및 계층적 구조"의 사고방식에서 "분권화와 간략화된 계층/네트워크 구조"에 기반을 둔 지휘통제 개념으로의 전환이 필요하다.

제2절에서는 지휘통제를 바라보는 시각과 지휘통제의 대표적 모델인 존 보이드(John Boyd)의 모델을 설명하고 있다. 제3절과 제4절에서는 정보기술의 발전을 기반으로 중앙집권적 통제와 계층적 구조의 지휘통제 개념에서 분권화된 통제와 간략화된 계층/네트워크 구조의 지휘통제 개념으로 전환되고 있는 오늘날의 현실에 관한 역사적 배경을 기술하고 있다. 제5절에서는 변화된 지휘통제 개념을 구현하기 위한 미국의 노력을 살펴보고, 제6절

4) Department of Defence, Military Critical Technology List, 1997. 8, p. 8-1.
5) Ropelewski, Robert, *Command, Control Priorities Shift, Steady Funding Persists*, (Signal, May 1996), p. 41.; 『미래전 어떻게 싸울 것인가』, p. 498.
6) 대한민국 국방부, 『국방백서』, (대한민국 국방부, 1996-1997), p. 100.
7) Eliot A. Cohen, "A Revolution in Warfare" (*Foreign Affairs*, Volume 75 No. 2. March/April, 1996), p. 51.

에서는 정보기술을 반영한 우리 군 지휘통제 구조의 발전 방향을 제시하고 있다.

2. 지휘통제 일반

(1) 지휘통제를 바라보는 시각

지휘와 통제는 군에서 매우 보편화된 용어다. 이 같은 점에서 그 의미에 문제가 있다고 생각하는 사람들은 많지 않다. 지휘와 통제는 두 단어이지만 보통 하나의 의미로 사용되고 있다. 때문에 이들 용어가 독자적 의미를 갖고 있다는 점을 알고 있는 사람은 많지 않다. 이들 용어를 별도 정의하고자 한 사람들은 다수 있었지만 그들 또한 의견이 분분한 실정이다.

『전 · 평시의 지휘통제(*Command and Control for War and Peace*)』란 책에서 토머스 콜리(Thomas Coaley)는 이들 두 단어가 나오게 된 배경을 설명하고 있다. 고대(古代)에는 통제란 개념이 존재하지 않았다는 점을 그는 주목하였다. "고대 사람들은 통제를 지휘에 부속되어 있는 기능으로 생각하였다. 통제란 용어는 제1차 세계대전 도중에 처음 등장하여, 자동화 및 첨단 무기가 보편화된 제2차 세계대전 당시부터 빈번히 사용되었다. 이 같은 이유로 지휘를 사람, 통제를 기계와 관련된 용어로 생각하게 되었다."[8] 예를 들면, 항공기를 통제하는 조종사를 지휘관이 지휘한다는 표현이 그것이다. 지휘는 전략 및 작전적 측면이고 통제는 전술적 측면이란 견해도 있다. 지휘는 예술이고 통제는 과학에 가깝다는 견해도 있다. 존 보이드는 지휘는 지시, 명령 및 강

---

8) Thomas P. Coakley, *Command and Control for War and Peace* (Washington D.C: National Defence University Press, 1992), p. 36.

요하는 것이고 통제는 기준을 정하고 이들 기준을 따르도록 하는 것이란 식으로 지휘와 통제를 구분하였다. 나아가 보이드는 "지휘와 통제란 표현보다 리더십과 모니터링(Monitoring)이란 용어가 적절"[9]한 것으로까지 말하였다.

지휘통제에 관한 미 합참의 정의를 보아도 이들 용어에 대한 혼선은 해소될 기미가 보이지 않는다. 미 합참 JCS Pub 0-2는 지휘를 다음과 같이 정의하고 있다. "지휘란 계급과 직분 측면에서 군의 지휘관이 부하에 대해 합법적으로 행사하는 권한을 의미한다. 지휘란 가용 자원을 효율적으로 사용하고자 할 때 수반되는 권한과 책임, 부여된 임무를 수행하기 위한 군사력 기획, 조직 편성, 지시, 조정 및 통제를 포함하는 개념이다."[10]

미 합참의 정의에 따르면 통제는 지휘에 예속된 개념이다. 그렇다면 지휘와 통제를 특별히 구분하는 것은 무슨 이유 때문인가? 그리고 통제란 개념은 별도 취급하면서 조직 편성, 지시 또는 조정이란 개념은 함께 사용하는 이유는 무엇인가?

미군의 정의를 보아도 이들 용어에 대한 혼선은 해소되지 않는다. 미 육군의 지휘통제 교리에 의하면 "지휘는 상관의 뜻과 의지를 부하에게 주입시키기 위한 지시의 과정이며, 지휘가 가능하려면 부하의 행동이 신뢰할 수 있을 정도로 믿음직스러워야 한다"고 밝히고 있다. 그러나 통제는 전혀 다른 문제다. "통제는 상관의 뜻과 의지에 위배되는 부하의 행위를 규명해 교정하는 과정이다. 통제는 부하의 행동에 바람직하지 않은 요소가 있다는 점을 전제로 하는 개념이다. 지휘관의 입장에서 부하가 바람직하지 않은 행동

9) John R. Boyd, *Organic Design for Command and Control*, p. 2.
10) Joint Pub 0-2, Unified Action Armed Forces, (Washington, D.C.: Joint Chiefs of Staff, Feb., 1995), GL-4.

을 하는 주된 이유는 태만함이 그 첫째이고, 전투를 바라보는 시각의 차이, 임무 또는 지휘관 의도의 오해 또는 '전쟁의 안개(Fog of War)'가 두 번째다."[11] 지휘통제를 바라보는 육군의 시각 가운데 해 · 공군이 공감하는 부분도 있을 것이다. 그러나 이들 정의는 전장에 상존하는 수십만에 달하는 개체를 전술 및 전략적 차원에서 일관성 있게 유지할 필요가 있는 육군에게만 적용되는 독특한 것이다.

"지휘의 속성은 영원하다"[12]고 반 크레벨트(Van Creveld)는 말했다. 그러나 지휘 통제를 바라보는 시각이 너무나 상이하기 때문에 오늘날 "전투력의 승수(乘數) 요소"로 간주되고 있는 지휘통제체계를 구축하는 과정에서 혼선이 있다. "지휘관계에서 가장 역점을 두어야 할 사항은 지휘축선을 짧고 간명하게 정의해 누가 무엇을 담당하고 있는지 분명히 알 수 있도록 하는 것이다"[13]라고 미 합참의 Pub 1은 말하고 있다. 지휘가 시간과 기술이란 요소에 구애받지 않는 영원한 속성을 갖는 개념이라면 아마도 이는 이를 두고 하는 말일 것이다.

(2) 지휘통제 모델

지휘통제 과정을 정립하기 위해 다수의 권위 있는 분석가들이 노력해오고 있다. 존 보이드의 지휘통제 모델은 가장 간단하면서도 널리 알려져 있는 경우다. 그는 관찰 · 지향 · 의사결정 · 행위(OODA : Observation, Orienta-

---

11) U. S. Army, Field Circular lO1-55, Corps and Division Command and Control, (Ft. Leavenwonh. KS: U.S. Army Command and GeneraI Staff College. Feb. 28, 1985), pp. 3-1 and 3-2.

12) 김구섭, 김용석, 권영근 번역, 『전쟁에서의 지휘』, 연경문화사, 2001년 6월12일, p. 26; Martin Van Creveld, *Command in War* (Cambridge: Harvard Univ Press, 1985), p. 9.

13) Joint Pub 1, Joint Warfare of the Armed Forces of the United States, 1995, III-9.

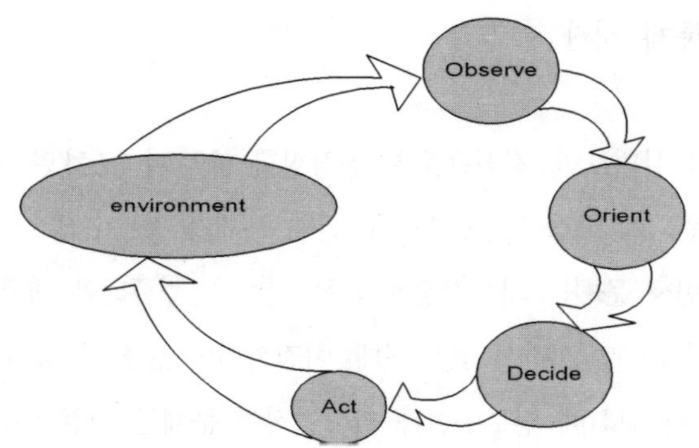

[그림 1] 존 보이드의 OODA Loop

tion, Decision, and Action) 측면에서 지휘통제를 바라보았는데, [그림 1]에 이들 관계가 예시되어 있다. 이들 단계를 전술적 수준에서 의사를 결정하기 위한 순환주기로 지칭하는데, "순환주기를 보다 신속히 완료하는 지휘관이 전쟁에서 승리한다"라고 보이드는 주장하고 있다. "적보다 신속하고, 일관성 있게 의사를 결정하는 경우 상황을 마음대로 통제할 수 있다. 그 후 적의 의사결정 과정을 혼란시키면 적의 지휘통제체계가 붕괴되고, 이러한 적은 패배할 수밖에 없다"는 것이 그의 논리다.

전투 조종사였던 그는 공중전(空中戰)의 관점에서 전투를 바라보았다. 전광석화(電光石火)와 같은 속도와 본능적인 감각을 유지하고, 상대방과 비교해 좋은 위치를 점령한 측이 전투에서 승리할 수 있다는 논리다.

존 보이드의 의사결정 순환과정은 오늘날 기동전(機動戰) 이론의 근간을 이루고 있다. 그 이유는 이들 이론이 치중하는 부분이 적의 지휘구조, 특히 상대방 지휘관의 의식구조이기 때문이다. "오늘날의 기동전이 공격하고자 하는 부분은 적의 군사력이 아니고 지휘체계다. 예를 들면, 주요 전력과 접전하기보다 적의 취약 부분인 지휘 메커니즘(본부 · 지휘소 · 통신 교환소 등)의 공격을 통해 혼란을 유발하여 적을 격파한다는 것이다."[14]

3. 지휘통제 개관

"전쟁사를 살펴보면, 지휘관들은 '전장상황 파악'과 '조치'란 두 가지 문제를 놓고 일관되게 고심하였다."15) 첫 번째 문제가 정보수집 과정에 관한 것이라면 두 번째 문제는 의사결정에 관한 것이다. 컴퓨터와 데이터통신이 본격적으로 접목되기 시작한 1980년대 이전까지의 군은 중앙집권적 통제와 계층적 구조를 강화해 정보수집과 의사결정의 문제를 해결하였다.

(1) 산업화시대 이전의 지휘통제

산업화시대가 시작되는 시점인 1700년대 중반 이전의 전쟁에서는 지휘관이 직접 정보를 수집해 의사를 결정하였다. 당시의 전쟁에서는 지휘관이 결정적인 역할을 수행하였다. 때문에 적 지휘관의 체포 또는 사살이 적군을 격파하기 위한 최선의 방안이었다. 산업화시대 이전의 대표적인 지휘관에 알렉산더 대왕이 있다. "그는 강력하고도 중앙 집중화된 방식으로 통제하였다. 일반참모 또는 하급 지휘관이 필요하지 않다고 생각했기 때문에 대왕은 혼자서 지휘하였다. 대왕이 지휘하는 병력은 50,000이 채 안 되었다. 대왕은 본인이 직접 관찰하고, 적에 관한 지식, 자신에 대한 평가, 과거 전투에서의 경험, 그리고 천부적인 전투기획 능력에 근거해 전쟁을 준비하였다. 적이 내려다보이는 고지에서 대왕은 정보를 수집하였다. 결정된 사항은 대왕이 부하들에게 직접 지시하였다. 의사전달 목적으로 장비를 사용한 경우도 있지만 대부분의 경우 50,000여 명에 달하는 병사들 앞을 말을 타고 지나가며

---

14) 『미래전 어떻게 싸울 것인가』, p. 273.

15) Frank M. Synder, *Command and Control: The literature and Commentaries* (National Defence University, 1993), p. 15.

대왕이 구두(口頭) 지시하였다."[16]

그러나 한 사람이 지휘할 수 있는 정도에는 한계가 있었다. "적과의 접전을 대왕이 진두지휘하다 보니 접전 도중에는 정보를 수집할 수 없었으며, 자신의 주변에 있지 않은 부하들에 대해서는 의사를 결정할 수 없었다."[17] 산업화시대 이전의 전쟁에서는 지휘 방침도 단순했으며, 지휘 과정에서 기술이 사용된 경우도 거의 없었다. "전자(電子) 및 항공기술이 출현하기 이전에는 전쟁에서 지휘통제체계가 차지하는 비중은 경미하였다."[18] 당시 군의 지휘통제는 기술이 아니고 지휘관의 지휘 능력과 관계가 있는 문제였다.

(2) 산업화시대 이후의 지휘통제

1700년대 중반부터 시작된 산업화시대에 접어들면서 새로운 기술과 개념을 이용해 대군(大軍)을 통치할 수 있게 됨에 따라 지휘통제가 전승을 좌우하는 결정적인 요소가 되었다. 당시 군은 신기술에 근거해 계층적 구조와 중앙집권적 통제 개념을 도입하였다. 대규모 병사를 통제할 수 있도록 계층적 지휘구조와 참모 개념을 최초로 도입한 것은 프로이센군이었다. 이 같은 지휘 개념의 혁신으로 정보수집과 의사결정 과정에 일대 변화가 있었다.

대규모 군사력이 광범위한 지역에 흩어져 있었기 때문에 산업화시대에는 정보수집과 의사결정 과정에서 지휘관을 도와주는 사람이 절대적으로 필요하였다. 예를 들면, "프리드리히(Frederick) 대제는 종전의 지휘관과는 달리 후방의 본부에서 정보를 수집하고 의사를 결정하였다. 대왕은 참모와 부하들이 제공해주는 정보에 근거해 의사를 결정하였다. 주변으로부터 도움을 받아 의사

---

16) John Keegan, *The Mask of Command* (Penguin Books, 1987), pp. 36-55.
17) *Ibid.*, p. 90.
18) James P. Coyne, *Airpower in the Gulf* (The Airforce Association, 1992)

를 결정했기 때문에 산업화시대의 지휘관은 클라우제비츠(Karl von Clausewitz)가 말하는 '불확실성'에 빠질 위험이 있었다. 불확실성의 요소를 해소하기 위한 방안으로 지휘관들은 중앙집권적 통제를 보다 강화하였다."[19)]

"나폴레옹도 계층적 구조를 이용해 중앙집권적으로 통제하였다. 자신의 능력을 과신한 탓인지 나폴레옹은 하급 지휘관들에게 의사결정권을 주지 않았다. 그는 계층적 지휘구조로 인해 필요한 정보를 원활히 수집할 수 없다고 생각하였다. 나폴레옹은 정보수집 목적의 별도 조직을 편성하였다. 이것을 그는 '방향성 있는 망원경(Directed Telescope)'"[20)]으로 지칭하였다.

다수의 혁신적인 개념을 도입해 대처했음에도 불구하고 나폴레옹의 지휘통제 방식에는 한계가 있었다. 특히 단일 지휘관이 중앙집권적으로 의사를 결정하는 방식으로는 규모·복잡성 및 진행속도 측면에서 급격히 변하고 있던 산업화시대의 전쟁에 대처할 수 없었다. "나폴레옹은 아우스테리치(Austerliz)에서 85,000여 군사를 성공적으로 지휘했지만 예나(Jena)에서는 150,000여 군사를 거의 절반밖에 지휘하지 못했으며, 180,000여 군사를 동원해 라이프치히(Leipzig)에서 전쟁을 수행할 당시에는 거의 지휘하지 못했다."[21)]

"나폴레옹이 몰락하게 된 것은 고도로 중앙 집중화된 방식으로 지휘 통제했기 때문이었다"라고 존 보이드는 말하고 있다. "중앙에서 독자적으로 의사를 결정했기 때문에 나폴레옹군의 하급 제대에서는 창의성이라고는 전혀 볼 수 없는 규격화 및 예측 가능한 방식으로 행동할 수밖에 없었다. 때문에 나폴레옹이 이끄는 군은 기습에 필요한 모호성 있는 행동, 기만 및 기동을 연출할 수 없었다."[22)]

이들 문제는 혁신적인 조직 개념 또는 신기술의 도입을 통해서만이 해결

---

19) 『전쟁에서의 지휘』, pp. 27-30; *Command in War*, pp. 10-11.
20) 『전쟁에서의 지휘』, p. 129; *Command in War*, p. 75.
21) 『전쟁에서의 지휘』, p. 174-176; *Command in War*, 104-105.
22) 『전쟁에서의 지휘』, p. 161-173; *Command in War*, pp. 96-102.

가능한 것이었는데, 기술을 활용한 방안이 먼저 대두하였다. 1800년대 중반, 철도와 전보가 등장하면서 전쟁이 일대 혁신되었다. 철도를 이용해 대규모 군사를 단시간에 원거리로 이동할 수 있었으며, 전보를 이용해 원거리에서 통제할 수 있었다. 이들 기술을 이용해 지휘관들이 최상위 차원에서의 통제를 강화하였다. 그러나 이들 기술에는 양면성이 있었다. 이들 기술을 이용해 하급 지휘관에게 보다 많은 정보를 요구할 수 있게 된 반면 자신도 상급 지휘관에게 보다 많은 사항을 보고해야만 하였다. 이 같은 현상을 오스트리아의 한 장교는 다음과 같이 술회하였다. "수많은 정보를 보고해야 하는 지휘관을 불쌍히 생각해야 합니다. 이들 지휘관은 전선(戰線)의 적 그리고 후방에 있는 자신의 직속상관이란 2개 부류의 적과 대적하고 있습니다."[23] "크리미아 전쟁 당시 나폴레옹 3세는 러시아에서 전쟁을 지휘하고 있던 휘하 장군들을 통신수단을 이용해 파리에서 달달 볶았다"[24]고 역사책은 적고 있다. "제2차 세계대전 당시 일부 중대장은 상부로부터 오는 전화를 받지 않으려고 전선에 배치된 소대에 합류해 전투를 수행한 적이 있다"라고 마샬(S. L. A. Marshall) 대령은 말하고 있다. 이들이 이처럼 행동한 것은 10분에서 15분마다 전선 상황을 보고하라는 대대장의 독촉에 신물이 날 정도로 지쳐있었기 때문이었다. 이들 사례에서 보듯이, 지휘관들은 정보기술을 이용해 중앙집권적 통제를 강화하였다.

하급 지휘관에게 행동의 자유를 보장해주며 적정 수준의 정보를 요구할 필요가 있는데, 이는 쉽지 않았다. "프로이센의 지도자 몰트케는 전보의 가치를 거의 최초로 인지한 선각자였다. 그는 전선에서 벌어지고 있는 상황을 전보로 확인하고 싶은 강렬한 충동을 느끼곤 하였다."[25]

---

23) 『전쟁에서의 지휘』, p. 161–173; *Command in War*, pp. 96–102.
24) Roger Beaumont, *The Nerves of War* (Armed Forces Communication Electronics Association International Press, 1986), p. 9.
25) 『전쟁에서의 지휘』, pp. 181–182; *Command in War*, p. 108.

지휘와 관련해 몰트케는 다음과 같이 말했다. "최고지휘관의 입장에서 가장 불쌍한 사람은 지나치게 감시받고 있는 사람, 다시 말해 자신이 구상하고 있는 사항을 매 시간마다 보고해야 하는 사람이다. 감시에는 대리인을 통한 방법과 전보를 이용한 방법이 있다. 감시가 지나치면, 독자성, 신속한 의사결정, 그리고 과감한 행동이 불가능해지기 때문에 제대로 전쟁을 수행할 수 없다."[26]

제2차 세계대전을 회고한 전기에서 페튼(George Patton) 장군은 무선통신을 경청하고 전화기 신호를 주시해야 했다는 점에 불만을 토로하며 다음과 같이 말했다. "전화기와 무선통신기 앞에 앉아 있으면 불안해 견딜 수가 없었습니다. 부하 지휘관의 행위에 관여하고 싶어 미치겠습니다."[27] 이 같은 충동의 정도가 지나친 경우가 있었다며, 풀러 소장은 다음과 같이 적고 있다. "장군들이 방안에서 통제하는 경향이 보다 심해지고 있습니다. 이들은 현장을 방문하지 않고 전화 및 전보와 같은 기계적 수단을 이용해 하급 지휘관과 접촉하고 있습니다. 하급 부대를 직접 방문할 수 있는 상황에서 장군들이 전선의 지휘관들에게 직접 전화하도록 하고 있습니다. 제1차 세계대전 당시, 지휘통솔은 하지 않으면서 전화로 끊임없이 지껄이던 지휘관들의 행위는 정말로 견디기 어려웠습니다."[28]

정보기술의 발전으로 고급 지휘관들이 휘하 지휘관들의 의사결정에 더욱 관여하게 되었다. 예를 들면, "베트남 전쟁 당시 지휘관들은 헬리콥터를 타고 전투 상공을 배회하며 병사들에게 무선통신을 이용해 직접 지시하곤 하였다. 이 같은 지휘 방식이 어느 정도 효과가 있었다. 그러나 이는 하급 지

26) Daniel J. Hughes, ed., *Moltke on the Art of the War: Selected Writings* (Novato, Calif: Presidio Press, 1993), p. 77.
27) Roger Beaumont., *op. cit.*, p. 28.
28) J. F. C. Fuller, *Generalship: Its Diseases and Their Cure* (Military Service Publishing, 1936), p. 61.

휘관들의 의사결정권을 박탈하는 행위였다."[29] "이처럼 고급 지휘관들이 전술작전에 관여하는 행위는 '제대를 월권하는(Skip Echelon)' 전투관리로 지칭되었다. 이미 결정된 사항을 공중(空中)에서 상급 지휘관들이 번복하는 행위에 하급 장교들이 분개하였다."[30] 정보기술이 보다 발전해가면서 지휘제대를 월권해 전투를 관리하는 현상이 크게 늘어났다. 정보기술로 인해 원거리에 위치한 군사력도 어렵지 않게 통제할 수 있게 되었다.

군은 권력을 중앙집중화 하고자 하는 성향이 있다. 이 같은 성향에 부응해 통신체계들이 발전했는데, 이들 통신체계를 이용하면 권력이 보다 중앙집중화 되는 경향도 없지 않았다. "권력의 중앙집중화를 지양해야 한다는 사실은 '이란 인질 구출 과정'에서 일대 실패를 경험한 1980년 당시 최초로 절감하였다."[31] "군사전문가, 특히 현장 지휘관의 판단을 보다 존중해야 한다는 요지를 미국의 레이건 행정부가 주요 국방정책으로 강조하게 되었다. 이에 따라, 1981년의 시드라(Sidra)만 사건(당시 미 해군의 F-14가 리비아 전투기를 격추시켰다)과 같은 소규모 작전에서 뿐만 아니라 1983년의 그라나다 침공 및 1991년의 걸프전 당시와 같은 대규모 군사작전에서조차 전술지휘관의 통제 범위가 크게 신장되었다."[32]

더욱이 1991년의 걸프전은 지휘통제의 성격을 새로운 각도에서 바라보도록 한 사건이었다. 오늘날의 지휘통제 성향을 그대로 유지해야 할 것인가, 아니면 보다 현대화된 지휘통제 패턴을 발굴해내어야 할 것인가를 고민토록 했다는 점에서 1991년의 걸프전은 분수령을 이룬 전쟁이었다. 첨단 정보기술을 이용해 중앙집권적 통제와 계층적 구조를 강화해야 할 것인가, 아니면

---

29) Roger Beaumont, *op. cit.*, p. 22.
30) *Ibid.*, p. 22.
31) 『미래전 어떻게 싸울 것인가』, p. 246.
32) 『미래전 어떻게 싸울 것인가』, p. 140; Thomas A. Keaney and Eliot A. Cohen, *Gulf War Air Power Survey Report* (Department of the Air Force, 1993), p. 219.

분권적 통제와 보다 융통성 있는 조직 구조로 나가야 할 것인가의 문제를 놓고 고민할 수밖에 없었다.

4. 정보화시대의 지휘통제 특성

"지휘의 본질에는 변함이 없지만, 지휘수단은 끊임없이 변하고 있다"[33] 고 반 크레벨트는 말했다. "그는 지휘수단을 조직·절차 및 기술의 관점에서 바라보았다."[34] 군의 통신수단은 전보에서 시작해 대규모 정보를 신속히 전달할 수 있을 정도로 발전했지만, 군은 이들 통신수단을 프리드리히 대제와 나폴레옹이 고안한 중앙집권적 통제 및 계층적 구조에서 운영하고 있다. 산업화시대의 지휘통제 성향을 그대로 유지하면 최신 정보기술의 이점을 제대로 향유할 수 없을 것이다. 미래전에서는 빠른 속도로 전투가 진행될 것인데, 지휘관이 신속히 정보를 수집해 의사를 결정할 수 없다면 문제가 심각해진다.

(1) 미래의 전장상황 : 시간의 측면

정보기술의 발전으로 인해 전장(戰場)에서 시간의 개념이 크게 단축되고 있다. 예를 들면, 영국전투(Battle of Britain) 당시, 영국공군은 날아오는 적 항공기를 레이더로 식별해낼 수 있었다. 적 항공기가 레이더에 감지되면 비행단에 비상을 걸어 적 항공기를 겨냥해 전투기를 유도하였다. 특별한 이상이 없는 한 영국공군 조종사들이 적기를 요격·격추한 후 비행기지로 무사히

---

33) 『전쟁에서의 지휘』, pp. 26-27; Command in War, p. 9.

34) 『전쟁에서의 지휘』, pp. 27-28; Command in War, p. 10

	프랑스혁명 이전	남북전쟁	2차 세계대전	' 91년의 걸프전	미래전
관 찰	망원경	전 보	라디오/유선	거의 실시간	실시간
지 향	수 주	수 일	수 시간	수 분	지속적
의사 결정	수개월	수 주	수 일	수 시간	즉 시
행동 개시	한 계절	1달	1주	하 루	1시간 이내

[표 1] 시간과 지휘통제

귀환할 수 있었다. 그러나 미래의 항공작전은 적 항공기의 식별·통보·접전에 관한 사항들을 인간의 능력만으로 결정할 수 없을 정도로 신속히 진행될 것이다.

미래에는 해상 및 지상 전투 또한 이 같은 방식으로 진행될 것이다. "지휘통제체계를 이용해 감지체계와 공격체계를 연결(Sensor-to-Shooter Link)"할 수 있게 됨에 따라 미래에는 표적의 식별에서 발사에 이르는 시간이 크게 단축될 것이다. 정보수집에서부터 행위 과정에 이르기까지 인적인 요소가 개입될 수 없을 정도로 미래전은 매우 빠른 속도로 진행될 것이다.

이는 작전적 차원에서도 적용되는 현상이다. '*Military Review*'에 게재한 논문에서 퇴역 미 육군참모총장 설리번(Gordon R. Sullivan)은 전장에서의 시간이 갖는 의미가 크게 변하고 있음을 도표를 이용해 설명하고 있다.

존 보이드의 OODA 모델을 이용해 설리번 대장은 프랑스혁명 전쟁 이후 관찰·지향·의사결정·행위의 수행에 소요되는 시간이 획기적으로 줄어들고 있음을 설명하고 있다. "1991년의 걸프전에서는 프랑스혁명 당시 한 계절이 소요되었던 전투 준비기간이 하루로 단축되었다"고 그는 말하고 있다.

이런 추세로 나가면 "미래전에서는 적대 행위가 시작된 지 불과 몇 시간 이내에 전투 준비가 완료될 것이다"[35]라고 설리번 장군은 말하고 있다.

도표를 이용해 설리반은 "전장에서 시간의 개념이 변하고 있다"는 점을 설명하였다. 제2차 세계대전 당시 며칠이 소요되던 일들이 미래에는 몇 시간, 몇 시간 걸리던 일은 몇 분, 몇 분 걸리던 일은 수 초 이내에 완료될 수 있을 것이다. 이들이 군의 작전개념과 조직에 끼치는 영향은 지대하다.

(2) 미래전에서의 조직 모델이 갖는 특징

미래전에서는 급변하는 전장 상황에 신속히 대응할 수 있어야 할 것이다. 상대방보다 신속히 대응할 수 있는 지휘관만이 전장의 흐름을 주도할 수 있을 것이다. 존 보이드의 모델에 따르면, 적보다 한 발 앞서 OODA 과정을 완료할 수 있는 지휘관이 전쟁에서 승리할 것이다.

OODA는 정보수집과 의사결정이란 2개 사이클이 동시 진행되는 과정으로 생각할 수 있다. 첫 번째 사이클은 진행 상황을 파악하기 위해 정보를 수집하는 과정이고, 두 번째 사이클은 이들 정보를 이용해 무엇을 할 수 있을 것인가, 또는 해야만 하는가를 결정하는 과정이다. 이 모델에서 정보수집 사이클은 관찰과 지향을, 그리고 의사결정 사이클은 의사결정과 행위 개시를 포함하는 개념이다.

정보수집 주기와 의사결정 주기 간에 적절히 균형을 이루어야 만이 작전을 신속히 추진할 수 있다. 오늘날에는 정보수집 주기가 획기적으로 단축되고 있는데, 그 이유는 공중조기경보통제기(AWACS), 지상표적정찰기(JSTARS) 및 지상의 레이더와 같은 첨단 정보수집 능력과 획득된 정보를 신속히 전송할 수 있는 데이터통신 분야가 발전을 거듭하고 있기 때문이다. 예를 들면, "데이터의 전송 속도는 매 18개월마다 2배의 속도로 빠르게 발전하고 있다."36)

---

35) General Gordon R. Sullivan and Colonel James M. Dubik, "War in the Information Age", (*Military Review*, April 1994), p. 47.

그러나 의사결정에 도움을 주는 인공지능(Artificial Intelligence) 기술 등은 정보수집 기술과 비교해 그 발전 속도가 매우 느리다. 따라서 의사결정 주기는 알렉산더 대왕 당시와 별다른 차이가 없다. 이 같은 이유로 인해 정보수집 주기와 의사결정 주기 간의 불균형을 기술을 통해 해결할 수 없는 실정이다. 그러므로 지휘통제에 영향을 미치는 또 다른 요소인 조직과 운용개념을 갱신할 수밖에 없다.

(가) 불확실성의 제거 : 중앙집권적 통제 대(對) 분권적 통제

군이 중앙집권적 통제를 선호했던 것은 지휘관이 정보를 직접 수집하지 않기 때문에 발생하는 전장 상황에 대한 불확실성을 줄이기 위함이었다. 그러나 미래전에서는 상급 지휘관이 느끼는 불확실성의 정도를 줄이는 것도 중요하지만 하급 지휘관들이 확신을 갖고 행동할 수 있도록 하는 것이 보다 중요한 의미가 있다.

불확실성의 문제는 "지휘통제를 위해서는 불확실한 요소가 전혀 없어야 한다는 주장과 클라우제비츠가 언급한 바처럼 불확실성이 전쟁의 본질에 관한 문제이기 때문에 감수할 수밖에 없다"[37]는 크게 두 가지 방식으로 대응할 수 있다. "불확실성의 요소를 완벽히 제거하려면 고도의 효율적인 지휘통제 구조를 창안해낼 필요가 있다."는 것이 첫 번째 주장을 옹호하는 사람들의 생각이다. "불확실성의 요소를 완벽히 제거하고자 하는 체계에서는 지휘관이 고삐를 걸머지고 통제한다. 지휘통제는 중앙을 중심으로 공식적이고도 융통성이 없는 방식으로 진행된다. 반면에 하급제대 지휘관은 상급제대에서 제시한 방향을 엄격히 준수해 통제하며, 하급제대의 독자적인 의사결

---

36) 『미래전 어떻게 싸울 것인가』, p. 491.

37) John F. Schmitt, *A Concept for Marine Corps Command and Control* (Armed Forces Communications Electronics Association International Press, 1994), p. 17.

정과 자발성은 거의 용납되지 않는다."[38]

이들 체계에서는 상급 지휘관이 자신의 의도에 따라 전적으로 통제하기 때문에 일의 진행 사항을 포함한 모든 면에서 상급 지휘관이 느끼는 확실성은 증가하지만, 하급 지휘관의 경우는 자신의 의도와 무관하게 일이 진행되기 때문에 진행 상황을 확실히 예측할 수가 없다. 다시 말해, 이 같은 체계에서는 상급 지휘관이 느끼는 불확실성의 요소는 감소하지만 하급 지휘관이 느끼는 불확실성의 요소는 증대된다. "'전쟁에는 불확실성의 요소가 내재해 있다'는 클라우제비츠의 그리고 '플라톤 시대에서 오늘에 이르기까지 지휘통제 역사는 확실성을 추구하는 과정이었는데, 이 같은 모든 노력이 수포로 끝났다'는 반 크레벨트의 주장이 사실이라면, 중앙집권적 통제는 전혀 극복할 수 없는 전쟁 본질의 문제를 극복하고자 한 불합리한 개념이다."[39]

반면에, 어느 정도 불확실성을 감수하며 작전을 수행하는 두 번째 접근 방안의 핵심은 "요구되는 확실성의 정도를 낮춘다"[40]는 것이다. 두 번째 방식이 지향하는 것은 분권적 지휘통제다. "이 같은 체계에서는 지휘관이 통제할 수 있는 범위는 미미한 반면 하급 지휘관이 독자적으로 행동할 수 있는 폭은 매우 넓다. 하급 지휘관은 자의적인 판단에 의해 행동한다. …… 분권화, 비규격화 및 융통성 있는 방식으로 지휘 통제하기 때문에 하급제대는 작전을 신속히 진행할 수 있을 뿐만 아니라 유동적이고도 불규칙적인 상황에 능동적으로 대처할 수 있다."[41]

분권적으로 지휘 통제하면 몇몇 상급 지휘관이 느끼는 불확실성의 정도는 증대되지만 군 시스템의 대부분을 차지하고 있는 하급 지휘관들이 느끼는 불확실성은 감소된다. 때문에 군 시스템 전체가 느끼는 불확실성의 정도

---

38) *Ibid*., p. 17.
39) *Ibid*., p. 17.
40) *Ibid*., p. 17.
41) *Ibid*., p. 17.

는 크게 감소된다. "상황이 동일하다면 시스템 전체 측면에서 느끼는 불확실성의 정도가 감소된 형태인 분권적으로 의사를 결정할 때 시스템의 효율이 크게 증대된다."42) 다시 말해, 분권적인 지휘통제는 군의 효율성을 획기적으로 증진시키는 개념이다. 또한 분권적으로 지휘통제하는 경우는 상황에 맞추어 하급 지휘관들이 신속히 대응할 수 있다. 때문에 정보수집 주기가 의사결정 주기보다 빠르게 진행되고 있는 오늘날, 이들 두 주기 간 균형을 유지할 수 있도록 함으로써 OODA 주기를 크게 단축시킬 수 있다.

(나) 계층적 구조 대(對) 네트워크 구조

일반적으로 지휘통제 조직과 구조에는 계층적 구조와 네트워크 구조가 있다. 전통적으로 군의 지휘통제 성향은 계층적이었다. 군이 계층적 지휘통제 구조를 선호했던 이유는 계층을 따라 정보를 주고받으면 최소한의 통신으로 지휘 통제할 수 있기 때문이다.

(3) 계층적 구조

조지 오르(George Orr)는 계층적 지휘구조를 다음과 같이 설명하고 있다. "이들 체계에서는 단일 지휘관이 모든 군사력을 장악하게 된다. 하급 제대는 최고지휘관의 명령에 따라 정확하고도 표준화된 방식으로 반응하며, 군사력 통제에 필요한 자료를 최고지휘관에게 제시하게 된다. 이들 체계는 계층을 따라 운영되며, 하급 제대는 입수한 모든 정보를 상급 제대에 보고하고, 모든 전투는 중앙에서 관리한다."43)

---

42) Proceedings of the 1992 Symposium on Command and Control (Naval Post Graduate School, June 1992).

43) George E. Orr, *Combat Operations C3I: Fundamentals and Interactions* (Air University

계층적 지휘구조에서는 정보수집 및 의사결정 과정을 단일 지휘관이 관장하고 있다. 계층적 지휘구조 내의 개개 지휘관이 어느 정도의 권력을 갖고 있는가는 보유하고 있는 정보의 종류와 규모에 따라 달라진다.

계층적 지휘구조의 첫 번째 문제점은 정보의 흐름이 개개 계층에서 통제되기 때문에 정보를 효과적으로 활용할 수 없다는 점이다. 계층적 구조에서는 하급 제대에서 올라온 정보의 진위를 파악 · 정제 · 가감 및 수정해 상급 제대에 보고하는 과정이 매 계층마다 진행된다. 그 과정에서 많은 시간이 소요되기 때문에 필요한 사람에게 필요한 정보가 적시에 전달되지 못하는 경우가 종종 있다. 모든 차원의 지휘관들이 의사를 신속히 결정할 수 있으려면 정보가 보다 자유롭게 유통될 수 있어야 한다.

계층적 구조의 두 번째 문제점은 조직의 최고위부가 모든 의사결정을 통제하는 경향이 있다는 점이다. 최고위 차원에서 중앙집권적으로 통제하는 방식으로 오늘날의 첨단 정보기술을 활용할 수도 있다. 그러나 이는 하급 지휘관의 창의성과 자발성을 제한하는 행위이다. 윌리엄 슬림(Sir William Slim)이 아래에서 설명하고 있는 바처럼 하급 지휘관의 행위를 중앙에서 상급 지휘관이 지나치게 간섭하는 것은 바람직하지 않다. "모든 수준의 지휘관이 자신의 판단에 따라 행동할 수 있어야 한다. 최고지휘관이 의도하는 바를 하급 지휘관들은 나름의 기획과 실천을 통해 달성할 수 있어야 한다. 이 같은 과정을 반복하다 보면 지휘관에 의존하지 않고도 정보를 최대한 활용해 급변하는 상황에 굳은 신념과 융통성 있게 신속히 대처할 수 있게 된다."[44)]

따라서 하급 지휘관의 창의성과 자발성을 살리면서 의사를 신속히 결정할 수 있으려면 분권적인 통제가 가능하도록 조직 성향을 바꿀 필요가 있는데, 이는 최고지휘관이 부하를 신뢰할 때만이 가능하다. "남북전쟁 당시 그

Press, 1983), pp. 87-88.

44) William Slim, *Defeat into Victory* (Cassell and Company, 1956), p. 292.

란트(Ulysses Grant) 대장의 부대가 승리할 수 있었던 것은 중앙에서 통제하기 위한 기술수단을 보유하고 있었음에도 불구하고 하급 지휘관들에게 기본적인 지침만을 제시하고 세부 사항은 이들 지휘관이 독자적으로 판단해 행동하도록 하였기 때문이다."[45]

1991년의 걸프전에서 노만 슈워츠코프(Norman Schwartzkopf) 대장은 그란트가 말한 바를 그대로 적용했다며, 다음과 같이 말했다. "부하들을 신뢰했더니 구성군(Component Forces) 간에 신뢰가 구축되었습니다. …… 진정으로 합동을 원한다면 구성군의 일에 일일이 간섭해서는 안 됩니다."[46]

이들 모두를 고려해보면, 반 크레벨트의 다음과 같은 견해는 타당성이 있다. "단일 지휘관을 중심으로 한 '지휘통일(Unity of Command)'이 군에서 가장 중요한 것이긴 하지만 한 사람이 모든 것을 알 수는 없다. 군사력의 규모가 커지고 이들 군사력의 성격이 복잡해짐에 따라 이는 매우 절실한 문제다."[47]

(4) 네트워크 구조

계층적 지휘구조와 달리, 네트워크 조직에서는 분권적 통제가 가능해 정보기술을 보다 효율적으로 활용할 수 있다. 조지 오르는 "네트워크 구조"[48]를 다음과 같이 정의하였다. "이들 구조에서는 하급 지휘관들이 상호 협조해 문제를 해결한다. 이들 체계의 핵심은 모든 차원의 지휘관들이 독자적으

---

45) John M Vermon, *The Pillars of Generalship* (Parameters, 1987), p. 11.
46) Joint Pub 1, *op. cit.*, II-6.
47) Martin Van Creveld, *The Transformation of War* (New York: Free Press, 1991), p. 109.
48) 미 합동 C4I체계인 '전투원 중심의 C4I(C4I For the Warrior)', 그리고 대표적 합동 전술 C4I체계인 '합동전술 자료분배체계(JTIDS : Joint Tactical Information Distribution System)'가 추구하는 철학 또한 네트워크 구조에 기반을 둔 분권적 지휘통제이다.[권영근, "합동 C4I체계 발전 연구", 국방정보체계연구소, 1997년 12월, 76-78 쪽 & 87-91쪽]

로 행동할 수 있도록 하는 것이다. 분산체계와 구조를 개발한 후 분산체계를 구성하는 개개 요소들을 망으로 연결해 분권화된 상태에서 의사를 결정할 수 있도록 하는 것이다."[49)]

네트워크 구조에서는 정보수집도 분권적으로 수행된다. 때문에 모든 계층의 지휘관들이 보다 많은 정보를 보다 신속히 수신할 수 있게 된다. 이 구조에서는 지휘관이 정보 흐름을 통제하지 않고 여타 요원들과 정보를 공유하기 때문에 모든 수준의 사령부가 거의 동일한 확실성을 갖고 신속히 의사를 결정할 수 있다.

네트워크 구조의 장점은 네트워크를 구성하는 요소, 즉 개개 단위 부대에서보다 많은 정보가 생성되며, 이들 부대가 보다 많은 정보를 공유할 수 있다는 점이다.

급변하는 미래전에서 의사를 보다 신속히 결정하려면 모든 수준의 사령부가 '지휘관 의도'에 따라 작전을 분권적으로 수행할 수 있어야 하는데, 이는 모든 수준의 부대가 정보를 공유할 수 있을 때만이 가능하다. 존 보이드가 말하듯이 이 같은 체계에서 최고사령부의 역할은 하급 지휘관들이 하는 행위의 관찰에 다름이 없다. 여기서 지휘관 의도는 "작전 목적을 간략히 표현한 것인데, 지휘관이 위치한 제대보다 2단계 낮은 제대에 있는 지휘관들까지 지휘관 의도를 분명히 알고 있어야 한다. 지휘관은 임무 목적을 통해 자신이 의도하는 바를 명백히 밝혀야 한다.

모든 하급 제대는 지휘관 의도에 따라 하나로 엮어져야 한다. …… 지휘관은 하급 지휘관들이 바람직한 방향으로 나아갈 수 있도록 해야 한다."[50)]

지휘관 의도 안에서 하급 지휘관들이 독창성을 발휘할 수 있다. 적보다 신속히 행동할 수 있는 방안에 관해 논하면서 존 보이드는 이 같은 주장을

---

49) George E. Orr, *op. cit.*, p. 88.
50) FM 100-5, Operations (Department of the Army, 1993), 6-6.

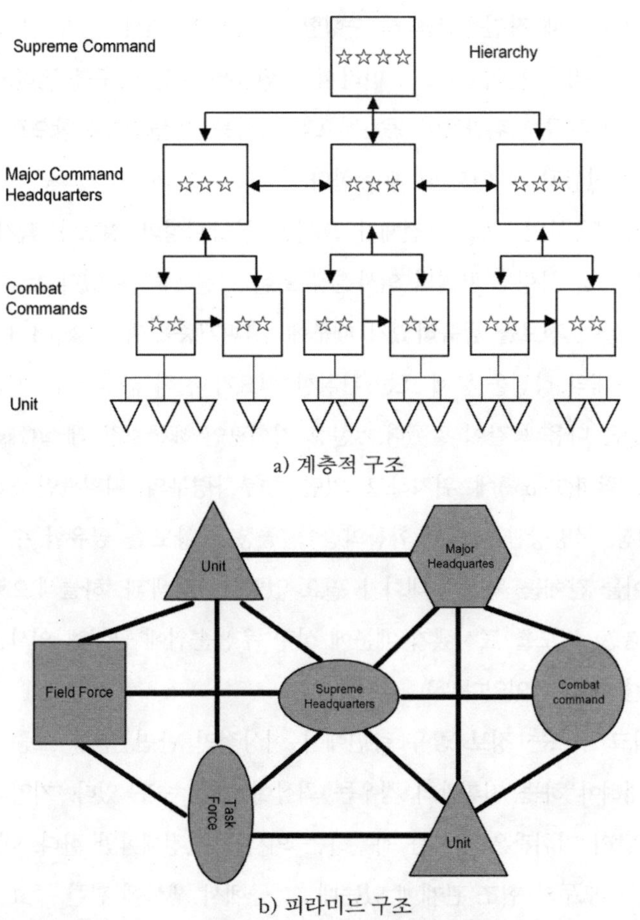

a) 계층적 구조

b) 피라미드 구조

[그림 2] 계층적 구조와 네트워크 구조

다음과 같이 옹호하였다. "적보다 신속히 행동할 수 있으려면 지휘축선 안에서 하급 지휘관들이 독자적으로 행동할 수 있어야 한다. 그러나 '무엇을 왜 해야 하는가'에 대한 지휘관의 지침 안에서 하급 지휘관들이 자신의 부대를 분권적으로 통제해야 한다."51)

미 해병 MCDP 1-1은 "지휘관 의도 안에서 하급 지휘관들이 분권적으로 의사를 결정할 때 작전을 신속히 수행할 수 있다"[52]면서 존 보이드의 견해와 동일한 주장을 펼치고 있다. 따라서 지휘관은 일정 범주를 정하고, 이들 범주 안에서 하급 지휘관들이 독자적으로 의사를 결정하도록 함으로써 작전이 신속히 진행될 수 있도록 해야 한다.

정보를 공유하면 시스템 전체가 느끼는 불확실성의 정도가 획기적으로 감소되며, 하급 사령부 차원의 의사결정 또한 지원해줄 수 있다. "국가 수준의 사령부들이 정보를 공유하였기 때문에 '지휘계층을 무시(Skip Echelon)'하고 하급 제대의 작전을 통제 또는 관찰할 필요가 전혀 없었다"는 점을 크리스트 대장은 다음과 같이 말했다. "현장 지휘관인 해군소장 레스(Less), 플로리다주의 탐파(Tampa)에 위치하고 있던 중부사령부의 지휘관인 크리스트(Crist) 대장, 국방장관 그리고 합참의장이 '공통 상황도'를 공유할 수 있었기 때문에 이들 간에는 특별히 대화가 필요 없었다. '적색'과 '하늘색'으로 상황의 위급(危急) 정도를 표시했기 때문에 상황 우선순위에 근거해 의사를 효과적으로 결정할 수 있었다."[53]

네트워크 구조는 정보 공유 측면에서 이상적인 반면, 전투 도중 중요한 결정을 내려야 하는 지휘관의 경우는 최상이 아닐 수도 있다. 기업의 총수(總帥)와 달리 지휘관은 생사를 좌우하는 의사를 결정해야만 한다. 네트워크 조직에서는 모두가 협조 관계에 있는데 그 중에서 생사에 관한 주요 결정을 내려야 할 사람은 누구인가? 전쟁에서는 협조자뿐만 아니라 지휘관도 필요하다. 따라서 정보를 수집하는 경우와 달리 의사결정은 계층적 성향이 있다. 의사결정 과정에서 계층적 구조가 효율적이지 못하지만 어느 정도의 계층적

---

51) John Boyd and John Warden, *Airpower's Quest for Strategic Paralysis* (Air University Press, 1995), p. 15.

52) US Marine Corps MCDP 1-1, Campaigning (Department of the Navy, 1997), p. 73.

53) Jerry O. Tuttle, C3: An Operational Perspective (Science of Command and Control: Part II), Va : 4.

구조는 절대적으로 필요하다.

의사결정 과정을 단순화하려면 계층을 줄일 필요가 있다. 지휘관과 작전 요원 간의 지휘계층을 줄이게 되면 의사를 손쉽게 결정할 수 있다. 지휘관 의도를 인지한 후, 지휘관 의도 안에서 모든 하급 지휘관들이 자율적으로 행동함으로써 융통성 · 창의성 및 독자성을 발휘하도록 하는 것이 이상적인 지휘구조다. "제2차 세계대전 당시 독일군 지휘관들은 상급 제대와 교신이 두절되는 경우, 자신이 위치해 있는 사령부보다 2단계 높은 제대의 지휘관이 의도하는 바로 생각되는 부분을 달성하기 위해 어느 누구로부터도 간섭받지 않으면서 작전을 수행할 수 있었다."[54] 개개 계층의 지휘관들은 최고 지휘관이 의도하는 바를 인지하고 있었으며, 여타 지휘관들이 어떻게 행동할 것인지를 알고 있었다. 이처럼 분권적으로 의사를 결정했기 때문에 독일군들은 상대방보다 상황에 신속히 대처할 수 있었다.

따라서 이상적인 지휘통제 조직은 "네트워크 조직의 특징인 정보공유"와 "분권화 및 간략화된 계층 구조 의사결정의 장점"을 적절히 결합한 구조다. 1991년의 걸프전에서 항공작전을 주도하였던 퇴역 미 공군대령 와든(John Warden)은 이 같은 구조를 다음과 같이 지지하고 있다. "걸프전에서 다국적군은 자신들의 군 구조가 프리드리히 대제가 만들어 놓은 형태를 벗어나지 못했지만 각종 정보를 만족할 정도로 충족시킬 수 있었다. 미래전에 대비해 군은 오늘날의 정보수집 수단들을 최대한 활용할 수 있도록 조직 구조를 재편할 필요가 있다. 이는 '종적 계층을 줄이고(Flattening Organization)', 대부분의 중간 관리자를 없애며, 최하급 부대로 의사결정을 이관하고, 제반 전투 수단과 능력을 최대한 활용할 수 있도록 세계적인 정보통신망을 구축해야 함을 의미한다."[55]

---

54) James G. Hunt and John D. Blair, *Leadership on the Future Battlefield* (Pergamon-Brassey's, 1985), p. 183.

정보기술의 이점을 최대한 활용하려면 군의 조직 성향을 재설계할 필요가 있다. 그러나 오늘날의 정보기술을 가장 효율적으로 활용할 수 있는 조직 체계가 무엇인가에 대해서는 의견이 분분하다.

5. 미래전에 대비한 각 군의 지휘통제 성향

미국의 각 군은 정보화시대의 전쟁에 대비해 자군 조직을 구상하고 있는데, 미 육군 · 해군 및 해병대는 분권적 지휘통제를, 미 공군은 중앙집권적 통제를 염두에 두고 있다. 미래전은 1991년의 걸프전에서와 비교해 훨씬 빠른 속도로 진행될 것이다. 통상 전쟁 진행 속도를 Tempo로 표현하는데, 미 공군에서는 Tempo란 용어 대신 '속도'란 표현을 사용하고 있다.

미 공군을 제외한 미국의 각 군은 작전 진행 속도, 즉 작전 Tempo를 촉진시키려면 분권적으로 통제하고, 의사결정을 최하위급 부대로 이관해야 한다는 점에 인식을 같이 하고 있다. 예를 들면, 1991년 걸프전 이후 미 육군의 '21세기 개념(The Army Force XXI Concept)'과 해병대의 '바다 용(Sea Dragon)'에서는 분권적 통제 및 의사결정을 강조하고 있다.

(1) 분권적 지휘통제

이미 밝힌 바처럼, 미국의 육군 · 해군 및 해병대는 미래의 전쟁 상황에 대비하려면 분권적으로 지휘 통제해야 한다고 생각하고 있다.

먼저 미 육군의 경우를 살펴보자. 미 육군은 "전쟁에서 주도권(Initiative)을

55) Barry R. Schneider, *Principles of War for the Battlefield of the Future* (Air University Press, 1995), p. 37.

장악하려면 하급 부대에서 의사를 분권적으로 결정할 수 있어야 한다"[56]고 생각하고 있다. 미 육군의 대표적 교리는 공지전투(Airland Battle) 이론이다. 공지전투 이론은 "질적 우위를 통해 양적으로 우수한 군사력을 격파할 수 있다"고 밝히고 있다. 1982년에 최초 발간된 이 교리는 리더십·훈련 및 기습과 같은 불분명한 요소들이 전쟁에서 중요하다는 점을 강조하고 있다. 공지전투 교리는 1986년과 1993년에 개정되었는데, 주요 골자는 주도권(Initiative)·민첩성(Agility)·종심(Depth)·다양성(Versatility)·동시성(Synchronization)이란 5개 교의(敎義)로 요약된다. 이들 기본 교의 중에서 분권적 지휘통제를 특별히 강조하고 있는 교의는 주도권 장악과 민첩성이다. 여기서는 분권적으로 지휘 통제할 필요가 있다는 미 육군의 견해를 주도권 장악 측면에서 서술해보자.

"주도권을 장악한다 함은 행동을 통해 전투 상황 또는 조건을 구체적으로 변화시킨다는 의미다. 이는 모든 작전을 공세적으로 추진할 때 가능하다. 군 전반에 걸쳐 보면 주도권 장악이란 적이 아측이 의도하는 바를 따를 수밖에 없도록 강요하는 것이다. 이는 아측이 강구할 대안이 있는 반면 적의 경우 아측이 유도하는 것 외에 어떠한 대안도 갖지 못하도록 함으로써 가능해진다. 이는 전선 상황을 사전에 예측해 적보다 빠르게 행동할 때만이 가능해진다. 병사와 단위 지휘관 측면에서 보면 최고지휘관의 의도 안에서 독자적으로 행동할 수 있을 때만이 주도권을 장악할 수 있다. 공격 당시의 주도권 장악이란 최초 공격에 따른 충격에서 적이 헤어나지 못하도록 함을 의미한다. 공격을 감행하는 지휘관은 자신이 선택한 시간·장소 및 공격수단에 근거해 적을 기습해야 주도권을 유지할 수 있다. 주도권을 지속적으로 유지하려면 사전에 상황을 예측해 예기치 못한 방식으로 공격할 능력이 요

---

56) FM 100-5, *op. cit.*, 2-6.

구된다. 공격을 당하고 있는 지휘관의 경우 선제공격에 따른 적의 우세를 만회하려면 적보다 신속히 대응할 수 있어야 한다. 이들 모두를 고려해 보면 전투에서 주도권을 장악하려면 의사결정권을 최하위 제대로 분권화시킬 수밖에 없다."[57]

해군의 경우를 보면, 해군은 "신속히 작전을 진행하려면 하급 지휘관들이 기회를 최대한 활용할 수 있도록 권한을 분산해야 한다"[58]는 시각을 견지하고 있다. "오늘날의 해전에서는 일순간(적 표적을 발견 후 3분 40초 이내에 미사일 발사의 여부를 함장이 결정해야 한다)에 대부분의 주요 사항이 결정되기 때문에 승무원이 적지 않은 심적 부담 · 혼란 및 공포를 느끼게 된다."[59] 이 같은 현대 해전의 특성 때문에 해군은 분권적 지휘통제를 선호하고 있다.

"적 해군을 붕괴시키려면 적의 중심(Center of Gravity) 또는 취약부위를 공격해야 한다. 대응할수록 적이 약점을 노출하도록 만들 필요가 있다. 이를 위해서는 작전속도, 즉 Tempo를 빠르게 유지해 전투역학(Dynamics of War-fighting)을 최대한 활용할 필요가 있다. Tempo를 촉진하려면 의사결정 주기를 단축할 필요가 있다. 의사를 보다 신속히 결정할 수 있는 지휘관은 그렇지 못한 지휘관에 비해 일대 우위를 점유하게 된다. Tempo는 단순히 무기 운용 차원이 아니며, 무기 자체다. 의사결정 주기가 느린 상대방 적의 핵심부를 신속하고도 예기치 못한 방식으로 공격하게 되면 적은 압도되며, 제대로 반응하지 못한 채 붕괴될 수밖에 없다. 작전을 신속히 진행하려면 적의 취약부위에 관한 정확하고도 시의 적절한 첩보뿐만 아니라 하급 지휘관들이

57) *Ibid.*, 2-6.

58) Naval Doctrine Publication 1, Naval Warfare (Department of the Navy, 1994), pp. 40-41.

59) U.S. Dept. of Defense, Investigation Report: (Formal Investigation into the Circumstances Surrounding the Downing of Iranian Air Flight 655 on 3 July 1988), (Dept. of Defense, July, 1988), p. 43.

기회를 최대한 활용할 수 있도록 권한의 분권화가 요구되며, 최하위 차원에서도 분명히 이해할 수 있도록 전시 절차를 만들어 평소부터 연습하도록 할 필요가 있다."[60]

마지막으로 해병대의 경우를 살펴보자. 미 해병대는 "작전속도, 즉 작전 Tempo를 높이고, 불확실성·무질서 그리고 전투의 유동성을 극복할 수 있으려면, 분권적으로 지휘해야 한다"[61]는 시각을 견지하고 있다. "Tempo란 행동의 진행 속도를 의미한다. Tempo를 빠르게 함으로써 전쟁에서 주도권을 장악할 수 있기 때문에 Tempo는 일종의 주요 무기라 말할 수 있다. 작전적 측면에서 Tempo를 유발하는 방법에는 1939년과 1941년 당시 독일군이 다수의 산재된 곳에서 일대 공격을 감행했던 바처럼 다수의 전술적 행위를 동시에 수행하는 경우가 있다. 개개 전술 행위가 야기할 결과를 사전 예측하고 지체 없이 후속 조치하는 것이 두 번째 방법이다. Tempo를 유발하는 세 번째 방법은 최고지휘관의 의도 안에서 분권적으로 의사 결정하는 것이다."[62]

지금까지 언급한 바처럼 미국의 육군·해군 및 해병대는 미래전에 대비할 목적에서 분권적으로 지휘 통제하고, 하급제대에 권한을 이양해야 한다고 생각하고 있다.

(2) 중앙집권적 지휘통제

정보화시대에도 미 공군은 공군교리의 핵심인 '중앙집권적 통제 및 분권적 임무수행'을 견지할 수밖에 없다는 점을 기본교리에서 다음과 같이 밝히

60) Naval Doctrine Publication 1, *op. cit.*, pp. 40–41.
61) US Marine Corps MCDP 1-1, *op. cit.*, p. 73.
62) *Ibid.*, pp. 74–75.

고 있다. "항공우주 자산의 강점인 속도 · 항속거리 · 융통성 · 정밀성 및 치명성을 최대한 활용하려면, 공군의 조직은 중앙 통제를 염두에 두어야 한다. 예기치 못한 상황에 대응하고 이들 상황에 최대한 반응할 수 있으려면 임무를 분권적으로 수행해야 한다."[63)]

'중앙집권적 통제, 분권적 임무수행'을 고집하고 있는 공군의 성향은 여타 군과 크게 다르다. 엘리엇 코헨(Eliot Cohen)은 "'함대를 나누지 말고 집중해야 한다(Don't divide fleet)'란 구호가 초창기 미 해군 전략의 핵심이었던 것처럼 '중앙집권적 통제, 분권적 임무수행'은 공군교리의 근간(根幹)이다"[64)]라고 주장하고 있다.

공군교리의 근간은 '합동군공군구성군(JFACC : Joint Forces Air Component Command)'과 "통합임무명령서(ITO : Integrated Tasking Order)"를 최대한 활용해 중앙통제를 강화하는 것이다. 예를 들면, "1991년의 걸프전 당시 공군구성군사령관 호너(Charles Horner) 중장은 500피트 이상 상공을 비행하는 헬리콥터와 크루즈미사일을 포함한 육 · 해 · 공군의 대부분 항공자산을 통제하였다."[65)] 더욱이 미래전에 대비해 공군은 "중앙집권적 통제, 중앙집권적 임무수행"으로 지휘통제 교리를 바꾸어야 한다고 주장하는 사람도 있다. 『미래전(*The Future War*)』이란 제목의 책에서 제프리 바넷(Jeffery R. Barnett)은 "지휘통제체계를 중앙집권적으로 구축해야 만이 전쟁에 내재되어 있는 혼돈을 방지할 수 있다. 분권적 임무수행으로는 미래의 공중 상황에 대처할 수 없을 것이다"[66)]라고 주장하고 있다.

---

63) U.S. Air Force, Air Force Doctrine Document 1 (Dept Of US Air Force, 1997), p. 24.

64) Eliot A. Cohen, *The Mystique of U. S. Air Power* (Foreign Affairs, Jan/Feb 1994), p. 116.

65) Ibid., p. 116.

66) Jeffery R. Barnett, F*uture War: An Assessment of Aerospace Campaign in 2010* (Air University Press, 1996), p. 33.

그러나 이견도 없지 않다. 공군은 통합임무명령서를 이용해 항공력을 중앙집권적으로 통제하고 있다. 그런데 통합임무명령서는 고도로 중앙집권적으로 작성되기 때문에 융통성이 떨어지는 개념이란 것이다. "걸프전 항공력 요약 보고서(Gulf War Air Power Survey Summary Report)"에 따르면 리야드(Riyadh)에서 항공 기획가와 지휘관들이 사용한 통합임무명령서는 나토에서 오랜 기간 사용해오던 방법을 약간 수정한 것이었으며, 제2차 세계대전 당시의 항공전에서 미군 기획가들이 사용하던 방법과 너무나 유사한 점이 많았다고 한다.67) "통합임무명령서에 포함되어 있지 않은 항공기는 비행하지 않는다"는 것이 일반적인 인식이었다. 통합임무명령서에 대해 다음과 같이 말하고 있는 비행 대대장도 있다. "통합임무명령서는 3일 단위로 작성되는데, 3일째 예정된 사항들은 이미 임무를 완수한 경우가 대부분이어서 역사 자료에 불과한 경우도 있었다. 통합임무명령을 대부분 전화로 수신하고 있으며, 통합임무명령의 내용이 바뀌는 경우도 적지 않았다."68)

"통합임무명령서를 발행한 후 조종사들이 임무 준비까지의 몇 시간 동안 통합임무명령서의 20% 정도가 변경되고 있다. 통합임무명령서가 공식 배포되기 이전 또는 항공기가 기지를 떠난 이후 보다 많은 내용이 수정되고 있다."69) "통합임무명령서의 빈번한 수정은 조종사들에게 불확실성을 유발할 수 있다."70)

육군 또는 해군의 경우와 달리 항공력은 중앙집권적으로 통제해야 한다는 것이 일반적인 인식이다. "항공력을 분권적으로 통제할 필요가 있다는 의견을 개진하면 사람들은 제2차 세계대전 당시의 북아프리카에서, 그리고 월남전에서 항공력을 분할해 운영하며 겪었던 실패 사례를 거론하곤 한다."71)

67) Thomas A. Keaney and Eliot A. Cohen, *op. cit.*, p. 247.
68) Scott Norwood, *Thunderbolts and Eggshells* (Air University Press, Sep 1994), p. 24.
69) Eliot A. Cohen, *op. cit.*, p. 113.
70) *Ibid.*, p. 113.

그러나 군의 정보 능력이 획기적으로 발전되어 있는 국가의 경우는 공군의 조직 성향을 새로운 각도에서 재구상할 필요가 있다. 즉, 정보기술을 활용해 정보수집 주기와 의사결정 주기 간의 간격을 단축시킬 수 있도록 조직을 갱신할 필요가 있다. 컨베이어벨트와 같이 저속으로 움직이는 산업화시대의 전쟁은 종말을 고하고 있으며, 신속하고도 적응력이 뛰어난 조직만이 생존할 수 있기 때문이다.

군의 정보화가 성숙되어 있는 국가에서는 "중앙집권적 지휘, 분권적 통제 및 분권적 임무수행"이 바람직한 시대가 되었다. 정보수집 주기와 의사결정 주기 간에 균형이 요구되는 미래전에 대비해 새로운 지휘통제 성향이 절실히 요구되고 있다. 정보화시대에는 공군의 성향도 바뀌어야 한다.[72]

미 공군의 장교가 말하고 있는 바처럼 "임무형명령(Mission-Type Order)을 내려야 만이 극심한 체증을 겪고 있는 통신망의 부담을 경감할 수 있다."[73] 그러나 통합임무명령서는 중앙집권적으로 발행할 수밖에 없다는 것이 미 공군의 인식이다. 따라서 여타 대안을 구상하기보다는 미 공군은 통합임무명령서의 생산 주기를 단축하는 방향으로 문제를 해결하고자 한다. 여타 군과 달리 미 공군은 통합임무명령서를 중심으로 한 중앙집권적 지휘통제 성향을 고수할 것이다. 그러나 분권적으로 통제하지 않으면 빠른 속도로 진행되는

---

71) 『미래전 어떻게 싸울 것인가』, p.191; Richards E. Volz, Jr, *Army JTIDS: A C3 Case Study* (Naval Postgraduate School, March 1991), p. 2.

72) "오늘날의 공군이 기획 및 시행 절차를 3일 동안 준비한다는 것은 매우 부끄러운 일이다. 공군은 '첨단 제트 항공기'를 '기구(氣球)를 이용해 비행하던 시대'의 관습대로 운영하고 있다. 통합임무명령서를 중심으로 한 융통성 없는 지휘통제체계로 인해 공군은 항공력의 장점인 융통성과 즉응성을 크게 활용하지 못할 수도 있다." 출처 : James P. Marshall, *Near-Real-Time Intelligence on the Tactical Battlefield* (Air University Press, Jan 1994), p. 66.

73) Taylor Sink, *Rethinking the Air Operations Center* (Air University Press, Jan 1994), p. 66.

미래전에 대응할 수 없다. 때문에 오늘날의 통합임무명령서를 분권적 통제 개념에 근거해 생산할 필요는 있을 것이다.

6. 결언

우리 군과 국가의 정보 능력은 이제 성장기에 접어들었으며, 성숙기에 도달하기 위해서는 앞으로도 많은 시간과 노력이 필요한 실정이다. 본고에서는 우리 군의 정보화 노력과 지휘통제 개념을 승화시킨, 미래의 정보화된 지휘통제 구조를 논의하기 위해 지휘통제 개념의 변천과정과 사례 그리고 오늘날의 정보기술 속성을 중심으로 서술하였다. 논의되었던 사항들을 요약 강조하며 결론을 맺고자 한다.

기술은 단순한 도구에 불과하며, 도구를 어떠한 방향으로 사용할 것인가를 결정하는 것은 인간이다. 스크루드라이버를 이용해 얼음을 깰 수도 있으며, 컴퓨터를 땅에 내리쳐 못을 자를 수도 있다. 정보기술 · 컴퓨터 및 통신장비를 이용해 보다 효율적으로 전투를 수행할 수도 있다. 전투를 보다 효율적으로 수행하도록 하는 것이 추구하는 목표라고 한다면, 이들 신형 장비를 효율적으로 활용할 수 있도록 조직을 재편하지 않으면 안 된다. 이 때 다음의 사항이 고려되어야 한다.

첫째, 지휘는 기획 · 조직 · 지시 · 조정 및 통제를 포함하는 개념이다. 바라보는 시각은 다양하지만, 지휘는 조직의 변화와 기술의 발전에 무관한 개념이다. 지휘관계의 핵심은 지휘축선을 짧고 간명하게 정의해 누가 무엇을 담당하고 있는지 분명히 알 수 있도록 하는 것이다.

둘째, 정보는 계층적으로 통제하면 효과가 크지 않다. 계층적 구조의 특징은 개개 계층에서 정보를 통제한다는 점이다. 모든 지휘계층에서 정보를 공유할 수 있도록 네트워크 조직의 이점을 최대한 활용할 필요가 있다. 정보를 공유하면 불확실성을 줄일 수 있으며, 의사결정 시간을 획기적으로 단축할 수 있다. 정보 수집을 공유하면 작전속도를 크게 개선할 수 있다.

셋째, 의사결정을 원활히 하려면 지휘계층을 단순화할 필요가 있다. 지휘계층을 줄이면 작전속도가 가속화된다. 분권적으로 통제하면 최하급 부대의 차원에서 지휘 혁신이 가능하다.

정보화시대의 전쟁에서는 관련자들이 정보를 공유하며 분권적으로 작전을 수행할 필요가 있다. "시대에 따라 전쟁에서 요구되는 특질은 서로 다르다. 농경시대에는 '힘과 잔꾀', 산업화시대에는 '조직과 훈련', 정보화시대에는 '지식과 창의성'이 가장 중요한 요소다"라고 칼 빌더(Carl Builder)는 말하고 있다. 시대를 반영하는 특질들이 최대한 발휘될 수 있도록 군의 조직 구조를 재편할 필요가 있다. 현재에도 그러하지만 미래에도 우수한 지휘능력은 우리 군이 지향해야 할 가장 중요한 요소일 것이다.

제 3 장

C4I체계 구축에 관한 제언 *

1. 서론

오늘날 우리는 새로운 기술을 혁신적으로 적용하고 군의 교리 · 작전개념 및 군 구조를 획기적으로 바꿈으로써 작전의 성격과 행위를 근본적으로 갱신 가능한 '군사혁신(RMA : Revolution in Military Affairs)'의 시대에 살고 있다.[1)]

"지휘통제체계(C4I)는 지휘관이 임무수행을 추진하는 과정에서 할당된 군사력에 대해 권한과 지시를 행사하고자 할 때 도움을 주는 체계"로 정의된다. 오늘날에는 이것이 군 전력의 '배가요소(Force Multiplier)'[2)]로 간주되고

---

* 권영근, "C4I체계 구축에 관한 제언", 합동참모대학, 『합동군사연구』 제11권, 2001년 12월, pp. 129-168에 이미 발표된 원고이다.

1) Jeffrey Mckitrick, James Blackwell, Fred Littlepage, George Kraus, Richard Blanchfield, "The Revolution in Military Affairs", in Schneider and Grinter(eds.), *Battlefield of the Future: 21st Century Warfare Issues*, Maxwell AFB, AL: Air War College, 1995.

2) Coakley, T.P, *Command and Control for War and Peace*, National Defence University Press, Page 17, January 1992.

있다. 인류 역사 이래 지휘통제체계는 전승(戰勝)에 영향을 끼치는 주요 요소였다. 그러나 신속히 발전하고 있는 정보기술로 인해 오늘날 지휘통제체계가 전쟁의 성격을 혁신시키는 요인이 되고 있다.

첨단 C4I체계를 포함한 정보 능력이 현대전에서 핵심 요소가 됨에 따라 한국군 또한 육군, 해군 및 공군의 전술 C4I체계와 같은 다수의 C4I체계를 계획 또는 개발하고 있는 중이다. 국방부 · 합참 및 각 군 차원에서 이 같은 활동이 지속될 것으로 전망되는 현 시점에서 한국군은 또한 외국군의 경우와 마찬가지로[3] 정보체계를 획득하는 과정에서 다소 어려움이 예상된다.

본 논문에서는 C4I와 같은 정보능력을 건설하는 과정에서는 군이 중요한 역할을 수행해야 한다는 점을 주장하고 있다. 이는 항공기 · 탱크 및 함정과 같은 주요 무기체계를 건설할 당시에는 볼 수 없었던 현상이다. 필자는 이것이 정보체계의 특성에 연유하는 문제란 점을 보일 것이다. 다시 말해, C4I와 같은 정보능력을 개발하는 과정에서는 '정보화 잠재능력'이라고 지칭되는 능력이 군에 요구된다는 점을 본 논문은 주장하고 있다.

한국군에 요구되는 주요 정보화 잠재능력 중에는 '합동성 증진 방안', '각 군 간의 관계' 그리고 '정보체계 사업은 어디서 누가 관리해야 하는가?' 등과 같은 군사지식에 관한 것이 있다는 점, 체계 획득을 저해하는 주요 요소에 이들 개념의 문제가 있다는 점을 본 논문은 주장하고 있다. 여기서 필자가 주장하는 바는 『미래전 어떻게 싸울 것인가(*Command, Control, and the Common Defense*)』란 책의 저자인 케네스 알러드(Kenneth Allard)의 논리와 크게 다

3) James W. Canan, "Software Crisis", *Air Force Magazine*, 1986 May; "오늘날 정보통신기술이 혁신적으로 발전하면서 지휘통제체계의 성능이 획기적으로 개선되고 있는 것은 사실이지만, 이미 살펴본 바와 같이 정보통신기술의 특성으로 인해 지휘통제체계의 획득이 매우 어려워졌다." 권영근 번역, 『미래전 어떻게 싸울 것인가(*Command, Control, and the Common Defense*)』, 연경문화사, 1999년 3월, p. 36. 지금부터 권영근, 『미래전 어떻게 싸울 것인가』로 지칭.

를 바가 없다. 그는 다음과 같이 주장하고 있다. "오늘날의 지휘통제체계에 문제가 발생하는 것은 이들 체계를 다루는 기술자들 때문이 아니다. 이들 문제는 지휘통제를 실제 구사하고 있는 인간 조직과 분리해서 생각할 수 없다."[4] 이들 사실을 염두에 둔 상태에서 필자는 한국군의 정보체계 획득을 위한 몇몇 제언을 하고자 한다. 여기서는 합동성을 추구하는 과정에서 '노력통일(Unity of Effort)'를 보장하기 위한 일반적인 절차를 설명하고, 합동성에 관한 우리의 개념 중 잘못된 부분이 무엇인지를 밝히는 일반적인 방법을 사용할 것이다.

정보체계를 개발하는 과정에서는 군에 고도의 능력이 요구된다는 점을 보일 목적에서 항공기·탱크 및 함정과 같은 주요 무기체계와 비교한 정보체계의 특성을 먼저 살펴보자.

2. 정보체계, C4I체계 그리고 무기체계의 관계

가. C4I체계는 정보체계인가?

정보체계는 정보를 수집·처리·저장·전송·전시·분배 및 활용하기 위한 기반체계·조직·인력 및 구성요소들로 정의된다.[5] 정보체계에는 컴퓨터·통신기기 및 응용소프트웨어들이 포함되는데, 이들은 인간 조직을 지원한다.[6] 모든 인간 조직에는 규정과 절차가 있다. 예를 들면, 개개 회계 조직에는 월급 정산을 위한 규정과 절차가 있다. 월급 정산을 위한 규정과 절

4) 권영근, 『미래전 어떻게 싸울 것인가』, p. 431.
5) U.S. Department of Defence, "Military Critical Technology List", 8-1, June 1996.
6) Alexander H. Levis, "Architecting Information Systems", AFCEA Educational Foundation Fairfax, Virgina, AFCEA Course 401B, pp. 1-A-11, Mar 31. 1996.

차를 프로그램화한 것을 월급정산프로그램이라 한다. 월급정산프로그램과 같이 규정과 절차를 프로그램화한 소프트웨어를 소위 말해 정보체계라 한다는 것이다. 이 같은 정의의 관점에서 보면, 항공기나 탱크에 내장되어 있는 소프트웨어는 인간 조직을 다루는 것이 아니기 때문에 정보체계로 볼 수 없을 것이다.

C4I체계는 교리, 작전개념 및 조직에 근거해 '어떻게 싸울 것인가?', '어떻게 작전을 수행할 것인가?', 또는 '어떻게 군사력을 운용할 것인가'란 문제를 자동화한 체계다. 이 같은 맥락에서 보면, C4I체계는 정보체계로 분류될 수 있을 것이다.

나. 정보체계와 주요 무기체계의 차이

첫째, 모든 조직의 규정과 절차는 같을 수 없다. 때문에 일반적으로 어느 두 조직의 규정과 절차를 프로그램화한 정보체계는 다를 수밖에 없다. 예를 들면, 개개 국가는 상이한 교리 · 작전개념 및 군 구조를 운영하고 있다. 그 결과 "싸우는 방법"이 다르기 때문에 전 세계 어느 나라의 C4I체계도 서로 같지 않다. 반면에 한반도 상황에만 적합한 탱크나 항공기는 존재하지 않는다. 오늘날 F-16항공기에 내장되어 있는 소프트웨어는 항공기의 Version이 같다면 일반적으로 동일하다. 이는 무기체계의 경우와 달리 특정 조직을 위해 개발된 정보체계를 구입해 자신의 조직을 위해 그대로 사용하는 것이 불가능함을 의미한다.[7]

7) 방어 제공작전(Defense Counterair)에 관한 미국과 한국의 교리에는 커다란 차이가 없다. 그럼에도 불구하고 미국의 서북미 방어를 목적으로 개발한 소프트웨어 체계를 한반도에 적용하는 과정에서는 수십 명의 전문 요원에 의한 수년의 노력이 요구된다는 점을 MCRC 사업을 통해 확인할 수 있었다.

둘째, 군의 정보체계는 개개 군 조직의 규정과 절차를 자동화한 체계다. 따라서 자동화를 위한 주요 개념이 규정과 절차를 운용하고 있는 군으로부터 나올 수밖에 없다. 예를 들면, C4I체계 개발 과정에서의 핵심 단계는 "싸우는 법 : 교리, 작전개념, 군 구조 등"을 정립하고 개개 조직 간의 "운용구조(Operational Architecture)"를 규명하는 것이다. 따라서 군 조직의 업무를 자동화하는 과정에서 군은 사용자 요구사항 정립 단계에서부터 설계 · 테스트 및 유지에 이르는 전 단계에서 중요한 역할을 할 수밖에 없다.

반면에 항공기 · 함정 · 탱크 또는 이 같은 무기체계에 내장되어 있는 소프트웨어를 개발하는 과정에서 군의 역할은 정보체계를 개발하는 경우와 달리 크지 않다. 예를 들면, 미리 정해진 교리와 작전개념에 입각해 무기체계를 획득하는 미국과 같은 선진국에서조차 군은 록히드 항공회사와 같은 업체에 "운용 요구성능(Required Operational Capability)"를 제시한 후 "운용요구성능"에 근거해 개발된 무기체계를 시험 평가할 뿐이다. 미국 · 프랑스 · 영국 · 러시아를 비롯한 몇몇 나라를 제외한 대부분 국가의 군은 이들 국가에서 개발된 무기들을 구입해 사용하고 있다.

셋째, 특정 무기체계, 예를 들면, 항공기를 개발하고자 하는 경우 기존 무기체계와의 상호관계 또는 연계성은 크게 고려되지 않는다. 반면에 정보체계를 개발할 때는 기존 체계와의 상호운용성 정도가 정보체계 사업의 성공 정도를 판가름하는 척도이기 때문에 기존 정보체계와의 관계와 연계성이 반드시 고려되어야 한다. 기존의 정보체계 자체도 특정 군 조직의 규정과 절차를 대변하고 있다는 점에서 새로운 정보체계를 개발할 때는 군이 핵심 역할을 수행해야 할 것이다. 무기체계를 획득하는 경우와 비교해보면 군 정보체계의 개발 과정에서는 고려해야 할 요소들이 보다 많다.

다. C4I체계에 영향을 끼치는 요소들

『전쟁에서의 지휘(*Command in War*)』[8]란 자신의 명저(名著)에서 반 크레벨트(Martin Van Creveld)는 C4I체계에 영향을 주는 요인들을 언급하고 있다. 그는 오늘날의 경제이론과 마찬가지로 오늘날의 전쟁에서 지휘를 행사하는 과정에서는 모든 것이 상호의존적으로 나타나고 있다며 다음과 같이 주장하고 있다. "아마도 가장 중요한 사실은 …… 지휘만을 따로 떼어내어 생각할 수 없다는 점이다. 가용한 데이터처리 기술, 사용 중인 무기의 유형, 전술과 전략, 군 구조와 인력체계, 훈련, 기강, 그리고 전쟁의 사조(思潮)라고 통상 지칭되는 국가의 정치적 형태, 국가사회에서 군이 차지하는 비중 …… 이들 모두 그리고 보다 많은 사항들이 전쟁에서의 지휘에 영향을 끼치고 이들 자신이 지휘에 의해 영향을 받고 있다."[9]

『전쟁에서의 지휘』란 책에서 반 크레벨트가 주장한 바를 고려해볼 때, 지휘에 영향을 끼치는 모든 요소들이 지휘체계에도 영향을 주고 있다고 추정해볼 수 있을 것이다.

'정보화잠재 능력'을 특정 사회가 정보체계를 개발할 수 있는 능력의 정도, 군의 '정보화잠재 능력'을 정보체계를 개발하는 과정에서 특정 군의 능력으로 정의하면, 정보체계를 개발하는 과정에서는 고도의 '정보화잠재 능력'이 요구됨을 쉽게 추정해볼 수 있을 것이다. 한국군의 경우 C4I와 같은 정보체계를 획득하는 과정에서 문제가 있다면 이는 주로 '합동성 증진 방안', '각 군 간의 관계' 그리고 '정보체계 사업은 누가 관리해야 할 것인가?' 등과 같은 군사 개념을 간과하기 때문이라고 필자는 생각하고 있다.[10] 특히

---

8) 김구섭, 김용석, 권영근 공역, 『전쟁에서의 지휘(*Command in War*)』, 연경문화사, 2001년 6월. 지금부터 『전쟁에서의 지휘』로 지칭.

9) 『전쟁에서의 지휘』, p. 425.

10) 국방부 군사혁신(RMA) 기획단에 근무할 당시인 1999년 필자는 국방정보체계(C4I체

각 군의 정보체계와 합참 또는 국방부 차원에서 사용하는 정보체계와의 관계 규명이란 문제는 성공적인 정보체계 획득에 매우 중요한 사안이며, 이 같은 점들이 정보체계 획득에 장애가 되는 주요 문제라고 필자는 생각하고 있다.

국방정보체계연구소[11]에 근무하던 1997년, 필자는 합동C4I체계에 대한 연구를 수행하면서 국방의 많은 사람들과 정보체계 획득의 문제를 놓고 대화를 나누었다. 이들 중 많은 사람들 특히 육군 요원들 중에는 정보체계를 설계·개발·관리 및 획득하는 과정에서 국방부가 주요 역할을 해야 한다고 생각하는 사람들이 적지 않았다. 현대전에서 승리하려면 합동성이 중요하다는 점과 한국은 비교적 작은 국가란 점을 거론하며, 이들은 육군·해군 및 공군에 필요한 정보체계를 별도 건설 및 획득함은 바람직하지 않으며, 육·해·공군과 합동조직이 모두 사용할 수 있는 단일의 정보체계를 건설해야 한다고 주장하였다.[12]

사실 각 군의 정보체계를 단일의 설계 개념에 근거해 획득할 수 있을 것인지의 문제는 컴퓨터 및 데이터통신과 같은 기술이 아니고 교리적 차원의 문제다. 이것이 가능하려면 육·해·공군의 작전술(Operational Art)을 엮어줄 수 있는 합동작전술(Joint Operational Art)이 존재해야 한다. 이 같은 합동작전술이 존재한다면 육군의 작전술에 의해 보병·포병 및 기갑이 통합되는 바처럼 육·해·공군의 전력이 어렵지 않게 통합될 수 있을 것이다. 다시

계) 사업들을 지휘통제 이론의 측면에서 분석해보았다. 당시의 결론은 지휘통제체계 즉, C4I(Command, Control, Communication, Computer and Intelligence) 체계 사업의 경우는 컴퓨터 및 데이터통신과 같은 정보기술에 못지않게 지휘 통제에 관한 개념이 중요한 영향을 끼치고 있다는 점이었다.

11) 1999년 1월 1일부로 국방과학연구소로 통폐합됨.

12) 지금 이 순간에도 각 군의 정보체계를 단일 체계란 개념으로 획득해야 한다고 생각하는 사람들이 국방 주변에 없지 않은데, 국방정보체계 획득에 문제를 유발하는 요인은 이와 같은 잘못된 개념이라고 필자는 생각하고 있다.

말해, 육군의 보병 · 포병 및 기갑을 단일의 인사 또는 군수 체계로 지원할 수 있는 것처럼 육 · 해 · 공군을 단일의 체계(예 : 인사 · 군수 등)를 이용해 지원할 수 있을 것이다. 육 · 해 · 공군보다 한 차원 높은 곳에서 이들 군을 묶어주는 합동작전술의 존재 여부는 '합동작전술'이란 제목의 절에서 다루게 될 것이다. 사실 몇몇 정보체계의 경우는 이 같은 형태의 합동작전술이 존재하는 것으로 가정해 개발되었는데, 재미있는 것은 이 같은 방식으로 개발된 정보체계의 경우 나름의 논란을 유발하고 있다는 점이다.13)

다시 말해 합동성 또는 육 · 해 · 공군에 의한 '노력통일(Unity of Effort)'에 대한 인식의 문제가 정보체계 획득 과정에서 주요 장애 요소인 듯 보인다. 따라서 본 논문에서는 지휘통일(Unity of Command)에 관한 각 군의 개념을 조사해볼 필요가 있다.

3. 합동전(Joint Warfare)

합동작전에 관한 미군 교리에서는 합동전의 본질을 다음과 같이 표현하

---

13) *Ibid.* 미군의 경우에도 비슷한 사례가 있는 듯 보인다. 1970년대 초 미군은 TRI-TAC라고 지칭되는 합동전술 통신사업을 추진하였다. 이는 설계 및 엔지니어링 단계에서 각 군의 다양한 시각을 반영해 소위 말해 말단에서부터 상호운용성을 달성하고자 한 경우였다. "통신장비와 관련해 각 군이 요구한 사항을 모두 반영하여 모든 사람이 이용할 수 있는 체계로 TRI-TAC 프로젝트를 진행하다 보니, 최종적으로 만들어진 장비는 너무나 크고, 무거울 뿐 아니라 개발비용 또한 매우 높았다." 권영근, 『미래전 어떻게 싸울 것인가』, p. 361; "'공통성(Commonality) : 다수의 공통조건을 충족하는 체계'는 그 획득이 회의적이다는 점이 JTIDS의 사례에서 얻을 수 있는 두 번째의 결론이다. 이는 여러 조건을 충족하는 체계를 추구하는 것이 바람직하지 않다는 의미가 아니다. 이는 '절대 선'과 마찬가지로 그 자체로는 가치가 있지만 지구상에서는 거의 쟁취할 수 없는 성질의 것이란 의미다." 권영근, 『미래전 어떻게 싸울 것인가』, p. 413.

고 있다. "현대전은 그 성격상 단일의 팀을 편성해 대응해야 할 것이다. 이는 개개 작전에 모든 군이 동등한 수준으로 참여해야 할 것이란 의미가 아니다. 합동군사령관은 휘하 공중 · 지상 · 해상 및 우주 전력 중 자신에게 필요한 능력을 선택해 사용해야 할 것이다. 이들 선택된 전력이 팀을 편성해 다양한 차원과 방향에서 가공할 힘을 발휘해 상대방에게 충격을 주고, 상대방을 와해시키며 궁극적으로 격파하게 된다. …… 전승을 위해서는 반드시 합동으로 전쟁을 수행해야 할 것이다."[14)]

사실 "전쟁 수행에 필요한 모든 가용한 도구를 구비한 상태에서 단일 지휘관이 지휘토록 하고, 결과에 대해 전적으로 책임지도록 할 때 전승의 가능성이 가장 높아진다는 점을 군인들은 이미 오래 전부터 잘 알고 있었다."[15)] 다시 말해, 군사력을 단일 지휘관이 지휘해야 한다는 지휘통일의 원칙이 매우 중요하다는 점을 사람들은 이미 오래 전부터 인지해오고 있다. 그러나 실제적 의미에서의 합동전이 등장한 것은 최근의 일이다. 월남전의 경우를 보면 미군은 군사력을 분할해 운영한 결과로 인해 적지 않은 어려움을 겪었다.

현대적 의미에서의 합동전 개념을 사용한 최초의 군은 아마도 독일군일 것이다. 항공기가 출현하기 이전인 20세기 초, 독일은 육군과 해군으로 구성된 최고사령부란 군사조직을 운영하고 있었다. 항공력이 발전을 거듭하자 이들 조직에 독일공군이 가세하면서 육군 · 해군 및 공군으로 구성된 최고사령부가 구성되었는데, 이들 세 조직은 상호 독립적인 관계를 유지하고 있었다.[16)] 독일군 내부의 육군 · 해군 및 공군은 조직의 효율성을 극대화하고, 최상의 장비를 확보하며, 자군 내부에서 가장 적절한 형태의 전술과 전략을

14) U.S. Joint Pub 3.0, p. I-1.

15) Thomas A. Cardwell, III, *Command Structure for Theater Warfare: The Quest for Unity of Command*, Air University Press, Sep 1984, p. 7.

16) Alexander P. De Seversky, *Victory Through Air Power*, Garden City Publishing Co, 1943, p. 256.

개발하는 등 나름의 작전영역에서 거의 절대적인 권한을 행사하고 있었다. 동시에 이들 군사력 중 둘 또는 셋이 결합해 행동하는 경우 상호 조화를 이룰 수 있도록 독일군은 온갖 노력을 아끼지 않았다.17)

합동전을 성공적으로 수행하려면 육·해·공군 전력을 최대한 운용하기 위한 지휘구조를 구성할 필요가 있을 것이다. 그러나 지휘통일을 바라보는 각 군의 시각이 상이하다는 점으로 인해 공동 목표를 겨냥해 각 군의 노력을 통합하는 문제가 매우 어려워지고 있는데, 이는 한국군에서 뿐만 아니라 미군에서도 목격되는 현상이다.18)

C4I체계와 같은 정보체계를 획득하는 과정에서 문제가 발생하는 이유 중 하나는 지휘통일을 바라보는 각 군의 시각이 상이하기 때문이라고 필자는 주장하였다. 따라서 지휘통일을 바라보는 육·해·공군의 시각을 살펴볼 필요가 있을 것이다.

가. 지휘통일

지휘통일·목표·공세 등과 같은 전쟁원칙 중에서 합동성과 가장 관련이 있는 것은 지휘통일의 원칙이다. 지휘통일의 원칙을 정의하면 다음과 같다.

"휘하 육·해·공군 단위 부대에 임무 또는 목표를 부여하는 방식으로 이들 부대의 작전을 지시하기 위한 권한을 단일 지휘관이 갖는다. 작전 도중 지휘관은 공동의 임무가 성공할 수 있도록 권한을 행사 및 통제하게 된다. 그는 또한 기동부대를 조직할 수도 있다. 그러나 그는 전술의 문제에 관해 휘하 군에 지시할 수 없으며, 행정 또는 규율의 문제를 통제할 수도 없

---

17) *Ibid*., p. 271.
18) *Ibid*., p. 41. 또는 권영근, "전력통합-작전지역중심 통합과 목표중심 통합", 합동참모본부, 2001년 7월, pp. 112-121 참조.

다. 또한 상호 효율적인 조정에 필요한 수준까지만 지시해야 할 것이다."[19]

우리들 모두가 잘 알고 있는 바처럼, 육군은 지상전투, 해군은 해상전투 그리고 공군은 공중에서의 전투란 주요 임무를 담당하고 있는데, 이들 각 군은 상호 독자적으로 행동하는 것이 아니고, 전반적인 군사목표를 달성한다는 차원에서 지상·해상 및 공중 전력으로 구성된 단일팀의 일부로서 전투를 수행하게 된다.

지휘통일을 바라보는 각 군의 시각은 서로 상이하다고 필자는 말했다. 여기서 재미있는 것은 지휘통일에 관한 전 세계 모든 육군의 견해가 거의 비슷하다는 점이다. 이는 해군 및 공군의 경우 또한 동일하게 적용되는 현상이다. 이는 전 세계 육·해·공군이 지상·해상 및 공중이란 작전환경에서 유사한 형태의 임무와 역할을 수행하고 있다는 점에 기인한다고 필자는 생각하고 있다. 특히 육군의 시각은 공군의 시각과 전혀 다르며, 해군의 시각에는 공군의 경우와 다소 유사점이 있다. 먼저 육군의 시각을 살펴보자.

(1) 육군의 시각

지상전에서 요구되는 기본 사항이 두 가지 있는데, 이는 군사력을 집중시켜야 한다는 점과 제병협동(Combine of Arms)으로 전투를 수행해야 한다는 점이다. 전쟁에서 승리하려면 결정적인 지점에 군사력을 집중시켜야 한다는 점을 육군은 강조하고 있다. 이처럼 군사력을 집중시키고, 여러 지상 전투병과의 기여 정도를 높인다는 차원에서 지상군은 권한을 하급 제대로 분할할 수밖에 없었다. 이 같은 상황에서 지휘통일 원칙은 전술적인 신축성과 전반

---

19) Command and Employment of Military Forces, USAF Extension Course Institute, Vol. II, Part C (Maxwell AFB Al: Air War College, 1952), p. 5. It has been cited in Thomas A Cardwell III, *Op. Cit.*, p. 9.

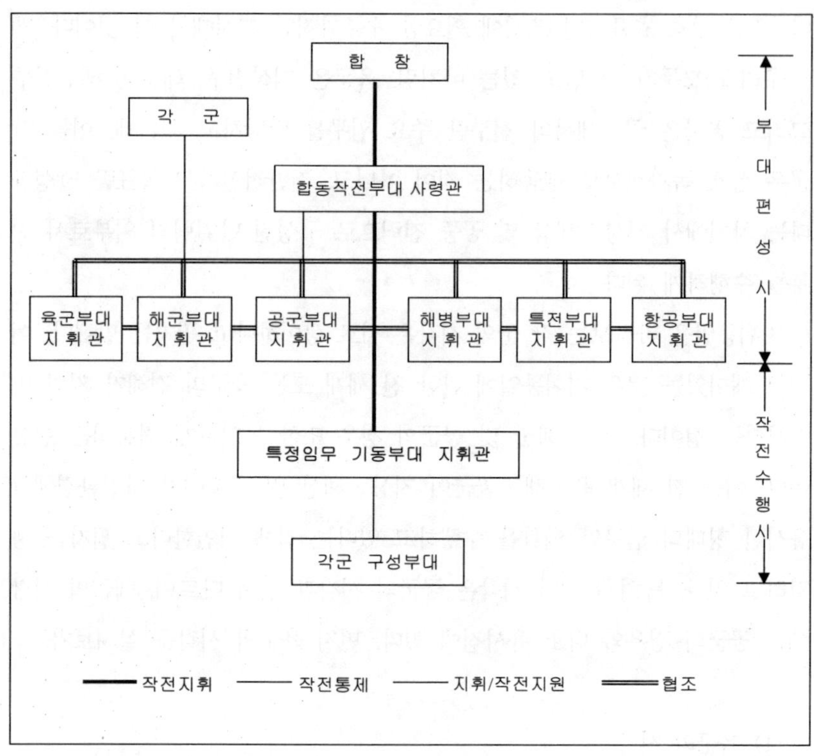

[그림 1] 합동군에서의 지휘통일에 관한 한국육군의 시각(육군 교전 37365-65, '합동작전 교범사업 관련 합참지시과제 검토결과', 2000년 5월 30일)

적인 의사결정 능력은 유지하면서 하급 제대와 지휘관을 이용해 대규모 병력을 통제할 수 있도록 하는 균형 있는 시각이었다. 따라서 지상군은 지휘통일 원칙을 지지하고 있는데, 이는 매우 당연한 현상이다. 그러나 육군은 전구사령관에서 말단 제대(梯隊)에 이르는 모든 제대에서 육·해·공군 전력의 지휘통일이 가능한 것으로 생각하고 있다. 다시 말해, [그림 1]에서 보는 바처럼 육군은 지상이란 작전환경에서 얻은 경험을 합동군의 영역에까지 그대로 적용하고자 하는 경향도 없지 않다. [그림 1]은 지휘통일을 바라보는 한국 육군의 시각을 보여주고 있다.[20]

다음의 글에서 보듯이 지휘통일에 관한 1940년대 당시의 미 육군의 시각과 오늘날 한국 육군의 시각은 별로 다르지 않다. "지휘통일에 관한 간단하면서도 가장 훌륭한 사례는 함장이 지휘하고 있는 해군의 수송선에 승선해 육군의 보병연대가 함장의 지휘를 받고자 하는 경우에서 찾아볼 수 있다" 육군은 전구사령관이 구성군사령관을 통해 작전 지휘하는 방식으로 지휘통일이란 개념을 적용하고 있었다. 앞의 사례에서 해군 구성군지휘관은 육군의 단위부대를 작전 지휘하고 있었다.[21]

(2) 해군의 시각

지표면(Surface)에서 작전을 수행한다는 점에서 해군과 육군은 몇몇 동일한 특성이 있다. 예를 들면, 해군과 육군은 군사력을 지역별로 분할해 운영하고 있다. 그러나 해상 작전환경의 특성으로 인해 지휘통일에 관한 해군의 시각은 육군과 공군에서 볼 수 있는 모습의 일부를 포용하고 있는 듯 보인다. 지상 환경의 특성으로 인해 육군은 기동 및 이동 속도의 측면에서 적지 않은 제약을 받고 있다. 해군의 세계관은 육군의 경우만큼은 제약받지 않고 있는데, 이는 해상이란 해군의 작전환경이 갖는 특성 때문이다. 해군의 행동에 제약을 주는 부분은 해안선뿐이다. 산 · 강 · 숲 등 다수의 지형적 특성을

20) 필자와 대화를 나눈 육군 장교들 중에는 합동군에서의 지휘통일(Unity of Command)의 문제를 [그림 1]처럼 생각하는 사람들이 적지 않았는데, 미 육군 장교들의 경우도 마찬가지다. 육군의 경우는 상황과 임무에 따라서 보병 · 포병 · 공병 등과 같은 전투병과에서 전력을 차출해 전투단을 편성해 단일 지휘관의 지휘아래 임무를 수행하고 있다. 육군의 여타 전투 병과를 지휘통일하는 바처럼 육 · 해 · 공군의 전력을 임의 제대에서 지휘통일해 작전을 수행할 수 있는 것으로 육군들은 생각하고 있는데, 이는 전 세계 모든 육군에서 발견되는 보편적인 현상이다. 소위 말해, 이는 지상이란 작전환경에 익숙해져 있는 사람들이 생각할 수 있는 개념이다.

21) Edward M. Postlethwait, Lieutenant Colonel, USA, "Unified Command in Theaters of Operations," *Military Review*, November 1949, p. 26.

놓고 고민해야 하는 육군의 경우와 달리 해군의 작전환경인 해상은 거의 모습이 동일하다. 이 같은 해상 환경에서 해군은 자신이 원하는 바대로 기동이 가능한 실정이다. 해군과 육군의 경우와 달라 공군의 작전환경인 공중에는 항공인의 행동에 제약을 주는 지형적 특성이 전혀 없다. 항공인의 세계관에 제약을 주는 요소는 장비의 성능뿐인데, 시간이 지나면서 이들 장비의 성능이 발전을 거듭하고 있다.22)

지휘통일 교리에 관한 한 한국 해군 또한 한국 공군과 육군의 시각을 적절히 혼합한 입장을 견지하고 있는 듯 보인다.23)

(3) 공군 : 전구 차원의 시각

항공기가 출현할 당시 지구상 각국은 이들 항공기를 상이한 시각에서 바라보았다. 항공력을 집중시킬 당시 얻을 수 있는 효과를 입증한 최초 국가는 독일이었다. 전투기는 전선(戰線) 전반에 걸쳐 균등하게 배분되어서는 안 되며, 결정적인 지점에 이들 전력을 집중시켜야 한다는 점을 독일군은 보여주었다. 다시 말해, 비교적 덜 중요한 지역의 경우 항공력에 의한 지원을 받아서는 안 된다는 개념이었다.

해군과 육군은 이들 항공력을 지상과 해상에서의 전술 및 작전적 수준의 전역(戰役 : Campaign)을 수행할 목적으로 직접 통제하고자 하는 경향이 있는데, 이는 전 세계 다수 국가에서 목격되는 현상이다.

반면에 항공인들은 항공력이 나름의 결정적인 무기란 점, 이들 항공력은

22) Col Dennis M. Drew, USAF, "Joint Operations: The World looks different from 10,000 feet", *Airpower Journal*, April 1998.

23) 해군본부, 문서번호 전일 33830-10, '합동작전교범 장 · 절 편성 이전 검토사항 결과 보고', 2000년 5월 22일.

중앙집권적으로 통제할 뿐 아니라 적의 가장 중요한 부분을 겨냥해 사용할 때 가장 지대한 효과를 발휘할 수 있다는 점을 끊임없이 주장하였다. 전쟁 전략에 관계없이 항공력의 지시와 운용에 관한 근본 원칙에는 변함이 없다고 이들은 주장하고 있다.[24] 전구(戰區 : Theater)[25]의 모든 항공력은 항공구성군사령관이 전구 차원의 시각에서 통제할 때만이 가장 효과적이라고 항공인들은 생각하고 있다. 한국공군 또한 전구 차원에서의 지휘통일을 지지하고 있는 듯 보인다.[26]

1991년의 걸프전에서는 "항공력의 특성인 융통성과 일격 구사 능력을 최대한 활용하려면 가용 항공력을 항공지휘관이 중앙집권적으로 지휘 통제해야 한다"[27]는 의미의 교리가 구체적으로 실현되었다. "걸프전 당시 미 중부사령부의 지휘관 호너(Charles Hornor) 중장은 해군의 크루즈미사일, 500피트 이상 상공을 비행하는 헬리콥터를 포함한 각 군의 모든 항공력을 통제하였다."[28]

---

24) General William W. Momyer, USAF, Retired 'Airpower in Three Wars' (Washington, D.C.: Government Printing Office, 1978), p. 39.

25) 전구란 단일의 군사전략목표 달성을 위해 지상·해상 및 공중 작전이 실시되는 지리적 지역 : 합동참모본부, 『합동·연합작전 군사용어사전』, 1998년 12월, p. 355. 미국의 경우 전 세계를 몇 개의 전구로 나누고 개개 지역을 단일의 전구사령관이 지휘하도록 하고 있다. 제2차 세계대전 당시의 독일군 그리고 오늘날의 이스라엘 군 또한 몇 개의 전구를 운영하고 있다. 서로 상이한 전략목표가 존재한다면 한반도에도 2개 이상의 전구가 존재할 수 있다.

26) "전구 차원에서만 합동군은 수용이 가능하다. 예를 들면, 항공력은 전구 차원에서 운용해야 한다. 그렇지 않은 경우 항공력에 대한 지휘통일을 보장할 수 없게 된다." 참조 : 공군전투발전단, 전투전 33830-51, '합동작전 교리 기본문제 검토 결과', 2000년 5월 22일.

27) US War Department, Field Manual 100-20, 'Command and Employment of Air Power', Washington: Government Printing Office, 1943, pp. 3-4.

28) Eliot A. Cohen, "The Mystique of U.S. Air Power", *Foreign Affairs*, Jan/Feb 1994, p. 116.

나. 합동작전술[29)]

지상・해상 및 공중에서 나름의 임무와 역할을 수행하고 있는 육・해・공군의 군사전략은 서로 상이하다. 육군의 군사력 운용은 클라우제비츠(Karl von Clausewitz) 및 조미니(Antoine-Henry Jomini) 등이 정립한 지상전 이론에, 해군의 경우는 마한(Alfred Thayer Mahan) 등과 같은 사람들에 의한 해양력 이론에 그리고 공군의 경우는 듀헤(Giulio Douhet) 및 미첼(Billy Mitchell)과 같은 사람들에 의한 항공력 이론에 크게 의존하고 있다.

지상전에 관한 조미니와 클라우제비츠의 사상, 해양 통제에 관한 마한의 개념 그리고 제공권 확보에 관한 듀헤의 개념은 지상・해상 및 공중이란 작전환경에서 적을 격파하고자 할 당시 필요한 무기와 수단이 무엇인지에 관한 구체적인 지침이 되고 있다.

클라우제비츠, 마한 및 듀헤의 개념이 지상・해상 및 공중이란 개개 작전환경에서 단일군이 전투를 수행하고자 할 당시 필요한 지침이 되고 있는 것은 사실이다. 그러나 핵전쟁 이전의 다양한 차원의 전쟁에서 육・해・공군 간의 관계를 묶어줄 수 있는 단일의 전략이론은 없다.

이 같은 전략이론, 소위 말해 합동군에 관한 이론을 발전시키고자 하는 주요 이유는 이 같은 일관성 있는 이론이 존재한다면 상황에 따른 선택을 분명히 할 수 있기 때문이다. 지상・해상 및 공중 전력을 묶어줄 수 있는 전략의 일반이론이 존재해 이들 이론 차원에서 이들 각 군을 '제병 협동(Combine of arms)'해 전쟁을 수행할 수 있다면 임무에 따른 대안을 쉽게 선택할 수 있을 것이다.

이 같은 전략의 일반이론은 작전환경에 따른 각 군의 상이한 시각을 통

---

29) 권영근, 『미래전 어떻게 싸울 것인가』, pp, 449-457.

합(Unify)할 수 있는 형태가 되어야 한다. 지난 50년간 미국의 국방정책은 이 같은 이론을 찾는 과정이었는데, 아직까지 이 같은 일반이론은 찾을 수 없었다.

합동전략 이론이 모든 사람이 납득할 수 있는 수준의 이론으로 귀착되지 못할 가능성도 없지 않은데, 그 이유는 합동전도 알고 보면 지상·해상 및 공중 전력을 교대로 적용해가는 과정에 불과하기 때문이다.

다. 합동 지휘구조[30)]

전쟁원칙 중에서 전구 차원의 지휘구조와 가장 관계가 많은 원칙은 지휘통일의 원칙이다. 이 원칙을 올바로 적용하게 되면 군의 모든 노력이 공동의 목표를 향해 집중될 수 있을 것이다. 지휘통일의 원칙이란 군의 모든 행위가 동일 목표를 겨냥해 사용될 수 있도록 군사력을 지시 및 조정함을 의미한다. 지휘통일은 동일 목표를 겨냥해 모든 가용 군사력을 지시 및 조정하기 위한 권한을 단일 지휘관에게 부여할 때 가장 잘 달성될 수 있다.

군사력 조직에 관한 최상의 방안은 전구의 모든 자산을 단일 지휘관이 지휘토록 하는 '통합사령부 구조(Unified Command Structure)'란 점을 우리는 역사를 통해 확인할 수 있었다.[31)] 전구에 할당된 임무를 육·해·공군에 의한 통합된 팀의 형태로 수행할 때, 이들 군을 가장 잘 통제할 수 있을 것이다.

---

30) Thomas A Cardwell III, *Op. Cit.*, pp. 55–73, & 129–134.

31) 이는 제1, 2차 세계대전 당시 독일군으로부터 나온 개념으로서 영국군 또한 동일한 시각을 갖고 있다. 출처 : 인터넷 자료 Strategic Defence Review, Supporting Essay Eight 'Joint Operation'; 818계획을 통해 한국군은 한미연합사 체제를 구현시켰다. 출처 : 평화민주당, "3군통합의 의도는 무엇인가", 1990년 6월 14일, p. 43; 한미연합사의 지휘구조는 통합사령부 구조다.

전구 차원의 전쟁에 대비한 지휘구조를 논의할 때는 전구 차원의 시각을 견지해야 한다. 전구 차원의 시각이란 합동 및 연합의 시각을 의미한다. 전구 차원의 시각에서 지휘구조를 바라보면 전구의 모든 지상 전력을 단일의 지상군구성군사령관, 전구의 모든 해상 전력을 단일의 해상구성군사령관 그리고 전구의 모든 항공력을 단일의 항공구성군사령관이 운용하게 되는 통합사령부 구조를 생각하게 된다. 전구의 모든 군사력은 권한의 축과 책임이 분명한 통합사령부 구조 아래 단일의 일관성 있는 팀으로 운영되어야 한다.

국가의 전투력을 가장 효과적이고도 효율적으로 운용하려면 중앙집권적으로 통제하고 분권적으로 임무 수행해야 한다.32) 동일 목표를 겨냥해 전투력을 집중시키고, 위기시 이들 전투력의 방향을 재조정해야 할 것인데, 군사력을 중앙에서 통제하게 되면 이 같은 것이 가능해질 것이다. 분권적 임무수행이란 고위급 제대에서 목표의 우선순위를 결정하고 전략을 구현하는 동안, 하급 제대에서 계획과 시행할 수 있도록 하는 개념이다. 제한된 자원을 가장 경제적으로 운용하기 위한 방안은 중앙집권적 통제와 분권적 임무수행이란 개념이다.

합동군에서 단일팀을 구성하고 있는 지상・해상 및 항공우주 전력은 나름의 독특한 특성이 있는데, 이들 단일팀이 나름의 위력적인 것은 이 같은 이유 때문이다. 통합사령부 구조는 각 군 구성군의 특성은 유지하면서 중앙집권적 지시와 분권적 임무수행이 가능토록 하는 특성이 있다.

육・해・공군으로 구성된 합동군사령부의 사령관은 동일 비율의 참모로 구성된 참모조직을 구비함이 중요한 의미가 있다.33) 합동참모의 주요 직위

---

32) 중앙집권적 통제란 중앙집권적 기획의 방식으로 달성된다. 공군의 지휘통제개념은 중앙집권적 통제/분권적 임무수행(Centralized Control/Decentralized Execution)이다. 이 점에서 합동군에 대한 지휘통제 개념은 공군의 경우 매우 친숙한 형태의 것이다.

33) 합동참모는 육・해・공군 소속의 동일 숫자의 장교로 구성되어야 한다고 Goldwater-Nichols Act는 명시하고 있다.(해병대는 해군에 포함시켜 생각한다.) 출처 : Gordon

는 전구의 임무에 따라서 각 군이 교대로 담당해야 할 것이다. 합동조직 내에 참여하는 군인의 숫자에 근거해 특정 직위는 특정 군이 맡아야 한다는 발상은 바람직하지 않다. 이들 직위를 어느 군이 담당해야 할 것인지는 전구의 임무와 전략에 따라 달라지는 문제다. 각 군 간 균형된 관계를 유지하고, 각 군의 자긍심을 지켜주며, 각 군의 전문지식을 최대한 활용하려면 이들 참모 간의 균형이 필수적이다. 사령관과 참모장은 육·해·공군 중 1명이 담당해야 할 것이다. 전구 차원의 조직을 특정 군이 주도하게 되면 팀워크의 기본이 흔들리게 되며, 군사력 운용과 각 군의 능력에 관한 전문성이 표출될 수 없을 뿐만 아니라 특정군의 문제점이 감추어지는 결과가 초래될 것이다.

전구 차원의 지휘조직에서는 둘 이상의 군으로부터 나온 구성군을 이용해 효율적인 팀을 편성해야 하는데, 그 와중에서 각 군의 고유 임무와 조직에는 가능한 한 영향을 끼치지 말아야 할 것이다. 통합사령부 구조에서 각 군 구성군 전력은 구성군 차원, 즉 지상·해상 및 항공 구성군 차원에서 통합되어야 할 것이다.[34)]

오늘날의 세계에서 각 군의 고유 능력을 최대한 활용하고, 군 간의 불필요한 중복을 방지하려면 육·해·공군 및 해병대의 요구사항 간에 조화를 이루어야 한다. 통합전투 구조의 능력을 최대한 발휘하고자 할 때 적용해야

Nathaniel Lederman, *Reorganizing the Joint Chiefs of Staff: The Goldwater-Nichols Act of 1986*, GREENWOOD PRESS, 1999년, p. 78.

34) 다시 말해 이는 근접항공지원, 전략공격과 같은 각 군 작전에서 개개 군의 전력이 통합적으로 운용되어야 함을 의미한다. 이라크에 대항한 1991년의 다국적군의 전역(戰役 : Campaign)은 전략공격, 쿠웨이트 상공에서의 공중우세 확보, 이라크 지상 전력의 50% 이상을 무력화시킬 목적의 항공작전, 그리고 지상 작전이란 4단계로 진행되었는데, 개개 단계에서 육·해·공군의 전력이 통합적으로 운용되었다. 예를 들면, 이라크에 대항한 전략공격에서는 공군의 항공기뿐만 아니라 해군의 항공기 그리고 크루즈미사일이 함께 사용되었다. 참조 : 백문현, 권영근 공역, 『현대전의 알파와 오메가(*Storm Over Iraq*)』, 연경문화사, 2001년 4월, pp. 256-271.

할 원칙이 두 가지 있는데, 이는 군사력을 최대한 통합해야 하며, 최대한 운용해야 할 것이란 점이다.

군사력을 최대한 통합한다 함은 각 군의 정책과 절차를 실제적으로 통합해 효과적이고도 경제적이며 균형된 조직을 만들어냄으로써 국가안보가 보장될 수 있도록 한다는 의미다. 최대한 통합한다는 것이 각 군을 합쳐서 단일군으로 만든다는 의미는 결코 아니다.[35]

각 군이 보유하고 있는 군사력을 최대한 운용한다 함은 통합된 목표를 달성한다는 차원에서 각 군의 고유 능력을 최대한 활용한다는 의미다. 이 원칙 아래 전승을 보장하려면 각 군에 주요 기능 그리고 타군과 관련된 부수적 기능을 할당할 필요가 있을 것이다.

예하 군사력을 조직하고, 목표를 정하며, 임무를 할당하고, 임무 수행에 관해 권위 있게 지시하는 등의 지휘 기능을 작전지휘로 지칭한다. 최고 사령관은 작전지휘를 행사하며, 예하 사령부 또는 구성군사령관을 통해 작전통제를 행사한다.

전구사령관이 동시에 휘하 구성군 중 하나를 지휘해서는 안 된다. 그는 전반적인 전략의 문제, 이들 전략의 수행에 필요한 군사력 할당이란 문제에 관심을 집중시켜야 한다. 전투수행에 관한 세부 사항에 신경 쓸 수 있을 정도의 여유가 그에게는 없다. 전술 수준의 전투에 관여해서는 안 되며 이들 문제는 가장 전문성이 있는 야전군 지휘관에게 일임해야 할 것이다. 전구

---

35) 통합의 의미로 사용되는 용어에 병합(Merge)이 있는데, 이는 시중 은행을 합쳐 보다 큰 은행을 만드는 경우에서 찾아볼 수 있을 것이다. 은행의 경우는 업무 처리 절차가 동일한 반면 각 군의 경우는 서로 상이하다는 점을 주목할 필요가 있다. 예를 들면, 육·해·공군의 군수를 포함한 개개 분야는 업무 처리 절차가 전혀 다르다.; 고대에서 오늘에 이르기까지 군의 역사를 보면 보다 더 분할되는 경향을 보이고 있다. 예를 들면, 1940년대 당시 독일육군에는 40종류의 특기가 있었던 반면 오늘날에는 900종류가 특기가 있다. 『전쟁에서의 지휘』, p. 14.

차원의 전쟁과 관련해 다양한 형태의 정치적 문제가 있을 수 있는데, 전구사령관은 이것들에 신경 쓰기에도 시간이 부족할 것이다. 따라서 전구사령관과 구성군사령관을 동시에 수행할 수 있을 정도의 시간·열정 및 세부지식을 단일의 인간이 갖지 못할 것이다.

여기서 언급한 사항들을 당연시하지 않는다면 전구 차원의 임무를 수행하는 과정에서 혼란과 중복이 발생할 뿐 아니라 군사력을 효율적으로 운용하지 못하게 될 것이다.

통합 또는 특수 사령부에 할당되어 있는 각 군 간의 노력은 작전지휘, 공통의 전략 기획과 지시를 준수하고, 작전 및 행정 차원에서의 바람직한 형태의 지휘조직이란 방식으로 통합될 수 있을 것이다.[36]

라. 합동작전

현대전의 특성으로 인해 군은 단일의 팀을 구성해 적과 싸워야 할 것인데, 이것이 모든 군사력이 동일한 수준으로 개개 작전에 참여하게 될 것이란 의미는 아니다. 합동 지휘관[37]은 휘하의 지상·공중 및 해상 전력 중에서 필요한 능력을 선택해 사용하게 된다. 이들 선택된 전력이 팀을 편성해 다양한 차원과 방향에서 가공할 위력을 발휘해 상대방 적에게 충격을 주고, 이들을 와해시키며 궁극적으로 격파하게 된다. …… 전승을 위해서는 육·해·공군에 의한 합동의 형태로 전쟁을 수행해야 할 것이다. 합동의 팀은 공동 목표를 추구한다는 차원에서 합동군 내부에서 노력을 통일하고, 공동

36) 미국의 합동 전투조직에는 각 군 구성군으로 구성되는 통합사령부와 특정군의 전력으로 구성되는 특수사령부(Specified Command)가 있다.

37) 한국군의 합참의장은 전략기획이란 합참 본연의 임무 외에 평시 한국군에 대한 작전 지휘권을 행사하는 합동 지휘관이다.

으로 행동해야 할 것이다.

전쟁에는 전략 · 작전 및 전술적 수준이 있다.[38] 전쟁의 전략적 수준이란 국가의 전략목표를 결정하고, 이들 목표를 달성한다는 차원에서 국가 자원을 개발 및 활용하는 과정을 의미한다. 전쟁의 작전적 수준이란 전술 수준에서의 군사력 운용을 전략목표와 연결시켜주는 과정이다.

전략목표를 달성한다는 차원에서 효과적이고도 효율적으로 자원을 사용하고자 할 때 작전술이 도움이 된다. 이미 언급한 바처럼, 일반적인 핵전쟁 바로 아래의 다양한 차원에서 지상 · 해상 및 공중을 하나로 묶어줄 수 있는 전략(이상적 형태의 합동작전술)은 존재하지 않는다.[39] 합동전이란 지상 · 해상

38) 전쟁 수준(Level of War)은 전쟁의 효과와 관계는 있지만 전혀 다른 개념이다. 전쟁의 효과에는 전략 · 작전 및 전술적 효과가 있다. 오늘날에는 항공기 성능이 향상되고 무기가 정밀해지면서 전쟁이 효과 측면에서 중첩되고 있다. 다시 말해 동일한 항공기에서 발사한 미사일이 표적의 성격에 따라 전략 · 작전 및 전술적인 효과를 유발하고 있다. 뿐만 아니라 전략적인 효과가 작전적 효과에 영향을 미치고 반대로 작전적 효과가 전략적인 효과에 영향을 끼치기도 한다. 이처럼 효과의 측면에서 전략 · 작전 및 전술은 단일화(Merge)되고 있다. 전쟁의 수준 및 효과에 관해서는 Air Force Doctrine Document 2, 1998 Sep, pp. 2-4와 John A. Warden III, *The Air Campaign*, 2000, pp. 1-6 또는 권영근, 김덕현, 권기춘, 주호태 공역, 『합동작전의 역사』, 합동참모대학, 2001년 11월, pp. 219-231을 참조하시오.

정보화시대가 되면서 보다 중요시되는 사항이 있는데, 전쟁의 수준을 분리해 수행함이 매우 중요하다는 점이다. 다시 말해 전쟁의 전략적 수준을 수행하는 대통령, NSC 등과 같은 곳에서는 전쟁의 작전 및 전술적 수준을 통제할 수 있는 수단이 가용한 경우에도 이들 수준에서의 행위에 관여해서는 안 되는데, 이는 전쟁의 작전적 수준을 수행하는 지휘관들에게도 동일하게 적용되는 논리다. 오늘날 우리 주변에서는 전쟁의 수준과 효과를 혼동해 전쟁 효과 측면에서의 중첩 현상을 보면서 상급 지휘관이 하급 제대의 행위를 일일이 간섭할 수 있게 되었으며, 간섭해야 한다고 생각하는 사람도 없지 않은데, 이는 국방 지휘통제체계의 건설을 어렵게 하는 주요 요인 중 하나다. 정보화시대의 지휘통제에 관해서는 권영근 편저, 『미래전과 군사혁신』, 연경문화사, 1999년 7월, pp. 323-358을 참조하시오.

39) 한국군의 경우 이 같은 개념의 Joint operational art를 추구한 바가 있다. 합동참모본부, '합동전장운영개념', 1997년 8월 30일, p. 9. "군사전략-작전술-전술차원으로 구분되는 용병체계에 따라 군사력을 운용함에 따라서 전략과 전술을 연결하는 중간수

및 공중 전력을 교대로 운용하는 과정에 지나지 않는다. 따라서 합동작전술이 존재한다면 이는 육・해・공군 작전술을 동시통합(Synchronization)[40]한 형태가 될 수밖에 없을 것이다. 다시 말해, 합동작전술에서는 육・해・공군의 전력을 동시 통합함에 따른 근본적인 방법과 문제에 초점을 맞추고 있다.[41]

전구 차원에서의 전략개념은 무엇을 대상으로, 어디서 어떠한 방식으로 작전을 수행해야 할 것인지를 폭넓고도 융통성 있는 언어로 표현한 지휘관 의도를 나타내고 있는 문장이다.

합동군은 전역(戰役 : Campaign)과 '주요 작전'을 수행하게 된다. 전역이란 전략 및 작전 목표를 달성한다는 차원에서 전술・작전 및 전략 행위를 담고 있는 일련의 '주요 작전'이 연속적으로 진행되는 과정으로 볼 수 있다. 전역은 육・해・공군에 의한 합동의 형태로 수행된다. 전역은 관련이 있으며, 동시 및 순차적 성격의 작전을 기획할 필요가 있을 때 그리고 이들 작전을 통해 전략목표를 달성할 필요가 있을 때 구상하게 된다.

합동군 내의 구성군은 예하 작전 또는 타군을 지원하기 위한 작전을 수행하며 독자적인 전역을 수행하지는 않는다. 구성군과 구성군 간의 지원(Supporting) 및 피지원(Supported) 개념의 설정은 임무수행을 위한 유용한 방안이다.

피지원군 지휘관은 여타 군의 지원 행위에 대해 일반적 차원에서 지시할 권한이 된다. 여기서 말하는 일반적 차원의 지시에는 목표 또는 표적을 지

준인 작전술 및 합동차원의 어떻게 싸울 것인가란 개념을 구체적으로 발전시킬 필요가 있었고 ……."

40) 동시통합이란 시간・공간 및 목적의 측면에서 군사활동을 적절히 배열해 결정적인 장소와 시간에 최대의 전투력이 발휘될 수 있도록 함을 의미한다. 참조 : *U.S. Joint Doctrine Encyclopedia*, July 1997, p. 671.

41) 합동작전이 각 군 작전에 기반을 둘 수밖에 없음을 보여주고 있다. 합동전이 각 군 작전이 교대로 적용되는 것에 불가하다는 의미다. 정보체계 또는 지휘통제체계의 관점에서 보면 합동체계란 각 군 체계를 기반으로 할 수밖에 없다는 의미다.

정하고 이들의 우선순위를 정하며, 지원 받을 시점과 지원기간을 정하는 등 상호간의 조정 및 효율성 향상에 필요한 여타의 지시(Instruction) 행위가 포함된다.[42)]

지원 사령관은 피지원 사령관이 요구하는 바를 현존 능력의 범주 안에서 우선순위에 근거해 그리고 여타 주어진 임무를 수행하며 충족시킬 책임이 있으며, 충족을 위해 노력해야 한다. 합동군사령부의 참모는 작전개념을 개발하고 임무형태(Object-Oriented)로 명령을 내리게 된다.

통합사령부(Unified Command)는 2개 군 이상에서 나온 나름의 의미 있는 전력이 동일한 전략 지시에 따라 행동할 필요가 있을 정도로 폭넓고도 지속적인 임무가 있을 당시 구성된다. 바람직한 군 구조 측면에서 보면, 통합사령부 휘하에는 예하 통합사령부[43)], 기능 구성군사령부[44)](예 : 공중 · 지상 또

---

42) 근접항공지원 측면에서의 피지원사령관은 지상군 사령관이고 지원사령관은 항공사령관이다. 지상군사령관은 항공력이 지원해야 할 표적, 지원 시점 등을 결정하게 된다.

43) 한국의 연합사는 미 태평양사령부란 통합사령부의 예하 통합사령부(Subordinate Unified Command)에 해당한다. 예를 들면, 한미연합사의 공군구성군인 7공군은 미 태평양사령부(Unified Command)의 공군구성군사령부 예하의 공군이다.

월남전 당시 미 육군과 공군은 월남의 MACV(Military Assistance Command in Vietnam)을 육 · 해 · 공군 전력으로 구성된 Subordinate Unified Command로 만들고, 이것을 중심으로 월남전을 수행하자고 주장하였다. 미 해군의 반대로 태평양사령부 휘하의 공군구성군 및 해군구성군이 해 · 공군 구성군이 되었는데, 이들은 북부 베트남에서의 해상 및 공중 작전을 담당하였으며, MACV는 지상군구성군을 형성하였다. 문제는 월남군의 공군을 MACV가 담당하였으며, 해병대 공지기동부대의 항공력 또한 1967년 이전에는 독자적으로 운영되었다는 점이다. 라오스 문제가 복잡해짐에 따라서 태국에 육군, 해병대 및 공군으로 구성된 합동기동부대(Joint Task Force)를 파견함에 따라서 인도지나반도에서의 지휘의 문제가 매우 복잡한 양상을 띠게 되었다. 인도지나반도 전체를 담당하는 예하 통합사령부를 통해 전쟁을 수행해야 한다는 개념에 따라서 이 같은 방향으로 지휘구조를 개선하였지만, 월남전이 종료될 당시까지 지휘에 관한 근본적인 문제는 해결되지 않았다. 참조 : Thomas A. Cardwell, *Op. Cit.*, pp. 18-22 & pp. 129-134. 또는 General William W. Momyer, USAF, Retired *Op. Cit.*, pp. 65-108.

44) 육 · 해 · 공군은 자신에게 부여된 임무를 수행할 목적에서 나름의 체계를 획득 및

는 해상 구성군사령부) 그리고 합동기동부대가 구성될 수 있다.[45)]

예하 통합사령부 및 합동기동부대 휘하에 기능 구성군사령부가 편성될 수도 있다. 합동기동부대는 특정의 제한적 성격의 목표를 달성하고자 할 때 구성된다. 노력통일, 중앙집권적 기획 그리고 분권적 임무수행은 합동군 조직의 구상과 관련해 가장 핵심적인 사항이다. 둘 이상의 군이 동일한 차원 또는 영역(예 : 공중 · 지상 또는 해상)에서 작전을 수행하는 경우에는 기능 구성군이 적합한 형태다.

전쟁전구란 전쟁 행위와 직접 관련된 또는 관련될 가능성이 있는 공중 · 지상 및 해상의 지역을 의미한다. 지역의 전투사령관은 전쟁전구 내부에 하나 이상의 작전전구를 둘 수 있다. 동일한 전쟁전구 내부에 있는 다수의 작전전구는 통상 지역적으로 분리되어 있으며, 서로 상이한 형태의 적을 대상으로 하고 있다. 작전전구의 크기는 통상 작지 않다.

유지하고 있다. 한편 각 군이 보유하고 있는 체계 중에는 여타 군의 '주요 작전'과 중첩된 임무를 수행할 수 있는 것이 없지 않다. 예를 들면, 적 후방지역에 대한 전략폭격은 공군의 임무인데, 육군과 해군이 보유하고 있는 무기 및 체계 중에는 전략폭격에 활용될 수 있는 성질의 것도 없지 않을 것이다. 선진 해군에서 보유하고 있는 함상 크루즈미사일은 그 대표적인 예일 것이다. 그러면 이들 전략폭격과 관련된 무기를 누가 지휘 통제해야 할 것인가라는 문제가 대두되게 된다. 그 해답은 지상작전과 관련되는 육 · 해 · 공군의 모든 자산은 지상군지휘관이 마찬가지로 해상 또는 공중 작전과 관련되는 모든 자산은 해상 또는 공중 지휘관이 기능 측면에서 지휘 통제해야 한다는 것이다. 문제는 함상 크루즈미사일을 해군이 소유하고 있다는 점이다. 따라서 기능 구성군이란 기능을 중심으로 편성된 가상(Virtual)의 개념이다.

45) 그러나 한반도와 같은 협소한 지역에서는 설치될 수 있는 지휘구조가 제한적이다. 이것에 관해 자세히 알고자 하는 경우는 "합동기동부대 : 그 본질과 적용 가능성"이란 제목의 본 책의 제2부 4장을 참조하시오.

4. 몇몇 제안

가. 합동 C4I구조 제안

(1) 합동전과 C4I 구조

전쟁이란 필연적인 것은 아니지만 피할 수 없을 것이다. “전쟁이 의도하는 바는 어느 정도 통제하겠다는 것이며, 전쟁 형태는 예측 불가능하고, 전쟁을 통제하는 수단은 무장한 상태에서 무대에 서있는 인간일 수밖에 없다.”[46]

전쟁 형태는 예측이 불가능하다는 왈리(Wylie)의 가정을 놓고 볼 때 지휘통제체계를 이용해 지상・해상 및 공중 전력이란 상이한 요소들을 상호 연결해 위기에 대처함이 중요한 의미가 있다.

이미 언급한 바처럼 핵전쟁 수위 이전의 다양한 전쟁에서 육・해・공군을 한 단계 높은 수준에서 묶어줄 수 있는 단일의 전략이론은 없다. 합동전이란 지상・해상 및 공중 전력을 교대로 적용하는 과정에 지나지 않는다. 이와 마찬가지로 통합사령관, 각 군 또는 국방기구를 묶어줄 수 있는 단일의 C4I 구조는 존재하지 않는다. 따라서 합동 C4I체계가 추구하는 목표를 달성하려면 체계를 통합(Unify)한다는 개념이 매우 중요해진다.[47]

이미 잘 알려져 있는 바처럼, 군을 최상의 방식으로 운용하기 위한 개념은 군에 따라 서로 다를 것이다. 각 군 C4I체계가 구비해야 할 기능 특성이

---

46) U.S Rear Adm. J. C. Wylie, *Military Strategy: A General Theory of Power Control* (New Bruinswick, NJ: Ruthers Univ, Press, 1966), p. 67. 권영근, 『미래전 어떻게 싸울 것인가』, p. 454에 인용되어 있음.

47) Lieutenant Colonel Gregory S. Hollister U.S Air Force, “Multilevel Security: How it fits in the strategic vision ‘C4I for the Warrior’”, USAWS Class of 1993, p. 4

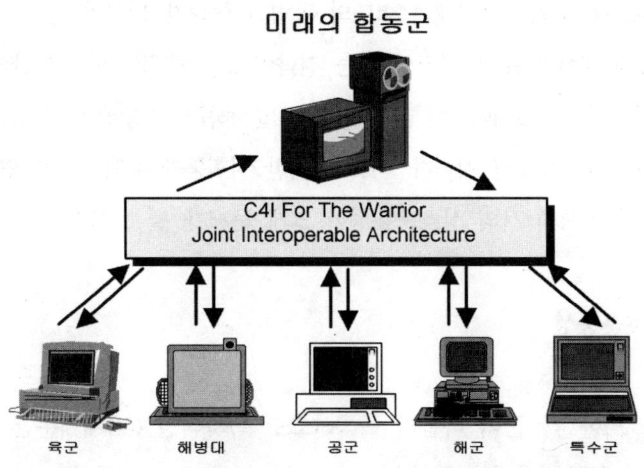

[그림 2] 미래의 C4I체계

서로 다를 수밖에 없는 것은 이 같은 이유 때문이다. 해상 또는 공중 전력의 통제에 요구되는 사항과 지상군 통제에 요구되는 사항이 서로 다른 것처럼 C4I체계에 대한 각 군의 요구사항은 서로 상이할 수밖에 없다.

합동군이 나름의 위력적인 것은 지상·해상 및 공중 전력이란 독특한 능력들이 결합되어 단일의 통합된 팀을 구성하기 때문이다. 이 같은 맥락에서 개개 군은 자군의 작전환경을 고려한 나름의 C4I체계를 개발할 필요가 있을 것이다.48) 육·해·공군에 의한 합동전이 나름의 효과가 있는 것은 이들 전쟁에 각 군이 독특한 능력을 갖고 참여하기 때문이다. 각 군이 이들 전쟁에 들고 오는 지휘통제체계 또한 나름의 독특한 특성이 있을 것이다. 그러나 육군의 C4I체계를 이용해 해군의 전투단을 운영할 수 없듯이 공군의 C4I체계로 육군 또는 해병대의 단위 부대를 운영할 수는 없을 것이다.

---

48) 인사, 군수 등과 같은 자원 관리체계의 경우도 마찬가지다. 이들 각 군의 자원관리체계와 지휘통제체계는 서로 밀접한 관계를 맺고 있다. 참조 : 『전쟁에서의 지휘』, pp. 21-22.

다시 말해, 각 군의 C4I체계는 별도의 독립된 형태가 되어야 한다.[49)]

향후의 군에서는 보다 일관성 있는 전략이 요구될 것이며, 군 간의 팀워크가 보다 강조될 것이다. 이 같은 노력을 달성하는 과정에서 지휘통제체계가 가장 중요한 요소일 것이다. 서로 상이한 지휘통제체계를 상호 연결하고자 할 때에는 체계 간의 상호운용성이 크게 문제가 될 것이다.

(2) 상호운용성

한국군 또한 각 군이 나름의 독특하고도 독자적인 C4I체계뿐만 아니라 자원관리체계를 건설해야 할 것이다. 합동 및 각 군 C4I체계는 체계 간의 상호운용성과 호환성을 유지하는 방식으로 획득해야 할 것이다. 상호운용성이란 체계와 장비뿐만 아니라 교리・절차 및 훈련을 망라하는 개념이다. 간단히 말해, 상호운용성이란 작전 상황에 따라서 근 실시간 또는 실시간에 음성・데이터 및 영상정보를 효과적으로 교환한다는 의미에서의 C4I체계의 전반적인 능력을 의미한다. 요구되는 상호운용성의 정도는 상황에 따라 다를 것이다.

상호운용성에 요구되는 사항 그리고 이들 상호운용성을 달성하기 위한 조직 또는 기술 수단을 정립하려면 다음의 3개 질문에 정확히 답변할 필요가 있을 것이다.[50)]

- 부대의 주요 임무는 무엇인가? 이들 부대가 수행해야 할 부차적 임무는 무엇인가?

---

49) VAdm Richard C. Macke, USN, "Information Exchanges Poses Enhanced Warrior Prowess", *Signal*, June 1992, p. 94.
50) 권영근, 『미래전 어떻게 싸울 것인가』, pp. 445-446.

• 주요 및 부차적 임무를 수행하는 과정에서 상호 교신해야 할 단위 부대 또는 인물은? 이들과 주고받게 될 정보의 종류는? 이들 정보의 전송 속도와 전송 빈도는?

• 상호 교신하게 될 부대는? 그리고 상호운용성을 유지하고자 할 때 요구되는 사항은? 이들 수단은 기술적 성격(하드웨어 · 소프트웨어 · 데이터베이스 · '통신 프로토콜' 및 네트워크)인가, 아니면 특정의 조직 전략(리더십 · 동료의식 · 관리 · 팀워크 · '상호 유대' · 절차 및 훈련)이란 방식으로 동일한 효과를 유발할 수 있을 것인가? 마지막으로, 이들 기술 및 조직 차원의 대안을 상호 보완하기 위한 최상의 방안은?

나. 군의 '정보화잠재 능력' 함양

C4I체계와 같은 정보체계를 획득하는 과정에서는 군에 고도의 '정보화잠재 능력'이 요구된다는 점을 우리는 살펴보았다.

군의 '정보화잠재 능력'을 함양하기 위한 방법에는 크게 두 가지가 있다. 그 중 하나는 정보체계 획득에 종사하는 사람들의 숫자를 늘리는 것이며, 또 다른 하나는 이들의 자질을 높이는 것이다.

군 요원의 '정보화잠재 역량'을 함양하기 위한 방안은 무엇인가? 이미 예상이 되겠지만 최상의 방안은 교육이다. 정보화시대의 군인은 지식으로 무장되어 있어야 한다. 그 이유는 우수한 체계가 군에 도입되면서 이들 체계를 운용하기 위한 우수한 요원이 요구되기 때문이다. "제대로 교육받지 못한 병사들로 구성된 부대는 제1물결의 전형적 형태인 육박전에서 용감히 싸워 승리할 수 있으며, 제2물결 형태의 전쟁에서 승리할 수 있을 것이다. 그러나 교육받지 않은 사람은 제3물결 형태의 기업에서 짐이 되는 바와 마찬가지로 제3물결의 군에서 커다란 짐이 될 것이다."[51]

	US AIR FORCE Officers							ROK AF
Year	'88	'89	'90	'91	'92	'94	'97	'97
Doctor Or Professional Degree	1.4	1.5	1.4	1.7	1.4	1.7	9.1	0.3
Masters	41.2	43.2	43.6	46.2	47.4	49.5	42.8	14(1136)
Masters and above	42.6	44.7	45	47.9	48.8	51.2	51.9	14.3
Bachelor	57.2	55.2	54.9	52.1	51.1	48.4	41.6	84(6834)
Below High School	0.08	0.1	0.1	1.66	0.1	0.3	1.6	1.3(109)

[표 1] 미 공군장교의 학력

[표 1]을 보면 미 공군장교의 50% 이상이 석사 이상의 학위를 보유하고 있음을 알게 된다. 더욱이 미군의 경우는 계급이 높아짐에 따라서 학력 또한 높아지는 듯 보인다. 예를 들면, 미군의 준장급 장교의 88% 이상이 석사 이상의 학위를 보유하고 있다.[52] 제3물결 형태의 군대인 미 공군의 경우 군의 교육 수준이 끊임없이 높아지고 있는 듯 보인다.

자신이 소속되어 있는 분야의 업무 부담이 매우 높다고 주장하지 않는 사람은 거의 없을 것이다. 이 같은 주관적인 신념이 아니고 객관적인 판단에 근거해 인력 소요를 평가해야 할 것이다. 미군의 경우는 제2차 세계대전 당시 1200만에서 200만 이하로 병력이 대폭 줄었음에도 불구하고 정보통신 인력은 끊임없이 늘어나고 있다.[53]

51) Alvin and Heide Toffler, *War and Anti-War*, Little Brown, 1993, p. 7.
52) *Ibid*., p. 74.
53) 『전쟁에서의 지휘』, pp. 382-394.

다. 합동부대에 근무하는 참모들 간의 균형 유지

이미 잘 알고 있는 바처럼, 한반도에서 전쟁과 같은 위기상황이 발생하는 경우 한국군은 미군과 나름의 팀을 편성해 전쟁에 대처하게 될 것이다. 한미연합사는 나름의 예하 통합사령부 형태를 띠고 있는데, 여기서 지상군구성군을 한국 육군이 주도하고 있는 반면, 해상구성군 및 항공구성군의 경우는 미 해군 및 공군이 주도하고 있다. 한국군의 군사력구조는 전쟁이 발발하는 경우 미군이 도와줄 것이란 가정 아래, 특히 해・공군을 중심으로 지원해줄 것이란 점에 근거하고 있다.

미군을 고려하지 않는다면 한국의 육・해・공군 간에는 적지 않은 불균형이 존재하고 있다. 한국군 합참과 국방부에 근무하는 장교 중 다수가 육군 장교이며, 이들 부서의 고위급 장교에서 육군 장교들이 차지하는 비중 또한 적지 않은 실정이다. 다시 말해, 합참 및 국방부와 같은 곳에서의 모든 의사결정 과정에서 육군은 중요한 역할을 담당하고 있다. 이미 밝힌 바처럼, 전구 차원의 전쟁에서의 군사력 운용에 관한 그리고 전쟁에 대비한 군사력 건설에 관한 육・해・공군의 시각은 다를 수밖에 없을 것이다. 이유야 어떠하든 한국군의 군사력 건설은 지상군의 전략 패러다임(Paradigm)에 크게 영향을 받고 있는 실정이다.

오늘날과 같은 정보화시대에는 C4I와 같은 정보체계가 군사혁신을 가능케 하는 주요 요소가 되고 있는데, 이들 체계를 획득하는 과정에서는 군의 전술과 전략, 조직구조와 인력체계, 훈련 등이 중요한 영향을 끼치고 있다. 또한 오늘날의 전쟁에서는 각 군의 독특한 능력을 결합해 합동차원에서 전쟁에 대비할 때 얻을 수 있는 승수효과가 적지 않은데, 이들 모두를 고려해 볼 때 국방부 및 합참과 같은 합동조직에서 각 군의 시각이 균형을 이룰 수 있도록 육・해・공군 참모 간에 적절한 조화가 유지되어야 할 것이다.

합동조직 내의 참모 직위를 적절히 배분해 의사결정 과정에서 각 군이 적절한 권위와 계급을 유지할 수 있도록 해야 할 것이다. 합동조직의 참모들 간에 균형이 유지되지 않는 경우는 특정 군을 지나치게 배려하는 사태가 발생할 수 있다는 점에서 각 군 간의 문제가 크게 문제시될 가능성도 없지 않다. 합동조직에 근무하는 참모들 간에 균형을 유지하게 되면 상이한 각 군의 시각이 돌이킬 수 없을 정도로 고착되기 이전에 문제를 해소할 수 있을 것이다.

라. 전략 및 작전적 수준의 전쟁 수행의 필요성

(1) 전쟁의 수준

전쟁에는 전략 · 작전 및 전술적 수준이 있는데, 이처럼 전쟁을 분류하는 것은 전략목표와 전술행위의 연계관계를 분명히 하기 위함이다.

전략적 수준의 전쟁이란 국가 전략목표를 결정하고, 이들 목표를 달성할 목적으로 국가자원을 개발 및 운용하는 과정을 의미한다. 작전적 수준의 전쟁이란 전술 수준의 군사력 운용을 전략목표와 연결해주는 과정이다.[54] 작전술은 전략목표를 달성한다는 차원에서 지휘관이 효과적이고도 효율적으로 자원을 사용하고자 할 때 도움이 된다.

전술이란 전투(Combat)에서 단위부대의 운용에 관한 것이다. 교전이란 공중전에 참여하고 있는 개개 전투기처럼 소규모 전력 간에 통상 단기간 동안

54) 적 표적을 공격함에 따른 효과는 공군의 조종사, 육군의 전투원, 그리고 해군의 함정 요원 등이 나름의 화력을 발사해야 나타나지만 이 같은 전술 행위는 전략목표 달성에 기여하는 형태의 것이 되어야 할 것이다. 따라서 전술 행위와 전략목표를 연계시킬 필요가 있는데, 이것을 전쟁의 작전적 수준이라고 지칭한다.

진행되는 현상이다. 전투(Battle)는 일련의 교전으로 구성되어 있다. 전투는 통상 보다 장기간 동안 진행되는데, 전투에는 함대·육군 및 공군과 같은 보다 큰 규모의 전력이 참여하게 된다.

한미연합사의 육군구성군사령관이 한국육군 장교란 점으로 인해, 한국육군의 경우는 한반도에서의 지상 전력의 운용이란 문제를 놓고 고민할 수밖에 없는 상황이다. 다시 말해, 한국육군은 전쟁의 전술 수준뿐만 아니라 작전 및 전략적 수준을 수행할 수밖에 없는 실정이다. 한국 육군의 장교들이 클라우제비츠의 전쟁론과 같은 고전에 관심이 있는 것은 이들이 전쟁의 모든 수준을 수행해야 한다는 점 때문이기도 하다.

한국 해군과 공군, 특히 공군의 경우는 상황이 전혀 다르다. 한미연합사의 공군구성군사령관은 미 공군 장교다. 다시 말해, 한반도에서의 항공전에 관해 미 공군이 전략·작전 및 전술적 수준을 수행하고 있는 반면, 한국공군의 경우는 전술 수준의 전쟁만을 수행하고 있는 실정이다. 최근까지만 해도 한국공군은 작전적 수준의 교리의 중요성을 크게 인식하지 못했는데, 이는 한국공군이 전쟁의 전술 수준만을 수행하고 있었기 때문이다.

지휘통제 체계란 개개 제대의 지휘관을 지원하기 위한 형태의 것인데, 이들 제대를 지원할 목적의 체계들은 상호 연계되어 있다. 이 점에서 보면, 한국군이 전쟁의 특정 수준을 수행하지 않고 있다면 여타 수준을 위한 지휘통제체계 또한 제대로 건설될 수 없을 것이다.

공군은 중간사령부를 추구해 남부사령부를 설치하였다. 문제는 중간사령부와 기존 작전사령부와의 관계다. 소위 말해 중간사령부의 설치로 인해 옥상옥(屋上屋)이 아닌 효율적인 조직구조가 되려면 중간사령부와 공군작전사령부와의 업무 분담이 명확해야 할 것인데, 이 문제 또한 단순한 '지휘의 폭(Span of Control)' 측면에서 뿐만 아니라 전쟁의 수준 차원에서 생각해야 할 것이다.[55]

전쟁의 작전 및 전략 수준을 완벽한 형태로 수행하지 않는다면 한국공군의 지휘통제체계 건설뿐만 아니라 국방 지휘통제체계의 건설이 적지 않은 지장을 받을 것으로 생각된다.

(2) 해군 · 공군 및 합동교리 연구소의 필요성

한국육군은 미 육군의 '훈련 및 교리 사령부(TRADOC : Training and Doctrine Command)'에 버금가는 교육사령부를 운영하고 있는 반면, 한국 해군과 공군은 자군의 교리 연구를 위한 사령부를 운영하지 못하고 있는 실정이다.[56] 이것을 포함한 몇몇 이유로 인해 한국군은 육군교리에 친숙해 있으며, 육군교리에 의해 적지 않은 영향을 받고 있는 실정이다.

C4I와 같은 정보체계가 군사혁신의 주요 요소로 간주되고 있는 시대, 육 · 해 · 공군에 의한 합동 시각에서의 군사력 운용이 전승에 필수 요소가 되고 있는 시대에는 한국 해군과 공군 또한 자군의 교리를 연구하기 위한 교리사령부를 운영해야 할 것이다. 다시 말해, 한국의 육 · 해 · 공군은 지

---

55) 우리 군 주변에서는 전시 한국군을 연합사령관이 지휘통제할 것이라며 한국군만의 합동교리가 왜 필요한가, 합참이 강조되는 이유는 무엇인지에 대해 의문을 제기하는 사람들이 적지 않다. 필자는 이것들이 우리 군에 매우 필요하다고 생각하는 사람이다. 그 이유는 군사력 운용은 미군과 함께 하지만 지휘통제체계와 같은 국방력 건설은 한국군 독자적으로 이루어지는데, 정보화시대인 오늘날 이 같은 기본적인 요건이 구비되지 않은 상태에서는 지휘통제체계의 건설이 불가능하기 때문이다. 주한 미 공군이 수행하는 전쟁의 작전적 수준을 한국공군이 하지 않으면 안 되는 이유 중 하나는 이처럼 하지 않는 경우 정보화시대의 국방력 건설이 거의 불가능해지기 때문이다.

56) 우리 군 주변에서는 미군의 경우도 육군만이 교리를 제대로 발전시켜 놓고 있다고 생각하는 사람들이 있는데, 이는 오산이다. 오늘날 교리를 포함한 미 국방의 개념을 선도하는 집단은 공군이라고 필자는 생각하고 있다. 미 공군은 Doctrine Center, Air War College, Air University와 같이 곳에서 국방 이론을 선도하고 있으며, *Aerospace Power Journal* 등과 같은 권위 있는 잡지를 발간하고 있다.

상 · 해상 및 공중이란 자군의 작전환경에서 전쟁의 전술 수준뿐 아니라 작전 및 전략 수준을 수행해야 할 것이다.

마. 군의 정보체계 사업은 누가 관리해야 하는가?

항공기 · 탱크 및 함정과 같은 전투체계의 요구사항을 정의할 부서는 어디인가? 전투체계의 개발을 관리해야 할 부서는? 보다 구체적으로 말하면, 한국군의 경우 탱크에 관한 요구사항을 제안하고 이들 사업을 관리해야 할 주요 부서는 어디인가? 여기에 대한 답변은 당연히 육군일 것인데, 이는 탱크에 관한 한 최고의 전문성을 견지하고 있을 뿐 아니라 이것을 사용할 군이 육군이기 때문이다.

전투체계에 대한 요구사항을 제기하고 이들 체계개발 관리는 각 군의 고유 기능이다. 뿐만 아니라 이들 체계 획득에 관한 결정을 내리는 과정에서는 전투에 관한 각 군의 경험과 교리가 중요한 역할을 하게 된다. 따라서 전투체계의 획득과 관련된 문제들은 각 군의 임무 및 역할과 밀접한 관계가 있는, 소위 말해 작전적 수준에서 결정할 사항이다.[57] 탱크 · 함정 및 항공기와 같은 주요 무기체계의 경우는 그 획득을 각 군이 관리하고 있는 데, 이는 지극히 당연한 현상이다.

C4I · 정찰 및 감시체계와 같은 정보체계의 경우는 모든 군이 공유해 사용할 수 있는 성질의 것이다. 특히 정찰 및 감시 체계의 경우는 이 같은 성향이 보다 더 두드러지게 나타난다. 이 같은 정보체계의 획득은 누가 관리해야 하며, 획득된 체계는 어디서 운영해야 할 것인가? 여기에 대한 답변은 이들 체계에 대해 가장 큰 이해가 있는 군 또는 가장 전문성이 있는 군이

57) 권영근, 『미래전 어떻게 싸울 것인가』, p. 239.

이들 정보체계의 획득을 관리하고 획득된 체계를 운용해야 할 것이란 점이다. 다시 말해, 각 군과 무관한 특정 조직을 만들고 이들 조직이 체계를 획득해 운영토록 하는 경우는 적지 않은 문제가 발생하게 된다.[58] 그 이유는 육·해·공군은 국가의 전투력이 창출될 수 있는 출처일 뿐만 아니라 지상·해상 및 공중과 같은 작전환경에서의 군사적 전문성을 견지하고 있으며 이들 환경에서의 군사술(Military Art)을 담고 있는 보고(寶庫)이기 때문이다.[59]

바. 전력통합 방안 개념 정립[60]

육·해·공군 및 합동교리에 대한 이해의 일부란 점에서 보면 이는 지엽적인 성격의 것이다. 그러나 오늘날 국방정보화 분야에서 '통합'이란 용어가 갖는 위력은 너무나 엄청나다. 통합에 대한 이해 부족으로 인해 정보체계 건설이 잘못되는 경우도 적지 않다고 필자는 생각하고 있다. 이 같은 맥락에서 통합은 여기서 별도로 언급할 가치가 있을 것이다.

육·해·공군 작전술을 한 단계 높은 차원에서 묶어주는 합동작전술이 존재하지 않기 때문에 합동작전술이 존재한다면 이는 각군 작전술을 동시통합하는 형태가 되어야 할 것이라고 앞에서 언급하였다. 또한 통합은 각 군 작전을 통합(Unity)하는 형태가 되어야 한다는 점을 언급한 바 있는데, 여기서 말하는 통합에는 Unified와 Integrated가 있다.

통합(Unified) 사령부란 의미에서의 통합 또는 노력통일(Unity of Command)

---

58) 권영근, 『미래전과 군사혁신』, pp. 504-513을 참조하시오.
59) 권영근 ,『미래전 어떻게 싸울 것인가』, p. 30.
60) 권영근 편저, 『미래전과 군사혁신』, pp. 385-416; 권영근, "전력통합-작전지역중심 통합과 목표중심 통합", 합동참모본부, 2001년 7월, pp. 112-121; 김구섭, 김용석, 권영근 번역, 『전쟁에서의 지휘』, 연경문화사, 2001년 6월, p. 14 참조

이란 의미에서의 통합은 각 군의 노력을 적절히 결합해 위기에 대처해야 함을 의미한다. 물론 위기에 대처하는 과정에서 각 군은 나름의 방식으로 작전을 수행하게 된다. 걸프전 당시 이라크에 대항한 다국적군의 전역은 전략공격(Strategic Attack), 쿠웨이트 상공에서의 공중우세 확보를 위한 활동, 이라크 지상 전력의 50% 이상을 격파할 목적의 항공 활동 그리고 지상 작전으로 구성되어 있었는데, 이는 각 군의 자산을 통합사령관인 슈워츠코프가 임의로 사용할 수 있었음을 의미한다. 다시 말해 당시 다국적군의 전력은 슈워츠코프를 중심으로 통합(단일화 : Unified)되어 있었다.

육군의 보병 · 포병 및 기갑과 같은 전력이 지상전 이론에 의해 통합(Integrated)되어 있다는 의미에서의 통합이 있는데, 이는 특정 군의 사상(思想)에 의해 군사력이 운용되고 있음을 의미한다. 걸프전 당시 이라크에 대항한 다국적군의 전략공격에는 각 군의 항공기뿐만 아니라 크루즈미사일과 같은 해군 전력이 참여한 바 있는데, 이들 전력은 항공력 이론에 의해 통합(Integrated)되었다. 오늘날의 전쟁에서 군의 무기는 각 군의 사상에 의해 끊임없이 통합된다. 예를 들면, 공군의 항공기는 항공력 이론, 지상전 이론 그리고 해양력 이론에 의해 끊임없이 통합된다.

오늘날 국방 일각에서 말하는 통합(Merge)은 은행과 같은 두 개의 동일한 개체를 합쳐서 보다 강력한 형태의 조직(은행)을 만들어내는 행위를 의미한다. 이런 의미에서의 통합에는 병합이란 용어가 보다 더 적합하다고 생각된다. 인사 · 군수 · 작전 등 각 군의 조직은 그 이름은 같지만 내부의 일처리 방식이 전혀 다르다는 점에서 은행의 경우와 달리 함께 합치는 것(예 : 각 군의 군수조직 병합)이 불가능에 가까울 정도로 어려운 일이다. A 은행과 B 은행 또는 A 반도체 공장과 B 반도체 공장의 경우는 일처리 방식에 커다란 차이가 없다는 점을 인식할 필요가 있을 것이다.

오늘날 국방에서 말하는 이들 몇몇 통합 외에 컴퓨터소프트웨어 분야에서 말하는 체계통합, 그리고 지역 중심 및 기능 중심 통합 등이 있는데, 이들 모두는 동일하게 '통합'이란 용어로 표현되지만 그 의미는 눈(雪)과 눈(眼)이 다른 것처럼 전혀 다른 개념이다.

1996-1998년의 기간 중 한국군은 통합군논쟁을 격렬히 전개하였으며, 그 후에도 통합군수 등과 같은 정보체계의 통합이란 문제를 놓고 적지 않은 논쟁을 벌였다. 이는 통합에 대한 이해 부족 때문에 생긴 결과로 필자는 생각하고 있다. 이들 외에도 오늘날 한국군은 군의 정보통신 자산을 몇몇 지역 중심으로 집결시킨다는 의미에서의 '메가센타'란 개념을 놓고 나름의 갈등을 보인 바 있는데, 필자는 이것을 '지역 중심 통합'과 '목표중심 통합'의 갈등으로 보고 있다.

5. 결론

컴퓨터 및 데이터통신과 정보기술의 출현으로 인해 C4I체계는 전쟁 양상의 혁신을 유발하는 요인이 되고 있다.

C4I와 같은 정보체계를 개발하는 과정에서는 군이 주요 역할을 담당해야 할 것인데, 이는 항공기 · 탱크 및 함정과 같은 주요 무기체계를 개발할 당시에는 생각할 수 없었던 현상이다. 이 같은 현상은 정보체계가 갖고 있는 나름의 특성에 기인하고 있다. 다시 말해, 오늘날의 군에는 C4I체계를 개발할 수 있는 능력 즉, '정보화잠재 능력'이 절실히 요구된다.

한국군에 요구되는 주요 정보화잠재 능력에는 '합동성 증진 방안', '각 군간의 관계', 그리고 '정보체계 획득은 누가 관리해야 할 것인가?' 등과 같은 군사지식이 있는데, 이들 지식이 부족한 경우는 정보체계의 획득이 쉽지 않게 된다.

잘 알려져 있는 바처럼 육군은 지상전투, 해병대를 포함한 해군은 해상전투 그리고 공군은 공중에서의 전투를 담당하고 있다. 이들은 전반적인 군사적 목표를 달성한다는 차원에서 육·해·공군으로 구성된 통합된(단일화된 : Unified) 팀의 일부로 작전을 수행하게 된다. 합동·지휘통일 그리고 전구차원의 전쟁에서의 군사력 운용에 관해 육·해·공군이 상이한 시각을 견지하고 있다는 점을 우리는 확인하였다. 이들 문제에 관해 전 세계의 모든 육군이 비슷한 시각을 견지하고 있는데, 이는 해·공군의 경우도 동일하게 적용되는 현상이다.

한국군의 경우 국방부와 합참에서 의사를 결정하는 과정에서 육군이 중요한 역할을 담당하고 있다. C4I와 같은 정보체계가 전력의 배가(倍加) 요소로 간주되고 있는 정보화시대에는 각 군 간의 균형된 시각이 매우 중요하다. C4I체계의 성공적인 획득이 가능해지려면 군의 '정보화잠재 능력'을 함양하고, 국방부 및 합참과 같은 합동조직의 참모 구성 간에 균형을 유지하며, 해군과 공군의 경우도 전쟁의 작전 및 전략적 수준을 수행하고, 체계에 대해 가장 많은 이해를 갖고 있거나 가장 높은 전문성을 견지하고 있는 군이 체계 획득을 관리토록 해야 할 것이다. 더욱이 개개 군은 자군의 독특하고도 독립된 형태의 C4I체계를 들고 합동전에 참여할 필요가 있을 것이다. 이들 각 군의 상이한 체계 간에 상호운용성을 보장하는 방식으로 합동 C4I 체계를 건설해야 할 것인데, 이는 전 세계 선진군대가 견지하고 있는 보편적인 사실이다. 앞에서 언급한 사항들을 당연지사로 간주하지 않는다면 군 C4I체계의 획득은 결코 쉽지 않을 것이다.

제 4 장

공군과 지상군의 경계 *

1. 서론

각 군의 임무와 역할에 관해 미 의회에서 발표하면서 미 공군참모총장 멕픽(Merrill A. McPeak)은 오늘날의 지상전(地上戰)은 다음과 같은 요소를 내포하고 있다고 말하였다.

오늘날의 지상전에는 기지와 지원기지를 포함하는 지역에서 전개되는 후방전투(Rear Battle), 상대방 지상군들 간의 접전(接戰)인 근접전투(Close Battle), 접전지역 너머에서 진행되는 종심전투(Deep Battle) 그리고 항공우주 전력을 이용해 수행되는 공중전투(High Battle)가 있다.[1)]

지상군지휘관은 근접 및 후방 전투를 수행하는 반면 공군지휘관들은 종

---

* 본 논문은 권영근 번역, 『군사이론과 실제』, 공군사관학교, 2004년 7월, pp. 428-454, '공군과 지상군과의 경계'에 근거하고 있다.

1) Merrill A. McPeak, "Roles and Missions of the United States Air Force: The Allocation of Responsibilities," *Vital Speeches 60* (1 September 1994), p. 684.

심 및 공중 전투를 수행하는 방식으로 이들 지역에 대한 책임 소재를 나눌 필요가 있다고 그는 제안하였다.

계속해서 멕픽은 다음과 같이 제안하였다.

근접전투를 수행할 책임이 있는 지휘관은 종심 및 공중 전투에서 요구되는 능력과 체계가 필요하지 않을 것이다. 이들 체계가 야전에 배치되어 있거나 획득이 추진되고 있다면 이들을 도태시키거나 해당 군에 이관해야 할 것이다. 마찬가지로 종심 전투를 담당하고 있는 지휘관의 경우는 근접전투를 직접 지원할 목적의 체계가 필요하지 않을 것이다. 이 같은 체계가 있다면 해당 군에 이관시키거나 그 사업을 중단시켜야 할 것이다.[2]

모든 지휘관은 자신의 전투 영역에서 사용할 자산에 대한 소유 및 지휘 권한을 갖고 있어야 할 것이라고 그는 제안하였다. 그의 개념에 따르면 육군에 대한 근접지원의 책임을 육군이 담당해야 할 것이며, 이 경우 근접항공지원(近接航空支援 : Close Air Support)은 공군의 주요 임무에서 제외되어야 할 것이다.[3] 이는 근접항공지원을 염두에 둔 작전에 관한 미 해병대의 개념과 유사하다. 과거부터 진행되고 있던 공군과 지상군 간의 논쟁의 불씨가 멕픽의 제안으로 인해 재차 살아나게 되었다.

제1차 세계대전 당시는 항공기의 중요성이 크게 부각되었다. 당시 이후 육군은 공군이 항공지원을 제대로 해줄 것인지에 의문을 가졌다. 공군의 주요 임무는 지상군 지원이라고 지상군지휘관들은 생각하였다. 미국이 제1차 세계대전에 개입할 당시의 육군 야전교리에는 다음과 같이 명시되어 있다. “보병은 전장(戰場 : Battlefield)에서 주요 임무를 부여받고 있을 뿐만 아니라 전투를 최종적으로 결정짓는 가장 중요한 전력이다. 보병의 역할은 …… 모

---

2) *Ibid.*

3) DOD Directive 5100.1, Functions of the Department of Defence and Its Major Components (Washington, D.C.: Department of Defence, 25 September 1987), 19.

든 군의 역할과 동일할 정도로 중요하다. ……"[4]

제1차 세계대전 당시 보병들은 참호(塹壕)에서 허우적거리고 있었다. 당시는 항공기 등의 무기 관련 기술뿐만 아니라 이들 무기의 운용 개념이 발전을 거듭하면서 전쟁 수행 능력이 혁신적으로 변모하였다. 항공력을 지상군지휘관들에게 균등히 배분해주는 것이 아니고 집중시켜야 할 것이라고 항공인들은 믿고 있었다.

항공력을 집중시킴에 따른 효과가 지대하다는 점을 최초로 입증시킨 것은 독일군이었다. 1918년의 일대 공세에서 독일군은 지상군의 진격을 직접 지원할 목적에서 대략 300대의 항공기를 집중시켰다. …… 공중을 신속히 통제하게 되자 이들은 거의 제약받지 않으면서 적 지상군의 이동을 방해할 수 있었다.[5]

"전투기의 운용에 관한 독일군의 훈령에는 다음과 같이 기술되어 있다. 전투기는 결정적인 공격 시점에 운용해야 할 강력한 형태의 무기다. …… 이들 전투기는 전장 전반에 균등히 배분해서는 안 되며, 결정적인 시점과 장소에 집중시켜야 한다. 보다 중요치 않은 지역의 경우 전투기에 의한 지원을 기대해서는 안 될 것이다."[6]

항공력을 집중시켜야 한다는 개념은 새로운 것이 아니다. 이는 시간에 무관하게 적용되는 '집중'이란 전쟁원칙을 적용한 것에 불과하다.[7] 결정적인

---

4) War Department, Office of the Chief of Staff, Field Service Regulations, United States Army, 1914, corrected to 31 July 1918 (Washington, D.C.: Government Printing Office, 1918), 13.

5) Thomas H. Greer, The Development of Air Doctrine in the Army Air Arm, 1917-1941 (Washington, D. C.: US Government Printing Office, 1990), 19.

6) Lee Kennett, "Development to 1939," Case studies in the Development of Close Air Support, ed. Benjamin Franklin Cooling (Washington, D. C.: US Government Printing Office, 1990), 19.

7) Joint Pub 1, Joint Warfare of the US Armed Forces, 11 November 1991, 21.

효과를 얻으려면 항공력을 집중시켜야 할 뿐 아니라 이들 항공력의 능력과 제한사항을 인지하고 있는 항공지휘관이 통제해야 한다고 항공인들은 주장하였다. 육군 장교들은 이 개념에 동의하지 않았다. 그러나 이는 지휘통일(Unity of Command)이란 전쟁원칙에 근거한 개념이라고 항공인들은 생각하였다.8)

항공력의 집중을 통해 독일군이 일대 승리를 거두었음을 목격한 미국의 미첼(Billy Mitchell) 장군은 유럽 원정군사령관인 퍼싱(John J. Pershing)을 설득해 개개 지상군사령부가 소유하고 있던 모든 항공력을 통합해 집중시키고는 …… 자신(미첼)이 통제하였다.9) "지상군지휘관들은 항공력을 자신들이 직접 운영하고 싶어 하였다. 따라서 항공력을 집중시키는 과정에서 미첼은 적지 않은 시련에 직면하였다. …… Saint-Mihiel과 Argonne에서 미첼은 많은 성과를 거두었는데, 이는 항공력 측면에서 뿐만 아니라 항공력 운용교리 측면에서 분수령(分水嶺)을 이룬 사건이었다."10)

제1차 세계대전 이후 미첼은 항공력이 결정적인 형태의 전력이란 점을 예견하고 있었다. "지속된다면 전쟁은 항공력에 의해 결정될 것이다.11)라고 그는 기술하였다. "작전 형태에 무관하게 가용 항공력을 항공지휘관이 지휘해야 한다. 최고사령부 차원에서의 전반적인 작전계획에 따라 항공장교가 나름의 항공계획을 수립해야 한다"12)고 그는 굳게 믿고 있었다. 그러나 육군은 "항공력은 군의 주요 무기인 보병을 지원하기 위한 보조 전력으로 남아 있어야 한다"13)고 결론짓고 있었다. 이처럼 육군과 항공인들의 관점이

---

8) *Ibid.*

9) Greer, 5.

10) *Ibid.*

11) William Mitchell, *Memoirs of World War I* (New York, Random House, 1960), 267-68.

12) Greer, 5.

13) General Headquarters, American Expeditionary Forces, "Report of Superior Board

대립되는 가운데 다음과 같은 2개 교훈을 모두가 인지하게 되었다.

> 아측 전선(戰線)이 와해되는 경우처럼 지상군 전투에 모든 항공력을 투입해야 할 주요 시점이 있다. 1918년 당시의 일대 접전에서 확인된 바처럼 항공력을 중앙집권적으로 통제함이 공세작전에서 만큼이나 방어적 차원의 전쟁에서 중요한 의미가 있다.[14)]

그럼에도 불구하고 "항공력을 중앙에서 통제해야 한다는 개념을 군단장과 군사령관의 경우 반대하였다. 이들은 휘하에 항공력을 유지하고 싶어 하였다."[15)]

2. 논제

항공력을 최상의 방식으로 운용하기 위한 방안과 이들 항공력을 누가 통제해야 할 것인지가 여기서의 논제(論題)다. 이 문제는 1991년의 걸프전에서뿐만 아니라 제1차 세계대전 이후의 모든 전쟁에서 논란이 되어온 사안이다.[16)] 본 논문에서는 항공전과 지상전의 경계를 정하고 이들 경계의 양측을 누가 통제해야 할 것인지의 문제를 거론할 것이다. 공군 작전과 육군 작전의 경계뿐만 아니라 근접항공지원과 후방차단작전을 구분하는 기준은 화력

---

on Organization and Tactics," ca. 1 July 1919, in House, Department of Defence and Unification Air Service: Hearing before the Committee on Military Affairs, 69th cong., 1st sess., 1926, 952–53.

14) Kennett, 26.

15) *Ibid.*

16) Richard P. Hallion, *Storm over Iraq: Air Power and Gulf War* (Washington, D.C: Smithsonian Institution Press, 1992), 208.

지원협조선(FSCL : Fire Support Coordination Line)이다. 여기서는 화력지원협조선에 초점을 맞출 것이다.

공군은 자군의 임무를 항공우주를 통제하고, 군사력을 적용하며, 군사력을 증진 및 지원하는 것으로 정의하고 있다.17) 본 논문에서는 항공우주 통제(멕픽이 말하는 공중전투)와 군사력 증진 또는 지원(멕픽이 말하는 후방전투)의 문제는 논의하지 않을 것이다. 또한 후방차단작전과 마찬가지로 종심전투에 해당하는 전략공격(Strategic Attack)이란 군사력 적용에 관한 임무는 다루지 않을 것이다. 여기서의 초점은 근접항공지원과 후방차단 임무에 육군과 공군이 어떻게 하면 효과적으로 군사력을 적용할 수 있을 것인지의 문제다.

여기서의 초점은 개념 측면에서 약간의 수정이 필요하겠지만 항공 및 지상군지휘관의 책임을 나누기 위한 적절한 수단은 화력지원협조선이란 점이다. 화력지원협조선의 설정과 관련해 항공지휘관의 참여 정도를 높일 수 있도록 화력지원협조선에 대한 교리적 차원의 정의를 바꿀 필요가 있다. 그러나 근접항공지원과 후방차단에 관한 공군의 임무를 근본적으로 바꿀 필요는 없을 것이다. 오늘날에는 합동군의 개개 구성군 차원에서 상호 신뢰와 이해가 보다 더 요구되고 있다.

3. 공군과 지상군의 경계

첫 번째 질문은 "작전전구(Theater of Operation) 내부의 서로 다른 영역에서 각 군의 임무를 구분한다는 차원에서 특정 선을 설정할 필요는 있는 것인지? 합동군사령관(JFC : Joint Forces Commander)에게 모든 전력을 일임하고

17) Air Forces Manual (AFM) 1-1, Basic Aerospace Doctrine of the United States Air Forces, March 1992, vol. I, 7.

사령관이 나름의 방식으로 전쟁을 수행하도록 하지 않는 이유는 무엇인지?" 에 관한 것이다. 오늘날에는 휘하의 모든 전력을 합동군사령관이 나름의 방식에 의해 지휘하는 측면도 없지 않다. 자신의 책임지역에서 진행되는 군사작전에 대해 궁극적으로 책임질 뿐 아니라 이들 전력에 대해 지휘 권한을 행사하는 사람은 합동군사령관이다.[18]

그러나 합동군사령관의 책임지역은 이들 지역의 경계를 구분하는 나름의 선(線)에 의해 제약받고 있다. 비교적 광범위한 지역에서 진행되는 지속적인 임무를 수행할 목적에서 통합사령부(Unified Command)를 설치하고 이들 사령부 휘하의 전력을 통합사령관(Unified Commander)[19]이란 단일 지휘관이 지휘하도록 하고 있는데, 이는 지휘통일(Unity of Command)이란 전쟁원칙에 근거하고 있다.[20] 통합사령관과 그의 참모들은 자신이 담당하고 있는 지역 내부에서의 위협뿐 아니라 전투 전력의 운용이란 측면에서 전구(戰區 : Theater)[21]의 전문가다. 해당 전구의 특이점을 인지하고 있다는 점에서 통합사령관은 자신이 담당하고 있는 전구에서의 전쟁수행에 가장 적합한 사람이지만 인접 전구의 전문가는 아니다.

마찬가지로 육・해・공군 구성군사령관은 자신이 담당하고 있는 특정 영

---

18) Joint Pub 0-2, Unified Action Armed Forces (UNAAF), 9 May 1994, III-4 to III-17.

19) 한미연합사령관은 한반도의 통합사령관이다. 통합사령부 예하에는 육・해・공군 구성군사령부가 있다.

20) Joint Pub I-02, Department of Defense Dictionary of Military and Associated Terms, March 1994, 400.

21) 전구는 동일한 전략목표 아래 육・해・공군이 함께 작전을 수행하는 공간을 의미. 따라서 전구는 지역의 넓이에 의해 구분되는 개념이 아니고 상대적인 개념이다. 북한만을 염두에 두는 경우 한반도의 경우는 단일 전구를 형성하며 미국의 경우는 전 세계를 몇 개의 전구로 나누어 운영한다. 이스라엘군의 경우는 비좁은 영토에도 불구하고 자국에 몇 개의 전구를 운영하고 있다. 출처 : Martin Van Creveld, *Airpower and Maneuver Warfare*, Air University Press, 1994.

역(지상 · 해상 및 공중)에서의 전투력 운용과 관련해 전문가들이다. 공중 · 지상 및 해상 전투는 너무나 상이한데, 각 군 지휘관들은 자신의 작전 영역에서 나름의 전문성을 함양하며 군 생활의 대부분을 보낸 사람이다. 지상군지휘관이 자군의 화력과 기동의 문제를 항공인에게 위임함이 터무니없는 일인 것과 마찬가지로 지상군지휘관이 항공력을 통제한다는 개념 또한 항공인에게는 전혀 이해가 되지 않는다.

오늘날 미 육군의 '교리와 훈련'에서는 항공력의 주요 임무를 지상군 작전의 지원으로 생각하고 있다. 이들은 지상군 작전을 전쟁의 결정적인 요소로 간주하고 있다.[22] 육군 작전의 교의(敎義) 중에는 종심(Depth)이란 개념이 있는데, 이는 다음과 같이 정의된다.

> 종심은 시간 · 공간 · 자원 및 목적 측면에서의 작전의 정도를 의미한다. …… 가장 중요한 것은 …… 작전 형태에 무관하게 전장의 모든 종심(전반)에 걸쳐 정보를 수집하고 영향력을 행사할 목적의 작전을 수행할 능력을 육군이 구비해야 한다는 점이다. 이 같은 능력을 구비하는 과정에서 여타 군의 참여가 요구된다는 점에서 보면 종심 작전은 본질적으로 합동의 성격이다.[23]

육군교리에서는 근접전투와 종심전투를 구분하기 위한 선을 긋고 종심전투에 대한 책임을 항공지휘관에게 일임하고자 하는 노력을 보이지 않고 있다. 육군은 자군 교리에서 종심 지역을 통제해야 할 것이라고 주장하고 있다. 그러나 문제는 전통적으로 지상군지휘관들이 다음과 같이 생각하고 있다는 점이다.

---

22) FM 100-5, Operations, 14 June 1993, I-4.
23) *Ibid.*, 2-7.

지상군지휘관들은 전선 너머의 위협과 군사력보다는 자신의 바로 앞에 놓여 있는 전투에 보다 많은 관심이 있다. 그러나 이는 1940년 당시의 프랑스와 1943년 당시의 케서린(Kasserine)에서의 전투에서 보듯이 매우 잘못된 개념이다. 당시의 전쟁에서 연합군은 참패했는데 이는 이 같은 잘못된 개념 때문이었다.[24)]

당시는 전선의 지상군 전력을 직접 지원할 목적으로 전술 항공력을 사용해야 한다는 점, 항공무기의 임무가 지상군 임무의 일부란 점, 통상 전술항공 부대는 지상군지휘관의 지휘를 받아야 한다는 점을 강조하고 있었다. 1942년 후반과 1943년 초반 북아프리카의 케서린 계곡에서의 전투에서 연합군이 일대 낭패를 보게 된 것은 이 같은 작전 철학 때문이었다.[25)]

케서린 계곡에서의 전투 이후 미국은 항공력을 항공인이 중앙 통제하도록 하였다.[26)] 그 후 출현한 교리에는 다음과 같이 기술되어 있다.

지상 전력과 항공력은 대등하며 상호 의존적 성격의 것이다. 이들은 여타 전력의 보조 수단이 아니며 …… 가용 항공력을 중앙집권적으로 통제해야 한다. 항공력의 본질인 융통성과 일격구사 능력을 최대한 활용하려면 항공력은 항공지휘관이 지휘해야 한다.[27)]

반면에 오늘날 미 해병대 교리에서는 자군의 항공력을 '지원' 역할로 전

---

24) Hallion, 206.
25) Roswell Freedman, The Evolution of Interdiction and CAS, AWC Associate Program test, 11th ed., vol. 2, chap, 12, 28.
26) David Syrett, "The Tunisian Campaign, 1942-43" in Cooling, 170.
27) War Department Field Manual 100-20, Command and Employment of Air Power, 21 July 1943, I-2.

락시키고 있다. 지상 전력을 지원할 목적의 근접항공지원이란 표현 외에 이들은 후방차단이란 공군의 임무를 종심 지역에서의 항공지원으로 표현하고 있다.[28] 미 해병대는 자군의 항공력을 해병공지기동부대(MAGTF : Marine air ground task force)와 분리해 생각할 수 없는 전력으로 생각하고 있다.

육군 항공단[29]의 역사뿐만 아니라 해병대 교리를 보면, 항공력을 지상군 지휘관에게 위임하는 경우 이들 전력은 항공인이 지휘하는 경우와 색다른 방식으로 운용될 것이다. 제2차 세계대전 당시의 북아프리카에서의 "항공작전은 항공력이 지상군을 보호해주는 수단에 불과하다는 인식을 갖고 있었을 뿐 아니라 항공력의 장・단점에 대한 이해가 전무한 지상군지휘관들에 의해 좌우되었다."[30] 1991년의 걸프전에서 육군의 야전지휘관들과 공군은 항공력의 능력이 아니고 이것을 육군이 통제할 수 있는지의 문제를 놓고 일대 격돌하였다. 공군이 이미 감지한 바이지만 1991년의 걸프전은 미래전의 한 모델이다. 그러나 육군뿐만 아니라 해병대 또한 걸프전과 같은 방식으로 전쟁이 수행되기를 원치 않았다.[31]

지상군의 주요 관심은 자신들 주변에서 진행되고 있는 전투다. 이 점에서 보면, 항공력 운용에 관한 지상군의 개념에 이해가 가지 않는 것은 아니다. 자신과 접전하고 있는 적군에게 물자를 보급해줄 목적의 교량을 항공력으로 폭파했다는 사실보다는 이들 적이 항공력에 의해 직접 격파되는 것을 목격하는 순간 항공력의 위력을 지상군들은 보다 쉽게 이해하게 되는데, 이는 충분히 이해가 가는 사항이다. 제2차 세계대전 당시의 튀니지에서 로빈넷

---

28) Fleet Marine Forces Manual (FMFM)-1, Warfighting, 6 March 1989, 76.

29) 1947년까지만 해도 미 공군은 육군에 소속되어 있었는데, 당시 육군 내의 항공력을 육군 항공단(Army Air Corps)으로 지칭하였다.

30) Freedom, 28.

31) Michael R. Gorodon and Gen Bernard F. Trainer, *The General's War: The Inside Story of the Conflict in the Gulf* (Boston: Little, Brown and Company, 1995), 331.

(Paul M. Robinett) 준장은 미 육군참모총장 마샬(George C. Marshall)에게 다음과 같은 내용의 편지를 보냈는데, 이는 당시의 대부분 지상군지휘관들의 정서를 반영한 것이었다.

> 대부분의 지상군지휘관들은 항공력에 의한 적 함정의 격침, 항구의 격파 또는 도시의 무력화를 보여주는 보고서 또는 사진에는 전혀 관심이 없습니다. 이들의 관심은 항공력을 이용해 전선에 널려있는 적의 진지(陣地)를 격파하고 아군 작전의 일환으로 표적을 공격하는 문제에 관한 것입니다. …… 이 같은 결과를 얻기 위한 유일한 방안은 항공력을 지상군지휘관이 통제하도록 하는 것이라고 이들 지상군지휘관은 생각하고 있습니다.[32]

항공인의 시각에서도 이것과 유사한 비유를 들 수 있을 것이다. 일군(一群)의 적 항공기와 접전하고 있는 전투조종사의 입장에서 보면 비교적 기동성이 떨어지는 폭격기보다는 자신에게 보다 위협적인 적 전투기를 아측의 지대공미사일이 공격해주기를 원할 것이다. 이 경우 합동군 전반에 보다 큰 위협이 되는 적 폭격기를 공격함이 지대공미사일의 가장 효율적인 운용 방안일 것이다. 방어 제공작전에서는 이들 폭격기가 아측 지역에 도달하지 못하도록 하는 일에 가장 큰 중점을 두어야함에도 불구하고 전투의 와중에서 자신의 생존이 좌우된다는 긴박감으로 인해 이 같은 사실을 망각할 가능성도 없지 않다.

지상군지휘관들은 모든 가용 자산이 자신이 수행하고 있는 전투에 사용되기를 열망할 것이다. 육군교리를 보면 이 점을 분명히 알게 된다. 육군교리에는 다음과 같이 명시되어 있다.

---

32) Syrett, 165-67.

최소의 노력으로 승리할 수 있도록 가공할 전투력을 적용해야 한다.…가공할 전투력을 얻으려면 모든 전투 요소들을 신속하고도 격렬히 적용해 적이 조화를 이루면서 또는 효과적으로 저항할 수 없도록 해야 한다.[33)]

육군은 결정적인 형태의 지상 접전에 모든 전투 요소를 배열하고자 노력하고 있다. "여타 작전들은 결정적인 작전을 지원해야 한다. 예를 들면, 지상군을 지원할 목적의 후방차단작전과 기만작전은 개개의 결정적인 지상전을 지원할 수 있을 것이다."[34)] 육군은 지상전에 너무나 고착되어 있다. 이들은 여타 전력을 지상전을 지원할 목적의 것으로 전락시키고 있다. 그 결과 지상군이 생각하는 종심(Depth)이 근접전투에 머무르는 경향도 없지 않다. 이 같은 단견은 1991년의 걸프전에서도 목격되었다. "당시 전쟁을 통제하고 있던 지상군지휘관 슈워츠코프(Schwarzkopf) 통합사령관과 파월(Powell) 합참의장은 침입해오는 적 육군을 공중에서 격멸할 수 있다는 개념을 수용하고자 하지 않았다."[35)]

반면에 공군은 자군 교리에서 다음과 같이 언급하고 있다. "항공우주 통제는 항공우주력이 가장 역점을 두어야 할 부분이다."[36)] 항공우주를 통제하고 전략공격(戰略攻擊 : Strategic Attack)을 감행한 이후 공군은 후방차단(後方遮斷 : Interdiction)과 같은 종심전투를 거쳐 근접항공지원(Close Air Support)의 순서로 임무를 수행해야 할 것인데, 이는 전력을 가장 효율적으로 활용하기 위한 방안이다.[37)] 그러나 공군은 또한 제1차 세계대전에서 얻은 주요 교훈

33) FM 100-5, 2-9.
34) *Ibid.*, 6-6.
35) Gordon and Trainor, 288.
36) AFM I-1, vol. 1, 10.
37) *Ibid.*, vol. 2, 166.

을 교리에 반영하고 있다. “근접항공지원은 항공우주력을 가장 비효율적으로 운용하는 것이다. 그러나 지상군 전력의 승리 또는 존립을 보장한다는 차원에서 이것이 가장 중요한 순간이 되는 경우도 없지 않다.”[38]

4. 화력지원협조선

육군이 근접전투에, 공군이 종심전투에 초점을 맞추고 있다는 점에서 보면, 이들 전투 간에 책임의 소재를 분명히 할 필요가 있을 것이다. 육군과 공군은 이들 개개 전투에서 싸울 목적으로 훈련 및 무장되어 있다. 달리 말하면 육군은 종심전투에 제대로 준비되어 있지 않으며, 공군은 근접전투 목적으로 제대로 훈련 및 무장되어 있지 않다. 따라서 이들 육군과 공군은 상대방 군의 전문 영역에 대해 지원 역할밖에 수행할 수 없을 것이다. 지금까지 말한 내용은 근접전투와 종심전투 간 책임 소재를 명확히 할 필요가 있다는 멕픽의 발언과 일맥상통한다. 그러나 멕픽 장군은 이들 간 어디에 선을 설정해야 할 것인지의 문제에 관해서는 언급하지 않았다.

전통적으로 근접 및 종심 전투를 구분하는 경계는 화력지원협조선이다. 합동교리에서는 화력지원협조선을 다음과 같이 정의하고 있다.

> 화력지원협조선은 자신이 통제하고 있지는 않지만 현행 전술작전에 영향을 줄 가능성이 있는 화력을 조정할 목적에서 적정 지상군지휘관이 설정하는 선이다. 화력지원협조선은 지상의 표적을 겨냥해 사용되는 육・해・공군 화력들을 조정할 목적의 것이다. 화력지원협조선은 지상의 특성을 고려해 설정

38) *Ibid.*, vol. 1, 13.

해야 한다. 화력지원협조선을 설정할 때는 적정 전술항공지휘관뿐만 아니라 여타 지원부대와 조정 및 협조해야 한다. 화력지원협조선 내부의 지상 전장에 부정적인 효과를 유발하지 않는다면 지원부대의 경우 화력지원협조선 너머의 표적을 공격하는 과정에서 지상군지휘관과 사전 협조할 필요는 없을 것이다. 화력지원협조선 내부의 지상 표적을 공격하고자 할 때는 적정 지상군지휘관과 협조 및 조정해야 한다. 이 선을 화력지원협조선으로 지칭하는 것은 이 같은 이유 때문이다.[39]

공군은 화력지원협조선을 '규제'의 측면에서 생각하고 있다. 즉 이 선 너머의 표적에 대한 공격은 공군구성군사령관이 그리고 이 선 내부의 표적에 대한 공격은 적정 지상군지휘관이 통제할 필요가 있다는 개념이다. "1991년의 걸프전 당시 다국적군의 항공력은 화력지원협조선 내부의 표적을 지상통제관 또는 공중조기경보통제기(AWACS)와 같은 항공 통제관의 지시에 따라서만 공격할 수 있었다. 이 같은 원칙에 따르면 화력지원협조선 너머를 공격할 목적의 헬리콥터 또는 미사일은 합동군공군구성군사령관(JFACC : Joint Forces Air Component Commander)의 통제를 받아야 할 것이다."[40]

화력지원협조선 내부에 투입되는 화력이 현행 전술작전에 영향을 끼칠 수 있다는 점에서 보면, 화력지원협조선은 아측 지상군으로부터 가까운 곳에 설정되어야 할 것이다. 또한 화력지원협조선에서 '지원'이란 단어가 보이는데, 이는 이들 화력이 현행 근접전투를 지원하고 있다는 의미다. 따라서 화력지원협조선 내부에 대한 공대지(空對地) 공격은 근접항공지원이란 공군의 임무에 해당하며, 이는 적정 수단에 의해 규제 받게 된다. 화력지원협조

39) Joint Pub 1-02, 166.

40) Thomas A. Kenney and Eliot A. Cohen, *Gulf War Air Power Survey Summary Report* (Maxwell Air Force Base, Ala: Air University), 156-57.

선 내부에서의 무기 운용을 규제해야 할 것이란 점에는 이의가 없다.

반면에 육군은 화력지원협조선을 '허용'의 측면에서 생각하고 있다. 육군은 화력지원협조선 내부에 대한 육·해·공군 화력은 조정할 필요가 있는 반면 화력지원협조선 너머에 대한 화력은 현행 전술작전에 영향을 끼치지 않는다는 점에서 규제의 대상이 아니라고 생각하고 있다.41) 화력지원협조선 내부에 대한 여타 구성군 화력을 규제하는 이유는 육군이 통제하고 있지 않은 화력에 의해 우군이 살상될지 모른다는 우려 때문이다.42) 화력지원협조선 너머의 표적과 접전할 의향뿐 아니라 이들 접전에 필요한 몇몇 자원을 육군은 보유하고 있다. 그러나 우군이 살상될 가능성이 거의 없다는 점에서 육군은 항공 및 해상 구성군과 화력지원협조선 너머 지역에서의 화력의 규제란 문제를 놓고 협조할 필요가 없을 것으로 생각하고 있다. 달리 말하면 화력지원협조선 너머의 표적들을 자유롭게 공격할 수 있는 것으로 육군은 생각하고 있다.

여기에 대해 공군은 견해를 달리하고 있다. 근접전투 수행과 동시에 공군은 아측 지상군과 무관하게 종심전투에 관한 표적을 공격하고 있다. 따라서 화력지원협조선 내부에서와 마찬가지로 화력지원협조선 너머 지역에서도 우군이 살상될 가능성을 배제할 수 없다. 이 점에서 화력지원협조선 너머의 지역에 대한 화력도 통제가 필요하다고 공군은 생각하고 있다. 공군의 항공기들은 전혀 규제받지 않으면서 지대지미사일이 날아다니는 영공에서 적의 표적을 공격하고 있다. "간접 지원을 목적으로 발사되는 아군 화력과 공군 항공기간에 가장 큰 갈등이 …… 화력 발사지점 부근과 화력이 작열하는 지역 부근에서 있을 수 있다. 이들 지역을 제외하면 항공기와 이들 지역을 간접 지원할 목적의 화력 간에 갈등이 있을 가능성은 높지 않다"43)고 육군

41) *Ibid.*, 157.
42) AFM I-1, vol. 2, 165.

은 생각하고 있다. 화력지원협조선 너머의 지역에서는 고정익 항공기뿐만 아니라 헬리콥터 또한 작전을 수행하고 있다. 아군이 발사한 대포와 미사일로 인해 아측 항공기가 격파될 가능성은 거의 없다는 이론을 항공인들은 인정하지 않고 있다.

화력지원협조선을 '규제' 또는 '허용'의 측면에서 바라보아야 할 것인지의 문제에 관해 합동교리는 상호 모순적인 견해를 제시하고 있다. 화력지원협조선에 관한 합동차원의 정의는 '규제' 또는 '허용'을 전제로 하고 있지 않다. 미 합동교리 3-0인 '합동작전 교리(Doctrine for Joint Operation)'는 다음과 같이 언급하고 있다. 그 결과 문제가 보다 더 모호해지고 있다.

> 화력지원협조선은 화력지원 협조를 '허용'하는 수단이다. …… 화력지원협조선의 설정을 통해 아측 화력에 의한 살상의 가능성을 줄일 수 있을 것이다. …… 화력지원협조선 너머에서 작전을 수행하는 아측 전력의 보호 정도를 높인다는 차원에서 지휘관들은 '규제' 수단을 활용하고 있다.[44]

화력지원협조선 너머 지역에서의 우군 살상을 방지할 목적에서 전투 지휘관들은 '규제' 수단을 생각하게 되는데, 이는 당연하다. 화력지원협조선 내부 및 너머 지역에서 화력을 규제해야 할 또 다른 이유는 노력의 중복을 방지해야 한다는 점 때문이다. 다수 군이 동일 표적을 공격하는 경우 격파 가능성이 높아지는 것은 사실이다. 그러나 이것이 가장 효율적으로 자원을 활용하기 위한 방안은 아닐 것이다. 동일 표적을 상호 협조와 조정 없이 다수의 군이 공격함은 합동전(Joint Warfare)의 취지에 어긋날 것이다. "합동 및

---

43) FM 100-42, USA/USAF Airspace Management in an Area of Operation, 1 November 1979, 4-4.

44) Joint Pub 3-0, Doctrine for Joint Operations, September 1993, III-48 to III-49.

연합 작전에서는 작전들의 세심한 동시통합(Synchronization)[45]이 요구된다. …… 이는 상호 지원하고 가용 자원을 효율적으로 활용하며 궁극적으로는 전략목표를 달성하기 위함이다."[46] 화력지원협조선 너머의 표적을 공격하는 경우 우군 살상의 가능성이 매우 적다며 육군은 이들 지역을 공격하는 과정에서 전혀 규제가 필요 없다고 주장하고 있다. 그러나 제한된 자원을 효율적으로 활용해 노력의 중복을 방지한다는 측면에서 이들 지역에 대한 화력 또한 조정이 필요할 것이다.

특정 구성군이 절대 다수의 자산을 보유하고 있는 영역이란 관점에서 전구(戰區 : Theater)를 몇몇 영역으로 나누기 위한 약간의 관리 수단이 필요하다. 근접 및 종심 전투에 관한 책임을 규명하고자 하는 경우 화력지원협조선은 '규제'를 위한 적정 수단이다. 여기서 가장 중요한 사항은 화력지원협조선이란 용어에 대한 공동 인식이 있어야 한다는 점이다. 화력지원협조선 내부에 대한 화력은 분명히 지상군지휘관이 통제해야 할 부분이다.[47] 화력지원협조선 너머에서의 작전은 해당 지상군지휘관에 의한 현행 전술작전에 직접 영향을 끼치지 않는다는 점에서 종심전투의 일부로 간주되어야 한다.

5. 통제

화력지원협조선 너머의 지역에 대한 화력을 규제할 필요가 있다는 점에 육군이 동의한다고 가정할 때 생각되는 또 다른 논쟁이 있는데, 이는 종심전투를 누가 통제해야 할 것인지의 여부다. "전쟁을 결정하게 될 미래 작전

---

45) 이것을 전자공학과 같은 민간 분야에서는 동기화(同期化)로 표현하고 있다.
46) FM 100-5, 2-8.
47) Joint Pub I-0, III-48 to III-49.

상황을 조성한다는 차원에서 종심작전을 활용해야 한다"[48]고 육군은 믿고 있다. 지상군지휘관들은 합동군사령관이 자신에게 부여한 임무를 수행하는 과정에서 필요하다고 생각되는 모든 자산을 직접 통제하고 싶어 한다.

> 전장(戰場 : Battlefield) 전반에 걸친 표적을 동시 공격할 목적에서 육군은 적의 활동을 추적하고, 적의 작전을 교란하며, 공격 효과를 결정할 수 있도록 전자전(電子戰) 및 합동 자산을 포함한 장거리 정보수집과 표적 자산을 운용하고 있다.[49]

과거 경험에서 보면, 육군은 근접전투에 관심을 집중시키는 경향이 있다. 그 결과 종심전투에서의 군사력 운용 측면에서의 육군의 시각에는 깊이가 없다. 제1, 2차 세계대전 당시뿐만 아니라 한국전쟁에서의 경험에도 불구하고 후방차단에 관한 육군의 시각은 다음과 같다.

> 후방차단이란 전선 바로 너머 지역에 있는 적 병참선을 와해시킴을 의미한다고 육군은 생각하였다. 극동군 공군사령부의 작전차장을 역임한 바 있는 웨이랜드(Otto P. Weyland) 소장은 이 같은 육군의 사고(思考)를 폭포의 맨 아래에서 댐을 건설하고자 하는 행위로 비유하고 있다. …… 이 같은 육군의 사고로 인해 그 가치에 의문이 가는 표적을 겨냥해 또는 존재하지도 않는 표적을 겨냥해 항공력을 투입한 경우도 없지 않았다.[50]

최상의 항공력 운용 방안에 관한 육군과 공군의 철학이 서로 상이한 것

---

48) FM 100-5, 6-14.

49) *Ibid.*

50) Edmond Mack, *Actual Interdiction Air Power and the land Battle to Three American Wars* (Washington, D.C: Center for Air Force History, 1994), 274.

처럼 항공 화력을 포함한 모든 화력이 지상군 기동을 지원할 목적으로 존재한다는 육군 중심의 사고에 대해 공군은 견해를 달리하고 있다. 안타깝게도 지상군들은 지상군의 기동을 이용해 항공력의 사정거리(射程距離)를 확장시킬 수 있다는 개념이 없다.[51] 초기의 항공력 옹호자들은 항공력을 이용한 전략공격에 의해 향후 전승이 좌우될 것으로 생각하였다. 오늘날의 항공인들은 다음과 같이 생각하고 있다.

> 현대전에서의 항공력의 역할에 관한 우리의 입장을 재차 생각해야 한다. 국제사회의 새로운 상황과 신기술이 결합되면서 전쟁의 새로운 세기가 도래했음을 1991년의 걸프전을 통해 확인할 수 있었기 때문이다. …… 항공력이 속도와 화력 측면에서 놀라울 정도로 위력적이란 점으로 인해 지상 전력은 경우에 따라서는 …… 항공력이 주도적인 역할을 수행하는 과정에서 비행장을 점령 및 유지하거나 적의 방공능력을 제압하고 이들 적을 진지(陣地)로부터 나오도록 하는 방식으로 지원하게 될 것이다.[52]

오늘날의 전쟁에서 항공력이 결정적인 전력인지의 여부를 놓고 끊임없는 논란을 벌일 필요는 없을 것이다. 분명한 것은 항공력이 지상작전에 대한 지원(支援) 이상의 능력을 갖고 있다는 점이다. 지상 중심으로 진행되는 분쟁에서 공군은 종심전투의 수행과 관련해 가장 잘 무장되어 있을 뿐 아니라 훈련되어 있는 군이다. 화력지원협조선 너머의 표적과 접전할 목적의 자원을 보유하고 있는 여타 군들은 이들 지역에서 진행되고 있는 공군에 의한 주요 노력을 지원해야 한다.[53] 더욱이 이들 지역을 가장 올바로 이해하고

---

51) Harold R. Winton, "Reflections on the Air Forces's New Manual," *Military Review*, November 1992, 31.

52) Philip S. Melinger, "Towards a New Airpower Lexicon-or-Interdiction An Idea Whose Time Has Family Gone?" *Airpower Journal* 7, no. 2(November 1991), 47.

있는 군이 공군이란 점에서 종심전투는 공군구성군사령관이 통제해야 하며, 공군을 지원하는 여타 전력들은 자신들의 행위를 조정 및 협조해 우군 살상뿐만 아니라 노력의 중복을 방지해야 한다. “역사적으로 보면 다양한 능력의 통합을 계획하는 사람이 시행을 통제할 책임이 있을 때보다 적시에 즉응성 있는 방식으로 전력을 통합할 수 있었다.”[54)]

지상군구성군은 항공인의 능력에 관한 인식뿐만 아니라 항공력 운용에 대한 인식을 보다 새롭게 할 필요가 있을 것이다.

> 육・해・공군은 지상・해상 및 공중에서의 전쟁에 대비한 최상의 방식으로 조직을 구성하고 훈련을 받으며 무장되어 있는데, 이들 군에 의한 합동작전이 성공하려면 이는 필수적 사항이다. 군의 장교들은 자군 내부에서 평생 동안 온갖 정열을 바쳐 전문성을 함양해야 한다.[55)]

지상군구성군은 육군전술미사일체계(ATACMS : Army Tactical Missile System)와 같은 보다 장사정 미사일을 보유하고 있을 뿐만 아니라 지상표적정찰기(JSTARS) 그리고 우주에 기반을 둔 인공위성과 같은 공군의 체계로부터 지원을 받고 있다. 그 결과 종심전투에 관한 육군의 관심이 상대적으로 높아지고 있다.[56)] 자군의 자산을 지속적으로 통제하고, 후방차단의 결과에 영향을 끼치고자 하는 육군의 심정은 충분히 이해가 간다. 그러나 “자산을 통제하고자

53) Deputy Chief of Staff, Plans and Operations, Headquarters United States Air Force, JFACC Primer, 2d ed, (Washington D.C.: Headquarters USAF/XOXD, February 1994), 15.

54) Price T. Bingham, “Air Power and the Close in Bonie The Need for Doctrinal Change,” draft of paper prepared for March 1987 USAF Aerospace Power Symposium, Maxwell AFB, Alabama, 4.

55) Joint Pub 1, 7.

56) JFACC Primer, 33.

할 때의 기본 원칙은 해당 영역에서 주도적 역할을 수행하는 군과 '노력통일(Unity of Effort)'[57]을 유지하는 것이다"[58]란 점을 염두에 두어야 할 것이다.

여기에 두 가지 문제가 있다. 첫째, 항공력의 효력에 관해 육군과 공군이 견해를 달리 하고 있다는 점이다. 근접항공지원이 아닌 여타 작전에 사용되는 항공력 또한 궁극적으로는 전쟁을 결정짓는 지상전투를 지원할 목적의 또 다른 수단에 불과하다고 지상군구성군은 주장하고 있다. 반면에 항공력은 특정 목적을 위한 단순한 수단이 아니며 전구사령관의 임무를 달성하는 과정에서 동등하게 참여하는 전력이라고 공군은 굳게 믿고 있다.[59] 둘째, 향후 자신들이 수행하게 될 근접전투를 위해 종심지역의 전장(戰場)을 가장 잘 준비할 수 있는 군은 지상군이라고 지상군지휘관들이 생각하고 있다는 점이다. 또한 이들은 자신들이 요구하는 바에 공군이 적절히 대응해주지 못하고 있다고 생각하고 있다.[60] 종심지역에서 가장 많은 자산을 운용하는 군은 공군이다. 이 점에서 볼 때 종심전투에서 군사력을 가장 잘 운용할 수 있는 군은 공군이라고 항공인들은 주장하고 있다.

육군 시각의 문제점은 지상 상황으로 인해 전구(戰區 : Theater)가 군단 중심으로 분할된다는 점이다. 군단에 소속되어 있지 않은 제한된 전구 자산을 자신들만이 최상의 방식으로 운용할 수 있다고 몇몇 군단이 주장하는 상황이 벌어질 가능성도 없지 않다. 특정 군단장의 경우는 인접 군단은 물론이고 자신의 정반대에 위치해 있는 군단이 갖고 있는 정도의 종심 표적을 갖고 있지 않은 경우도 없지 않다. 케서린 계곡 이전의 북아프리카 상황을 보

57) 화력지원협조선 너머의 지역에서 각 군의 노력을 통합하기 위한 수단은 통합임무명령서(ITO : Integrated Tasking Order)다. 통합임무명령서에서는 각 군의 항공자산(미사일 및 항공기 등)에게 임무를 부여하는 방식으로 노력을 통합하고 있다. 여기서 부여된 임무는 개개 자산의 운영 방식에 따라 수행된다.

58) Joint Pub 1, 21.

59) AFM 1-1, vol 1, 10.

60) Kennedy and Cohen 151.

면 이 경우 전개될 상황을 예상할 수 있을 것이다.

12항공지원사령부 소속의 항공기를 통제하고 있던 미 육군 2군단장인 프레덴달(Lioyd R. Fredendall) 소장은 …… 프랑스 16군단의 항공지원 요청을 거절하였다. …… 그 결과 프랑스의 지상군이 독일군으로부터 일대 공격을 받고 있던 순간 12항공지원사령부 소속의 항공기들은 미 509공정여단의 작전을 엄호할 목적에서 비행하였는데, 이들 미군의 면전에는 적 항공력뿐만 아니라 지상 전력이 전무한 상태였다.[61)]

당시 개개 군단이 가용 자원을 모두 소비하고도 의도한 목표를 달성하지 못했다. 그 결과 어느 군단장도 만족시키지 못하는 상황이 초래되었는데, 이는 1991년의 걸프전 당시와 다를 바가 없었다.

지상군지휘관들이 제출한 표적 목록에 근거해 중부사령부의 부사령관인 육군중장 월러(Waller)가 표적을 분배했음에도 불구하고, 이들 내용을 통합사령관인 육군대장 슈워츠코프가 인가했음에도 불구하고 지상군지휘관들은 충분할 정도의 항공지원을 받고 있지 못하다고 불평을 늘어놓았다.[62)]

"육군 야전군지휘관의 경우는 아무리 많은 전력을 배당받아도 욕구가 충족되지 않는 듯 보였다."[63)]

항공력 운용과 관련해 제1차 세계대전에서 얻을 수 있는 두 번째의 주요 교훈은 항공력을 중앙집권적으로 통제해야 한다는 점인데, 육군의 관점은

---

61) Syrett, 167.
62) Hallion, 208.
63) Gorden and Trainer, 341.

이들 교훈을 무시하는 처사였다.[64] 지상군 제대(梯隊)는 지형에 의해 제약을 받는다. 반면에 항공력은 지형에 의해 제약받지 않는 전구 차원의 자산이다. 항공력 운용과 관련해서는 여타 군의 경우에서처럼 동일한 원칙이 적용되는데, 특히 목표 · 집중 · 기동 및 '지휘통일(Unity of Command)'의 원칙이 그러하다.[65] 케서린 계곡에서의 쓰라린 경험을 통해 아이젠하워 장군은 영국공군 소장(少將) 커닝햄(Arthur Conningham)이 주창한 항공교리를 수용하였다. 제2차 세계대전의 잔여기간 동안 사용된 당시의 교리는 미 공군 전술항공 교리가 되었는데, 커닝햄이 주창한 기본 원리는 다음과 같다.

> 항공력의 위력은 나름의 융통성이 있다는 점, 신속히 집중시킬 수 있다는 점에 근거하고 있다. 따라서 항공력은 항공인의 지휘 아래 집중되어야 한다. 항공력은 집중해 사용해야 하며 분할시켜서는 안 될 것이다.[66]

오늘날의 교리에서는 전구의 모든 항공자산을 중앙 통제할 목적에서 합동군공군구성군사령관(JFACC)을 임명하고 있다.[67] 전구의 항공자산은 그 규모가 제한적이다. 따라서 합동군공군구성군사령관은 합동군사령관의 지침에 근거해 임무 우선순위를 정하고 개개 임무에 항공자산을 배당하게 된다.[68] 화력지원협조선 너머의 지역에서 운용되는 자산은 종심전투를 지원할 목적의 것이란 점에서 합동군공군구성군사령관이 통제해야 한다. 합동군공군구성군사령관은 합동군공군구성군사령관 휘하의 참모조직에 파견되어 있는 적정 연락 장교를 통해 여타 구성군과 임무를 수행하게 된다.

---

64) Kennett, 26.
65) Joint Pub 1, 21.
66) Joint Pub 1, 21.
67) Joint Pub 3-0, Doctrine for Joint Operations, September 1993, OL-9.
68) JFACC Primer, 16-17.

후방차단작전을 누가 통제해야 할 것인지의 문제에 관해 합동교리는 지침을 제공하고 있는데, 후방차단작전은 근접항공지원과 마찬가지로 종심전투와 근접 전투의 경계에 해당한다.

후방차단작전의 수행과 관련해 가장 우수한 능력을 보유하고 있는 사람은 대부분의 경우 공군지휘관일 것이다. 합동군사령관은 이 같은 사람을 공군구성군사령관으로 통상 임명하고는 전반적인 후방차단작전에 대한 상세 시행계획과 조정의 문제를 일임하게 된다.

이 같은 책임을 부여받은 사람, 즉 합동군공군구성군사령관은 충분할 정도의 지휘통제 기반구조, 적정 시설 그리고 합동기획의 전문가들을 보유하고 있어야 할 것이다.

또한 합동작전 시행 기획을 책임진 사람은 후방차단작전을 수행하는 과정에서의 노력통일을 보장할 책임이 있다. 여기에는 후방차단작전을 염두에 둔 기획에 중복이 있지 않도록 하는 행위, 상호 협조하기 위한 행위, 통제절차 그리고 적응이 포함된다.[69)]

전구 차원의 후방차단 임무를 기획 및 시행할 사람은 합동군공군구성군사령관일 것이다.

여타 군의 지원을 받아 항공후방차단 작전을 수행하는 사람은 통상 합동군공군구성군사령관이다.[70)]

주요 지상작전에서 후방차단과 관련된 가장 많은 자산뿐만 아니라 후방차단작전을 통제할 목적의 전구항공통제체계(TACS : Theater Air Control System)를 보유하고 있는 군은 공군이다. 지휘통일을 보장할 목적에서 합동군사

---

69) Joint Pub 3-03, Doctrine for Joint Interdiction Operations, 11 December 1990, IV-2 to IV-3.

70) Joint Chiefs of Staff, Joint Doctrine Capstone and Keystone Primer, 15 July 1994, 33.

령관은 합동군공군구성군사령관을 임명해 종심전투를 지휘토록 하며, 자신의 의도를 달성할 목적의 전구 자산의 '동시통합(Synchronizing)'의 문제를 합동군공군구성군사령관에게 위임하게 된다.

이외에도 '국방부와 국방부 예하 주요 구성군의 기능(Functions of the Department of Defense and Its Major Components)'이란 제목의 국방부 지시(Directive) 5100.1에 따르면 후방차단을 자군의 주요 기능으로 부여받고 있는 유일한 군은 공군이다.[71] 마지막으로 1991년의 걸프전 결과를 보면 공군은 합동군공군구성군사령관의 책무를 담당할 준비뿐만 아니라 후방차단작전을 통제할 능력이 있다.[72]

공군은 합동군공군구성군사령관이 후방차단작전을 통제해야 할 뿐 아니라 화력지원협조선 너머의 지역에 대해서도 우군 살상과 노력의 중복을 방지한다는 차원에서 화력을 규제할 목적의 적정 방안을 강구해야 한다고 생각하고 있는데, 이 같은 공군의 관점을 합동교리가 지지하고 있다. 종심 및 근접 전투에 관한 육군과 공군의 능력을 동시 통합할 때 적 지상군에 가장 지대한 효과를 끼칠 수 있을 것이다.[73] 결과적으로 화력지원협조선을 설정하는 과정에서 합동군공군구성군사령관은 동등한 발언권을 행사해야 한다.

6. 화력지원협조선의 설정

아측 지상군과 직접 교전하고 있지는 않지만 얼마 후에 이들에게 영향을 끼칠 가능성이 있는 표적에 보다 쉽게 접근할 수 있도록 한다는 차원에서

71) DOD Directive 5100.1, 19.
72) Kenney and Cohen, 157.
73) AFM 1-1, vol. 2, 165.

공군은 화력지원협조선이 아측 지상군으로부터 가까운 곳에 설정될 수 있기를 바라고 있다. 육군의 경우는 점차 전투지역전단(FEBA : Forward Edge of the Battle Area)에서 가능한 한 멀리 떨어진 곳에 화력지원협조선을 설정하게 되었다.

> 한국전쟁 후반 폭격선(Bomb Line)의 위치는 전선 부대로부터 불과 300미터 떨어진 곳에 위치해 있었다. 1991년 걸프전의 마지막 단계에서는 화력지원협조선을 아측 지상군으로부터 훨씬 멀리 떨어져 있는 유프라테스 강 근처에 설정하였다. 그 결과 다국적군의 진격을 피해 도망하고 있던 이라크 군 공화국수비대의 안식처(安息處)가 마련되었다.[74]

"전후 밝혀진 사항이지만 종전(終戰)이 임박할 당시 다국적군이 자행한 가장 큰 실수는 화력지원협조선의 설정에 관한 것이었다."[75]

화력지원협조선 내부에서의 모든 화력은 적정 지상군지휘관과 협조가 요구된다. 이 점에서 전투지역전단(FEBA : Forward Edge of Battle Area)으로부터 보다 멀리 떨어진 곳에 화력지원협조선을 설정하면 보다 많은 항공자산을 지상군지휘관들이 통제할 수 있을 것으로 생각하는 경향도 없지 않은데, 이는 오산이다. 사실은 정반대다. 공군의 관점에서 보면 현행 전술작전에 영향을 끼칠 가능성이 있는 공대지(空對地) 공격은 근접항공지원에 관한 규제조치를 강구할 필요가 있을 정도로 아측 지상군으로부터 가까운 지역에서 수행되고 있다. 따라서 화력지원협조선 내부에 할당되어 있는 항공력은 근접항공지원 목적의 것이다.[76] 항공력은 전구 차원의 시각에서 개개 임무에

74) JFACC Primer, 34.

75) Gordon and Trainer, 412.

76) Kenney and Cohen, 157.

적정 비율로 할당된다. 따라서 근접항공지원에 할당되는 항공기의 비율은 화력지원협조선의 위치에 무관하게 일정하다. 전투지역전단에서 보다 멀리 떨어져 있는 지역에 화력지원협조선을 설정하게 되면 동일 대수의 항공기를 이용해 보다 넓은 지역에서 근접항공지원을 수행해야 한다. 이 점에서 보면, 지상군지휘관들의 경우보다 적은 지원을 받게 되는 결과가 초래될 것이다.77) 다시 말해, 이는 집중의 원칙에 위배된다. 근접항공지원 목적의 항공력을 보다 집중적으로 운용할 수 있으려면 화력지원협조선은 가능한 한 전투지역전단에서 가까운 곳에 설정되어야 한다. "적에 대한 피해를 극대화하고자 한다면 화력지원협조선은 아측 미사일 및 대포와 비교해 항공기가 보다 위협적이 되기 시작하는 부분에 설정해야 한다."78)

오늘날 화력지원협조선의 위치를 지정하는 적정 지상군지휘관은 개개 군단장이다. 이미 언급한 바처럼 작전전구(Theater of Operation)는 개개 군단의 경계를 중심으로 나누어져 있다. 개개 군단에서 독자적으로 화력지원협조선을 설정하게 되면 전구 차원에서 이것이 계단형 형태를 띠게 될 것이다. 전구사령관의 시각에 근거해 공군구성군사령관이 적절히 의견을 개진함으로써 개개 군단의 화력지원협조선들이 상호 부드럽게 연결되어 보다 효율적으로 항공지원이 가능하도록 해야 한다.

해당 지상군지휘관은 적정 전술항공지휘관 및 지원부대와 협조해 화력지원협조선을 설정해야 할 것이라고 현행 교리는 말하고 있다.79) 합동교리의 이 부분은 육군교리와 맥을 같이 하고 있다. 그러나 이는 종심전투에서 전구(戰區 : Theater) 항공이 크게 기여한다는 점을 망각하고 항공력을 지원전력으로 전락시킴과 다름이 없는 처사다.80) 이외에도 공군구성군사령관은 전구

77) JFACC Primer, 16-17.

78) *Ibid.*, 34.

79) Joint Pub 1-02, 146.

80) 왜냐하면, 합동군공군구성군사령과 함께 결정한 화력지원협조선이 아닐 때, 이는 지

차원의 시각을 견지하고 있다는 점에서 전쟁의 전술 수준(Tactical level of War)보다는 작전적 수준에 초점을 맞출 수밖에 없다.[81] 화력지원협조선을 정의하는 과정에서 합동교리는 공군의 시각을 보다 많이 반영할 필요가 있다. 화력지원협조선 내부에 대한 공대지 공격은 지상군 입장에서 보면 근접항공지원이다. 화력지원협조선 너머 지역에 대한 공격은 종심공격(예 : 후방차단)을 지원할 목적의 것이다.

7. 후방차단작전

종심전투의 수행과 관련된 육군과 공군 간의 논쟁은 근본적으로 후방차단 작전을 누가 지휘 통제해야 할 것인지에 관한 것이다. 이 점에서 보면, 후방차단작전은 무엇이고, 이것을 어떻게 수행해야 할 것인지 그리고 근접항공지원과 이것의 차이는 무엇인지를 분명히 할 필요가 있다. 종심전투 지역에서의 노력의 중복을 피함으로써 국방예산을 절감할 수 있을 것이란 맥픽 장군의 제언을 상기해볼 필요가 있을 것이다.

"후방차단은 적 지상군 전력이 아측 전력에 효과적으로 사용될 수 있기 이전에 이들 군의 잠재력을 전환 · 와해 · 지연 또는 격파하는 것이다"[82]라고 합동교리에는 정의되어 있다. 보다 간단히 표현하면 후방차단작전은 적의 인력과 자원이 아측 지상군과 접전하기 이전에 이들을 1개 군 이상의 전력을 통합해 공격하는 노력으로 생각할 수 있을 것이다. 적 전력은 가능한 한 아측 지상군으로부터 멀리 떨어져 있는 곳에서 격파함이 보다 바람직할

상군구성군의 입장만이 반영된 결과이기 때문이다.

81) AFM 1-1, vol, 2. 129-30.

82) Joint Pub 1-02, 192.

것인데, 그 과정에서 다음에 역점을 두어야 할 것이다.

1. 아측 전력에 사용될 수 있기 이전에 이들 적군을 격파한다.
2. 접전하고 있는 적 군사력의 잠재력을 관리 가능한 수준으로까지 저하시킨다.
3. 아측 지상군 입장에서 가장 유리한 시점에 접전이 이루어질 수 있도록 시간을 통제한다

육군교리의 교의(教義)는 주도권장악(Initiative), 민첩성(Agility), 종심(Depth) 그리고 동시통합(Synchronization)인데, 효율적으로 후방차단작전을 수행하게 되면 적이 이 같은 요소를 행사할 수 없게 되는 반면 아측 지상군이 이 같은 교의를 최대한 활용할 수 있을 것이다.[83] 후방차단작전을 수행하는 경우 적은 자군을 방어할 목적에서 공세 자세에서 방어 자세로 전환할 수밖에 없으며, 아측의 기동에 적절히 대응할 수 없게 된다. 근접전투에 참여하고 있지 않은 적 전력이 성역(聖域)에 머물러 있지 못하도록 하여 최대 전투력을 유지할 수 없도록 하는 것도 후방차단작전이다. 전장에서 아측 지상군에게 결정적인 이점을 제공해줄 수 있다는 점에서 후방차단작전은 전력을 배가(倍加)시키는 요소다.[84]

후방차단작전에 관한 정의로부터 몇몇 주요 사항을 도출할 수 있을 것이다. 첫째, 효율적인 후방차단작전이 적의 군사적 잠재력을 격멸시켜야 함을 의미하지는 않는다. 적정 기간 동안 적이 군사력을 활용할 수 없도록 한다면 후방차단작전이 의도하는 바를 달성했다고 말할 수 있을 것이다.[85] 여기

83) FM 100-5, 2-6 to 2-9.
84) Joint Pub 3-03, II-4.
85) AFM 1-1, vol.2, 164.

서 말하는 적정 기간이란 아측 지상군이 적의 선두부대를 격멸하고는 거의 기진맥진한 상태의 적 후속제대와의 향후 접전을 준비하는 과정에서 요구되는 시간을 의미한다.[86)]

둘째, 적 지상군의 잠재력은 지상 전력, 병참, 지휘통제망 그리고 전투지원을 포함하는 개념이다.[87)] 후방차단작전을 통해 적군이 아측 지상군에 대항해 사용될 수 없도록 할 수 있다면 가장 이상적일 것이다. 1991년의 걸프전 당시는 이와 같았다.

> 당시 이라크 군 3군단은 남동부 쿠웨이트 지역으로부터 사우디아라비아 지역으로 공세를 전개하여 아측 지상군과 시급히 접전하고자 노력하였다. 당시 가장 주목할 만한 공격은 사우디아라비아의 도시인 Al Khafji를 겨냥한 것이었다. …… 쿠웨이트에 배치된 이라크군이 증원전력을 집중시키고 있다는 점을 지상표적정찰기(JSTARS)와 같은 야간 정찰체계를 이용해 감지할 수 있었다. …… 이들 이라크 군은 항공력의 공격으로 인해 궤멸되었다. 대규모 지상전을 유도하지 못하게 되자 이들은 방어자세로 전환해 숙명을 기다릴 수 밖에 없는 처지가 되었다.[88)]

접전 중인 적 지상군의 병참선을 두절시키면 이들 적은 지휘통제 기반구조와 고립될 뿐 아니라 재보급을 받을 수 없게 된다. 이 점에서 이들은 무력해질 수밖에 없다.

이동할 수 없는 적의 경우는 신속히 진행되는 기동전에 취약하며 특히 비선형(非線型 : Nonlinear) 전장에서는 그러하다. 아측 지상군에 기동 측면에

---

86) *Ibid.*
87) *Ibid.*, 105.
88) Kenney and Cohen, 19.

서 우위를 조성해주면 적은 주도권을 장악할 수 없게 될 뿐 아니라 민첩성을 유지하지 못하게 될 것이다. 결정적인 접전의 경우는 다수의 무기(보병·포병·항공기 등)를 동시 통합할 필요가 있다. 지휘통제 요소와 적 선두 부대를 격리시키면 상대방 적의 경우는 이 같은 동시 통합이 불가능해질 것이다. 수세에 처해 있는 적의 경우는 엄청날 정도의 자원이 요구될 것인데, 지속적으로 전투 능력을 유지하려면 이 같은 적은 재보급을 위한 각고의 노력을 경주해야 한다.[89] 전쟁이 추구해야 할 궁극적인 목표 중에 적의 저항능력 격멸이 있는데, 종심(Depth)을 상실한 적군의 경우는 이 같은 능력을 상실한 것과 다름이 없을 것이다.[90]

마지막으로 후방차단작전은 거리가 아니고 적 지상군 전력이 아측 군사력에 효과적으로 사용될 수 있기까지의 시간의 관점에서 정의되어야 한다. 시간은 상대적 개념일 뿐 아니라 나름의 혼란을 유발할 가능성도 없지 않다. 적 지상군 전력이 아측에 효과적으로 사용될 수 있는 거리가 어느 정도인지는 수시로 변하는 가변적인 개념이다. 장사정무기의 구입으로 인해 이것이 특히 영향을 받고 있다. 따라서 시간의 관점에서 후방차단작전을 정의함이 바람직할 것이다.

후방차단작전을 기획하는 과정에서 가장 중요한 요소는 시간이다. 적 영토 깊숙한 곳의 표적이 아니고 전선에서 가까운 곳에 위치해 있는 표적을 공격할 당시 의도하는 바는 비교적 단기적 차원에서 전투에 영향을 끼치고자 함이었다. 그러나 항공력의 시대인 오늘날에는 거리와 효과의 즉응성 간에 반드시 관계가 있는 것은 아니다. 예를 들면, 전선으로부터 수백 마일 떨어진

---

89) FM100-5, 2-18.

90) Carl von Clausewitz, *On War*, ed and trans, Michael Howard and Peter Paret (Princeton; Princeton University Press, 1986), 75.

비행장에서 출발한 공정부대 요원들이 향후 몇 시간 이내에 아측을 공격할 것이란 정보를 수집하는 경우 전선의 지휘관이 이 같은 비행장에 대한 공격을 명령할 수도 있을 것이다.91)

1991년의 걸프전에서는 퇴각 중인 적군을 추적하는 과정에서 후방차단작전의 효과가 지대했는데, 이는 또 다른 형태의 활용방안이다.

이라크 군이 일대 퇴각을 시작했다는 정보에 근거해 이들 군에 대한 추적이 그 해 2월 25일에 시작되었다. 당시로부터 전쟁이 종료된 2월 28일 아침 8시(지역 시간)까지 후방차단작전의 주요 초점 중 하나는 퇴각하는 적 육군을 추적 및 격파하는 것이었다.92)

후방차단작전은 지상군지휘관에 의한 기동 및 화력지원과 상세 차원에서 통합과 협조가 요구되지 않을 정도로 아측 지상군으로부터 충분히 멀리 떨어진 지역에서 수행된다.93) 그러나 이것이 지상군 작전과 무관하게 후방차단작전이 수행됨을 의미하는 것은 아니다. 근접해 있는 적 지상군이 아측 지상군에 보다 단기간 이후에 효과를 미칠 것 같은 상황이라면 후방차단작전은 지상군의 기동계획과 보다 긴밀히 협조해야 한다.

후방차단작전의 우선순위를 결정하는 것은 합동군사령관이다. 지상군 간에 접전이 시작되지 않은 경우에는 아측 전력에 기동 측면에서의 우위가 조성될 수 있도록 후방차단작전을 활용함이 바람직할 것이다. 적의 제2 및 제3 제대에 방대한 규모의 적 전력이 상존해 있는 경우라면 후방차단작전은

91) Mark, 3.
92) Kenney and Cohen, 112-13.
93) AFM 1-1, vol. 2, 105.

이들 후속제대를 겨냥해야 한다. 아측 지상군에 보다 단기간 이후에 영향을 끼칠 수 있는 적 전력을 차단할 목적에서 후방차단작전을 활용해야 하는 경우도 없지 않을 것이다. 후방차단작전의 우선순위는 위협의 형태와 합동군 사령관의 작전개념에 따라서 그리고 전구 상황을 고려해 결정된다.

후방차단작전이 성공을 거두려면 바람직한 결과를 유도한다는 차원에서 특정 표적들을 향해 순차적으로 행위를 배열해 수행해야 한다. 공격해야 할 표적을 선정한 경우에는 목표 달성을 염두에 두어 최상의 무기체계를 선정해야 한다. 각 군의 모든 노력을 동시 통합한다면 후방차단 목적의 자산이 어느 군에서 제공되는 지는 중요한 문제가 아닐 것이다. 전략공격의 경우와 마찬가지로 후방차단작전은 특정 표적, 이들 표적에 사용될 무기체계 또는 표적의 위치에 구애될 필요가 없다. 후방차단을 결정하는 요소는 '요망 효과', 즉 아측 전력에 효과적으로 사용되기 이전에 적의 지상군 전력을 전환・와해・지연 또는 격파시킬 수 있는지의 여부에 근거해 판단해야 한다.[94]

8. 근접항공지원

종심전투에서의 후방차단작전은 근접전투에서 수행되는 근접항공지원과는 다르다. 아측 전력에 즉각 영향을 끼칠 가능성이 있는 적 지상군을 공격하는 과정에서는 아측 지상군의 화력 및 기동과 긴밀히 협조 및 통합할 필요가 있다. 이 같은 행위는 후방차단작전이 아니고 접전 중인 지상군 전력에 대한 근접지원에 해당한다. 합동교리에서는 근접지원을 다음과 같이 정

94) *Ibid.*, 106.

의하고 있다.

> 근접지원은 피지원 전력의 화력 및 기동과 지원 전력의 행위를 면밀히 통합 및 조정할 필요가 있을 정도로 이들 피지원 전력으로부터 매우 가까운 곳에 있는 적 표적과 목표에 대한 지원전력의 행위를 의미한다.[95)]

근접지원이 반드시 지상군 전력에 대한 항공지원을 의미하는 것은 아니다. 종심전투를 수행하는 항공력을 지상군 전력이 지원하는 경우를 포함할 정도로 근접지원에 대한 여기서의 정의는 일반적이다.

합동교리에서는 근접항공지원을 다음과 같이 구분하고 있다.

> 근접항공지원은 아측 지상군의 화력 및 기동과 항공임무를 상세 통합할 필요가 있을 정도로 적 표적이 아측 전력과 인접해 있는 상황에서 이들 표적을 고정익 및 회전익 항공기를 이용해 공격하는 행위를 의미한다.[96)]

일반적으로 근접항공지원은 화력지원협조선 내부에서 진행되지만 항상 그러한 것은 아니다. 전선 너머에 위치해 있는 교량을 후방차단하고 있는 아측 특수전력을 근접항공지원하기 위한 임무를 고정익 및 회전익 항공기들이 수행할 수 있을 것이다. 이 경우 근접지원은 근접전투가 아니고 종심전투에서 후방차단 임무를 수행하는 특수군을 염두에 둔 것이다. 종심전투를 수행하는 공군구성군지휘관과 이들 근접항공지원 행위를 통합할 필요가 있을 것이다.

근접항공지원과 후방차단작전을 구분하는 주요 기준은 아측 지상군의 화

95) Joint Pub, 1-02, 71.
96) *Ibid.*, 70.

력 및 이동과 상세 차원에서 통합 또는 조정할 필요가 있는지의 여부다.[97] 이처럼 공격 과정에서 아측 지상군의 화력 및 기동과 통합 또는 조정해야 하는 것은 우군 살상을 방지하고 노력의 중복을 피하기 위함이다. 무기 운용으로 인해 현행 전술작전에 영향이 미치는 경우는 아측 지상군의 이동 및 화력과 상세 차원에서 통합 및 조정해야 한다. 무기 운용으로 인해 현행 전술작전에 영향이 미치지 않는 경우 이는 근접항공지원이 아니고 후방차단에 해당한다. 다시 말해 이는 아측 전력에 영향이 미치기 이전의 단계에서 적의 잠재역량에 영향을 끼칠 목적의 후방차단이다.[98]

9. 결론

본 논문에서는 지상 및 항공 구성군사령관에 부여된 통제 권한의 측면에서 종심 및 근접 전투를 구분하고 있다. 작전전구 내부에서 진행되는 모든 군사작전은 합동군사령관의 책임이다. 합동군사령관은 기능구성군(Functional Component)[99] 간에 책임 영역을 분할하고 있는데, 이는 각 군의 전문성을 최대한 활용하고, 가능한 한 '통제의 폭(Span of Control)'을 줄일 목적에서다. 지상군구성군의 경우는 군단을 중심으로 전구(戰區 : Theater)를 여러 지역으로 분할하고 있지만 공군구성군은 전구 전체에 대한 영공을 책임지고 있다.

근접전투를 주도적으로 수행하는 군이 지상군구성군인 것과 마찬가지로 종심전투는 공군구성군을 중심으로 수행된다. 오늘날 미국의 육·해·공 각 군은 근접 및 종심 전투를 지원할 목적의 자산을 보유하고 있다. 궁극적으

97) AFM 1-1, vol.2, 105.

98) Joint Pub 1-02, 192.

99) 각 군이 보유하고 있는 유사 전력을 중심으로 편성된 구성군. 예를 들면, 전구의 모든 항공력(항공기, 미사일 등)을 중심으로 기능 구성군을 편성할 수 있다.

로 전쟁을 결정하는 것은 근접전투이며 종심전투는 근접전투를 지원할 목적의 것이라고 생각하는 사람들이 있는데, 이는 지상군 중심의 시각이다. 이 같은 단견에서 신속히 벗어날 필요가 있다. 합동군 전체를 놓고 볼 때 종심전투는 근접전투에 못지않게 중요하다. 지상군지휘관이 휘하 자산을 이용해 종심전투를 지원해야 하는 경우도 없지 않을 것이다. 1991년의 걸프전 첫날 밤 이라크의 방공망을 격파할 목적의 항공전역(航空戰役 : Air Campaign)을 수행하는 과정에서는 육군의 AH-64 아파치 헬리콥터가 일조하였다.[100)]

종심 및 근접 전투는 화력지원협조선을 중심으로 구분함이 적절할 것이다. 그러나 종심 및 근접 전투의 중요성을 동등하게 취급하고 화력지원협조선의 설정에 공군 구성군사령관과 지상군 구성군사령관이 책임을 공유할 수 있도록 화력지원협조선에 대한 정의를 갱신할 필요가 있다. 공군 및 지상군 구성군사령관은 화력지원협조선을 '규제'의 차원에서 바라볼 필요가 있을 것이다. 즉 화력지원협조선 내부 또는 너머의 표적에 대한 모든 작전에서 노력을 통일할 수 있도록 지원전력의 행위를 피지원 구성군이 통제해야 한다. 화력지원협조선 내부에서 진행되는 작전의 경우는 적정 지상군지휘관과 협조해야 하며, 화력지원협조선 너머 지역에서의 작전은 전구 차원의 시각에서 작전을 수행하는 공군 구성군사령관과 협조해야 한다.

본 논문의 초점과 관련해 말한다면 화력지원협조선 너머에서 진행되는 작전은 후방차단작전이다. 오늘날 육·해·공 각 군은 후방차단작전에 도움이 되는 자산을 보유하고 있다. 그러나 공군의 경우 지상작전의 지속을 지원할 목적의 대부분의 후방차단 자산을 보유하고 있다. 후방차단 전역을 수행하고자 할 당시 필요한 지휘통제통신 및 정보의 전문성을 견지하고 있는 군도 공군이다. 지상전의 정서(情緖)에서 보면, 육군은 근접전투에 초점을 맞

---

100) Kenney and Cohen, 111.

출 수밖에 없다. 합동군사령관이 설정한 우선순위에 근거해 공군이 전승(戰勝)을 염두에 둔 가장 바람직한 여건을 조성해줄 수 있을 것이란 점을 육군은 믿어야 한다. 합동군사령관은 종심전투에 관한 책임을 합동군공군구성군사령관에게 위임해야 한다. 전구 차원의 종심전투를 수행하는 과정에서 여타 구성군은 합동군공군구성군사령관을 지원해야 한다.

화력지원협조선 내부에서 진행되는 작전은 적정 지상군지휘관을 근접 지원할 목적의 것이다. 열악한 근접지원 상황을 최대한 활용할 수 있도록 가용한 모든 자원을 근접지원 분야에 투입해야 하는 경우도 없지 않을 것이다. 공군은 합동군사령관이 설정한 우선순위에 입각해 근접전투를 지원할 수 있어야 할 것이다. 근접항공지원을 공군의 임무에서 배제해야 할 것이란 멕픽 대장의 주장과 필자의 견해 간에 차이가 있음을 알 수 있을 것이다.

화력지원협조선에 대한 공동 정의를 정립하는 문제 외에 자군의 욕구가 아니고 합동군 차원의 이익을 고려해 전투를 운용할 수 있도록 육・해・공 각 군 간에는 전문가로서의 상호 신뢰가 필요하다. 1991년의 걸프전 당시 합동군공군구성군사령관을 역임한 바 있는 호너(Charles A. Horner) 대장은 군 차원의 협조에 관한 자신의 시각을 다음과 같이 피력하였다.

> 신뢰는 가장 중요한 요소였다. 지상・해상・공중 및 우주는 전역(戰役 : Campaign)의 일부분을 구성하고 있었다. 이들 중 주역 배우는 없었다. 공중・지상 및 해상이란 나름의 작전환경에서 진행되는 전쟁에 정통해 있는 사람들이 필요하며, 이들 간에 신뢰가 요구된다.[101)]

제한된 전구자산의 운용이란 문제를 놓고 갈등이 벌어지는 경우 그 우선

101) Joint Pub 1, 69.

순위를 결정하는 사람은 전구사령관이다. 개개 구성군은 전구의 목표와 우선순위에 따라 휘하 군사력을 운용하고, 상대방 구성군을 지원하거나 이들 구성군으로부터 지원을 받게 된다. 궁극적인 목표는 가장 효율적인 방식으로 자원을 소비하며 가능한 한 신속히 국가목표를 달성할 수 있도록 군사력을 적용하는 것이다. 각 군의 강점이 최대한 발휘될 수 있도록 근접 및 종심 전투 중심으로 지상 및 항공 임무를 분할하게 되면 이 같은 과정에서 많은 도움이 될 것이다.